# 复杂系统的设计与改善

## ——工业工程优秀课程设计案例汇编 第一辑

**主审** 郑 力

**主编** 周德群 欧阳林寒

科学出版社

北 京

# 内 容 简 介

本书精选自全国工业工程类专业优秀课程设计展示活动中的代表性作品，内容涵盖了供应链管理、质量管理、人因工程、物流设计、交通运输、医疗健康等多个应用领域，深入展现了工业工程在解决实际问题中的应用和价值。全书共分为 10 章，每章聚焦于特定的工业实践问题与挑战，依托丰富的理论基础和多元化的研究视角，为读者提供了丰富的实践学习资源。通过详尽介绍和深入分析实际问题与应用场景，本书致力于帮助学生深化对工业工程专业知识的理解，增强综合运用这些知识的能力，并提升在实际案例分析中的实战技能。本书同时也为教育工作者提供了丰富的教学资源，助力专业实践教学活动的展开。

本书适合工业工程类专业的学生和教育工作者，以及工业工程领域的实践人员阅读和参考。

**图书在版编目（CIP）数据**

复杂系统的设计与改善. 第一辑，工业工程优秀课程设计案例汇编 / 周德群，欧阳林寒主编. -- 北京：科学出版社，2025. 3. -- ISBN 978-7-03-080403-7

Ⅰ. TB

中国国家版本馆 CIP 数据核字第 20249X1X80 号

责任编辑：方小丽 / 责任校对：崔向琳
责任印制：张　伟 / 封面设计：有道设计

科学出版社 出版

北京东黄城根北街 16 号
邮政编码：100717
http://www.sciencep.com

三河市骏杰印刷有限公司印刷
科学出版社发行　各地新华书店经销

\*

2025 年 3 月第　一　版　开本：787×1092　1/16
2025 年 3 月第一次印刷　印张：22 1/2
字数：534 000

**定价：78.00 元**

（如有印装质量问题，我社负责调换）

# 编审委员会

# 组织委员会

主　　席：周德群

执行主席：欧阳林寒

**课程设计展示专业支持：**

| 出题专家 | 单位 | 题目 |
|---|---|---|
| 何桢、金超 | 天津大学、北京天泽智云科技有限公司 | 基于质量大数据的轴承故障诊断 |
| 江志斌、耿娜 | 上海交通大学 | 飓风灾害后的野战医院部署规划 |
| 王金凤 | 上海海事大学 | 办公用品销售企业 SD 公司的物流网络设计 |
| 鲁建厦、姜伟 | 浙江工业大学、埃姆梯埃姆（上海）企业管理咨询有限公司 | 手电筒工厂设计 |
| 马靓 | 清华大学 | 救灾机器人远程操作控制台设计 |
| 黄周春 | 南京航空航天大学 | 航班机型分配 |
| 罗利、郭钊侠、房圆晨 | 四川大学 | H 医院急诊科仿真 |
| 张霖 | 郑州航空工业管理学院 | 纸飞机设计 |
| 吴锋、刘雅 | 西安交通大学 | 考虑灾害响应的应急设施预定位选址 |
| 周志鹏 | 南京航空航天大学 | 安全生产管理 |

**课程设计展示作品支持：**

| 团队学生 | 指导老师 | 单位 | 题目 |
|---|---|---|---|
| 韩冬阳、许昱晖、李晓霞、黄雨欣、孙际迎 | 夏唐斌、潘尔顺 | 上海交通大学 | 基于质量大数据的轴承故障诊断 |
| 赵静、吕泓尧、沈乐阳、苗祎迪、杜沐暄 | 吴锋、刘雅 | 西安交通大学 | 飓风灾害后的野战医院部署规划 |
| 樊奥宇、郎宗源、肖书宇、王则平、黄烨文 | 黄周春、蒋昕嘉 | 南京航空航天大学 | 办公用品销售企业SD公司的物流网络设计 |
| 陈林益、陈璐、张景涛、王丽、赵天朗 | 朱建军、周志鹏 | 南京航空航天大学 | 手电筒工厂设计 |
| 佟磊、陈宇涵、黄艳娇、潘阳、李宗洋 | 郭伏、金海哲 | 东北大学 | 救灾机器人远程操作控制台设计 |
| 周思彬、翁晶雪、汤嘉琳、邵天怿、陈雅轩 | 蒋昕嘉 | 南京航空航天大学 | 航班机型分配 |
| 刘魁元、王剑、曹毅生、高奕磊、黄颖莹 | 肖世昌、胡鸿韬 | 上海海事大学 | H医院急诊科仿真 |
| 张岳伟、杨敏倩、王佳琪 | 王凯波 | 清华大学 | 纸飞机设计 |
| 杨惠心、李安琪、卢雨凝、李昕奕、魏程浩 | 黄周春、陈剑 | 南京航空航天大学 | 考虑灾害响应的应急设施预定位选址 |
| 林依心、陈思宇、武杨、周韩雨、王苏涵 | 虞先玉 | 南京航空航天大学 | 安全生产管理 |

**课程设计展示技术支持：**

上海纤科信息技术有限公司

"智能决策与数字化运营"工信部重点实验室

**课程设计展示活动支持：**

教育部高等学校工业工程类专业教学指导委员会

江苏省工业工程专业虚拟教研室

清华大学工业工程系

南京航空航天大学经济与管理学院

# 序

工业工程是一门通过对复杂系统进行分析、设计与改善以达到效率提升、质量改善、成本降低和系统整体优化的综合性学科。工业工程在社会和经济的各个领域中发挥着至关重要的作用。面对错综复杂的外部环境，培养具有系统思维、优化改善意识与能力的工业工程类专业人才显得尤为紧迫。

课程设计是大学教育中的一种综合性实践教学活动，是人才培养过程中的关键环节，肩负着培养学生创新能力与实践技能的重要责任。通过课程设计，学生有机会将所学的理论知识应用到实际问题中，从而加深对专业知识的理解，培养分析问题、解决实际问题的能力。

工业工程类专业课程设计不仅是一种教学方法，更是培养学生分析解决实际问题的有效途径。在课程设计中，学生需要综合运用专业知识和相关知识，分析问题，并提出解决方案，这种实践过程有助于锻炼学生的综合能力和创新思维。

快速发展的工业工程教育表明我国各行业对工业工程人才的需求在不断增长，但也面临着严峻挑战。这就要求我们深入了解中国的发展实践，总结和探索具有中国特色的工业工程理论和模式，并不断开发符合中国实际情况的研究案例和教学案例。与规范的理论研究相比，案例研究更能发现和总结有意义的实践，促进理论与实践的联系。规范的案例研究不仅推动了高水平的实践，也有助于工业工程类专业学生深入了解中国企业实践，提高他们的实践能力。

当前，全球正处于新一轮科技革命和产业变革深入发展期，大数据、人工智能、区块链等技术加速创新，全面赋能经济社会发展各领域和全过程，并推动了中国先进制造业和现代服务业的快速发展，社会各领域对工业工程人才培养提出了新要求，为人才培养模式改革与人才供给带来了新机遇和新挑战。为响应教育部关于提高本科教学质量的精神，教育部高等学校工业工程类专业教学指导委员会将优质课程建设作为重要工作内容，并通过课程设计展示活动的方式调动和共享国内高校的优质资源。自 2020 年开始，该活动已连续成功举办四届，吸引了数百所国内高校、数千支团队的积极参与，在业内形成了良好的口碑，参赛学生逐年增加，展示作品数量逐年提升，研究方法日趋规范，研究质量显著提高。

为了进一步推动课程设计和案例研究水平的不断提高，促进工业工程类专业人才培养经验的交流，教育部高等学校工业工程类专业教学指导委员会主任会议决定将 2020 年至 2023 年期间的部分课程案例结集出版，以提高课程设计建设水平和人才培养质量。

本书收录的十章案例研究涵盖了工业工程应用的大部分领域，涉及供应链管理、质量管理、人因工程、物流设计、交通运输、医疗健康等多个应用领域。这些案例通过深入研究实际问题，并通过工业工程独特的研究视角和系统性的研究方法加以分析和解决。

每个案例都针对特定的问题或挑战展开研究，确保了研究的针对性和实用性。同时，这些案例研究还依托于丰富的理论基础和多元化的研究视角，为问题的解决提供了坚实的理论支撑。这些案例研究内容规范、严谨，具有明确的研究问题与目标、独特的研究视角和方法、严谨的数据收集与分析过程，力图从复杂的数据中发现问题，并将问题分析发展成理论模型。这些案例研究所展现出的规范性、严谨性和实用性，将对学生的学习和成长起到积极的促进作用。认真研读这些案例研究，不仅可以帮助工业工程类专业学生加深对实际问题的理解，提高问题解决能力，还能够为他们提供丰富的学习资源和实践经验。本书还有一些补充内容资源，供读者使用。①

在案例的收集与出版过程中，接受邀请的专家和作者对入选作品进行了认真、严谨和及时的修改完善，在此表示衷心的感谢。另外，对编审委员会、本书中课程设计的指导老师、南京航空航天大学课程设计案例工作小组以及在本书的出版过程中作出贡献的所有参与者表示衷心的感谢。

让我们为推动中国工业工程案例库的进步和繁荣而共同努力。

教育部高等学校工业工程类专业教学指导委员会

主任委员　郑力

2024 年 10 月

---

① 通过网盘分享的文件：第 4 章手电筒工厂设计等 10 个文件链接：
https://pan.baidu.com/s/12XrbI6ateuOreK2DAtuG_g 提取码: xtpd

# 前　　言

党的二十大报告指出："我们要坚持教育优先发展、科技自立自强、人才引领驱动，加快建设教育强国、科技强国、人才强国，坚持为党育人、为国育才，全面提高人才自主培养质量，着力造就拔尖创新人才，聚天下英才而用之。"①教材是教学内容的主要载体，是教学的重要依据、培养人才的重要保障。在优秀教材的编写道路上，我们一直在努力。

课程设计是大学针对课程的综合性实践教学活动，是工业工程类专业人才培养过程中的重要环节，对检验专业教学与学习成效，培养学生分析问题解决问题的能力具有重要作用。为促进工业工程类专业人才培养经验交流，提高课程设计建设水平和人才培养质量，提高学生综合运用工业工程专业知识系统分析和解决问题的能力，经教育部高等学校工业工程类专业教学指导委员会主任会议研究，决定在全国高校举办工业工程类专业优秀课程设计展示活动。本书汇集了近年工业工程类专业优秀课程设计展示活动中的代表性作品，旨在为广大同学提供贴近实际的学习资源，提升他们对专业应用的深度认知，增强他们在案例分析方面的实战能力，帮助他们更好地应对未来职业生涯中可能遇到的种种挑战。

全书共分为 10 章，各章主要内容如下：第 1 章为基于质量大数据的轴承故障诊断；第 2 章为飓风灾害后的野战医院部署规划；第 3 章为办公用品销售企业 SD 公司的物流网络设计；第 4 章为手电筒工厂设计；第 5 章为救灾机器人远程操作控制台设计；第 6 章为航班机型分配；第 7 章为 H 医院急诊科仿真；第 8 章为纸飞机设计；第 9 章为考虑灾害响应的应急设施预定位选址；第 10 章为安全生产管理。

本书的出版得到了教育部高等学校工业工程类专业教学指导委员会的关心和支持。感谢上海纤科信息技术有限公司对课程设计软件平台的支持，感谢本书中课程设计的指导老师虞先玉、陈剑、吴菲、黄周春、蒋昕嘉、陆彪、沈洋、韩梅和欧阳林寒。感谢南京航空航天大学课程设计案例编撰工作小组欧阳林寒、虞先玉、卢雨凝、林依心、刘乐瑶、刘雅雯、蔡紫欣、苏若涵、杨竟丰等老师和同学在本书内容修改与校对过程中付出的辛勤工作。最后，感谢科学出版社为本书的撰写和出版提供的帮助。书中难免有疏漏和不妥之处，欢迎读者批评指正。

作　者

2024 年 12 月

---

① 《习近平：高举中国特色社会主义伟大旗帜　为全面建设社会主义现代化国家而团结奋斗——在中国共产党第二十次全国代表大会上的报告》，https://www.gov.cn/xinwen/2022-10/25/content_5721685.htm，2022 年 10 月 25 日。

# 目　　录

# 第1章 基于质量大数据的轴承故障诊断

## 1.1 案 例 介 绍

### 1.1.1 课题背景

工业 4.0 和《中国制造 2025》的提出，为智能制造指引了方向，也对工厂机械的可靠度提出了更高的要求。滚动轴承是一种广泛应用以减小摩擦的精密元件，被称为"工业的关节"，是许多大型设备的核心零部件，在设备的运转过程中起到重要作用。然而即使在良好润滑的条件下，轴承受到工作方式的限制，仍不可避免地存在疲劳损耗。轴承磨损严重时，整机的使用和维护将会受到阻碍，生产节拍难以控制，影响制造效率，并可能造成人员伤亡。因此，如何判断滚动轴承的磨损情况，预估其使用寿命以及时更换零件备受关注。传统的轴承故障诊断方法依靠技术经验，难以传承和标准化，且实时性和精确性较差，在生产规模较大时难以实现。信息采集技术的发展使得轴承状态可以以振动信号的形式展现出来，经过对振动信号的故障信息提取和对提取出的特征进行故障模式判断，可以估计现有轴承的寿命，使企业的制造过程更加流畅，规避轴承磨损可能引发的损失。

当前，特征提取和模式分类均有被广泛应用的方法和研究成果。对振动信号进行特征提取的方法有希尔伯特（Hilbert）变换、小波包分解、经验模态分解（empirical mode decomposition，EMD）及其衍生的集合经验模态分解（ensemble empirical mode decomposition，EEMD）等。胡泽等[1]使用希尔伯特-黄变换（即经验模态分解结合希尔伯特变换）和 LM-BP（Levenberg Marquardt back propagation）神经网络进行滚动轴承诊断，验证了希尔伯特-黄变换的有效性。余忠满和郝如江[2]结合小波包分解和互补集合经验模态分解（complementary ensemble empirical mode decomposition，CEEMD）增加信噪比，优化了识别和提取滚动轴承故障特征的过程。其中，小波包分解对信号的分析更加精细，可以自适应地选取匹配基函数，提高了信号的分析能力，面对滚动轴承信号非平稳、非线性的特点有较好的提取特征能力。

利用提取的特征进行故障模式分类的方法众多，常用的有统计学方法[3, 4]、支持向量机（support vector machines，SVM）[5]、神经网络[6-8]、集成学习中的 Adaboost 方法[9]等。程军圣等[10]使用支持向量机、经验模态分解和 AR（augmented reality，增强现实），对滚动轴承的部分缺陷类型进行诊断，实现了小样本情况下的有效分类。陈法法等[11]构造Adaboost 提升支持向量机集成学习模型，提高了滚动轴承早期故障的诊断准确率。受到滚动轴承早期振动信号复杂而干扰强的特征的限制，更多研究人员采用深度神经网络进行分类。昝涛等[12]使用多输入层卷积神经网络（convolutional neural network，CNN）建立的故障诊断模型，体现了卷积神经网络自动学习原始信号特征的优势，提升了模型的识别精度和抗干扰能力。刘春晓等[13]提出的基于时空神经网络的滚动轴承故障诊断方法，结合卷积神经网络和深度残差网络（ResNet）的网络并联法以及循环神经网络（recurrent neural network，RNN）的 LSTM 层，降低了过拟合现象的产生概率，可以高效地提取故障特征。本课程设计依托质量与可靠性课程，探索结合卷积神经网络和集成学习方法，实现准确率高且效果稳定的分类。

### 1.1.2　小波包

小波包分解（wavelet package decomposition），由小波变换（wavelet transform，WT）发展而来。区别于傅里叶变换，小波变换采用一组正交可变小波函数进行信号拟合，这使得它对非平稳信号有着更强的处理能力。在小波函数中，存在尺度控制和平移量控制两种变量的控制方式，因此可以获取不同的频率和时间信息，对信号进行细化的多尺度分析。小波包分解继承自小波变换并做出了进一步的优化，其思想为在小波变换的基础上，不仅对低频信号做出分解，还要对高频信号进一步分解，因而对信号的处理结果会包含更多细节信息[14]。

从信号处理角度出发，二尺度小波包分解的处理过程为将信号不断地通过不同带通的信号滤波器，如图 1.1 所示。初始输入为原始信号（initial signal），通过低通滤波器的为低频成分 A，通过高通滤波器的为高频成分 D。分解后的不同成分的信号再作为新的输入信息不断地分解，最终完成对信号的细化分解。

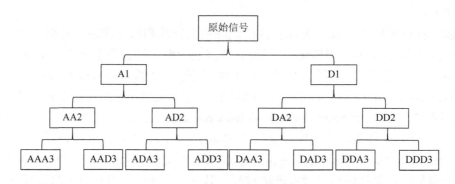

图 1.1　小波包分解示意图

数学上，小波包分解的过程如下：定义实系数低通滤波器系数为 $g_k$，高通滤波器系数为 $h_k$，尺度函数 $\varphi(t)$，小波函数 $\psi(t)$，则有公式：

$$\psi(t) = \sqrt{2}\sum_k g_k \psi(2t-k) \tag{1.1}$$

进一步定义递推关系为

$$\omega_{2n}(t) = \sqrt{2}\sum_{k \in Z} h_k \omega_n(2t-k) \tag{1.2}$$

$$\omega_{2n+1}(t) = \sqrt{2}\sum_{k \in Z} g_k \omega_n(2t-k) \tag{1.3}$$

当 $n = 0$ 时，$\omega_0(t) = \varphi(t)$，当 $n = 1$ 时，$\omega_1(t) = \psi(t)$，而由 $\omega_n(t)$ 构成的集合 $\{\omega_n(t)\}$ 为正交小波包。对于给定信号 $x(t)$，在某个子空间 $U_{j,n}$ 内进行展开，结果为

$$x(t) = \sum_{n=1}^{2^j} \sum_{k \in z} d_k^{j,n} \omega_n^{j,n}(i) \tag{1.4}$$

其中，$d_k^{j,n}$ 为小波包系数，$j$ 为分解尺度，$k$ 为位置。小波包系数具有能量的量纲，可以反映子频带与原始信号间的相似度。

### 1.1.3　卷积神经网络

卷积神经网络[15, 16]（CNN）是一类包含卷积计算且具有深度结构的前馈神经网络，其特点为将特征转化为抽象特征的能力要更强，因此 CNN 尤其适合处理特征分类问题[17]。

CNN 的模型结构主要包括输入层、卷积层、池化层（pooling）、全连接层，其中卷积层、池化层和全连接层共同构成隐含层，如图 1.2 所示。CNN 的核心处理层为卷积层，卷积层有一个或多个卷积核，卷积核与输入层上的覆盖部分进行点积运算，提取输入数据的特征。卷积层的数学运算公式如下：

$$x_c^j = F\left(X * W_c^j + b\right) \tag{1.5}$$

式中，$x_c^j$ 为由卷积核 $W_c^j$ 生成的第 $j$ 个特征映射，$*$ 为卷积运算，$X$ 为输入，$b$ 为偏置量，$F$ 为激励函数。

池化层与卷积层之间是局部连接，可以减少神经网络中需要求的参数数量，大大减少运算量，进一步对数据进行特征抽样。全连接层采用传统的 BP 神经网络结构，经过计算，配合 Softmax 激励函数，对结果进行分类并输出。

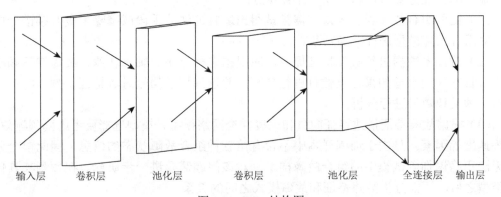

图 1.2　CNN 结构图

### 1.1.4　问题描述与分析

本次题目的任务是基于已知振动信号样本及每个样本对应的真实状态标签，建立轴承故障诊断模型，并利用该模型对未知状态的振动信号样本进行预测，判断该样本属于哪类状态标签。题目所给予数据的任务参数表如表 1.1 所示。

**表 1.1　任务参数表**

| 参量 | 参数值 |
| --- | --- |
| 训练集样本数 | 140 |
| 测试集样本数 | 196 |
| 训练样本最少采样点数 | 38 028 |
| 训练样本最多采样点数 | 40 768 |
| 测试样本最少采样点数 | 37 782 |
| 测试样本最多采样点数 | 40 782 |
| 采样频率 | 50kHz |
| 轴承转速 | 13.33 圈/s |
| 外圈故障特征频率 | 95.2Hz |
| 内圈故障特征频率 | 131.73Hz |
| 滚动体故障特征频率 | 77.65Hz |
| 保持架故障特征频率 | 5.6Hz |

题目的设计要求包括：

（1）基于训练数据对振动信号样本进行特征提取，分析不同故障模式的样本的振动信号的特征，以及和故障模式之间的关系。

（2）结合机理分析和机器学习算法对测试数据进行分析与建模，预测每个测试样本的故障标签。

（3）对于只在测试样本中出现的组合故障状态的样本，在预测其具体故障类型之后，分析故障特征和故障模式之间的关系。

梳理题目任务要求，总结以下任务要点：

（1）由于组合故障类型未知，需尝试得出适宜的滤波手段或降噪手段及频谱分析方法，对组合故障类型进行准确判断。

（2）对样本数据进行故障特征提取，应根据采样频率、轴承转速、故障特征频率、样本数目等采用合适的采样点数目进行分割，并选择振动信号时域特征、频域特征、时频特征种类和数目进行分析。

（3）根据故障特征搭建特征向量和深度神经网络模型，模型选择要考虑到预测效果、训练速度等因素。且由于训练样本中不含有第五种组合故障状态的信息，因此单个分类器无法正确识别测试集中的组合故障样本，对该问题需要进一步研究。在预测其具体故障类型之后，还需分析故障特征和故障模式之间的关系。

# 1.2　问 题 解 决

## 1.2.1　基于小波包频段能量法的包络谱分析

首先，对原始信号进行四层小波包分解，小波基选用 db6 小波。经四层小波包分解，原始信号被分解为 16 个频段。为寻找富含轴承故障信息的频段，由小波包系数 $d_k^{j,n}$ 的平方计算得各子频带信号的能量并由式（1.6）作归一化处理。

$$\overline{E}_{j,n} = \frac{E_{j,n}}{\sum\limits_{n=0}^{2^j} E_{j,n}} \tag{1.6}$$

正常运行情况下，振动信号受轴承固有频率的影响，能量主要集中在低频部分。而故障轴承在运行过程中往往会出现冲击类脉冲振动，这将导致子频带能量分布改变。高能量子频带蕴含更多故障信息[18]，因此本方法选能量最大的子频带作进一步分析。

在轴承故障模式识别中，我们更关注冲击事件，因此选用包络谱来判断轴承的故障类别。对能量最大的子频带进行希尔伯特变换后，做包络处理[19]，再通过傅里叶变换绘制包络谱。观察包络谱的峰值情况，便可判断其故障模式。

为实现基于包络谱的程序化诊断，制定如下判定准则。考虑到特征频率倍频的影响以及组合故障模式的存在，共进行 $N$ 轮判断，选取包络谱中幅值最大的 $N$ 个频率，记为 $\left\{f_{\text{peak}}^1, f_{\text{peak}}^2, \cdots, f_{\text{peak}}^N\right\}$。假设共有 $m$ 种故障类别，其特征频率分别为 $\{f_1, f_2, \cdots, f_m\}$。若 $\left|f_{\text{peak}} - f_i\right| < f_{\text{THR}}$，则标记该轴承存在第 $i$ 种故障，$f_{\text{THR}}$ 为预先设定的容差值。$N$ 轮判断后，若存在不同故障类型的标记，则判定为组合故障类型；若仅存在一种标记，则判定为单一故障类型；若无标记，则判定为健康类型。

### 1.2.2　基于差异化策略的 CNN 集成诊断模型

#### 1. 特征提取

传统信号特征包括时域特征和频域特征两类，时域特征自变量为时间，通常代表轴承振动幅度与加速度等直接信息，由原始时序信号直接处理获得；频域特征自变量为频率，通常要将时序信号经包络解调处理后，再经傅里叶变换获取频谱，最后才能作信号处理。时域特征一般直接反映振动信号的时序状态，频域特征由频域变换而来，包含的信息往往更直观丰富。

本课程设计选取的时域特征共有十项，公式如表 1.2 所示。

**表 1.2　时域特征公式**

| 序号 | 时域特征 | 公式 |
| :---: | :---: | :---: |
| 1 | 均值 | $\mu = \dfrac{1}{N}\sum\limits_{i=1}^{N} x_i$ |
| 2 | 均方根值 | $\text{RMS} = \sqrt{\dfrac{1}{N}\sum\limits_{i=1}^{N} x_i}$ |
| 3 | 峰峰值 | $\text{Peak} = \max\left(\left|x_i\right|\right)$ |
| 4 | 幅值 | $\left|\mu\right| = \dfrac{1}{N}\sum\limits_{i=1}^{N}\left|x_i\right|$ |

| 序号 | 时域特征 | 公式 |
|------|----------|------|
| 5 | 偏度 | $\text{Skewness} = \dfrac{\frac{1}{N}\sum_{i=1}^{N}(x_i - \mu)^3}{\sigma^3}$ |
| 6 | 峭度 | $\text{Kurtosis} = \dfrac{\frac{1}{N}\sum_{i=1}^{N}(x_i - \mu)^4}{\sigma^4}$ |
| 7 | 波形因子 | $\text{Waveform index} = \dfrac{\text{RMS}}{|\mu|}$ |
| 8 | 裕度因子 | $\text{clf} = \dfrac{\text{Peak}}{\left(\frac{1}{N}\sum_{i=1}^{N}\sqrt{x_i}\right)^2}$ |
| 9 | 峰值因子 | $C_1 = \dfrac{\text{Peak}}{\text{RMS}}$ |
| 10 | 脉冲因子 | $C_2 = \dfrac{\text{Peak}}{\mu}$ |

选取的频域特征共有三项，公式如表 1.3 所示。

**表 1.3　频域特征公式**

| 序号 | 频域特征 | 公式 |
|------|----------|------|
| 1 | 中心频率 | $F_1 = \dfrac{\sum_{i=1}^{K} f_i \cdot y_i}{\sum_{i=1}^{K} y_i}$ |
| 2 | 均方根频率 | $F_2 = \sqrt{\dfrac{\sum_{i=1}^{K}\left(f_i^2 \cdot y_i\right)}{\sum_{i=1}^{K} y_i}}$ |
| 3 | 频率标准差 | $F_3 = \sqrt{\dfrac{\sum_{i=1}^{K}\left((f_i - f_c)^2 \cdot y_i\right)}{\sum_{i=1}^{K} y_i}}$ |

此外，由三层小波包分解获得八个子频带，并将每个子频带的能量按前面的叙述归一化后，作为信号的时频域特征提取，与上述时域与频域特征结合，组成一个 21 维的特征向量作为数据的故障特征向量。

**2. 基分类器搭建**

依照前面的介绍，本书采用一维卷积神经网络（1D-CNN）作为分类器的基本网络结构。CNN 作为一种使用广泛的神经网络，有着强大的特征提取能力，因此在分类问题上有较大的优势，适合作为集成模型的基分类器。

在经过调试后，确定的 CNN 分类器结构如图 1.3 所示：设置卷积层数为 4，用于对数据做卷积并提取特征；每两层卷积层间添加一池化层，用于捕捉卷积层输出的关键信息。最后添加一平铺层与全连接层，并输出结果。

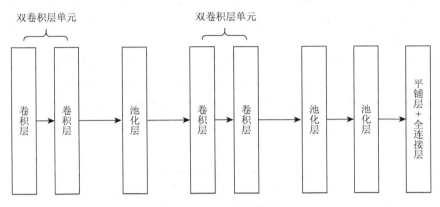

图 1.3　CNN 分类器结构

　　针对上述结构，设定的有关参数和描述如表 1.4 所示：卷积层激活函数采用广泛使用的线性修正激活函数 ReLU；池化策略为最大池化（Maxpooling）；全连接层激活函数为 Softmax；损失函数设定为交叉熵损失函数（categorical_crossentropy），并按照 9∶1 的比例划分训练集和验证集。

表 1.4　基模型参数描述

| 描述项 | 参数或描述 |
| --- | --- |
| 卷积层激活函数 | ReLU |
| 卷积核大小 | 2 |
| 池化策略 | Maxpooling |
| 池化窗口大小 | 2 |
| 全连接层激活函数 | Softmax |
| 损失函数 | categorical_crossentropy |
| 训练集验证集划分策略 | 9∶1 |

　　在验证集做 10 轮 9∶1 交叉验证，输入为 21 维特征向量数据，输出为 4 维向量，代表 CNN 认为该样本对应四种故障类型的概率，选择概率最高的状态为分类结果。与标签比对的结果显示，当前结构与参数设定下的 CNN 可以准确地识别正常、外圈故障、内圈故障、滚动体故障四种不同的状态，10 轮交叉验证均获得了百分之百的正确率，说明基分类器具有足够的复杂度和准确率。

**3. 差异化集成策略**

　　前面搭建且训练好了 CNN 分类器，并在由训练样本划分的验证集上测试证明了其良好的性能。然而，本题目所给予的测试样本中，还包含了第五种组合故障模式状态，该状态未出现在训练样本中。因此，题目为开集识别问题。

在这种情况下，直接使用单一 CNN 进行预测，可能出现两种情况：一是 CNN 不能得出一个有偏向的分类结果，即四种状态的分类概率都很低；二是 CNN 把组合故障状态误判成其他的状态。

为了实现对组合故障的准确预测，本书搭建了差异化的 CNN 集成模型，其主要思想为：不同分类器对四种已知状态分类结果相似，对未知的组合故障状态分类结果不同，通过集成模型放大二者间的差异，完成对组合故障的筛选。为方便理解，下面以一个样例作说明，如表 1.5 所示。

**表 1.5　集成策略原理说明样例**

| 基模型 | 预测结果 | |
| --- | --- | --- |
| | 内圈故障 | 内圈、滚动体组合故障 |
| CNN1 | (0, 0, 1, 0) | (0, 0, 0, 1) |
| CNN2 | (0, 0, 1, 0) | (0, 0, 1, 0) |
| CNN3 | (0, 0, 1, 0) | (1, 0, 0, 0) |
| CNN4 | (0, 0, 1, 0) | (0, 1, 0, 0) |
| 平均集成 | (0, 0, 1, 0) | (0.25, 0.25, 0.25, 0.25) |
| 各向量与平均集成结果向量的欧氏距离均值 | 0 | 0.86>设定阈值 |

样例的解释：假设使用四个准确但之间存在差异的 CNN 作为集成学习的基分类器，分别判断一个内圈故障样本和一个内圈、滚动体组合故障样本。它们的准确性体现在对于内圈故障状态均可以做到百分之百的识别，而差异性在于对组合故障模式会产生不同结果的误判。对四个基分类器的输出结果作平均集成，对于内圈故障样本，平均集成输出的结果依旧为内圈故障，对于组合故障样本，平均集成会输出一个不具有明显偏向性的分类结果。

下一步的工作是计算每个 CNN 在单一样本上的分类结果向量与平均集成结果向量的欧氏距离，欧氏距离越大，便意味着该 CNN 在该样本的处理上与总体的差异越大；取欧氏距离的均值，则可显示一组 CNN 在处理该样本上的总体差异。由于该组 CNN 的准确性，对于四种已知状态的分类结果具有一致性，因此欧氏距离的均值也该较小，如表 1.5 中对内圈故障样本的欧氏距离均值为 0；又由于组内 CNN 间有差异性，对于未知的组合故障状态的分类结果便会存在较多的不同，对应的欧氏距离均值会偏大，如表 1.5 对组合故障的均值计算结果。因此，只需要设定一个欧氏距离均值的阈值，就可以把超出阈值的样本归入组合故障状态类别。

由前面所述的差异化集成模型原理可以看出，实现有效的集成分类存在着两个关键前提：一是基分类器要求足够准确，能有效识别四种已知状态；二是基分类器间差异性足够大, 对组合故障样本的判断结果互不相同。通常情况下, 集成模型内的基模型准确性与差异性相互冲突, 为此消彼长的关系, 所以做好二者的合理平衡是关键。

前面利用 CNN 结构获得了高准确性的分类器, 在该 CNN 的框架下, 采用了两种手段来强化分类器间的差异性: ①训练样本差异性。参照集成学习思想, 对训练样本采用 Bagging 方法, 在用于训练的 21 维样本数据中随机保留 $n$ 维数据, 而剔除其他数据, 使每个基分类器的训练样本不同。训练样本的差异化可以从根本上保证分类器间差异, 而不会太多地损失准确性。②CNN 结构差异性。对不同 CNN 的运行参数做出调整, 使参数在一定范围内随机取值, 因而分类器的结构也存在差异。CNN 集成模型参数设置如表 1.6 所示。

表 1.6　CNN 集成模型参数设置

| 描述项 | 参数或描述 |
| --- | --- |
| 参与集成分类器个数 | 10 |
| 卷积层滤波器数取值范围 | (16, 32) |
| 保留特征数 | 17 |
| 欧氏距离阈值 | 0.05 |

综上所述, 基于差异化策略的 CNN 集成诊断流程如图 1.4 所示: 随机化训练多组 CNN 分类器后, 计算平均集成结果, 然后根据欧氏距离判别组合故障状态, 根据平均集成结果判断四种常规状态。

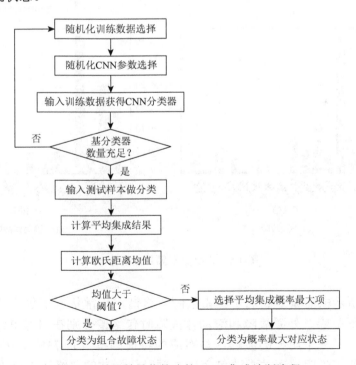

图 1.4　基于差异化策略的 CNN 集成诊断流程

### 1.2.3 实验结果与分析

#### 1. 包络谱分析

对训练集数据进行小波包变换后，计算各子频带能量。如图 1.5（a）所示，正常状态下的轴承信号能量集中在 aaaa 子频带即最低频段，符合前面所述其能量主要受低频的固有频率影响。当轴承发生故障时，能量分布趋向相对较高频率的子频带，如图 1.5（b）～（d）所示。

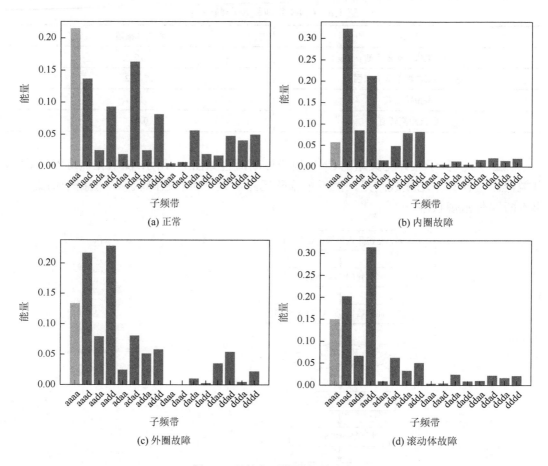

图 1.5 训练集子频带能量分布

如图 1.6 所示取能量最高的子频带绘制包络谱，正常状态下包络谱的峰值较小。当轴承出现内圈故障、外圈故障和滚动体故障时包络谱分别在 132.04Hz、95.04Hz、77.31Hz 处出现了一个明显的波峰，与对应的特征频率 131.73Hz、95.2Hz、77.65Hz 非常接近。由此可说明，通过小波包变换与频段能量法的包络谱能够准确识别轴承故障模式。

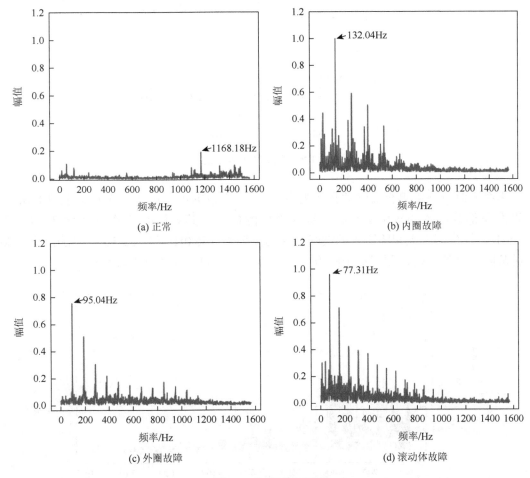

图 1.6　训练集包络谱

　　为凸显本方法的优异性，将所得包络谱与其他方法进行对比，图 1.7（a）是原始信号包络谱片段，图 1.7（b）是小波包变换后取最小能量子频带绘制包络谱，图 1.7（c）是小波包变换后取最大能量子频带绘制包络谱。原始信号包络谱受高频噪声和倍频影响较大，无法直接判别故障特征频率。最小能量子频带中蕴含的信息并非轴承的关键故障信息，价值较低。小波包变换滤去了高频噪声与部分倍频干扰，通过观察最大能量子频带的包络谱可以直接判断轴承故障模式。

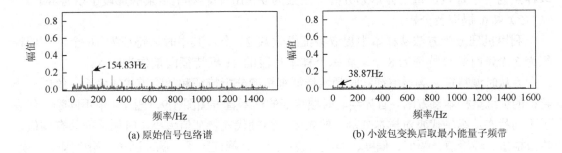

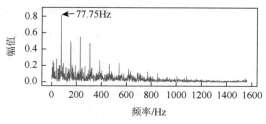

(c) 小波包变换后取最大能量子频带

图 1.7　小波包变换效果

为探究测试集中组合故障的具体类型，对测试集数据进行包络谱分析。如图 1.8 所示，可以发现部分样本的包络谱存在"双高峰"的情况，其对应的频率分别为 77.5Hz 和 132.5Hz。幅值第三大和第四大的波峰对应的频率为 155.0Hz 和 232.5Hz。因此，可排除三种故障组合的可能，测试集中的组合故障类型为内圈、滚动体组合故障。

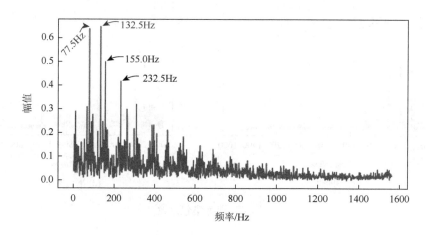

图 1.8　组合故障包络谱

**2. CNN 诊断结果及分析**

1）数据预处理

根据题目，训练样本总数为 140 个，按照 9∶1 的比例随机划分成训练集和验证集，测试样本总数为 196 个，轴承的转速为 13.33Hz，采样频率为 50kHz，因此选取 4000 个取样点为一个片段，每个样本划分的片段数为 9～10 个，对于多余的片段予以舍弃。

2）特征提取及分析

利用机理分析方法从样本中提取特征维数共 21 个，其中时域特征为 10 个，频域特征为 3 个，时频域特征为 8 个。将每个样本片段的 21 维特征向量作为输入。

为从时域特征、频域特征和时频域特征等角度分析特征和故障模式的关系，绘制三类特征的训练集样本直方图。首先绘制时域特征的样本直方图图 1.9，图 1.9 中不同颜色代表了不同状态，纵轴代表对样本分割后的频率，横轴代表特征值大小。时域特征共有均值、均方根值、峰峰值、幅值、偏度、峭度、波形因子、峰值因子、脉冲因子、裕度因子十项。

观察时域特征直方图图 1.9，发现以下特点。

（1）正常运行状态的各项时域特征指标均比较集中，且特征值也处于偏低的水平。尤其是均方根值和波形因子这两项上与其他状态有着明显的分离。

（2）外圈故障状态的时域特征与正常状态十分类似，都具有集中且偏低的特点，在脉冲因子和裕度因子项上几乎重合。外圈故障状态与正常状态最大的特征差别在于均方根值和幅值项上，外圈故障状态的特征值要明显大于正常状态。此外，外圈故障状态多呈现左偏特征。

（3）内圈故障状态在除了幅值和均方根值的特征上均显现出了大范围的波动，这使得判断内圈故障难度较大。内圈故障状态的偏度、峭度、裕度因子、脉冲因子会出现显著大于其他状态的情况，但幅值的分布会有别于其他三种状态，而更接近正常状态。在波形因子上，内圈故障状态达到了四种状态中的最大值。

（4）滚动体故障状态的大部分时域特征也具有集中在较低值的特点，但也会存在一定的分散。在均方根值和波形因子上出现了双峰的状态。滚动体故障状态的时域特征最为复杂多变，不易判断。

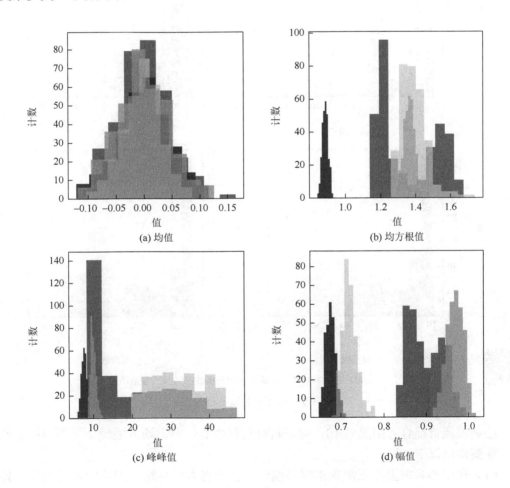

(a) 均值

(b) 均方根值

(c) 峰峰值

(d) 幅值

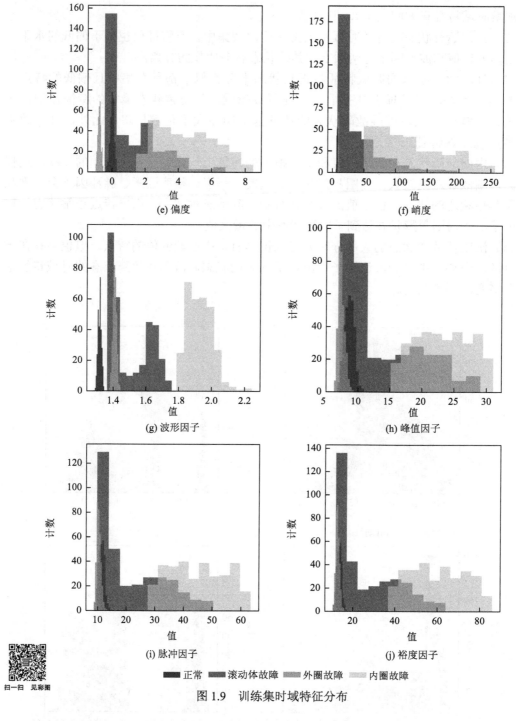

图 1.9　训练集时域特征分布

绘制频域特征直方图图 1.10，频域特征包括中心频率、均方根频率、频率标准差三项，观察得出以下结论。

（1）在中心频率上，正常状态明显偏低，占据直方图左端，因此很容易判断。外圈故障状态依旧显现分布集中特点，高于正常状态而低于内圈故障状态。滚动体故障状态出现双峰，多数样本中心频率较低，但也有一定数量的样本与内圈故障状态的中心频率特征类似。

（2）在均方根频率上，正常状态、外圈故障状态和部分滚动体故障状态分布接近，具有较低的值。而内圈故障状态有较大的值，是四类状态中的最高值。部分滚动体故障的均方根频率会介于低值和高值之间，也呈现了一个双峰型特征。均方根频率的分布和波形因子大致相同，可能存在某种关联。

（3）频率标准差的分布和中心频率相近，正常状态处于低值并与其他状态明显隔开，但差别在于内圈故障状态的分布更高且更加集中。滚动体故障状态依旧呈现双峰状态，且部分与外圈故障状态重合。

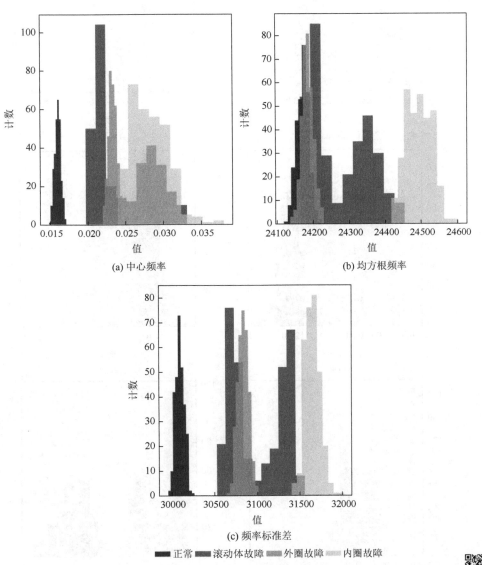

图 1.10　训练集频域特征分布

扫一扫　见彩图

使用三层小波包分解绘制的时频域特征见图 1.11，选取了八个子频带的能量状态。其中节点 2、3、4 的子频带能量分布较高。观察得出下述结论。

（1）在能量最高的 2 号子频带中，正常状态的能量明显低于其他三种故障状态，而其他状态的分布则十分接近。

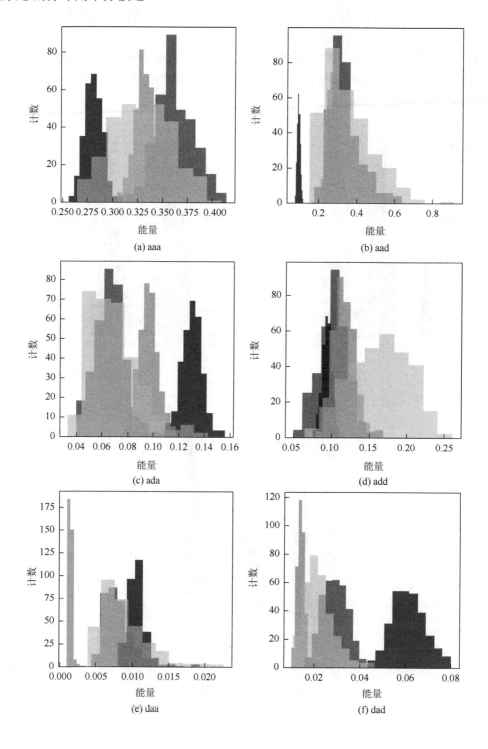

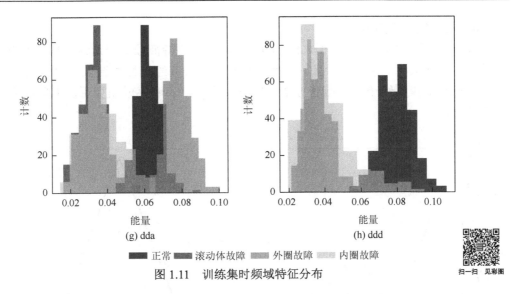

图 1.11　训练集时频域特征分布

（2）3、7 号子频带的分析结果十分类似，内圈故障状态和滚动体故障状态的能量分布接近重合，区别点在于 3 号子频带中正常状态能量较高，而 7 号子频带中反倒是外圈故障状态较高。

（3）在 6、8 号子频带上正常状态为高能量态，在 1 号上正常状态为低能量态。值得注意的是，在 1 号和 6 号子频带上，滚动体故障也会呈现较高的能量状态，这是分辨滚动体故障的有力特征。

（4）5 号子频带的能量最低，而外圈故障状态在该频带上出现了非常显著的低能量特点，并与其他状态分离。

3）分类结果

随机化生成十个 CNN 分类器并作集成模型，输入测试集数据做分类，将分类结果和特征频率判别获得的测试集标签结果作比对。重复测试运行共十轮，十轮运行结果全部相同且与特征频率判断结果保持一致，如图 1.12 所示。这足以说明差异化的 CNN 集成模型有着非常好的准确性和稳定性。

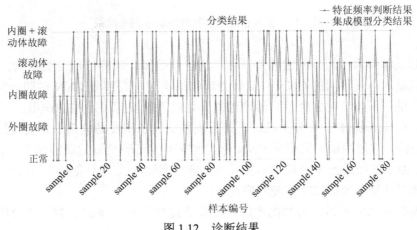

图 1.12　诊断结果

4）集成策略效应分析

选取测试集样本 0 号、5 号、8 号和 6 号，它们的特征频率识别结果分别为正常、外圈故障、内圈故障、滚动体故障。使用集成模型分类并绘制分类结果，如图 1.13 所示。可以看出集成模型给予了对应状态很高的分类概率，表明集成模型可以准确地判断四种常规状态。

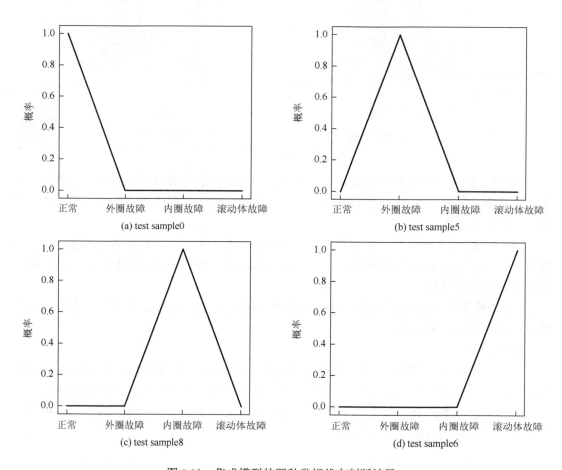

图 1.13　集成模型的四种常规状态判断结果

选取测试集样本 12 号，它的特征频率为组合故障。同样绘制分类结果，如图 1.14 所示。结果显示不仅不同的 CNN 分类器处理结果不同，大部分 CNN 对同一样本的不同片段处理结果也不同。这主要是两种增强差异化的手段发挥了足够的作用。

另外，在训练获得 5 号分类器时，该分类器出现了明显的偏向性，会将组合故障误判成内圈故障。这说明如果采用单 CNN 分类就有可能出现类似的误判结果，但在集成模型框架下，由于比较的是多个模型的差异性，该分类器的误判不会影响最终的分类结果。两者的对比充分展现集成模型的稳定特点。

出于模型复杂度和运行用时的考虑，在此还进行了进一步的参数因子分析。设置随

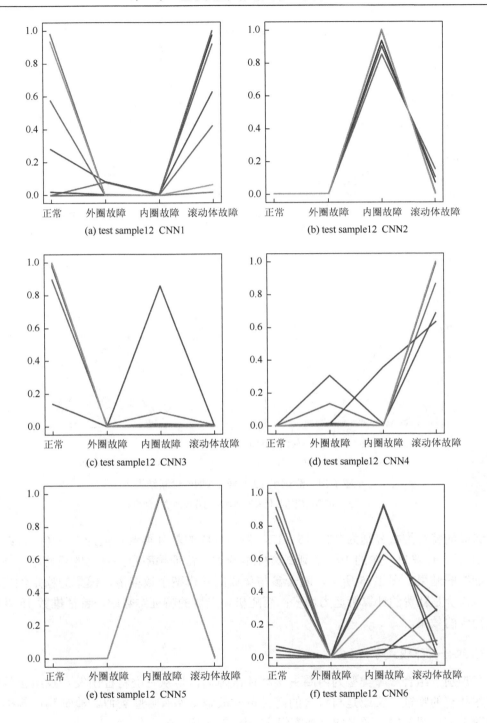

(a) test sample12 CNN1　　　　　　　(b) test sample12 CNN2

(c) test sample12 CNN3　　　　　　　(d) test sample12 CNN4

(e) test sample12 CNN5　　　　　　　(f) test sample12 CNN6

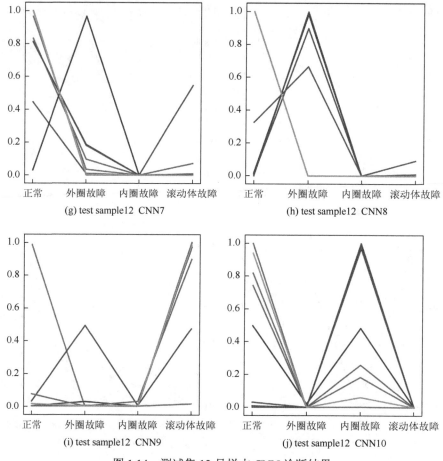

(g) test sample12　CNN7　　　　　　(h) test sample12　CNN8

(i) test sample12　CNN9　　　　　　(j) test sample12　CNN10

图 1.14　测试集 12 号样本 CNN 诊断结果

注：不同灰度的线代表该样本不同片段的输出结果

机化选取的特征维数分别为 13、15、17，参与集成的基分类器数量为 2～10。每组参数运行 10 轮，计算每一轮的 196 个测试集样本分类与特征频率标签对比的正确率，并取平均。最终的结果如图 1.15 所示，随着参与集成的基模型个数增多，模型的稳定性也在增强，但代价是耗费的计算机运力增多；而随机化选取的特征维数中，特征维数 15 获得了最为稳定的效果。

**3. 组合故障模式分析**

在判别了组合故障类型为内圈＋滚动体故障后，再从三类特征出发寻找组合故障是否有些独有的特征，又或是与包含的两种单一故障状态有哪些类似。绘制测试集样本直方图图 1.16、图 1.17、图 1.18，观察组合故障有以下特点。

（1）内圈＋滚动体故障的时域特征特点十分明显，其均方根值和幅值的分布整体大于其他四种状态，因此很适合使用这两项特征判断组合故障。在偏度、峰值因子、裕度因子、脉冲因子上，内圈＋滚动体故障处于内圈故障和滚动体故障的中间态，并没有明显的偏向。而在波形因子上显现出内圈故障的特征，在峭度上更接近滚动体故障的特征。

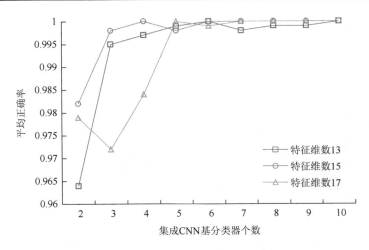

图 1.15　CNN 集成参数因子分析

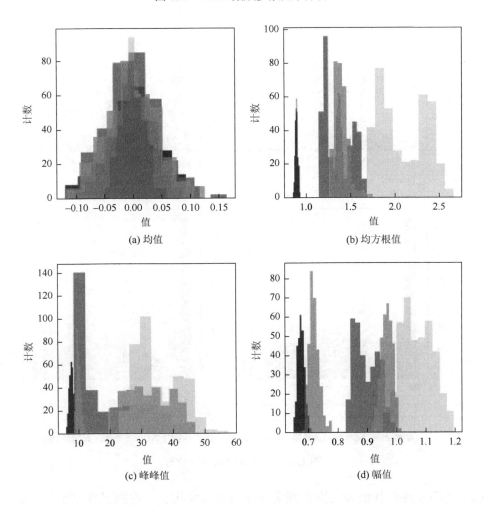

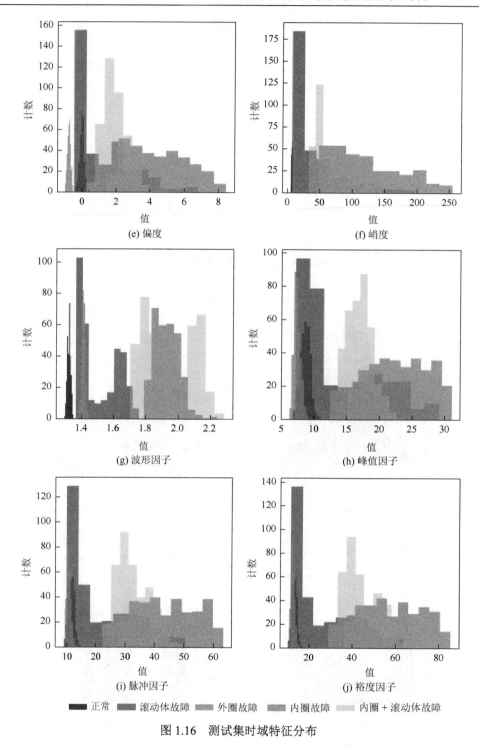

图 1.16　测试集时域特征分布

（2）内圈＋滚动体故障的中心频率明显高出其他状态，占据了直方图的右端。在均方根频率上显现出内圈故障的特点即有较高值。频率标准差与均方根频率类似，依旧显现内圈故障特点，但部分组合故障的值要更高。

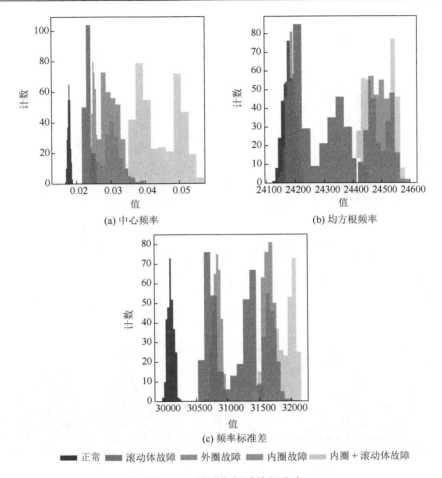

图 1.17　测试集频域特征分布

（3）在 3、7 号子频带上，组合故障显现出明显的高能量状态并与其他状态作区分，这一点将有利于作判别。而在 1、5 号子频带上，组合故障能量呈低值。

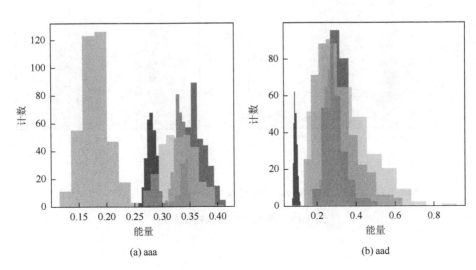

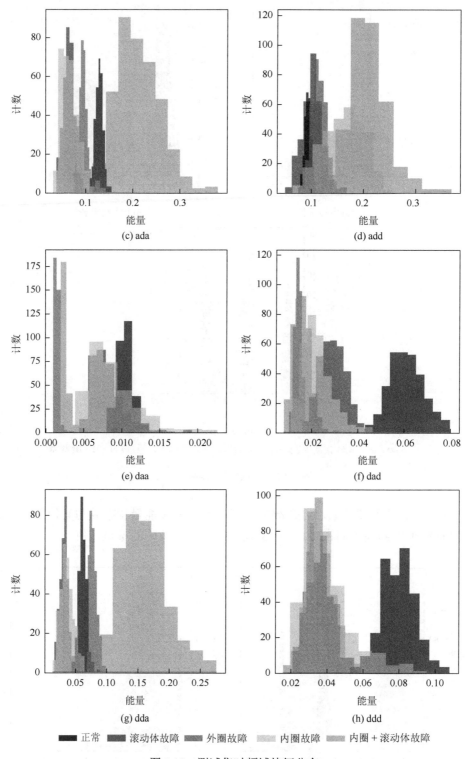

图 1.18　测试集时频域特征分布

## 1.3　总结与展望

本课程设计依托质量与可靠性课程，利用小波包分解、卷积神经网络和集成学习等技术方法，从机理分析和机器学习两个角度入手，完成了题目要求的几项目标并取得了较好的结果。从机理分析角度入手，利用四层小波包分解降噪后的包络谱线识别特征频率，取得了良好的降噪效果，也做出了有效的识别。依照特征频率识别，判断出组合故障类型为内圈 + 滚动体故障。本课程设计还从时域特征、频域特征以及由小波包获取的时频域特征出发，分析故障特征与故障模式的具体关系。在机器学习方面，以卷积神经网络和集成学习为基础，创造性地提出了差异性的 CNN 集成诊断模型，有效利用差异性和准确性两个特点，克服了对未出现在训练集的组合故障做分类这一难关。实验数据表明，分类结果和特征判断结果完全重合，构造的集成模型有着良好的稳定性。

在这里也提出未来改进工作的展望：首先，小波包分解的降噪效果依旧有一定的提升空间，将考虑结合其他降噪方法完成进一步的降噪；其次，故障特征和故障模式的关联分析相对基础，可从故障特征之间的关联性出发做更多处理；最后，差异化的集成模型，可以对差异度的衡量方法提出更多定义。

### 参 考 文 献

[1] 胡泽，张智博，王晓杰，等. 基于希尔伯特-黄变换和神经网络的滚动轴承故障诊断[J]. 电动工具，2020（1）：11-18.

[2] 余忠潇，郝如江. 基于小波包分析与互补集合经验模态分解的轴承故障诊断应用[J]. 济南大学学报（自然科学版），2019，33（6）：544-549.

[3] Yoon S，MacGregor J F. Fault diagnosis with multivariate statistical models part I：Using steady state fault signatures[J]. Journal of Process Control，2001，11（4）：387-400.

[4] Yang J Y，Zhang Y Y，Zhu Y S，et al. Intelligent fault diagnosis of rolling element bearing based on SVMs and statistical characteristics[C]//ASME 2007 International Manufacturing Science and Engineering Conference. October 15-18，2007. Atlanta，Georgia，USA. ASMEDC，2007.

[5] Yao Y F，Zhang X. Fault diagnosis approach for roller bearing based on EMD momentary energy entropy and SVM[J]. Journal of Electronic Measurement and Instrumentation，2013，27（10）：957-962.

[6] Li B，Chow M Y，Tipsuwan Y，et al. Neural-network-based motor rolling bearing fault diagnosis[J]. IEEE Transactions on Industrial Electronics，2000，47（5）：1060-1069.

[7] Ben Ali J，Fnaiech N，Saidi L，et al. Application of empirical mode decomposition and artificial neural network for automatic bearing fault diagnosis based on vibration signals[J]. Applied Acoustics，2015，89：16-27.

[8] Hoang D T，Kang H J. Rolling element bearing fault diagnosis using convolutional neural network and vibration image[J]. Cognitive Systems Research，2019，53：42-50.

[9] Fu Q，Jing B，He P J，et al. Fault feature selection and diagnosis of rolling bearings based on EEMD and optimized Elman_AdaBoost algorithm[J]. IEEE Sensors Journal，2018，18（12）：5024-5034.

[10] 程军圣，于德介，杨宇. 基于 EMD 和 SVM 的滚动轴承故障诊断方法[J]. 航空动力学报，2006，21（3）：575-580.

[11] 陈法法，杨晶晶，肖文荣，等. Adaboost_SVM 集成模型的滚动轴承早期故障诊断[J]. 机械科学与技术，2018，37（2）：237-243.

[12] 昝涛，王辉，刘智豪，等. 基于多输入层卷积神经网络的滚动轴承故障诊断模型[J]. 振动与冲击，2020，39（12）：142-149，163.

[13]　刘春晓，许宝杰，刘秀丽. 时空神经网络滚动轴承故障诊断方法[J]. 中国设备工程，2020（13）：147-149.

[14]　赵元喜，胥永刚，高立新，等. 基于谐波小波包和 BP 神经网络的滚动轴承声发射故障模式识别技术[J]. 振动与冲击，2010，29（10）：162-165.

[15]　Jia F，Lei Y G，Lu N，et al. Deep normalized convolutional neural network for imbalanced fault classification of machinery and its understanding via visualization[J]. Mechanical Systems and Signal Processing，2018，110：349-367.

[16]　Guo S，Yang T，Gao W，et al. A novel fault diagnosis method for rotating machinery based on a convolutional neural network[J]. Sensors，2018，18（5）：1429.

[17]　曲建岭，余路，袁涛，等. 基于一维卷积神经网络的滚动轴承自适应故障诊断算法[J]. 仪器仪表学报，2018，39（7）：134-143.

[18]　杨晨. 基于振动信号分析法的滚动轴承故障诊断研究[D]. 兰州：兰州理工大学，2014.

[19]　徐明林. 基于小波降噪和经验模态分解的滚动轴承故障诊断[D]. 哈尔滨：哈尔滨工业大学，2013.

# 第 2 章　飓风灾害后的野战医院部署规划

## 2.1　案例介绍

### 2.1.1　背景介绍

飓风是一种多发于热带的强劲而极具破坏力的自然灾害。飓风会严重破坏灾区的电力、交通、通信保障。同时，灾区的淡水、食品、药物供应可能会在数日内处于瘫痪状态。在这样的情况下，灾区居民的医疗需求无法得到保证，因此，飓风带地区的政府需要采取合理的应急措施保障居民在飓风登陆后一段时间内的医疗需求。

野战医院是一种流动使用的、为前线受伤人员进行治疗的医院，也可以在自然灾害后应急使用。采用野战医院为灾区提供医疗服务有以下几方面的优势。首先，野战医院采取模块化设计，不同科室的设施在标准化集装箱内按顺序摆放，依照顺序安装，并配以适当数量的医护人员可以建成一所临时医院。建造时间短，适合灾后应急。其次，野战医院的配套设施非常齐全，规模可以灵活调整。野战医院科室齐全，包括门诊、手术、产房、药品储藏室等，可以满足患者的多种医疗需求。最后，野战医院可以适应各种环境，机动性强。野战医院可以在任何地方搭建，因此可以适用于包括飓风在内的多种灾难应急环境。但受限于灾后有限的资源、人员供给，野战医院必须充分优化配置资源，以满足灾后临时、紧急的医疗需求[1-6]。

### 2.1.2　问题分析

野战医院是紧急情况下部署的快速响应大量应急医疗需求的医疗设施，与普通医疗服务设施机构相比有如下特点。

（1）运营管理以高服务能力、高响应性、高效率为首要目标。

（2）患者的到达有较强的集中性、波动性、时限性。

（3）野战医院的科室配置模块化、标准化。

（4）医护人员具有较强的综合能力。

（5）资源的有限性。

（6）环境复杂性。

基于上述特点，本课程设计对题目所提出问题进行分析。问题共包含两个阶段。阶段一要求建立一个野战医院仿真模型以及绩效指标体系，以此寻找并改善野战医院的瓶颈或冗余；阶段二要求评估提出的改进方案，并对方案在不同情境下的可靠性进行评估。

### 2.1.3　研究意义

自然灾害背景下，传统服务设施受到破坏，大量受灾民众需要得到救治，野战医院具有功能齐全、机动性能好、能适应多种气候变化、自身保障能力强等特点，是应对灾害后医疗服务需求的理想解决方案。如何在有限的资源约束下建立高效的运营方案、提高医疗救治能力，对于救灾工作的开展有着至关重要的意义[7]。

由于外部环境与内部因素的多重复杂性，传统的数学建模方法难以对野战医院提出合理的优化方案，因此在建立适当的假设条件的基础上，将数学模型与仿真模型相结合，基于瓶颈理论进行迭代改进与评价。

本课程设计以优化运行效率、提高服务能力、增强运行可靠性为目标，提取了野战医院运营中医疗流程、资源配置和空间布局三大核心要素，并结合相关数据文献与资料对模型进行完善，考虑更多现实的因素，提高了模型的适用性。同时将工程方法与管理理论相结合，提出了具有较高可行性的优化方案。

## 2.2　问 题 解 决

### 2.2.1　模型建立

1. 模型假设

（1）确定野战医院的系统边界。

（2）外部环境稳定。

（3）患者输入数据。

（4）诊疗流程固定。

（5）严格的资源限制。

（6）医护人员的工作能力具有一致性。

（7）床位资源的标准化。

2. 仿真模型的建立

建立野战医院的仿真模型是一个系统工程，需要明晰对医院系统各个方面的理解，包括但不限于流程解读、空间布局与路径设计、资源调配等，在此基础上应用仿真软件具体功能模块进行一一对应，并加入满足后续实验要求的数据接口以及其他必要功能。

1）野战医院系统及其子系统流程

野战医院系统是由人力资源、物质资源、空间资源与患者收治流程高度耦合而成的，是一个典型的复杂系统。本课程设计研究这一复杂系统首先从流程开始，因为流程决定了上述三种资源的调度和分配模式。

野战医院的患者收治流程由四张分散的医院运营与患者流动流程图描述，并包含了完整的患者流动分叉概率信息。但是，题目并未从建立仿真模型的系统与子系统的角度进行刻画，所以在此需要对流程按照输入、输出划分系统，具体划分结果见图 2.1。

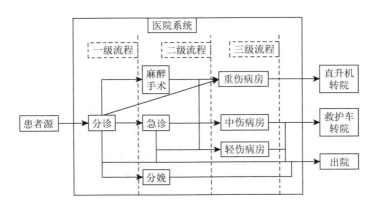

图 2.1　医院系统流程图

首先，图 2.1 明确划分了医院系统的边界，将患者到达作为系统的输入，转院以及出院作为系统的输出。其次，将医院系统打开，明确了八个关键模块，包括分诊台、急诊室、分娩区、手术室、ICU（intensive care unit，重症加强护理病房）、CCU（cardiac care unit，心脏病病房）、中伤病房、轻伤病房。最后，根据具体患者流动情况顺次划分出三级流程。除分诊后直接进入重伤病房的一条支路（3.1%概率），所有患者在每一级流程只能出院或者流入下一级流程。根据题目所给的概率信息，每一级流程出院的人数占总出院人数的比例以及每级流程处理能力如表 2.1 所示。

表 2.1　各级流程流出-负荷表

| 流程 | 流出系统比例 | 负荷比例 |
| --- | --- | --- |
| 一级流程 | 0.729（＝0.9×0.81） | 1.00 |
| 二级流程 | 0.0229（＝0.1×0.03＋（0.1×0.28＋0.9×0.19）×0.1） | 0.271 |
| 三级流程 | 0.042（＝1−0.729−0.0229） | 0.042 |

根据表 2.1 可以得到关键结论：第一，分诊作为一级流程，全部的患者都需要经过该流程，是整个流程中的关键位置，直接决定系统的整体接待能力；第二，分诊后直接出院的人数占 72.9%，表明后续二级、三级流程只需要负荷四分之一左右的患者。

2）面向患者的流程转移

在仿真中需要着重考虑的另一点为每一个进入流程的患者应当遵循的流动规则，即设定给每一个进入仿真系统的模拟患者明确的行动规则。根据 AnyLogic 仿真软件流程建模库的模块功能以及对题目给定的医院具体流程的抽象，可以得到明确的面向患者的流程转移图，见图 2.2。

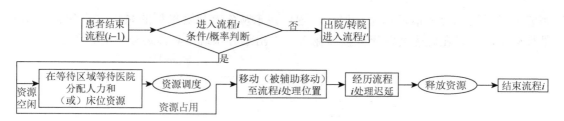

图 2.2　面向患者的流程转移图

患者进入系统后的流程包括三个关键步骤：第一，是否进入某个节点，由条件或者概率判断决定流向。第二，进入流程后是否可以接受服务，由该流程需要调度资源的情况决定。如果该种资源匮乏，则进入等待队列；如果该种资源充足，则进入服务状态。第三，进入服务后需要先后进行时间上的迟延处理来模拟实际流程的服务，时间迟延完毕后释放资源并流向下一个流程。

在上述三个步骤中，患者进行位移，以此连接各个流程，实现野战医院的合理空间布局设计。对全部流程进行面向患者的流程改写，可以得到医院系统面向患者的所有流程。

## 2.2.2　患者到达

根据题目所给数据，患者在七日的观测时间中按照一定的时间分布到达野战医院。由于题目并没有给出具体每日的患者到达人数，首先需要对患者人数进行合理的假设：第一，每日到达的患者人数是固定的；第二，患者在每小时内是按时间均匀到达野战医院的。

需要注意的是，以上假设是为了在初步建模时有效简化问题，在后续的探索中会逐步打破原有假设的限制。

首先，根据管理者对医院服务能力的要求，以每日到达患者人数的不同设置三组数据，分别为 300 人、400 人和 500 人。以 300 人输入数据作为最低测试数据，随着方案的改善与野战医院运行效率的提高，逐步提高患者每日到达总人数，满足更高的服务要求。

确定了每日到达人数后，需要对患者的具体到达时间进行估计，从而作为患者源数据考虑到 AnyLogic 仿真模型中。原始数据所给的信息为每小时到达的患者比例。通过计算每日到达患者人数与每小时到达患者比例的乘积，可以估算每小时到达患者人数，进而可以计算出每个患者到达的时间。患者输入数据设定逻辑图如图 2.3 所示。

基于以上假设，能够有效地简化模型并确定具体的患者到达时间，然而，在现实条件下，这些假设并不总是成立的。患者的到达可能在七日中有明显的变化，即便将研究视角缩小到以小时为单位，患者的到达也可能有着很强的随机性。

在后续的仿真研究中，需要考虑更多的现实因素，同时应改动输入数据的特征以检验野战医院运行方案的可靠性。可变动的方案如下。

（1）输入患者的总人数变动：检验野战医院的最大服务能力水平。

（2）每日输入患者的人数变动：考虑初期患者到达人数较多，而后期患者输入数量逐步减少的情况。

（3）患者到达的时间波动：考虑更为现实的情况，患者的到达时间不均匀，有很强的积聚性。

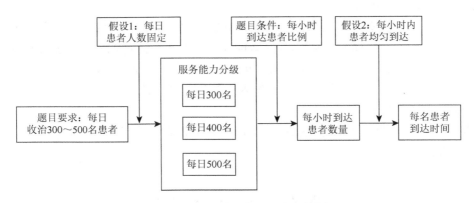

图 2.3　患者输入数据设定逻辑图

### 2.2.3　关键流程的服务时间

题目针对每个关键流程给出的时间信息共包含三项：最小服务时间、众数服务时间和最大服务时间。为充分利用题目所给出的分布信息，下面通过三角随机分布来描述流程时间。但注意题目对部分流程未给出的流程时间，以下进行讨论。

首先是轻伤病房停留时间。依据题目，进入轻伤病房的患者应当在 24 小时内出院或转院，对于轻伤中无须转院治疗（如擦伤等）的患者，对其进行迅速有效的包扎和治疗便可出院；对于轻伤中需要转院治疗的患者，其也并未丧失完全行动能力，并且没有性命之虞，应该迅速完成对其的初步治疗并转院，以增加轻伤病房的病床周转速度。所以在此假设轻伤病房停留时间服从三角分布（2，4，6）（小时）。

其次是中伤病房停留时间。题目中明确了中伤病房患者应在 48 小时内转院。分析中伤患者来源，分为中度心理疾病患者、轻微骨折患者和手术后患者。中度心理疾病患者一般需要心理咨询和开导治疗，即便有药物需求，在服药后完全可以尽快转院；轻微骨折患者在简单的固定和治疗后不具有性命之虞，可以尽快转院以节省野战医院本就不宽裕的医疗资源；对于手术后患者应分类讨论，如果手术后已恢复为中伤患者，依照如上理由应尽快转院，如果手术后仍为重伤患者，且因 ICU 已满只得进入中伤病房治疗，其病房停留时间需要权衡其伤势造成的不可移动性和尽快转院的紧迫性。最终认为中伤病房等待时间服从三角分布（6，8，10）（小时）。

### 2.2.4　AnyLogic 实现

使用专业仿真软件 AnyLogic（7.3.7 University 版本）应用混合建模（流程建模＋智

能体建模）的方式绘制各类流程，抽取并集中了关键参数的接口以进行参数的实时动态调整，应用 JAVA 语言编程收集关键运行数据并输出至 Excel 表格中，后应用 MATLAB 编程统计关键指标数据并绘制关键数据的散点图、频率分布直方图。同时为实时直观展示，将关键指标数据动态演进在仿真模型中，并制作二维以及三维可视化展示窗，能够跟踪观察任一患者的实时流动情况。

AnyLogic 的面向智能体的仿真为本次仿真的关键技术，为对应和展现关键流程提供了面向对象的方法。本书除主函数 main 智能体外，将所有人均抽象为智能体对象，共有患者、医生、医师助理、注册护士、实习护士、手术医师、X 射线医师、检验科医师、护工和诊区工作人员十种智能体。患者作为主体参与整个流程，医护人员作为野战医院可调用资源参与主体流程。

同时 AnyLogic 提供了流程建模库，结合面向患者的流程转移图，流程建模模块及其应用如表 2.2 所示。

表 2.2　流程建模模块及其应用

| 编号 | 图示 | 名称 | 功能 |
|---|---|---|---|
| 1 | ⊕ | Source | 设置为患者源 |
| 2 | �� | Seize | 患者经历特定的流程获得相关人力资源（进入跟随状态）和床位资源，在获得该资源前，患者处于等待状态 |
| 3 | ▼ | Release | 释放特定流程获取的相关资源 |
| 4 | ⟲ | Resource detach | 解除 Seize 后人力资源的跟随状态 |
| 5 | ⟳ | Delay | 患者接受分诊、治疗、护理评估等过程的延时 |
| 6 | ◇ | Select output | 对患者进行概率性选择 |
| 7 | ◈ | Select output5 | 对患者进行概率性选择 |
| 8 | ꧰ | Service | 患者经历特定流程中排队、获得资源并进行服务，最后释放资源 |
| 9 | ◁ | Split | 将孕妇（部分患者）分为双智能体（孕妇和婴儿） |
| 10 | ꞎ | Match | 匹配孕妇（部分患者）及婴儿 |
| 11 | ▽ | Combine | 将孕妇（部分患者）和婴儿结合在一起作为整体 |
| 12 | ꛦ | Resource pool | 设定各功能区域可调用人力资源、床位资源数量及调用安排 |
| 13 | ⊗ | Sink | 设置为患者出院 |
| 14 | ⇥ | Move to | 任一流程结束后，控制患者移动向下一流程（与后续空间布局和路径设计相关） |

应用上述模块建模的分流帐篷部分流程如图 2.4 所示。患者源（Source）对应图 2.4 所示系统输入，患者通过患者到达路径 P 从外部移动（Move to）至分流帐篷等待区。而后进入队列，等待在资源集（Resource pool）中的医生资源分配（Seize），待医生

与患者相互结合后进行建档迟延（Delay），最后释放（Release）医生，进入下一步流程。

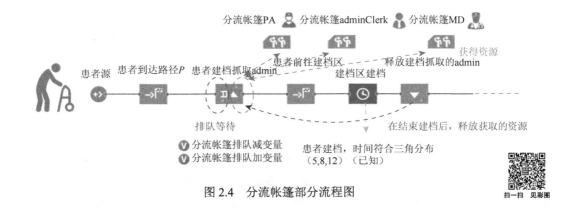

图 2.4 分流帐篷部分流程图

结合判断模块（Select output，Select output5）可以进行患者的分流，与面向患者的流程转移图中判断是否进入某个流程相对应。如图 2.5 所示，进行重伤判断时以 10%概率判断为真，进入下一级护送医护团队流程，90%概率继续进行中伤判断。进行中伤判断时以 19%概率判断为真，转入急诊室进一步评测或治疗，而以 81%概率进行急性轻症诊疗后出院。通过判断模块的内置条件判断功能实现了这个要求。同时应用判断模块设置了轻伤病房、中伤病房、ICU、CCU 的出院条件设置判断等。

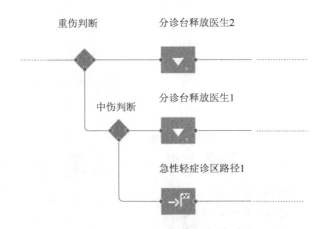

图 2.5 分流帐篷判断模块

在分娩流程中，为实现孕妇生产后婴儿作为智能体同样出现在流程中，由护士怀抱婴儿进行相应的流程，本书采用了分裂模块（Split）来实现，具体流程见图 2.6。采用该模块使得进入流程的一个患者智能体分裂为两个智能体，新智能体代表婴儿。而后因为婴幼儿护理时间与母亲护理时间有所不同，两者需要相互等待对方结束护理，在此采用了匹配模块（Match），当两个智能体都完成其任务时，进入下一个流程。为表示母子团聚，在此采用了结合模块（Combine）将婴儿同母亲两个智能体统一为一个智能体，继续后续流程。

图 2.6　分娩流程图

最后，为实现轻伤病房、中伤病房的床位分配，在此引入了虚流程（不在实际流程中存在的流程）来实现调度分配。具体思想为将所有床位资源求和后设置一影子床位资源。进入病房时，如果影子床位资源存在空余，则抓取影子床位资源，而后进入判断模块分配床位，再抓取具体病房的床位资源。当离开病房时，先释放具体病房的床位资源，再释放影子床位资源，中间加入极微小的迟延避免具体病房资源释放和影子床位资源释放发生在同一模拟时刻，导致模型逻辑错误。影子床位先抓取后释放与具体床位后抓取先释放的安排保证了当患者进入到具体病房分配时一定有病床，消除了具体病房外的队列，将队列排列至影子病房床位外，实现了多服务台一条队列的模拟，如图 2.7 和图 2.8 所示。

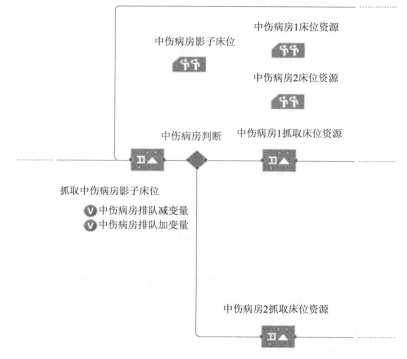

图 2.7　抓取影子病床与具体病床

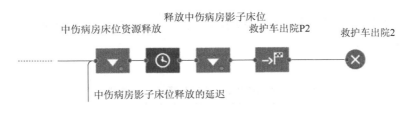

图 2.8　释放具体病床与影子病床

最后对出口模块（Sink）进行讨论。该医院共有三种出院方式——直接出院、直升机转院、救护车转院。由于野战医院只承担进行紧急医疗处理的任务，除了直接出院的情况，患者在医院停留时间由系统流程环节时间累积计算。根据单个患者自身的时间分布要求，对中伤患者可安排救护车转院，对重伤患者可安排直升机转院。

根据题目假设，直升机、救护车等均为外部资源，在这里无须野战医院进行考虑，所以 Sink 模块无须设置多余的参数即可作为最终的出口。但为了明晰不同科室向系统外输出的患者情况，面向科室设置了 Sink 模块，而非面向三个种类设置。所以共设置八个患者出口，具体如表 2.3 所示。

表 2.3　Sink 模块与系统对应出口

| 出/转院位置 | 出/转院口 | 出/转院方式 |
| --- | --- | --- |
| 分流帐篷 | 急性轻症诊疗出院 | 直接出院 |
| 急诊室 | 伤口缝合出院 | 直接出院 |
| 轻伤病房 | 轻伤病房出院 | 直接出院 |
| 分娩区 | 孕妇出院 | 直接出院 |
| 轻伤病房 | 轻伤转院 | 救护车转院 |
| 中伤病房 | 中伤转院 | 救护车转院 |
| ICU | 重症转院 | 直升机转院 |
| CCU | 心脏病转院 | 直升机转院 |

应用上述流程建模方法，对野战医院的全流程进行建模仿真。最终共建立全部包含十个智能体、八个科室、累计超过 300 个模块的野战医院仿真模型，能够完整模拟患者从输入野战医院系统到最终离开医院的所有情况下的全过程。

## 2.2.5　空间布局与路径设计

考虑到智能体（患者、医护人员）移动速度对结果的影响，本仿真模型根据野战医院各帐篷初始位置构建了初始空间布局和行人路径。初始布局按照案例中所给平面图及三维图绘制，各科室间联通情况与之相同。在建立对应的仿真模型时使用了 AnyLogic 库中的空间标记对智能体的位置、路径规划和资源归属地进行设置。绘制空间布局与路径设计功能模块如表 2.4 所示。

**表 2.4　绘制空间布局与路径设计功能模块**

| 编号 | 空间标记 | 名称 | 功能 |
|---|---|---|---|
| 1 | | 点节点 | 与 Resource 模块、Sink 模块相连接，作为智能体（患者）出现、消失的位置 |
| 2 | | 矩形节点 | 设置为各帐篷及内部功能区域；作为智能体（患者）排队位置、移动目的地、进行医疗流程时所在位置；智能体（各类医护人员）归属地及工作位置；Resource pool（床位资源）归属地位置 |
| 3 | | 吸引子 | 使各患者、医护人员移动到矩形节点中的规定位置进行治疗 |
| 4 | | 路径 | 连接各节点，规定网络中智能体移动方向路径 |

运用上述空间标记在 AnyLogic 中绘制二维可视化布局得到图 2.9 二维空间布局模型，并绘制了三维空间布局图（图 2.10）。

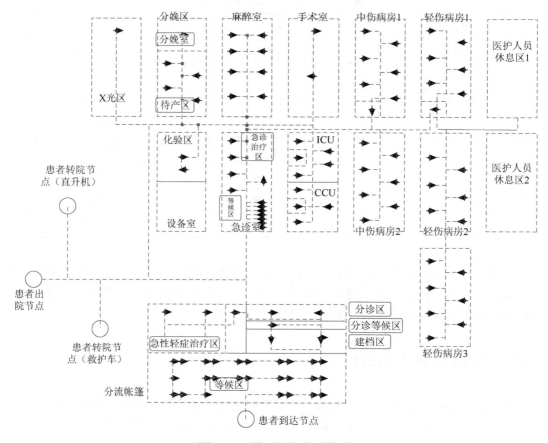

**图 2.9　二维可视化布局模型**

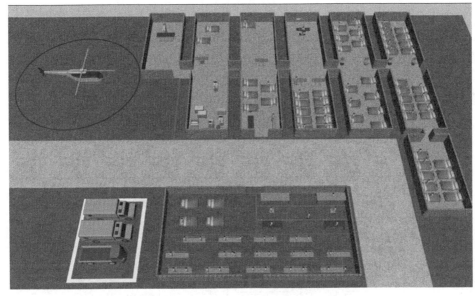

图 2.10　三维空间布局图

扫一扫　见彩图

通过构建二维可视化布局模型，将空间布局、路径移动考虑到仿真模型中。但是该二维可视化布局应用的模块不具有定义容量、考虑人流冲突的功能。所以并不能很好地反映医院真实的拥堵情况，仅能用作示意图。所以后续考虑医院布局时采用系统布局规划（systematic layout planning，SLP）方法进行布局。

### 2.2.6　仿真数据输出与处理

在运行仿真过程中，需要尽可能详细地记录并输出原始运行数据，为指标的建立与计算提供基础。因为 AnyLogic 是基于 JAVA 的仿真软件，所以仿真运行过程中在关键节点嵌入 JAVA 语句收集数据并导出至 Excel，并运用 MATLAB 编程进行后续分析。

针对每名模拟患者收集并导出 54 项数据，数据结构为 9×6 数据矩阵。其中，"9"表示医院系统整体及八个科室，包括系统、分流帐篷、分娩、ICU、CCU、急诊室、轻伤病房、中伤病房、手术室；"6"表示三项时刻数据及三项时间段数据，包括：

（1）进入科室队列的时刻——InQueue，在患者到达科室外队列等待进入科室时记录。

（2）进入服务系统的时刻——InTime，在患者进入科室，开始抓取到资源接受服务时记录。

（3）离开服务系统的时刻——OutTime，在患者离开科室最后一个流程模块时记录。

（4）排队时间——QueueTime，为进入服务系统时刻与进入科室队列时刻差值。

（5）服务时间——StayTime，为离开服务系统时刻与进入服务系统时刻的差值。

（6）总时间——TotalTime，为排队时间与服务时间之和。

对上述数据进行处理，首先运用数据"系统 InTime"统计了系统整体每日接待的患者人数，运用"系统 OutTime"统计了系统每日输出的患者人数。之后，求取了三个时间段数据的平均值及方差，得到各个科室的排队时间、接受服务时间以及总时间的方差与平均值。最后按照频数分布直方图模式将不同科室的三个时间段数据绘制了频数分布直方图，并保存了相关数据。

患者输出数据及其处理如图 2.11 所示。

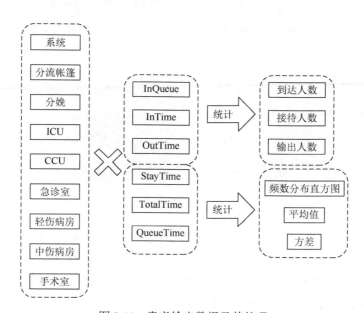

图 2.11　患者输出数据及其处理

在每个科室外等待进入科室接受服务的队列变化时记录队长及其对应的时刻，共记录 32 项数据，数据结构为 8×4 数据矩阵。其中，"8"表示八个不同的科室，"4"表示队长增加时对应队长及其时刻、队长减少时队长及其时刻。

在记录队长数据的基础上统计计算了各个科室的最大队长、平均队长及队长的方差。绘制了各个模块数据队长的频率分布直方图并记录对应的频数及组中值数据。最后绘制了时刻-队长散点图。科室排队数据及其处理如图 2.12 所示。

利用流程模块内置利用率函数记录了 59 个资源池实时资源利用率，包括：定岗人员、床位资源利用率及空闲人员、床位资源利用率。其中记录间隔为 10 分钟。统计各资源最大利用率并对其进行了升序排列，绘制了时刻-利用率散点图。资源池利用率数据及其处理如图 2.13 所示。

### 2.2.7　野战医院空间布局改善

受限于 AnyLogic 流程建模库模块功能，在进行流程建模时无法考虑人流路径冲突。但是在二维可视化部分观察仿真模型中患者移动后发现两个问题亟待解决：第一，部分路径人流量过大，超过道路负载能力；第二，部分路径上存在路径冲突问题。

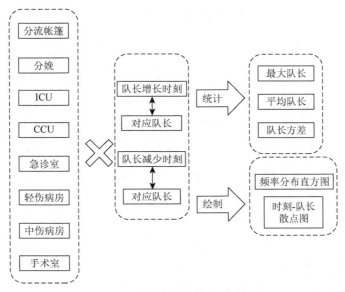

图 2.12　科室排队数据及其处理

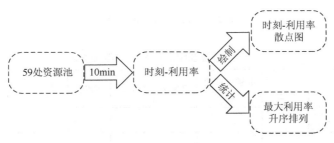

图 2.13　资源池利用率数据及其处理

在真实的医院系统中，上述两个问题会严重影响医护流程，并很有可能产生踩踏等次生安全问题。因此必须要对现有空间布局进行改善，尽可能分散人流、减少冲突。因为流程仿真能够提供真实的路径流量，所以这里采用了经典 SLP 方法对医院的空间布局进行改进。

题目空间布局情况如图 2.14 所示。

### 1. 人员流动与物流当量

SLP 方法要求统计物流当量刻画路径上的流动强度。但在医院系统中，路径上的流动主要是人的流动，其中包括医生和患者两类人的移动。由于患者病情各有不同，移动时对路径的占用也各有不同。但是由于缺少道路情况的信息与具体的患者特征信息，在此假设任一医生和患者对路径的占用相同，也就是说物流当量相同。在此将一个人设置为一单位的物流当量。

为确切统计各科室间物流当量，使用题目初始方案，设定随机仿真种子，累计进行 10 次仿真，将任意两科室间人流强度的平均值统计量作为 SLP 方法所需的物流当量。具体数据见表 2.5。

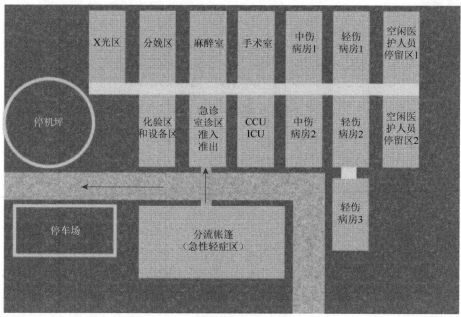

图 2.14　题目空间布局情况

扫一扫　见彩图

**表 2.5　野战医院医疗系统物流强度表**

| | 分流帐篷 | 急诊帐篷 | 化验区和设备区 | 麻醉室 | 分娩区 | 手术室 | 重症病房 | 轻伤病房 | 中伤病房 | X光区 |
|---|---|---|---|---|---|---|---|---|---|---|
| 分流帐篷 | | 602 | 0 | 108 | 14 | 0 | 100 | 0 | 0 | 0 |
| 急诊帐篷 | 602 | | 0 | 0 | 0 | 0 | 0 | 437 | 95 | 0 |
| 化验区和设备区 | 0 | 0 | | 108 | 0 | 88 | 0 | | 0 | 20 |
| 麻醉室 | 108 | 0 | 108 | | 0 | 0 | 0 | 0 | 0 | 0 |
| 分娩区 | 14 | 0 | 0 | 0 | | 0 | 0 | 0 | 0 | 0 |
| 手术室 | 0 | 0 | 88 | 0 | 0 | | 0 | 53 | 55 | 20 |
| 重症病房 | 100 | 0 | 0 | 0 | 0 | 0 | | 0 | 0 | 0 |
| 轻伤病房 | 0 | 437 | 0 | 0 | 0 | 53 | 0 | | 0 | 0 |
| 中伤病房 | 0 | 95 | 0 | 0 | 0 | 55 | 0 | 0 | | 0 |
| X光区 | 0 | 0 | 20 | 0 | 0 | 20 | 0 | 0 | 0 | |
| 综合接近程度 | 824 | 1134 | 216 | 216 | 14 | 216 | 100 | 490 | 150 | 40 |

**2. 作业单位的相互关系**

根据 SLP 方法的基本流程，在得到物流当量后，需要将物流强度划分为不同的等级。物流强度等级划分如表 2.6 所示。

表 2.6　物流强度等级划分表

| 物流强度等级 | 符号 | 物流路线比例（%） |
|---|---|---|
| 超高物流强度 | A | 10 |
| 特高物流强度 | E | 20 |
| 较大物流强度 | I | 30 |
| 一般物流强度 | O | 40 |
| 可忽略搬运 | U | |

根据表 2.5 的标准，对野战医院医疗系统物流强度表进行强度等级划分可以得到基于定量的相互关系，具体见表 2.7。

表 2.7　基于定量的相互关系表

| | 分流帐篷 | 急诊帐篷 | 化验区和设备区 | 麻醉室 | 分娩区 | 手术室 | 重症病房 | 轻伤病房 | 中伤病房 | X 光区 |
|---|---|---|---|---|---|---|---|---|---|---|
| 分流帐篷 | | A | U | I | O | U | I | U | U | U |
| 急诊帐篷 | A | | U | U | U | U | U | E | I | U |
| 化验区和设备区 | U | U | | I | U | I | U | U | U | O |
| 麻醉室 | I | U | I | | U | U | U | U | U | U |
| 分娩区 | O | U | U | U | | U | U | U | U | U |
| 手术室 | U | U | I | U | U | | U | O | O | O |
| 重症病房 | I | U | U | U | U | U | | U | U | U |
| 轻伤病房 | U | E | U | U | U | O | U | | U | U |
| 中伤病房 | U | I | U | U | U | O | U | U | | U |
| X 光区 | U | U | O | U | U | O | U | U | U | |

根据表 2.7 可知，分流帐篷与急诊帐篷的流量最大，急诊帐篷与轻伤病房的流量次之。其余病房之间流量有限，并非关键因素。

根据 SLP 方法，在定量表示相互关系时，还需要从较难量化但是影响较大的因素出发定性考虑各个设施间的关系。本文从工作流程、作业性质、使用场地情况三个方面考虑各个科室之间的定性关系。

1）考虑工作流程

进入手术流程的患者顺次移动顺序为：麻醉室→化验区和设备区（→X 光区）→手术室→麻醉室。但是非进入手术流程患者对上述四个科室没有需求，所以这四个科室可以采用成组技术布置的原则，四个科室紧密连接呈环形。

轻伤病房的患者全部来自分流帐篷，因此可以将三个轻伤病房布置在一起，放在离分流帐篷较近的位置。

2）考虑作业性质

急诊室的患者需要尽快处理，因此需要和分流帐篷尽量靠近。

分娩区的患者绝对数量很少，且新生儿应该与其他患者适当保持距离，所以分娩区可以放在布局的边缘位置。

医护人员在休息时，应该放在安静的环境中，因此空闲医护人员停留区也应该放在布局的边缘位置。

3）考虑使用场地情况

分流帐篷的流量最大，应取大块空地位置保证其不会堵塞。所以需要保证分流帐篷的位置不变。

依据上述三条考虑及其具体内容，对表 2.7 进行进一步调整，得到表 2.8。最后按照表 2.8 的综合相互关系，根据 SLP 方法的流程，绘制了各个科室相互关系图 2.15。

表 2.8　各科室综合关系表

|  | 分流帐篷 | 急诊帐篷 | 化验区和设备区 | 麻醉室 | 分娩区 | 手术室 | 重症病房 | 轻伤病房 | 中伤病房 | X光区 |
|---|---|---|---|---|---|---|---|---|---|---|
| 分流帐篷 |  | A | U | I | O | U | I | U | U | U |
| 急诊帐篷 | A |  | U | U | U | U | U | E | I | U |
| 化验区和设备区 | U | U |  | A | U | A | U | U | U | A |
| 麻醉室 | I | U | A |  | U | A | U | U | U | A |
| 分娩区 | O | U | U | U |  | U | U | U | U | U |
| 手术室 | U | U | A | A | U |  | U | O | O | A |
| 重症病房 | I | U | U | U | U | U |  | U | U | U |
| 轻伤病房 | U | E | U | U | U | O | U |  | U | U |
| 中伤病房 | U | I | U | U | U | O | U | U |  | U |
| X光区 | U | U | A | A | U | A | U | U | U |  |

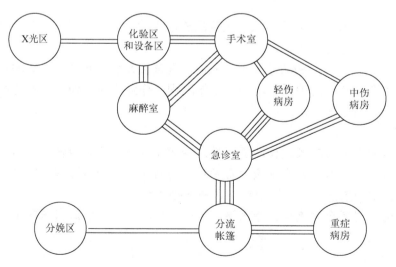

图 2.15　各个科室相互关系图

### 3. 医院布局的改进

在原有布局的基础上。考虑面积因素与前面的布局要求，得到的最终布局方案如图 2.16 所示。

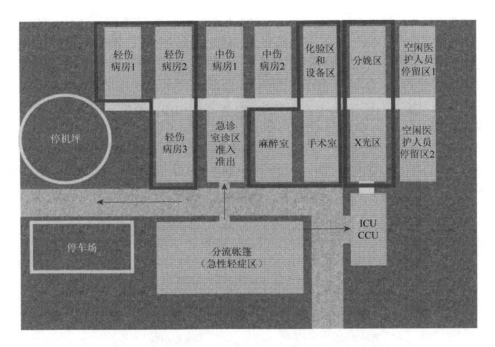

图 2.16　改进后的医院布局图

对改进后的医院布局从人流效率、工艺过程适应性进行定性评价，结果如下。

1）考虑人流效率

分流帐篷与急诊室诊区紧密相连保证了绝大多数患者的流动通畅。

根据具体流程，轻伤病房绝大多数患者来自急诊室诊区且流量较大，仅少数患者来自其他科室，基本不占用流量。将轻伤病房布置在医院的左侧规避了原有方案中的人员逆行情况。

同时手术室会接纳中等流量患者，所以布置在急诊室诊区右侧。

中伤病房患者来源复杂，应当放在布局的枢纽位置，紧靠急诊室，减小物流强度，保证人流通畅。

而分娩区的患者极少，考虑到负荷人流效率，放置于最边缘区域。

2）考虑工艺过程适应性

手术流程中"麻醉室→化验区和设备区→X 光区→手术室→麻醉室"形成一个闭合回路，四个部分紧密连接，保证患者在进入手术流程后路程最短，符合对手术室的要求。

### 2.2.8 原始方案的改进

#### 1. 改进目标与实验方案设计

题目要求野战医院处理能力达到 300～500 人/日。根据前面对原始方案的评价，当前该系统处理能力在 250～300 人/日，不能达到最低处理能力的要求，需要进行资源的重新调配以提高处理能力。考虑利用瓶颈法进行改进从而提高医疗系统处理能力，存在两条路径。

（1）自下而上法。以每日 300 人为初始输入，采用瓶颈法逐步提高系统的单日处理能力，逐步增加输入人数，直至无论如何改善瓶颈，均无法容纳新增的输入，或达到最大处理人数 500 人。

（2）自上而下法。以每日 500 人为初始输入，采用瓶颈法逐步改善系统。如果可以达到要求 500 人输出，则停止改进，否则减少输入人数，继续采用瓶颈法进行改善。

两种改进思路如图 2.17 所示。

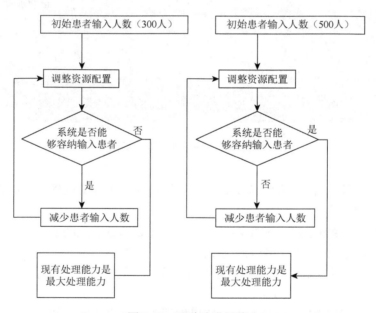

图 2.17 两种改进思路

两种方法均能找到最优配置方案，但自上而下法效率更高。因为自下而上法的瓶颈是随着人数的增加而逐步显现的，极有可能出现某一个瓶颈改善不彻底但是能够容纳当前测试的患者数量。自上而下法则能够充分暴露最高人数要求下野战医院的瓶颈，同一输入数据集便可以改善众多瓶颈。同时因为野战医院能容纳 500 人时，必然能容纳 300 人。所以采用自上而下法对野战医院的资源配置进行改善。

因此，对野战医院系统原始方案进行改进或实验设计为通过自上而下的数据输入设计，采用瓶颈法逐步迭代完善原始方案。

2. 资源调配模型与资源调配方法

1）识别关键资源及其性质

对野战医院建立 AnyLogic 仿真模型后，按照必需的关键资源对所有消耗仿真时间的流程进行分类，共有四种类型：①不占用资源的流程，如患者的空间移动；②仅占用人力资源的流程，如患者建档；③仅占用床位资源的流程，如轻伤病房住院时两次护士护理的间隔；④同时占用人力资源和床位资源的流程，如孕妇分娩。

去除不占用资源的流程，可以明确野战医院共有两类关键资源——人力资源、床位资源。根据题目所给已知信息，已有的两类资源数量及分配情况如表 2.9 所示。

表 2.9　已有的两类资源及分配情况

| 床位 | | 医护人员 | |
| --- | --- | --- | --- |
| 科室 | 数量 | 种类 | 数量 |
| 分娩区 | 4 | MD | 5 |
| CCU | 3 | PA | 2 |
| ICU | 4 | RN | 25 |
| 急诊室 | 5 | LPN | 12 |
| 轻伤病房 1 | 6 | Admin Clerk | 3 |
| 轻伤病房 2 | 6 | Xray Tech | 2 |
| 轻伤病房 3 | 7 | Lab Tech | 3 |
| 中伤病房 1 | 6 | Support Tech | 8 |
| 中伤病房 2 | 7 | Surgical Tech | 2 |
| 麻醉室床位 | 8 | | |
| 手术室床位 | 2 | | |
| 总床位 | 58 | | |

注：医生（doctor of medicine，MD）；医师助理（physician assistant，PA）；注册护士（registered nurse，RN）；实习护士（licensed practical nurse，LPN）；管理员（Admin Clerk）；X 射线医师（Xray Tech）；检验科医师（Lab Tech）；护工（Support Tech）；手术医师（Surgical Tech）

由于要对资源进行最优化调配，在这里讨论资源的横向替代性。

首先讨论床位。在野战医院紧急投入使用的大背景下，及时、准确地配置功能一体化的高级床位是不现实的，所以野战医院各个科室的床位是同质的，而床位的特定功能是由该科室的特定功能设备决定的，不是由床位本身决定的。所以各个科室的床位可以实现横向替代，如手术室床位可以用作轻伤病房床位。

其次讨论医护人员。医护人员共有九种，各类型医护人员掌握的技能各不相同，有很强的专业性。同时因为野战医院投入使用的时间很短，至多不超过一个月，医护人员短时间掌握与自身领域不相关的技能的情况并不现实，所以在此不考虑不同种类医护人员的相互替代性。但根据题目显示，不同种类医护人员可以在给定的科室进行主要、辅助以及替代工作，所以从该角度切入，利用医护人员的横向替代性进行调配。同时假定医护人员都为技能熟练人员，不同类型的人员在进行相同的工作时都遵循同样的时间分布（图 2.18）。

图 2.18　关键资源横向可替代性总结

2）资源的最优配比

根据建立的指标体系，评价资源运行效率的关键指标为床位利用率与医护人员利用率，两个指标均为极大型指标，所以优化的目标为尽可能提高资源利用率。

每个科室都需要考虑资源的配比问题，如轻伤病房的床位数量与医护人员的数量配比。野战医院可以抽象为线性串联的流程集合。前一个流程与后一个流程的消耗时间分布越接近，两流程间存在队列的可能性越低，医院流程不容易发生堵塞，同时每个流程的利用率也越大。考虑一个串联的两阶段医院服务模型，A 服从单点分布（4），B 服务紧随其后，服从单点分布（8），那么 B 服务配比应当两倍于 A 服务的资源，从而保证该医疗流程不存在流程间中间队列，当输入患者足够多时，流程总体能够达到平衡状态。

确定最优配比的意义为确保不存在结构限制导致的闲置资源。如果 A、B 流程均只有一个服务台，那么 A 流程的资源利用率至少会降低一半。

野战医院整个流程客观存在最优的资源配比。但是因为所有流程均遵循三角分布，且流程间连接结构较为复杂，所以从解析上不容易给出最优配比。本书主要通过仿真的方式来逼近近似最优配比，最优化利用各个流程间的资源。

下面以分流帐篷为例，确定最优配比。分流帐篷的主要流程及其分布如图 2.19 所示。在仿真流程中，建档前需要主要医护人员 Admin Clerk 以及辅助医护人员 PA，进行建档

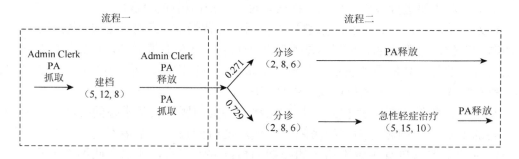

图 2.19　分流帐篷的主要流程及其分布

迟延［服从三角分布（5, 12, 8）］后，释放两名医护人员。而后抓取医护人员 PA 进行分诊操作［服从三角分布（2, 8, 6）］，进行分诊操作后以 27.1%的概率直接释放医护人员 PA，而以 72.9%概率进行急性轻症治疗［服从三角分布（5, 15, 10）］后再释放医护人员 PA。需要注意的是计算定置资源最优配比的流程以抓取和释放资源的位置进行划分，不同分叉对应不同的概率，并非按照实际流程进行划分。此处分流帐篷根据分叉划分为流程一与流程二，资源配置的平衡只在这两个流程间进行。

明确流程后可以进行资源最优配比的平衡，主要根据两个关键指标进行判断。

（1）流程间是否存在队列。如果流程间存在队列，则说明后流程节拍慢于前流程，需要增加后流程资源。

（2）各流程利用率是否达到最大。如果不是，则说明前流程节拍慢于后流程，需要增加前流程资源。

通过明确上述规则得到确定定置资源最优配比仿真流程，如图 2.20 所示。

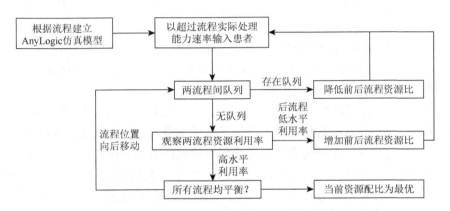

图 2.20　确定定置资源最优配比仿真流程

在此以分流帐篷平衡为例子，展示仿真寻找最优配比的具体数据。分流帐篷共进行四次平衡，流程间是否存在队长以及资源利用率具体数据如表 2.10 所示。

表 2.10　分流帐篷各流程资源最优配比仿真数据

| 迭代编号 | 建档资源数量 | 建档资源利用率 | 分诊资源数量 | 分诊资源利用率 | 是否存在队长 | 流程资源比 |
|---|---|---|---|---|---|---|
| Ⅰ | 1 | 99% | 1 | 99% | 是 | 1 |
| Ⅱ | 1 | 99% | 2 | 72% | 否 | 0.50 |
| Ⅲ | 2 | 99% | 3 | 99% | 是 | 0.67 |
| Ⅳ | 3 | 99% | 5 | 87% | 否 | 0.60 |

分流帐篷匹配共进行四次迭代，最终以 0.60 作为两流程间最优资源配比。虽然此处并不符合无队长、最高利用率的标准，但是为可达到资源比。根据迭代Ⅲ与迭代Ⅳ的数

据，最优配比在区间（0.6, 0.67）。但在该区间内继续逼近得出的最优配比会失去现实意义，因为这一配比并不容易通过整数比达到。

除分流帐篷外，需要考虑资源配比的科室还有分娩区、急诊室、轻伤病房、中伤病房、ICU、CCU、手术室。使用上述仿真流程可以求得七个科室之间（近似）关键定置资源最优配比及其区间。

3）自由资源与定置资源

为了更优利用资源，利用 AnyLogic 软件中 Seize 模块抓取 Resource pool 模块的调度原则（先请求先分配），在最优资源配比区间的基础上将资源分为两种特定大类资源，即自由资源、定制资源。定制资源表示已经固定到特定科室执行特定功能的资源，自由资源表示没有固定到特定科室的资源。表 2.9 分别显示了原始方案的自由资源与定置资源。其中床位全部为定置资源，而医护人员有定置资源和自由资源两种，如 Lab Tech 中包含自由人。

自由资源的存在对实现高资源利用率进而达到最优资源配置有重要作用。可以在定置资源达到近似最优配比后引入自由资源来进行弹性调节。因为自由资源可以看作同时归属于多个流程，实现了调配非整数个资源的目的，同时因为 AnyLogic 资源分配特性，当两流程间前流程节拍加快时，后流程调用自有资源随之加快，而当前流程节拍降低时后流程同样降低，可以实现弹性调节。

进一步考虑，在此假设一种极端情况，在一个实现完全自由资源调配的医院系统模型中，资源利用率必然达到近似最高，因为消除了定置带来的子系统与系统目标不同导致的局部资源浪费的情况。但是纯自由资源调配下的调配方式为按照资源的需求时间顺序进行调度，虽然可以消除队列，但是并没有考虑各个子系统之间的配合，所以并非最优配置方案。例如，分流帐篷队伍最长导致所有 RN 均调配至分流帐篷，虽然 RN 资源利用率实现了最大化，但是分流后所有需要 RN 的流程均瘫痪，所以整体来看并非最优情况。

因此在提高资源利用率和流程节拍配合时，应当考虑自由资源与定置资源相结合。

3. 野战医院资源调配方案改进

首先，梳理并总结从初始方案改进到最终方案的主要逐步迭代步骤，其中包括成功的瓶颈改进与不成功的瓶颈改进，具体内容见表 2.11。

**表 2.11　逐步改进步骤**

| 方案 | 瓶颈 | 改进方法 | 改进效果 |
| --- | --- | --- | --- |
| 原始方案 | 分流帐篷 | 机动 RN 调至分流帐篷，中伤病房 RN 调 2 人到分流帐篷 | 分流帐篷最大排队人数从 686 人减少到 187 人 |
| 方案 1 | 分流帐篷 | 手术室 MD 调整为机动人员 | 分流帐篷最大排队人数从 187 人减少到 78 人 |
| 方案 2 | 分流帐篷 | 机动 MD 调整至分流帐篷（方案 3）分娩区 RN 调 1 人到机动人员，1 人到分流帐篷（方案 4） | 分流帐篷最大排队人数从 78 人减少到 56 人。但手术室排队人数大幅度增加（方案 3）分流帐篷最大排队人数从 78 人减少到 56 人（方案 4） |
| 方案 3（×） | | 对方案 2 的改进方法不合理，因此否决掉方案 3。接下来继续在方案 2 的基础上进行改进 | |
| 方案 4 | 分流帐篷 | 轻伤病房调 3 个 RN 到分流帐篷 | 分流帐篷最大排队人数从 78 人减少到 16 人 |

续表

| 方案 | 瓶颈 | 改进方法 | 改进效果 |
|---|---|---|---|
| 方案 5 | ICU | 分娩区调三张床到 ICU | ICU 最大排队人数从 56 人减少到 16 人 |
| 方案 6 | ICU | 麻醉室调两张床到 ICU | ICU 最大排队人数从 16 人减少到 7 人 |
| 方案 7 | ICU | 中伤病房调三张床到 ICU | ICU 最大排队人数从 7 人减少到 5 人 |
| 方案 8 | 手术室 | 麻醉室调两张床到手术室 | 手术室最大排队人数由 6 人增加到 7 人, 同时手术室床位的周转加快 |
| 方案 9 | 手术室 | CCU 调一张床到麻醉室 | CCU 排队人数增加过多, 手术室排队数据不变 |
| 方案 10（×） | | 对方案 9 的改进方法不合理, 因此否决掉方案 10。接下来继续在方案 9 的基础上进行改进 | |

#### 1）原始方案瓶颈的识别

根据对原始方案的评价, 可能存在的瓶颈有分流帐篷（最大队长为 686）、急诊室（最大队长为 37）、ICU（最大队长为 36）、轻伤病房（最大队长为 25）四个科室。为了进一步定位最亟待改进的瓶颈, 需要对上述科室的队列进行分析。选取以每日 500 人输入、根据原始资源配置方案的一次仿真原始数据, 绘制上述四个科室的时刻-队长散点图, 见图 2.21。

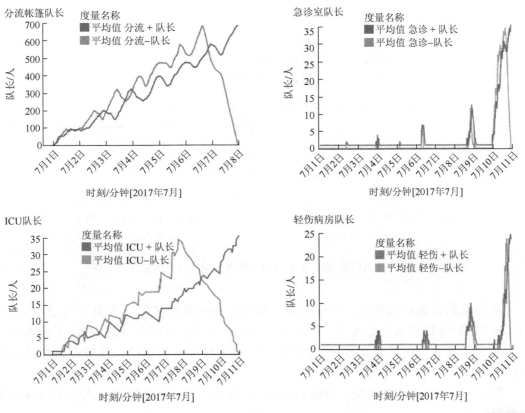

图 2.21　时刻-队长散点图

扫一扫　见彩图

分流帐篷与 ICU 队长在排除日间夜间周期性影响后具有明显的增长趋势性；急诊室、轻伤病房前七日队长处于低水平平稳状态，偶有队列增加的情况但又迅速回落。最大队长大的原因为最后恰逢集中患者到达，导致短时间内队列人数迅速升高。

综上所述，确定原始方案的瓶颈为分流帐篷与 ICU。但因为分流帐篷必须接待全部前往野战医院的患者，所以在此首先对分流帐篷瓶颈进行改善。

2）改善分流帐篷瓶颈

分流帐篷流程所必需的资源包括四种人力资源：PA、MD、RN、Admin Clerk。根据原始有效数据输出情况，绘制关于 PA、RN、自由 MD 三种资源的利用率随时间变化散点图，如图 2.22 所示。

在初始方案中 PA、RN、Admin Clerk 利用率均持续高于 95%。因为原始方案并未给分流帐篷分配 MD，但观察自由 MD，发现其利用率也持续高于 95%，分析原因可知是分流帐篷频繁调用所致。

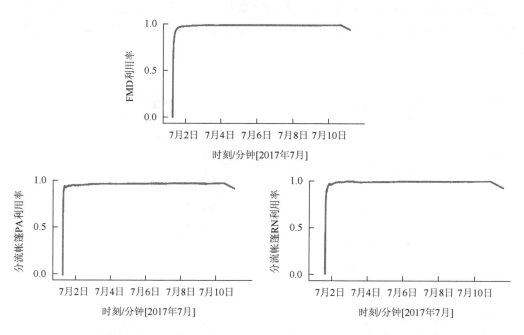

图 2.22　分流帐篷 PA、RN、FMD 资源利用率随时间变化散点图

但是根据资源限制情况，医护人员 PA 仅工作于分流帐篷，不具有改进的空间，Admin Clerk 每班三人已分配两人至分流帐篷，一人至急诊室。根据前述资源调配原则，暂不予调动，所以在此仅研究医护人员 MD 与 RN 的调动，消解分流帐篷处的瓶颈。

统计所有 MD 与 RN 的最大资源利用率，得到表 2.12 原始方案医护人员 MD、RN 最大资源利用率。

**表 2.12　原始方案医护人员 MD、RN 最大资源利用率**

| MD | 位置 | 自由 | 急诊室 | 麻醉室 | 手术室 | |
|---|---|---|---|---|---|---|
| | 利用率 | 98.67% | 79.87% | 未分配 | <50% | |
| RN | 位置 | 自由 | 分流帐篷 | 手术室 | 急诊室 | 轻伤病房 |
| | 利用率 | 97.79% | 97.13% | 64.53% | 20.12% | ≈15% |
| | 位置 | ICU | 中伤病房 | 分娩区 | CCU | 麻醉室 |
| | 利用率 | 13.98% | ≈10% | 6.48% | 5.85% | 5.81% |

根据前述资源横向调度原则、自有资源调度原则，可通过调整手术室 MD 与自由 MD，最优化调配 MD 医护人员，以及横向调度分娩区 RN、麻醉室 RN、各病房 RN 来最优化调配 RN 医护人员，以消解分流帐篷瓶颈。

根据上述分析，采用逐步改进的方式，确定的最终针对分流帐篷排队过长的改进方案为：①自由 MD 2 人调至分流帐篷定岗；②手术室 MD 1 人调至自由 MD；③自由 RN 1 人调至分流帐篷定岗；④中伤病房 RN 2 人调至分流帐篷定岗；⑤轻伤病房 RN 3 人调至分流帐篷定岗；⑥分娩区 RN 1 人调至分流帐篷定岗，1 人调整至自由 RN。

执行上述改进方案后，分流帐篷最大队长由 686 人降低至 16 人，低于最大容忍队列长度，改进方案有效。为进一步明确改进效果，绘制图 2.23。

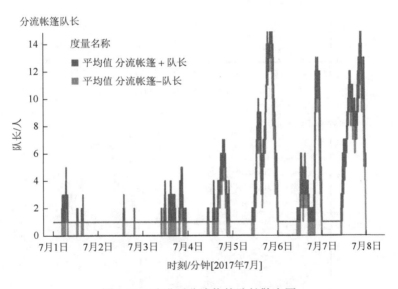

图 2.23　改进后分流帐篷队长散点图

扫一扫 见彩图

观察该队长散点图，分流帐篷最大队长为 16，存在多个尖峰表示患者突然集中到达但都迅速接诊，表明上述对于分流帐篷瓶颈的改进卓有成效。

3）ICU 瓶颈的识别与改进

对分流帐篷的瓶颈进行改善后，继续识别下一个瓶颈。将改进轻伤病房后各科室最大队长数据列于表 2.13。

**表 2.13　轻伤病房改善后各科室最大队长表**

| 科室 | 分流帐篷 | 分娩区 | ICU | CCU | 急诊室 | 轻伤病房 | 中伤病房 | 手术室 |
|---|---|---|---|---|---|---|---|---|
| 最大队长/人 | 16 | 1 | 54 | 1 | 6 | 20 | 2 | 10 |

　　根据表 2.13 得知，急诊室、轻伤病房的瓶颈有所消减，这是因为分流帐篷为整个医疗系统的入口，当分流帐篷瓶颈消除后，患者能够更加均匀地向后输出，所以上述两个科室最大队长减小，也侧面印证了上述两个科室并非最亟待改善的瓶颈。

　　但此时 ICU 与手术室排队队长有明显提升。同样地，绘制 ICU 与手术室队长随时刻变化散点图，如图 2.24 所示。

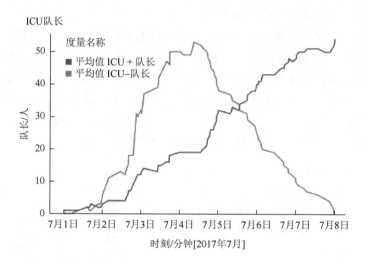

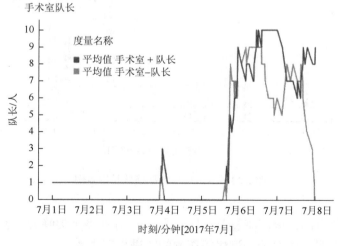

图 2.24　改进后 ICU、手术室队长散点图

　　对上述数据进行分析发现，ICU 队列长度呈现稳定上升趋势，同时在停止患者输入

后下降速度较慢；手术室则是迅速涌入一批患者，超过其处理能力导致最大队列增加。所以此时 ICU 为主要瓶颈，需要对其进行改善。

ICU 仅需要两种关键资源：病床床位和医护人员 RN。绘制其资源利用率随时间变化散点图如图 2.25 所示。

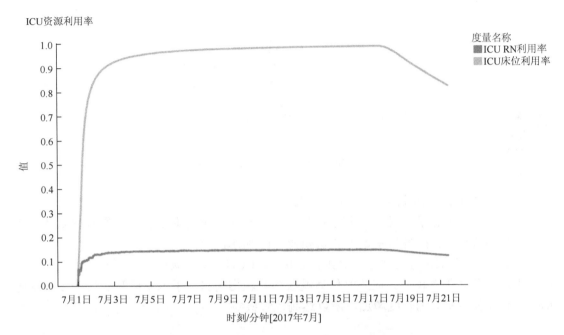

图 2.25　ICU 床位、ICU RN 资源利用率随时间变化散点图

根据上述资源利用率图表，得出限制 ICU 服务能力的资源为床位资源。考虑将其他科室空闲床位资源调配至 ICU，在此分析其他科室床位资源最大利用率，如表 2.14 所示。

表 2.14　床位资源最大利用率

| 床位位置 | ICU | 轻伤病房 | 手术室 | 中伤病房 | 麻醉室 | 急诊室 | CCU | 分娩区 |
|---|---|---|---|---|---|---|---|---|
| 最大利用率 | 99.10% | 95.92% | 87.92% | 62.89% | 69.45% | 54.67% | 34.02% | 14.00% |

根据表 2.14 可知，部分科室床位资源利用率较低，可从麻醉室、分娩区、中伤病房等区域调度至 ICU，增加其处理能力，消解瓶颈。

最终采取迭代改进的方式，确定的改进方案为：①分娩区床位调度三张至 ICU。②麻醉室床位调度两张至 ICU。③中伤病房床位调度三张至 ICU。

再次绘制 ICU 排队散点图，如图 2.26 所示。由图可知，ICU 排队最大队列由 56 减少到 7，且分布较为均匀，改进效果良好。虽然队列相对于重症患者仍然很大，但是根据仿真模型，继续调度床位至 ICU 并不能有效消除该队列，边际收益过低，所以不再继续针对 ICU 的瓶颈进行改进。

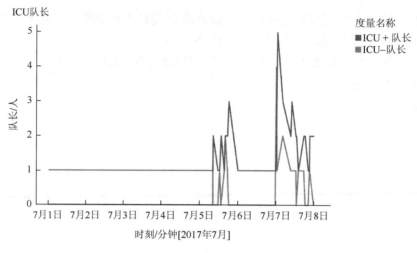

图 2.26 改进后 ICU 排队散点图

4）当前野战医院资源限制条件下改进

沿用上述分析方法，继续对其他瓶颈进行了改善，包括手术室、轻伤病房以及中伤病房。最终改善方案的各科室最大队长如表 2.15 所示。

由表 2.11 可知，分流帐篷、分娩区、ICU、CCU、中伤病房均达到要求，但轻伤病房与手术室队列仍然较长。但此时任何继续削减轻伤病房、手术室队列长度的改善措施均会引起其他科室队列长度增加，所以达到改善极限。

表 2.15　最终改善方案各科室最大队长

| 模块 | 分流帐篷 | 分娩区 | ICU | CCU | 急诊室 | 轻伤病房 | 中伤病房 | 手术室 |
|---|---|---|---|---|---|---|---|---|
| 最大队长/人 | 14 | 1 | 5 | 2 | 6 | 51 | 4 | 7 |

根据自上而下的实验设计，尝试削减输入患者数据，从 500 人/日削减到 450 人/日、400 人/日，得到各科室最大队长数据，如表 2.16 所示。

表 2.16　最终改善方案各科室最大队长对比

| 模块 | 最大队长 | |
|---|---|---|
| | 450 人/日 | 400 人/日 |
| 分流帐篷 | 7 | 7 |
| 分娩区 | 2 | 1 |
| ICU | 4 | 1 |
| CCU | 2 | 5 |
| 急诊室 | 3 | 3 |
| 轻伤病房 | 18 | 8 |
| 中伤病房 | 6 | 5 |
| 手术室 | 6 | 7 |

根据表 2.16 可以明确输入 400 人/日时该野战医疗系统完全可行,当输入 450 人/日时略有瓶颈。此时继续尝试改进的方案也均会引起其他更大的瓶颈产生，所以此时改进的方案为近似最优方案，最大吞吐量为 450 人/日。

最终野战医院资源调度方案如表 2.17 所示。

表 2.17  最终野战医院资源调度方案

| 区域 | | 数量 |
| --- | --- | --- |
| 分流帐篷 | 设备区 Support Tech | 1 |
| | 分流帐篷 MD | 0 |
| | 分流帐篷 PA | 2 |
| | 分流帐篷 RN | 8 |
| | 分流帐篷 LPN | 1 |
| | 分流帐篷 Admin Clerk | 2 |
| | 分流区 Support Tech | 4 |
| 分娩区 | 待产区床位 | 1 |
| | 分娩区 RN | 0 |
| | 分娩区 LPN | 1 |
| CCU | CCU 床位 | 3 |
| | CCU RN | 2 |
| ICU | ICU 床位 | 12 |
| | ICU RN | 12 |
| 急诊室 | 急诊室病床床位 | 5 |
| | 急诊 MD | 2 |
| | 急诊 PA | 0 |
| | 急诊室 Admin Clerk | 1 |
| | 急诊室 RN | 2 |
| 轻伤病房 | 轻伤病房床位 | 19 |
| | RN 轻伤 | 3 |
| | LPN 轻伤 | 3 |
| 中伤病房 | 中伤病房床位 | 10 |
| | RN 中伤 | 2 |
| | LPN 中伤 | 2 |

续表

| 区域 | | 数量 |
|---|---|---|
| 手术流程 | 麻醉室床位 | 4 |
| | 麻醉室 MD | 0 |
| | 麻醉室 PA | 0 |
| | 麻醉室 RN | 3 |
| | 化验 RN | 0 |
| | 化验 Lab Tech | 2 |
| | Surgical Tech | 1 |
| | 手术室床位 | 4 |
| | 手术室 MD | 0 |
| | 手术室 PA | 0 |
| | 手术室 RN | 2 |
| | X-ray Tech | 2 |
| | 手术辅助移动的护工 | 3 |
| 空闲资源 | 床位 | 0 |
| | MD | 3 |
| | PA | 0 |
| | RN | 1 |
| | LPN | 5 |
| 其余资源 | Lab Tech | 1 |
| | Support Tech | 0 |
| | Surgical Tech | 1 |
| | Admin Clerk | 0 |
| | X-ray Tech | 0 |

5）空间布局的配合调整

经过以上一系列的改进措施，不同功能区的床位资源数量发生了较大变化，为了满足帐篷的容量要求，需要对空间布局进行重新调整。由于各科室人流量不存在变化，空间布局调整遵循前述 SLP 方法，如图 2.27 所示。

从图中可以看到，由于 CCU 中病床数量提升至 12 张，无法与 CCU 安排在同一个帐篷中。另外，两个中伤病房的病床数量均为 5 张，因此可以合并到一个帐篷中。同时，将手术室转移到空闲出的中伤病房帐篷。空出来的帐篷单独作为 CCU 进行使用。通过以上措施，在维持原有功能区布局基本不变的情况下，对空间布局进行了调整，从而适应新的资源分配对空间的要求。

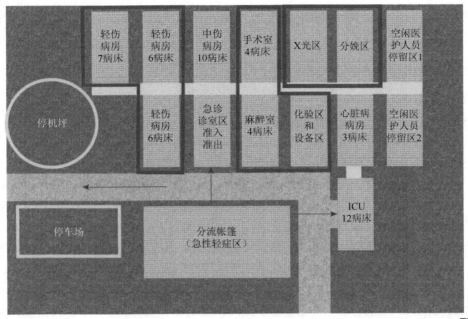

图 2.27　空间布局调整

扫一扫　见彩图

## 2.3　总结与展望

### 2.3.1　关键改进步骤

总结改进所遵循的改进方法论，共包括三个部分：设置（修改）方案背景假设、进行方案资源调度、进行评价。

（1）设置（修改）方案背景假设包括两个主要部分：第一，设置改进方案的前提条件如流程、资源总量等，为改进方案设置明确的界限：模型假设总结了全局假设，同时包括了后续改进遵循的前提假设。第二，确定患者输入的背景数据，模型的建立分析了题目所给患者到达信息，后续在此基础上进行方案改进；引入了初始等待患者，针对各种灾难修改了相应的患者输入数据，并针对性地进行了方案改进。

（2）进行方案资源调度是进行改进所采取的主要思想。采用了 SLP 方法针对空间布局进行方案改进；针对原始方案进行了改进，主要方法是静态调度，即只考虑两班制下各种床位以及医护资源的定岗分配。引入了基于时间的动态调度分配，即配合患者在时间尺度上的分布变化，针对性地调度资源；引入了基于事件的人员动态调度，即配合不同科室的队列长度、排队等待时间等情况，针对性地进行医护人员资源的动态调度。逐步撤离方案则是研究了在患者逐步减少时，在保留基本医疗能力的基础上逐步减少野战医院资源直至完全撤离的调度方案。

（3）进行评价的主要内容是设立评价指标，从而为使用瓶颈法找到瓶颈提供参考意义。评价指标体系是基于常规的医院评价流程体系给出的总体评价方案，用于后续所有方案的评价。而出于现实因素和人道主义考虑，引入了过度等待时间的因素，为后续方案的评价增加了新的维度。

1. 基于原始方案的初步改进方案

1）改进目的

根据野战医院的设计目标，野战医院每日处理能力应达到 300～500 人，但是目前野战医院每日处理能力在 250～300 人，没有达到设计的系统服务能力。根据队列长度和患者等待时间数据，分流帐篷排队人数达到 686 人，最大患者等待时间高达 2513.452 分钟，远大于正常的等待时间。ICU 处最大队长达到 36 人，最大患者等待时间达到 9635.506 分钟，死亡患者过多。综上，目前野战医院总体的服务能力没有达到设计的目标，各个科室的处理能力不足，导致等待队伍过长，死亡人数过多。

与此同时，野战医院中许多资源处于闲置状态，没有实现资源的充分利用，轻伤病房、ICU、CCU、分娩区的 RN 利用率不足 15%，麻醉室、分娩区的床位利用率不足 40%。综上，野战医院现有的资源配置不合理，部分医护资源与床位资源在特定科室利用率接近 100%，说明在这些科室中人员是瓶颈资源。但是在有些科室中，人员的利用率极低，说明在这些科室中，人员大部分时间处于闲置状态。

将闲置的医护人员调配到瓶颈科室中，实现人员的平衡，则可以提高资源的利用率，野战医院的处理能力将会进一步上升，达到初始设计的系统服务能力。因此，需要改善资源的分配方式以提高野战医院中资源的利用率，最终提高系统的服务能力。

2）新增假设

在对野战医院的资源配置进行改善时，作出了一些假设。

（1）野战医院的资源总量有限：医护人员的数量、总体床位数量固定，不能额外增加资源。

（2）资源之间可以横向替代：假设所有的床位相同，同种医护人员操作时具有相同的处理时间。

（3）野战医院作为服务系统，具有以下特点：第一，输入具有波动性。到达患者的数量是不确定的，同时队列的存在导致了系统处理的滞后性，所以野战医院资源利用率的波动很大，最高资源利用率对应的服务过程无法直接映射为瓶颈。第二，队列具有损失性。如果每个科室的患者得不到及时的救助就会面临生命危险，因此野战医院每个科室的队列不能过长，患者等待的时间不能过长。

3）改进方法

由于野战医院是一个大规模复杂系统，难以通过数学模型求得系统整体最优资源配置，因此采用结合方针的瓶颈法对原始方案进行改进。改进的总体思路如下。

（1）系统输入过量的患者：以每日 500 人为初始输入。如果瓶颈法改善系统无法达到要求则减少输入人数，继续用瓶颈法进行改善。

（2）应用仿真模型寻找系统瓶颈：为每个科室设定可容忍队列长度。运行仿真模型，寻找系统中队列最长的科室，如果该科室排队人数小于可容忍队列长度则不考虑该科室，寻找排队人数次高的科室；如果排队人数大于可容忍队列长度则该科室为瓶颈科室。瓶颈科室中资源利用率最高的资源为瓶颈资源。

（3）从其他科室中寻找空闲资源：从非瓶颈科室中寻找利用率最低的资源作为空闲资源。

（4）将空闲资源调配至瓶颈或变为自由资源：将空闲资源调配至瓶颈资源处。如果空闲资源仅有一人，则将空闲资源调变为自由资源。

（5）重复上述过程直到系统无法改善。此时，如果系统仍然无法处理输入的患者，则减少输入的患者再次迭代；如果系统可以处理输入的患者，则得到最终方案。

4）改进内容

按照前面所述改进方案，结合仿真模型对野战医院系统进行改进，在该方案下，野战医院系统每日最大处理能力约为 450 人。

5）结果分析

经过改善，野战医院系统的服务能力有了大幅度的提升。系统每日处理能力从小于300 人增加至 450 人，增长 50%。各个科室的最大排队人数大幅度减少：分流帐篷的最大队长从每日超过 600 人减少到每日 14 人。

**2. 引入过度等待时间方案**

1）改进目的

考虑患者未得到及时救治而丧生的情况。

2）新增假设

需要前往手术室和重症病房的患者存在一个"过度等待时间"，从进入医疗系统开始计算，当患者的累计等待时间超过"过度等待时间"时，该患者会由于未得到及时的救治而丧生。考虑到医学的现实情况，设置过度等待时间为 12 小时。

3）改进内容

在仿真模型中的手术室和重症病房两个功能区加入时间的判断模块，并统计过度等待患者的数量。

4）结果分析

引入过度等待时间后，患者不会无限制地在队列中等待，改善后的仿真模型更符合现实。有效救治率成为评价野战医院运营方案的重要指标。

**3. 基于时间的动态调度方案**

1）改进目的

增强患者需求与医护资源的匹配程度，提高野战医院的运行效率和服务能力。

2）改进方法

通过分析患者到达时间，基于时间进行动态调度。

3）改进内容

对患者到达数据进行分析，发现在两个时间段患者到达医院的不均衡性，重新设计医护人员的白夜班时间和人员配比，从而匹配患者的救治需求。

4）结果分析

通过对分流帐篷区的医护人员进行白夜班的调配，以适应不同的患者到达强度，有效提高了医护人员的工作效率，分流帐篷处的平均队列长度降低了 50%，患者的平均等待时间也有效降低。

### 4. 初始等待患者的引入

1）改进目的

考虑在野战医院建成初有大量待救治患者的情况，从而使得模型更好地模拟现实。

2）新增假设

在第一天的初始时间节点存在一定数量的等待患者，设置为 100 人。

3）改进内容

通过对原方案的运行数据进行分析，发现手术室医护人员 RN 在初期利用率不高，因此将手术室 RN 在前 12 小时调配至分流帐篷处，协助大量等待患者进入医疗系统，随后回到原工作岗位。

4）结果分析

通过新动态调度方案，初始等待患者造成了排队较长的问题，进一步提高了系统的服务效率，患者的平均停留时间有效降低，当日的治愈患者人数也有一定程度的增加。

### 5. 基于事件的动态调度方案

1）改进目的

增加医护人员调配的灵活性，以提高野战医院的运行效率。

2）新增假设

在医院信息系统及可视化面板的辅助下，医院管理者与医护人员能够实时获得各功能区患者的排队情况以及对应医护人员的工作负荷。在这一条件下，医护人员能够灵活地根据需求转换工作岗位。

3）改进方法

设置特定的"事件标准"，当现场情况达到这一标准时，医护人员能够根据事先设定的方案进行工作调整。

4）改进内容

首先通过指标评价体系确定手术室为亟须改善的功能区，然后比较各功能区的资源利用率，确定麻醉室和手术室的医护人员 RN 为空闲岗位，在手术室排队人数大于 2 时，换岗到手术室协助进行工作。最后对基于事件的动态调度方案进行评价，验证其可行性。

5）结果分析

新方案引入了基于事件的动态调配之后，有效地减少了手术室的患者排队长度，并成功将过度等待患者数量降低至零。新的人员调配方案有效提高了野战医院的运行效率。

## 2.3.2　结论与建议

回顾模型建立及改进，提出如下结论与建议。

（1）建立完备的信息系统。动态调度依赖于完善的信息系统，需要时刻统计各个科室的患者排队人数、每位患者的等待时间等信息，当某个科室需要额外资源时，信息系统能够及时通知医护人员。

（2）统计灾难到达时的历史数据，对未来患者的到达数据进行更合理的预测。灾后患者的数量影响野战医院的体量，不同种类患者的比例影响野战医院的资源配置。患者的到达模式影响野战医院的动态调度方案。因此，更加精准的患者到达预测数据使野战医院的资源配置更加合理。

（3）对医护人员提前进行培训。通过提前培训，可以让医生掌握更多的技能，在野战医院运行时，不同种类的医生可以互相替代，这为资源调配提供了更大的灵活性。

（4）引入更先进的硬件设施。手术室的床位与其他科室的床位不同，因此手术室的床位不可以从其他科室调配，如果引入更高级的硬件设施，如多功能床，可以使床位资源在各个科室之间调配，使资源的应用更加灵活。

（5）不断优化治疗流程。治疗流程的简化可以减少患者在野战医院系统中滞留的时间，通过向专业人士咨询，对治疗流程进行了一定的简化，大幅减少了患者在系统中滞留的时间，提高了系统的服务能力与运行效率。

（6）设置合理的空间布局。将人流量大的科室尽量放置在一起，将流程上互相衔接的科室放置在一起。保证患者在医院中移动的路线尽量小，人流在路上尽量按照一个方向移动。同时还需要保证野战医院系统与外界能够运输，保证患者可以通过汽车或直升机紧急运输进医院，也可以通过救护车和直升机紧急转院。

## 参 考 文 献

[1]　Kreiss Yitshak. Early disaster response in Haiti：The Israeli field hospital experience[J]. Annals of Internal Medicine，2010，153（1）：45.

[2]　Nufer K E，Wilson-Ramirez G，Crandall C S. Different medical needs between hurricane and flood victims[J]. Wilderness & Environmental Medicine，2003，14（2）：89-93.

[3]　Guha-Sapir D，Van Panhuis W G，Lagoutte J. Short communication：Patterns of chronic and acute diseases after natural disasters—a study from the International Committee of the Red Cross field hospital in Banda Aceh after the 2004 Indian Ocean tsunami[J]. Tropical Medicine & International Health，2007，12（11）：1338-1341.

[4]　Merin O，Ash N，Levy G，et al. The Israeli field hospital in haitiethical dilemmas in early disaster response[J]. New England Journal of Medicine，2010，362（11）：e38.

[5]　Bar-Dayan Y，Leiba A D，Beard P，et al. A multidisciplinary field hospital as a substitute for medical hospital care in the aftermath of an earthquake：The experience of the Israeli defense forces field hospital in duzce，Turkey，1999[J]. Prehospital and Disaster Medicine，2005，20（2）：103-106.

[6]　武悦，李燎原，张姗姗，等. 智慧医疗救援模式下的移动应急医院设计探索[J]. 建筑学报，2019（S1）：111-116.

[7]　Bernstein R S，Baxter P J，Falk H，et al. Immediate public health concerns and actions in volcanic eruptions：Lessons from the Mount St. Helens eruptions，May 18-October 18，1980[J]. American Journal of Public Health，1986，76：25-37.

# 第3章 办公用品销售企业 SD 公司的物流网络设计

## 3.1 案 例 介 绍

### 3.1.1 SD 公司背景

SD 公司是一家定制纸制品和办公用品的销售企业，客户以小型企业为主，旗下现有 400 多家独立分销商（每一个分销商负责某一固定区域的产品销售和上门配送服务）。

SD 公司在 Blawnox 拥有一家文具加工厂，公司根据客户订单安排生产计划，然后按照客户需求进行定制化加工，当分销商与客户签订销售协议后，即将订单发送至公司总部，由总部向加工厂下达生产任务，集中安排生产，完成加工后的产品再从 Blawnox 运送至分销商，由分销商上门配送至客户。

### 3.1.2 当前配送方式

目前 SD 公司从 Blawnox 至各分销商的全部货物运输由第三方物流企业 USPE 公司承担，依照合约规定，只有当 USPE 公司的运输能力无法满足 SD 公司的需求时，SD 公司才可以选择与其他物流企业合作。

### 3.1.3 SD 公司的跨区运输策略

为了在维护与 USPE 公司长期战略合作伙伴关系的同时，降低由于运输费率调整对企业经营带来的负面影响，SD 公司的运输部门提出了跨区（zone-skipping）运输策略，即在与 USPE 公司续约的同时，私下与另一家物流企业 DJ 公司合作，通过类似于越库（crossdocking）作业方式，降低物流成本。

上述跨区运输策略需要利用 DJ 公司的部分仓库设置若干物流分拨中心（poolpoint），由每个分拨中心集中处理附近几家分销商的货物。然后通过与 Blawnox 当地另一企业共享卡车的方式，将货物先从 Blawnox 集中运输至物流分拨中心拆包，再通过 USPE 转运至各分销商。

为了避免被 USPE 公司收取合同约定的运输费用，所有经由物流分拨中心处理的货物增加了外包装，并以个人名义向各分销商发货，以 USPE 非合约用户的收费标准支付运输费用。

### 3.1.4　需解答的问题

（1）请评估当前物流网络设计下 SD 公司的年度总分销成本，即所有发货均通过 USPE 从 Blawnox 直接发往各分销商。

（2）请为 SD 公司设计一个结合跨区运输策略的物流网络，确定在 DJ 公司的哪些仓库设立物流分拨中心，并安排由 Blawnox 至每一个分销商的运输方案（是否采用跨区运输），同时计算所涉及的新物流网络的年度总分销成本。

（3）请为 SD 公司撰写一份备忘录，主要内容包括：①识别 SD 公司物流网络设计决策中的利益相关者；②针对 USPE 公司公布的调整后的运输费率，SD 公司可以采取的应对措施；③分析 SD 公司可能采取的每一项应对措施对每一位利益相关者的潜在影响；④结合上述对利益相关者的潜在影响，判断影响 SD 公司决策的关键因素；⑤为 SD 公司的物流网络重新规划推荐一些措施；⑥阐述其他可行应对措施未入选的理由。

### 3.1.5　设计要求及数据参考

1）物流网络设计要求

对于某些地理位置偏远或所需货物运输规模极小的分销商，可保持原运输策略，即可以不经过物流分拨中心转运。

（1）每一个分销商的货物运输路径固定且唯一，即某一分销商的所有货物均由某一家物流分拨中心处理，或所有货物均直接从 Blawnox 通过 USPE 运输至分销商所在地。

（2）SD 公司的产品销售不受季节和流行趋势的影响，市场需求稳定。因此，附件中提供的一周销售数据可以作为年度市场需求计算依据（即假设当年度每周的出货量相同）。

（3）基于 SD 公司的产品特性，运输费用按照货物重量收取，且运费与货物重量满足线性关系。

2）物流数据参考

（1）"历史销售数据.xls"。

（2）"区域划分.xls"。

## 3.2　问　题　解　决

### 3.2.1　当前物流成本评估

1）参考数据

（1）"历史销售数据.xls"中包含了具有代表性的某一周的包裹发货历史数据，所有货物均由 Blawnox 发出。

（2）"区域划分.xls"中的 UPSE 的区域划分及每个独立经销商所在区域和 USPE 公司向 SD 公司收取的各区域运输费率（调整后）。

2）计算求解

由于包裹当前都是按照合约费率约束，可以计算得出每个包裹的实际运费，通过计算单周内每一个包裹费用总和得到 SD 公司的费用和，进而得到当前物流模式的年度总成本。

通过计算求解，当前物流模式的年度总花费为 1057914.81 美元，当前物流网络下的总分销成本过高，有着极大的改善空间。

## 3.2.2　物流网络设计

### 1. 建立模型

引入共享卡车后，运输方式发生改变，即由共享卡车运送至分拨中心后再由 USPE 运送至分销商。

将初始数据导入 Excel，针对每一订单分别计算，由邮编经区域划分表查找到对应费率和最小费用，以订单成本 = max（USPE 费率×订单数量，最小费率），计算出每一订单通过不同方式运输的对应费用，进而计算出该分销商所有订单费用的总和 $t_{ij}$，同时对每一个分销商的包裹数量统计得到 $n_i$。

模型变量：

$$y_i = \begin{cases} 1, & \text{选择 } i \text{ 地作为分拨中心} \\ 0, & \text{未选择 } i \text{ 地作为分拨中心} \end{cases}$$

$$x_{ij} = \begin{cases} 1, & \text{由分拨中心 } i \text{ 向分销商 } j \text{ 供应} \\ 0, & \text{未由分拨中心 } i \text{ 向分销商 } j \text{ 供应} \end{cases}$$

$z$：整型变量，代表每年运往 $i$ 分拨中心的卡车数量

模型常量见表 3.1。

表 3.1　模型常量

| 符号 | 含义 |
| --- | --- |
| $i$ | Blawnox 和分拨中心的集合 |
| $d_i$ | 由 Blawnox 到分销商 $i$ 的距离 |
| $m_i$ | 由共享卡车从 Blawnox 运送到分拨中心 $i$ 的费率 |
| $D_j$ | 分销商 $j$ 的周需求量 |
| $n_i$ | 单辆共享卡车从 Blawnox 运往分拨中心 $i$ 的货物数量 |
| $c_i$ | DJ 公司征收的服务费率 |
| $t_{ij}$ | 由 $i$ 分拨到分销商 $j$ 的总费用 |

总成本 = 仓库建立及维护费 + 共享卡车运输费用 + 送货服务费用 + USPE 配送费用

（1）仓库建立及维护费：$40000\sum_{i=1}^{7}y_i$。

（2）共享卡车运输费用：$\dfrac{1}{2}\sum_{i=1}^{7}m_id_iz_i$。

（3）送货服务费用：$52\sum_{i=1}^{7}\sum_{j=1}^{43}c_iD_jx_{ij}$。

（4）USPE 配送费用：$\sum_{i=0}^{7}\sum_{j=1}^{43}t_{ij}x_{ij}$。

即

$$\min W = 40\,000\sum_{i=1}^{7}y_i + \frac{1}{2}\sum_{i=1}^{7}m_id_iz_i + 52\sum_{i=1}^{7}\sum_{j=1}^{43}c_iD_jx_{ij} + \sum_{i=0}^{7}\sum_{j=1}^{43}t_{ij}x_{ij}$$

约束条件为

$$20\,000z_i \geqslant 52\sum_{j=1}^{43}D_jx_{ij},\ \forall i=1,2,\cdots,7 \tag{3.1}$$

$$z_i \leqslant My_i,\ \forall i=1,2,\cdots,7 \tag{3.2}$$

$$x_{ij} \leqslant y_i,\ \forall i=1,2,\cdots,7,\ \forall j=1,2,\cdots,43 \tag{3.3}$$

$$\sum_{i=0}^{7}x_{ij}=1,\ \forall j=1,2,\cdots,43 \tag{3.4}$$

约束含义如下。

需求约束：式（3.1）确保由 Blawnox 到达分拨中心 $i$ 的货物量比由分拨中心 $i$ 到分销商 $j$ 的货物量大，即货源充足。

运输约束：式（3.2）保证只有在 $i$ 地成为分拨中心的前提下才会派送共享卡车；

分拨约束：式（3.3）保证只有在 $i$ 地成为分拨中心的前提下才会向分销商 $j$ 派送货物；

分销商约束：式（3.4）保证每个分销商只会由一个分拨中心或总部供应。

**2. 模型求解**

**1）参考数据**

（1）"历史销售数据.xls"中包含了具有代表性的某一周的包裹发货历史数据，所有货物均由 Blawnox 发出。

（2）"区域划分.xls"中包含 USPE 的区域划分及每个独立经销商所在的区域，同时还包括 DJ 公司的 7 个可用于设置物流分拨中心的仓库位置。同时，此 Excel 文档中还包含 USPE 公司向 SD 公司收取的各区域运输费率（调整后）、可用于跨区运输策略的 DJ 公司各仓库运输费率和处理费用、USPE 在各区域的运输费率（适用于非合约用户）。

（3）对于每一个被 SD 公司作为物流分拨中心的仓库，DJ 公司将收取固定的使用费和维护费，二者合计为 40 000 美元/（仓库·年）。

（4）DJ 公司货车的最大载重量为 40 000 磅；SD 公司与另一家企业共享卡车，另一家企业占用卡车最大载重量的一半，即每辆卡车实际可供 SD 公司使用的载重量上限为

20 000 磅。但无论实际容量分布如何，卡车运输成本将在两家公司之间平均分配。

（5）计算卡车成本时，以 Blawnox 作为起点。

（6）Blawnox 的邮编为 15238。

2）模型计算

本组采用了 Gurobi 求得全局最优解，同时还采用贪婪算法求得了局部最优解（表 3.2），可以更加明显直观地看到全局最优解的最优性[1-7]。

**表 3.2　模型计算解**

| 求解方式 | 当前成本 | 贪婪算法 | Gurobi 模型求解 |
| --- | --- | --- | --- |
| 总成本/美元 | 1 057 914.81 | 928 813.19 | 925 684.5726 |

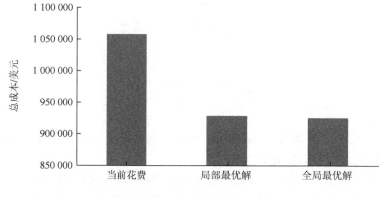

图 3.1　模型求解

3. 总结

这种物流模式的年度总花费为 925 684.5726 美元，相比之前的物流网络，每年可为 SD 公司节约 132 230.24 美元。

### 3.2.3　方案设计

为了减少总的物流成本，应当采取跨区运输方案，具体方案如下。

应当选择 TubaCity 和 WallaWalla 建立物流分拨中心[8]。

其中，TubaCity 负责以下地点分销商的供货：

[81321, 81416, 81504, 81650, 83014, 84532, 84780, 85012, 86004, 86042, 86314, 86426, 89104, 90061, 93030, 93427, 93703, 93906, 94403, 95051]

WallaWalla 负责以下地点分销商的供货：

[59019, 59634, 59808, 83338, 83544, 83638, 83706, 84003, 84414, 89408, 89509, 89822, 95993, 96130, 97002, 97524, 97862, 97920, 98059, 98248, 98812, 99223, 99350]

### 3.2.4　影响因素分析

1. 定量因素

1）运输费用[4]

运输费用增大时，通过共享卡车由总部 Blownox 运往各分拨中心的费用增大，使得跨区域运输的费用增大，因此将考虑原运输策略。

运输费用减小时，通过共享卡车由总部 Blownox 运往各分拨中心的费用减小，使得跨区域运输的费用减小，因此将考虑跨区域运输策略。

2）服务费用

服务费用增大时，由分拨中心运往各分销商的费用增大，使得跨区域运输的费用增大，因此将考虑原运输策略。

服务费用减小时，由分拨中心运往各分销商的费用减小，使得跨区域运输的费用减小，因此将考虑跨区域运输策略。

3）建厂费用

建厂费用增大时，建立各分拨中心的费用增大，使得跨区域运输的费用增大，因此将考虑原运输策略。

建厂费用减小时，建立各分拨中心的费用减小，使得跨区域运输的费用减小，因此将考虑跨区域运输策略。

4）分拨费用

（1）合约价格。合约价格增大时，USPE 收取的合约价格增大，使得原运输策略的费用增大，因此需考虑跨区域运输策略。合约价格减小时，USPE 收取的合约价格减小，使得原运输策略的费用减小，因此将考虑原运输策略。

（2）非合约价格。非合约价格增大时，由分拨中心运往各分销商的运费增大，使得跨区域运输策略下的总费用增大，因此将考虑原运输策略。非合约价格减小时，由分拨中心运往各分销商的运费减小，使得跨区域运输策略下的总费用减小，因此将考虑跨区域运输策略。

2. 定性因素

1）基于层次分析法的物流网络方案评估方法

（1）建立物流网络评价指标体系。

为使得物流网络构建方案具有现实意义，应当定性和定量分析相结合，综合非成本因素和成本因素，使用层次分析法确定各因素的权重，结合实际背景，参考相关文献、法律规定及咨询物流行业专业人员，确定影响因素的种类和重要程度，得出较全面的评价指标清单[5]。

①经营因素。

a. 灵活性。企业的供应活动能够及时根据市场短期需求变化而变化，从而使企业能比竞争对手更快、更经济地供应商品，跨区运输方法会使企业在发生需求剧烈变动时调整周期较长，面对市场变化的灵活度较低。

b. 协调与管理难度。物流网络的复杂化使供应链达成协调运作的难度增加，在跨区战略中可能会出现对接出错、信息不对等等管理问题。

c. 法律纠纷。SD 公司的跨区运输方法可以降低物流成本，但其与 USPE 公司签订的合约规定：只有在 USPE 运输能力不足时，SD 公司才可以与其他物流企业合作。因此，大幅降低 USPE 公司的运输量可能会使 USPE 公司发现问题，导致企业支付违约金。

②能力因素。

a. 服务水平。物流网络的服务水平与顾客需求得到满足的速度和质量有关，尽管由于跨区运输造成的延迟运输时间影响仍在 SD 公司客户的可接受范围之内，但跨区运输策略造成的延迟实际降低了对客户的服务水平，提升了客户的不满意度。

b. 物流成本。物流成本包括仓库使用与管理费用、服务费用、车辆运输费用、USPE 公司运输费用。

c. 人资水平。物流网络的复杂化使得所需人员职能多样化，为跨区运输战略调整和补充的人员，为新设施配备相应数量和质量的人员。

③地区性因素。

a. 气候变化。气候变化对物流的影响主要在于对交通运输的影响。汽车行驶的不利气象条件主要有低温、积雪、积冰以及低能见度等。低温会使汽车燃油发黏，不易雾化，在汽缸内难以点燃；汽车力学性能变差，车闸易失灵，机械故障增多。冬季是雪崩多发地区，一般积雪厚度达到 20～30cm，就无法正常通过，导致物流延迟。

b. 政府政策。政策包括减轻物流企业税收负担，统筹有关税收支持政策；对物流业的土地政策支持力度，如仓储设施、配送中心等物流基础设施；降低过路过桥收费，减少普通公路收费站点数量等措施。

c. 环境保护。一方面，运输会对环境造成严重污染，具体表现在交通工具本身产生的噪声污染、大气污染、废机油污染等。另一方面，包装也会对环境造成严重影响，具体表现在包装过度或重复包装。跨区策略中增加的外包装增加了资源的浪费和对环境的污染。

④发展因素。

a. 历史交易经验。基于信任和可靠性，物流企业倾向于和有良好合作经历的企业继续合作，以提升物流网络的成熟度和相关人员的熟练度，确保物流网络的无衔接配合。

b. 合作前景。选择的物流网络是否可以适应一定的市场变化，当前物流网络是否符合企业的战略规划和发展前景。

c. 未来需求。长期来看，未来需求重点可能会转变，需要考虑物流网络改动的难度和成本。

物流网络方案评价指标体系如表 3.3 所示。

**表 3.3　物流网络方案评价指标体系**

| 目标层 | 准则层 | 指标层 |
|---|---|---|
| 物流网络方案评价 | 经营因素 D | 灵活性 D1 |
| | | 协调与管理难度 D2 |
| | | 法律纠纷 D3 |
| | 能力因素 E | 服务水平 E1 |
| | | 物流成本 E2 |
| | | 人资水平 E3 |
| | 地区性因素 F | 气候变化 F1 |
| | | 政府政策 F2 |
| | | 环境保护 F3 |
| | 发展因素 G | 历史交易经验 G1 |
| | | 合作前景 G2 |
| | | 未来需求 G3 |

（2）确定物流网络评估方案影响因素的权重。

①构造判断矩阵。

运用层次分析得出各个评价指标的相对权重。首先，根据物流专业人员对评价指标体系中的指标进行打分，确定策略层各个影响因素对于最高层的相对比重，相对重要程度具体根据 Satty1-9 数值标度来表示，从而确定准则层的判断矩阵。即

$$A = \begin{pmatrix} 1 & \dfrac{1}{2} & 3 & 4 \\ 2 & 1 & 4 & 5 \\ \dfrac{1}{3} & \dfrac{1}{4} & 1 & 2 \\ \dfrac{1}{4} & \dfrac{1}{5} & \dfrac{1}{2} & 1 \end{pmatrix}$$

随后确定方案层的各个指标的相对重要性，以此类推直到最后一层，得出各自的判断矩阵。通过层次分析法求得最大特征值 $\lambda_m$ 以及对应的特征向量 $\omega$，将 $\omega$ 归一化后，即可得出一个指标与另一个指标的相对权重。

②一致性检验。

在上一步完成后，一定要采用一致性检验，来保证相对权重不出现矛盾的情况。引入指标 RI（random consistency indicator，随机一致性指标）和 CI（consistency indicator，

一致性指标），来计算检验指标 CR（consistency ratio，一致性比例），公式为：CR = CI/RI，其中：CI = $(\lambda_{max}-n)/(n-1)$。若 CR＜0.1，则判定通过一致性检验。

③ 层次单排序过程分析。

通过向物流专业人员咨询，得出第一层的权重结果，如表 3.4 所示。

**表 3.4　准则层判断矩阵**

| A | 经营因素 | 能力因素 | 地区性因素 | 发展因素 | $W_i$ | CR |
|---|---|---|---|---|---|---|
| 经营因素 | 1 | 1/2 | 3 | 4 | 0.3056 | |
| 能力因素 | 2 | 1 | 4 | 5 | 0.4918 | CR = 0.0179＜0.1，符合一致性要求 |
| 地区性因素 | 1/3 | 1/4 | 1 | 2 | 0.1248 | |
| 发展因素 | 1/4 | 1/5 | 1/2 | 1 | 0.0778 | |

随后得出分层下各个影响因素的判断矩阵（表 3.5～表 3.8），并对影响因素进行评价，均通过一致性检验。

**表 3.5　各个影响因素的判断矩阵（D）**

| D | 灵活性 | 协调与管理难度 | 法律纠纷 | $W_i$ | CR |
|---|---|---|---|---|---|
| 灵活性 | 1 | 3 | 1/4 | 0.2109 | |
| 协调与管理难度 | 1/3 | 1 | 1/7 | 0.0842 | CR = 0.0279＜0.1，符合一致性要求 |
| 法律纠纷 | 4 | 7 | 1 | 0.7049 | |

**表 3.6　各个影响因素的判断矩阵（E）**

| E | 服务水平 | 物流成本 | 人资水平 | $W_i$ | CR |
|---|---|---|---|---|---|
| 服务水平 | 1 | 1/3 | 3 | 0.2583 | |
| 物流成本 | 3 | 1 | 5 | 0.6370 | CR = 0.0332＜0.1，符合一致性要求 |
| 人资水平 | 1/3 | 1/5 | 1 | 0.1047 | |

**表 3.7　各个影响因素的判断矩阵（F）**

| F | 气候变化 | 政府政策 | 环境保护 | $W_i$ | CR |
|---|---|---|---|---|---|
| 气候变化 | 1 | 2 | 1/3 | 0.2385 | |
| 政府政策 | 1/2 | 1 | 1/4 | 0.1365 | CR = 0.0158＜0.1，符合一致性要求 |
| 环境保护 | 3 | 4 | 1 | 0.6250 | |

**表 3.8　各个影响因素的判断矩阵（G）**

| G | 历史交易经验 | 合作前景 | 未来需求 | $W_i$ | CR |
|---|---|---|---|---|---|
| 历史交易经验 | 1 | 1/2 | 2 | 0.2960 | |
| 合作前景 | 2 | 1 | 3 | 0.5396 | CR = 0.0079＜0.1，符合一致性要求 |
| 未来需求 | 1/2 | 1/3 | 1 | 0.1634 | |

④层次总排序过程分析。

综合以上结果，可以得出各个指标在评价体系中的重要性排名。其中，层次组合权重的计算公式为：$W_{ij} = W_i \times W_j$[2]。

**表 3.9　权重总排序**

| 要素 | D = 0.3056 | E = 0.4918 | F = 0.1248 | G = 0.0778 | 组合权重 $W_{ij}$ | 总排序 |
|---|---|---|---|---|---|---|
| D1 | 0.2109 | | | | 0.0645 | 5 |
| D2 | 0.0842 | | | | 0.0257 | 9 |
| D3 | 0.7049 | | | | 0.2154 | 2 |
| E1 | | 0.2583 | | | 0.1270 | 3 |
| E2 | | 0.6370 | | | 0.3133 | 1 |
| E3 | | 0.1047 | | | 0.0515 | 6 |
| F1 | | | 0.2385 | | 0.0298 | 8 |
| F2 | | | 0.1365 | | 0.0170 | 11 |
| F3 | | | 0.6250 | | 0.0780 | 4 |
| G1 | | | | 0.2960 | 0.0230 | 10 |
| G2 | | | | 0.5396 | 0.0420 | 7 |
| G3 | | | | 0.1634 | 0.0127 | 12 |

（3）评价结果及建议。

经评价，最关键因素为物流成本，其次为法律纠纷问题，同时要考虑服务水平与额外包装带来的环境保护问题和面对需求变化的灵活性。根据该指标体系可以对物流网络进行综合评估，从而得出最优的方案[3]。

2）基于 TOPSIS 方法的物流网络评估方案

（1）备选方案。

在前面得到的最优配送方式中，完全由分拨中心负责各地分销商的送货，此时从总部配送的包裹数一下变为 0，可能会引起 USPE 公司的怀疑。考虑到实际情况，为了避免 USPE 的怀疑，设置了从 Blownox 直接运往分销商的最低数量，当最低数量为 5，10，15，20 时，得到四种备选方案。

①方案一。

选择在 TubaCity 建立分拨中心，该地负责以下分销商的供货：

[81321, 81416, 81504, 81650, 83014, 84532, 84780, 85012, 86004, 86042, 86314, 86426, 89104, 90061, 93030, 93427, 93703, 93906, 94403, 95051]

选择在 WallaWalla 建立分拨中心，且该地负责以下分销商的供货：

[59019, 59634, 59808, 83338, 83544, 83638, 83706, 84003, 84414, 89408, 89509, 89822, 95993, 96130, 97002, 97524, 97862, 97920, 98059, 98248, 98812, 99223, 99350]

此种方案花费的总费用为 925684.5726 美元。

②方案二。

可选择 Blawnox 负责以下分销商的供货：

[59019, 59634, 83014, 83338, 84414]

可选择在 TubaCity 建立分拨中心，该地负责以下分销商的供货：

[81321, 81416, 81504, 81650, 84532, 84780, 85012, 86004, 86042, 86314, 86426, 89104, 90061, 93030, 93427, 93703, 93906, 94403, 95051, 95993]

可选择在 WallaWalla 建立分拨中心，该地负责以下分销商的供货：

[59808, 83544, 83638, 83706, 84003, 89408, 89509, 89822, 96130, 97002, 97524, 97862, 97920, 98059, 98248, 98812, 99223, 99350]

此种方案花费的总费用为 929213.1572 美元。

③方案三。

可选择 Blawnox 负责以下分销商的供货：

[81321, 81416, 81504, 81650, 83014, 84532, 84780, 86004, 86042, 86314]

可选择在 WallaWalla 建立分拨中心，该地负责以下分销商的供货：

[59019, 59634, 59808, 83338, 83544, 83638, 83706, 84003, 84414, 85012, 86426, 89104, 89408, 89509, 89822, 90061, 93030, 93427, 93703, 93906, 94403, 95051, 95993, 96130, 97002, 97524, 97862, 97920, 98059, 98248, 98812, 99223, 99350]

此种方案花费的总费用为 934394.4070 美元。

④方案四。

可选择 Blawnox 负责以下分销商的供货：

[59019, 59634, 59808, 81321, 81416, 81504, 81650, 83014, 83338, 84003, 84414, 84532, 84780, 85012, 86004, 86042, 86314, 89822, 93427, 96130]

可选择在 WallaWalla 建立分拨中心，该地负责以下分销商的供货：

[83544, 83638, 83706, 86426, 89104, 89408, 89509, 90061, 93030, 93703, 93906, 94403, 95051, 95993, 97002, 97524, 97862, 97920, 98059, 98248, 98812, 99223, 99350]

此种方案花费的总费用为 953245.7142 美元。

（2）理想解法。

用向量归一化方法对决策矩阵进行标准化处理，得到标准化矩阵；之后计算加权标准化矩阵，确定理想解和非理想解（表 3.10）；计算各理想解的相对贴近程度，根据贴近度大小评价方案优劣（表 3.11）。

表 3.10　加权标准化矩阵

| | | | | | | | | | | | | |
|---|---|---|---|---|---|---|---|---|---|---|---|---|
| 加权归一化 | 0.027452092 | 0.00397046 | 0.026317429 | 0.023192753 | 0.15496255 | 0.038320377 | 0.009412456 | 0.0085176 | 0.016724956 | 0.002236755 | 0.004982214 | 0.00272585 |
| | 0.035422054 | 0.011911379 | 0.105269716 | 0.046385506 | 0.155553246 | 0.025546918 | 0.009412456 | 0.0085176 | 0.025087433 | 0.008947019 | 0.029893283 | 0.004088776 |
| | 0.030502324 | 0.015881839 | 0.131587145 | 0.069578259 | 0.156420604 | 0.019160189 | 0.018824912 | 0.0085176 | 0.041812389 | 0.011183774 | 0.014946642 | 0.006814626 |
| | 0.034859799 | 0.015881839 | 0.131587145 | 0.092771012 | 0.159576373 | 0.012773459 | 0.018824912 | 0.0085176 | 0.058537344 | 0.017894038 | 0.024911069 | 0.009540476 |
| 正理想解 | 0.035422054 | 0.015881839 | 0.131587145 | 0.092771012 | 0.159576373 | 0.038320377 | 0.018824912 | 0.0085176 | 0.058537344 | 0.017894038 | 0.029893283 | 0.009540476 |
| 负理想解 | 0.027452092 | 0.00397046 | 0.026317429 | 0.023192753 | 0.15496255 | 0.012773459 | 0.009412456 | 0.0085176 | 0.016724956 | 0.002236755 | 0.004982214 | 0.00272585 |

表 3.11　欧氏距离及相对贴近度

| 欧氏距离 | | 相对贴近度 | |
|---|---|---|---|
| S1* | 0.018898557 | C1* | 0.966618675 |
| S1- | 0.000652645 | | |
| S2* | 0.004356595 | C2* | 0.358407334 |
| S2- | 0.007798834 | | |
| S3* | 0.001494763 | C3* | 0.094388879 |
| S3- | 0.01434146 | | |
| S4* | 0.018666509 | C4* | 0.035037912 |
| S4- | 0.000677784 | | |

C1*＞C2*＞C3*＞C4*，因此综合评价方案一最优。

## 3.3　结 论 建 议

**1. 识别 SD 公司物流网络设计决策中的利益相关者**

直接的利益相关者：SD 公司，USPE 公司，DJ 公司，分销商。
潜在的利益相关者：分销商的客户（消费者），SD 公司的原材料供应商。
利益相关者如图 3.2 所示。

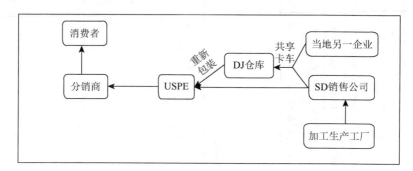

图 3.2　利益相关者

**2. 针对 USPE 公司公布的调整后的运输费率，SD 公司可以采取的应对措施**

（1）仍保持原运输策略。
（2）采用总部——分拨中心——分销商的模式。
（3）对 USPE 公司接下来可能调整的费率进行灵敏度分析。
（4）针对 USPE 公司总费率的灵敏度分析。
USPE 公司总费率（包括合约与非合约费率）的灵敏度分析如图 3.3 所示。

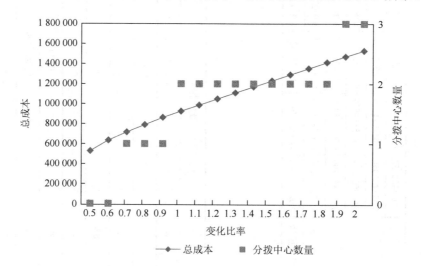

图 3.3　USPE 公司总费率（包括合约与非合约费率）的灵敏度分析

①当 USPE 总费率较低时，仓库启用费用较高，直接从总部 Blownox 运输花费反而更低，因此只需启用更少的分拨中心。

②当 USPE 总费率提高时，直接从总部 Blownox 运输花费巨大，应当建立新的分拨中心（Vacaville）以减少使用 USPE 运输的费用。

USPE 公司非合约费率的灵敏度分析图如图 3.4 所示。

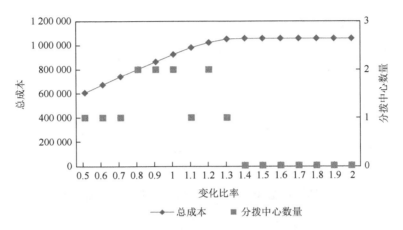

图 3.4　USPE 公司非合约费率的灵敏度分析图

①当 USPE 的非合约费率变得更低时，尽管从分拨中心送往分销商的费率极低，但是此时建设分拨中心的高昂费用成了决策的关键因素，所以仅需设立更少的分拨中心采用非合约方式送货即可。

②需要注意在变化比率为 1～1.2 时，由于非合约费率的提高，分拨中心数量先由两个（TubaCity 和 WallaWalla）先减少为一个（WallaWalla），然后增加到了两个（WallaWalla 和 City of Industry），小组通过进一步分析得到 City of Industry 的服务费和运输费的比重较高，非合约费率的提升对其影响并不大，所以此阶段会有一个回溯过程。

③当非合约费率大于 1.3 时，直接从 Blownox 通过合约运输费用更低，不需要建立分拨中心，同时合约费率的变化也不再对总成本有影响。

USPE 公司合约费率的灵敏度分析图如图 3.5 所示。

①在 USPE 的合约费率较低时，直接从总部 Blownox 通过 USPE 运输费率更低，故只需建立更少的分拨中心。

②在合约费率的变化比率大于等于 1 时，公司已经完全从分拨中心按照非合约费率配送，故合约费率的提高已经对配送的总成本及分拨中心数量没有影响。

**3. 分析 SD 公司可能采取的每一项应对措施对每一位利益相关者的潜在影响**

原运输策略的影响：各利益相关者利益不变。

跨区运输策略的影响：USPE 收益受损，其他利益相关者收益提高。

由直接 USPE 公司运输调整为经由 DJ 公司运输后，USPE 公司利益受损，DJ 公司获得利益，SD 公司运输成本减少，可使市场竞争价格降低，分销商获得利润空间增加，消费者花费减少，销量增加，生产商可形成规模效应，使单位生产成本进一步降低。同时，规模运输使单位运输成本下降，形成良性循环，进一步提升企业竞争力。

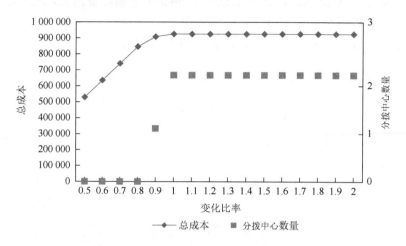

图 3.5　USPE 公司合约费率的灵敏度分析图

**4. 结合上述对利益相关者的潜在影响，判断影响 SD 公司决策的关键因素**

定量因素：运输费用，服务费用，建厂费用，分拨费用（合约价格，非合约价格）。
定性因素：经营因素、能力因素、地区性因素、发展因素。
具体分析见前面的影响因素分析。

**5. 为 SD 公司的物流网络重新规划推荐一些措施**

（1）针对已建立的每一个分拨中心，尝试寻找当地更加经济实惠的运输公司进行运输。

（2）增加分拨中心的备选数量，考虑在其他地方建立分拨中心。

（3）在更加靠近分销商的地方建立工厂。

（4）与分销商进行合作，确定配送价格，规定内的费用由 SD 公司承担，高出的费用由二者共同承担。

（5）与 USPE 公司协商降低合约费率成本。

（6）从公司-分销商-客户模式变成公司-客户模式，减少第三方的参与，运输交给平台。

**6. 阐述其他可行应对措施未入选的理由**

（1）完全采用 USPE 的运送方式。理由：成本过高，不适合长远的运营发展。

（2）隐瞒 USPE 公司，寻求更低成本的运输方案。理由：USPE 公司收益降低会明显意识到 SD 公司私下违背了原合约，违约行为可能会导致 SD 公司在法律纠纷方面的成本增加。

# 参 考 文 献

[1]　党耀国，朱建军，关叶青，等. 运筹学[M]. 3 版. 北京：科学出版社，2015.

[2]　臧晗，张凤新，李金洋. 基于 AHP 的项目设计阶段成本控制研究[J]. 辽宁工业大学学报（社会科学版），2020，22（2）：63-65.

[3]　蒋东凯. 设备健康评价模型中 AHP 模糊综合评判法探索[J]. 中国设备工程，2020（9）：45-47.

[4]　王毅. 安徽省现代物流业发展对策研究[D]. 合肥：合肥工业大学，2009.

[5]　毛家宁. 云南煤炭企业物流业务外包的探索[J]. 当代经济，2010（6）：112-113.

[6]　李业，王世华，胡传华，等. 基于贪婪算法的跨境物流系统的设计与实现[J]. 电子技术与软件工程，2022（13）：65-68.

[7]　吕丽静，王婷婷，孙宇. 配送线路优化方案设计：以 A 公司为例[J]. 中国商贸，2014（31）：107-108.

[8]　陈朝宇，邱秀娇，杨博. 现代物流网络设计探究[J]. 物流工程与管理，2020，42（10）：12-14.

# 第 4 章　手电筒工厂设计

## 4.1　案例介绍

本案例选题为某处手电筒工厂设计，目的在于根据指定的手电筒产品和提供的厂房平面图，规划设计手电筒可以达到最高产能的制造工厂。

本章结合工业工程现有的理论模型与实际测量数据，依次对产品、产线、厂区、人员、物流、仓储进行全面系统的规划与设计，使得最终成果具有实际参考价值与可行性。除此之外，自动化、信息化的应用是本章的主要亮点。

## 4.2　改进举措

### 4.2.1　时间测定

该手电筒工厂以手电筒装配为核心，展开了一系列的生产经营活动。因此必须对手电筒装配工序进行时间测定，为后续装配线设计、厂区平面设计、物流设计提供依据。因此首先针对手电筒装配工艺流程绘制了相应的工艺程序图，如图 4.1 所示。

根据上述的手电筒装配工艺程序图，利用基础工业工程的模特排时法（modular arrangement of pre determind time standard，MOD）对手电筒装配的整个工艺流程进行了时间测定[1]，经过修正，测定结果如表 4.1 所示。

由于模特排时法可能存在一定误差，为了减小误差，达到较高的准确度，我们购买相同产品，进行实物模拟。基于材料中的 90732A 型号产品的物料清单（bill of material，BOM）表（题目中已给出）以及装配流程，依照现有流程对手电筒进行装配，并采用归零法逐个对工序时间进行测量，得到优化前各工序装配时间如表 4.2 所示。

### 4.2.2　产品改进

1. 5W1H 提问

在对上述的各工序装配时间进行分析后，发现整个装配流程存在许多瓶颈工序，大大降低了手电筒装配的效率。因此运用 5W1H 提问技术对其进行提问，如表 4.3 所示。

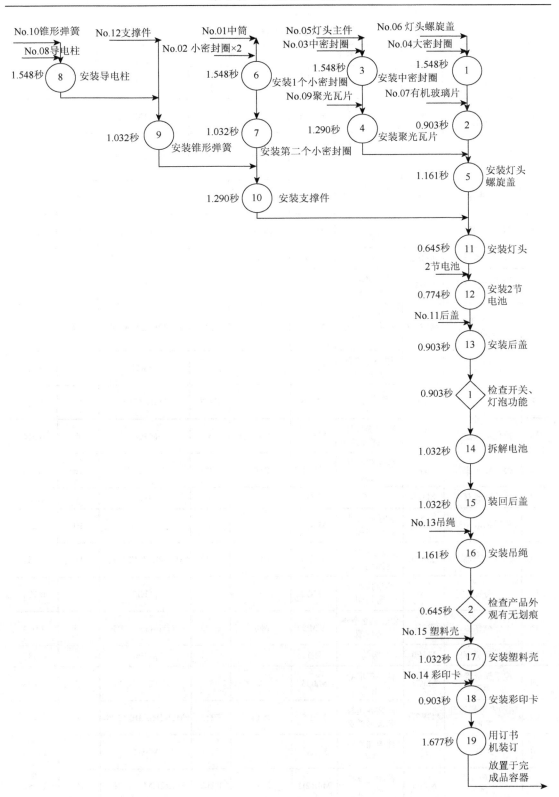

图 4.1　手电筒装配工艺程序图

**表 4.1 MOD 测时表**

| 序号 | 左手 | | 右手 | | 其他动作 | | MOD 综合分析 | MOD | 时间/s |
|---|---|---|---|---|---|---|---|---|---|
| | 动作说明 | MOD 分析 | 动作说明 | MOD 分析 | 动作说明 | MOD 分析 | | | |
| 1 | 伸手抓取灯头螺旋盖 | M3G1 | 伸手抓取大密封圈 | M3G1 | \ | \ | M3G1M3G1 | 8 | 1.032 |
| 2 | 移动灯头螺旋盖到胸前 | M3R2H | 安装大密封圈到灯头螺旋盖 | M3P5 | 调焦 | E2*3 | M3R2HM3E2*3P5 | 19 | 2.451 |
| 3 | 持住灯头螺旋盖 | H | 伸手抓取玻璃片 | M3G3 | \ | \ | M3G3 | 6 | 0.774 |
| 4 | 持住灯头螺旋盖 | H | 安装有机玻璃片 | M3P5 | 调焦 | E2*3 | M3E2*3P5 | 14 | 1.806 |
| 5 | 放置到暂存区 | M3P2 | 等待 | BD | \ | \ | M3P2 | 5 | 0.645 |
| 6 | 伸手抓取灯头主件 | M3G1 | 伸手抓取中密封圈 | M3G1 | \ | \ | M3G1M3G1 | 8 | 1.032 |
| 7 | 移动灯头主件盖到胸前 | M3R2H | 安装中密封圈到灯头主件 | M3P5 | 调焦 | E2*3 | M3R2HE2*3M3P5 | 19 | 2.451 |
| 8 | 持住灯头主件 | H | 伸手抓取聚光瓦片 | M3G1 | \ | \ | M3G1 | 4 | 0.516 |
| 9 | 持住灯头主件 | H | 安装聚光瓦片 | M3P5 | \ | E2*3 | M3E2*3P5 | 14 | 1.806 |
| 10 | 持住灯头主件 | H | 伸手抓取灯头螺旋盖 | M3G1 | \ | \ | M3G1 | 4 | 0.516 |
| 11 | 持住灯头主件 | H | 安装灯头螺旋盖 | M3R2P5 | 调焦 | E2*3 | M3R2E2*3P5 | 16 | 2.064 |
| 12 | 放置到暂存区 | M3P0 | 等待 | BD | \ | \ | M3P0 | 3 | 0.387 |
| 13 | 伸手抓取中筒 | M3G1 | 伸手抓取小密封圈 | M3G3 | \ | \ | M3G1M3G3 | 10 | 1.29 |
| 14 | 移动中筒到胸前 | M3R2H | 安装1个小密封圈到中筒 | M3P5 | 调焦 | E2*3 | M3R2HM3E2*3P5 | 19 | 2.451 |
| 15 | 持住 | H | 伸手抓取小密封圈 | M3G3 | \ | \ | M3G3 | 6 | 0.774 |
| 16 | 持住 | R2H | 安装第2个小密封圈 | M3P5 | 调焦 | E2*3 | R2HM3E2*3P5 | 16 | 2.064 |
| 17 | 放置到暂存区 | M3P0 | 等待 | BD | \ | \ | M3P0 | 3 | 0.387 |
| 18 | 伸手抓取锥形弹簧 | M3G3 | 伸手抓取导电柱 | M3G3 | \ | \ | M3G3M3G3 | 11 | 1.419 |
| 19 | 移动锥形弹簧到胸前 | M3R2H | 安装导电柱到锥形弹簧 | M3P5 | 调焦 | E2*3 | M3R2HM3E2*3P5 | 19 | 2.451 |
| 20 | 持住 | H | 伸手抓取支撑件 | M3G1 | \ | \ | M3G1 | 4 | 0.516 |
| 21 | 安装锥形弹簧到支撑件 | M2P5 | 移动支撑件到胸前 | M4R2H | 调焦 | E2*3 | M4R2HM2E2*3P5 | 19 | 2.451 |

| 序号 | 左手 | | 右手 | | 其他动作 | | MOD 综合分析 | MOD | 时间/s |
|---|---|---|---|---|---|---|---|---|---|
| | 动作说明 | MOD 分析 | 动作说明 | MOD 分析 | 动作说明 | MOD 分析 | | | |
| 22 | 伸手抓取中筒 | M3G1 | 持住 | H | \ | \ | M3G1 | 4 | 0.516 |
| 23 | 移动中筒到胸前 | M3R2H | 安装支撑件到中筒 | M2P5 | 调焦 | E2*3 | M3R2HM2E2*3P5 | 18 | 2.322 |
| 24 | 持住 | H | 伸手抓取灯头 | M3G1 | \ | \ | M3G1 | 4 | 0.516 |
| 25 | 持住 | R2H | 安装灯头到中筒 | M3P5 | 调焦 | E2*3 | R2HM3E2*3P5 | 16 | 2.064 |
| 26 | 持住 | H | 伸手抓取电池 | M3G1 | \ | \ | M3G1 | 4 | 0.516 |
| 27 | 持住 | R2H | 安装 2 节电池 | M3P2 | 调焦 | E2*3 | R2HM3E2*3P2 | 13 | 1.677 |
| 28 | 持住 | H | 伸手抓取后盖 | M3G1 | \ | \ | M3G1 | 4 | 0.516 |
| 29 | 持住 | R2H | 安装后盖 | M3C4 | 调焦 | E2*3 | R2HM3E2*3C4 | 15 | 1.935 |
| 30 | 持住 | H | 打开开关 | M2G0 | 检查开关与灯泡功能 | E2D3 | M2G0E2D3 | 7 | 0.903 |
| 31 | 持住 | H | 拆解后盖 | C4 | \ | \ | C4 | 4 | 0.516 |
| 32 | 持住 | H | 将电池放回原处 | M4P0 | \ | \ | M4P0 | 4 | 0.516 |
| 33 | 持住 | R2H | 安装后盖 | M3C4 | 调焦 | E2*3 | R2HM3E2*3C4 | 14 | 1.806 |
| 34 | 转动手电筒 | M1X5 | 转动手电筒 | M1X5 | 检查产品外观无划痕 | E2D3 | E2D3 | 5 | 0.645 |
| 35 | 伸手抓取塑料壳 | M3G1 | 持住 | H | \ | \ | M3G1 | 4 | 0.516 |
| 36 | 移动塑料壳到胸前 | M3R2H | 安装到塑料壳 | M2P2 | 调焦 | E2*3 | M3R2HM2E2*3P2 | 15 | 1.935 |
| 37 | 持住塑料壳 | H | 伸手抓取吊绳 | M3G1 | \ | \ | M3G1 | 4 | 0.516 |
| 38 | 持住 | R2H | 安装吊绳 | M3P0 | 调焦 | E2*3 | R2HM3E2*3P0 | 12 | 1.548 |
| 39 | 持住 | H | 伸手抓取彩印卡 | M3G1 | \ | \ | M3G1 | 4 | 0.516 |
| 40 | 持住 | H | 安装彩印卡 | M3P2 | 调焦 | E2*3 | M3E2*3P2 | 11 | 1.419 |
| 41 | 持住 | H | 伸手抓取订书机 | M3G1 | \ | \ | M3G1 | 4 | 0.516 |
| 42 | 放置到桌面 | M3P2 | 用订书机订合彩印卡与塑料壳 | M3P2A4 | 调焦 | E2*3 | M3P2M3E2*3P2A4 R2M2P2A4 | 30 | 3.87 |
| 43 | 完成品放置到完成品容器 | M3P0 | 放下订书机 | M3P0 | \ | \ | M3P0M3P0 | 6 | 0.774 |
| | MOD：429 | | | | | 合计：55.341s | | | |

表 4.2　优化前各工序装配时间

| 单元 | 次数 | 1 | 2 | 3 | 4 | 5 | 6 | 7 | 8 | 9 | 10 | 统计 | 测时次数 | 平均 |
|---|---|---|---|---|---|---|---|---|---|---|---|---|---|---|
| 安装大密封圈到灯头螺旋盖 | | 2.17 | 1.77 | 1.44 | 1.44 | 1.20 | 2.02 | 1.44 | 1.69 | 1.12 | 1.65 | 15.94 | 10 | 1.594 |
| 安装有机玻璃片 | | 1.23 | 1.07 | 0.80 | 0.96 | 1.13 | 0.73 | 1.04 | 1.04 | 1.12 | 1.29 | 10.41 | 10 | 1.041 |
| 安装中密封圈到灯头主件 | | 1.04 | 1.12 | 0.80 | 1.21 | 1.04 | 1.01 | 1.02 | 1.20 | 0.96 | 0.80 | 10.20 | 10 | 1.020 |
| 安装聚光瓦片 | | 0.60 | 0.72 | 0.80 | 0.65 | 0.58 | 0.73 | 0.80 | 0.72 | 0.74 | 0.64 | 6.98 | 10 | 0.698 |
| 安装灯头螺旋盖 | | 3.56 | 3.55 | 4.19 | 3.05 | 3.46 | 3.26 | 3.38 | 3.95 | 3.54 | 3.21 | 35.15 | 10 | 3.515 |
| 安装一个密封圈到中筒 | | 1.13 | 1.52 | 1.37 | 1.61 | 1.20 | 1.04 | 1.84 | 1.44 | 1.92 | 1.43 | 14.50 | 10 | 1.450 |
| 安装第二个密封圈到中筒 | | 1.04 | 1.12 | 1.20 | 0.96 | 1.36 | 1.85 | 1.34 | 1.12 | 1.29 | 1.05 | 12.33 | 10 | 1.233 |
| 安装导电柱到锥形弹簧 | | 0.60 | 0.96 | 0.88 | 0.88 | 1.05 | 0.64 | 1.04 | 0.96 | 1.20 | 0.84 | 9.05 | 10 | 0.905 |
| 安装锥形弹簧到支撑件 | | 0.72 | 0.80 | 0.56 | 0.48 | 0.58 | 0.64 | 0.80 | 0.64 | 0.66 | 0.74 | 6.62 | 10 | 0.662 |
| 安装支撑件到中筒 | | 0.55 | 0.42 | 0.38 | 0.52 | 0.42 | 0.43 | 0.46 | 0.47 | 0.37 | 0.49 | 4.51 | 10 | 0.451 |
| 安装灯头到中筒 | | 5.53 | 6.54 | 5.43 | 5.85 | 7.84 | 6.67 | 7.67 | 8.04 | 6.95 | 6.27 | 66.79 | 10 | 6.679 |
| 安装两节电池 | | 2.14 | 2.04 | 3.38 | 3.18 | 2.20 | 2.66 | 3.01 | 3.50 | 2.54 | 2.88 | 27.53 | 10 | 2.753 |
| 安装后盖 | | 6.55 | 7.70 | 7.26 | 5.71 | 5.14 | 6.05 | 4.32 | 5.57 | 5.48 | 4.54 | 58.32 | 10 | 5.832 |
| 检查开关与灯泡功能 | | 2.83 | 2.80 | 2.70 | 3.54 | 3.31 | 3.09 | 2.74 | 2.50 | 2.18 | 3.23 | 28.92 | 10 | 2.892 |
| 拆解电池并装回后盖 | | 7.54 | 10.11 | 9.58 | 9.15 | 7.77 | 8.87 | 8.62 | 7.94 | 7.53 | 6.71 | 83.82 | 10 | 8.382 |
| 安装吊绳 | | 7.16 | 6.86 | 7.65 | 6.22 | 7.95 | 8.60 | 8.88 | 8.78 | 7.56 | 8.87 | 78.53 | 10 | 7.853 |
| 检查产品外观无划痕 | | 2.80 | 2.30 | 2.25 | 2.53 | 2.15 | 3.29 | 2.40 | 2.52 | 2.31 | 2.89 | 25.44 | 10 | 2.544 |
| 安装到塑料壳 | | 9.43 | 11.43 | 9.96 | 9.95 | 8.95 | 8.45 | 6.98 | 7.10 | 8.01 | 9.01 | 89.27 | 10 | 8.927 |
| 安装彩印卡 | | 4.75 | 5.93 | 6.27 | 5.47 | 4.44 | 5.62 | 4.45 | 4.44 | 5.91 | 5.78 | 53.06 | 10 | 5.306 |
| 用订书机订合彩印卡与塑料壳 | | 2.72 | 2.67 | 2.48 | 2.93 | 2.72 | 2.20 | 2.36 | 2.59 | 2.32 | 2.23 | 25.22 | 10 | 2.522 |
| 完成品放置到完成品容器 | | 1.49 | 1.30 | 1.16 | 1.19 | 1.16 | 1.04 | 1.15 | 1.29 | 1.54 | 1.11 | 12.43 | 10 | 1.243 |
| 合计 | | 65.58 | 72.73 | 70.54 | 67.48 | 65.65 | 68.89 | 65.74 | 67.50 | 65.25 | 65.66 | | | 67.502 |

表 4.3　5W1H 提问

| 提问 | | Why |
|---|---|---|
| What | 手电筒的人工装配 | 能不能换成自动线 |
| When | 作息时间安排 | 能不能增加班次 |
| Who | 工人 | 能不能机器装配 |
| How | 装配工序 | 能不能有更快的方法 |

通过提问，可以得到以下的改善点：

（1）手电筒的部分装配可以用机器代替人工，以降低人力成本，提高产线的自动化以及柔性。

（2）通过改变工序顺序或取消工序来缩短时间。

2. ESIA 分析

基于前面找到的流程改进方向后，涉及 ESIA 分析中的"清除"和"自动化"环节，详细分析如下。

（1）清除（eliminate）：由流程程序图可以看出，瓶颈工序之一为安装吊绳环节，且此环节对于整个流程没有增值作用，经过相关资料的查阅以及市场上现有手电筒的成品调研，决定取消安装吊绳环节，改为将吊绳放置在塑料壳中，由顾客根据需要进行自主安装。

（2）自动化（automate）：手电筒的现有装配过程主要是基于人工装配，但是随着德国工业 4.0、中国智能制造 2025 的提出，以及智能制造时代的到来，故考虑将手电筒装配过程进行半自动化，即机器取代人工，以增加产线的柔性、降低人力成本。

### 4.2.3　优化措施

（1）取消安装吊绳环节。

（2）使用密封圈机器人组装机及相应工序时长。

传统的手工组装方式不仅效率低下，而且装配精效果差，易损坏密封圈，品质不可靠，难以满足现代化生产的需要。目前市面上使用较多且较为成熟的人手组装，把密封圈用镊子抓取、张开，人手套在产品上，这样需要花费大量的人手操作，组装效率低，质量差，易损坏产品及密封圈，防水功能不可靠。而电子防水产品的数量大，质量要求高，所以难以满足要求。为满足现代化生产的需要，拟将人工操作的"安装一个小密封圈到中筒"和"安装第二个小密封圈"用密封圈机器人组装机替代。

已知中筒直径为 17mm，根据密封圈上料系统可推测出该密封圈机器人组装机（图 4.2）的占地面积为 $0.27 \times 0.27 \mathrm{m}^2$。每次可同时组装 4 个产品，单个平均装配时间为 3 秒。

（3）使用自动旋盖机及相应工序时长。

由流程图可以看出，在手电筒的装配过程中，较多地方涉及螺旋拧紧的过程，经过实物的观察以及装配发现，手电筒的螺纹较深且由于密封圈的存在使摩擦增大，给螺旋拧紧增加了难度且拉长了装配时间，故将人工操作的"安装灯头到中筒"用自动旋盖机替代。

已知灯头螺旋盖直径为 26mm，根据旋盖机构（图 4.3）可推测出该自动旋盖机的占地面积为 $0.20 \times 0.06 \mathrm{m}^2$。每次可组装 1 个产品，单个平均装配时间为 4 秒。

（4）使用手电筒检测与装盖一体机及相应工序时长。

手电筒在出厂时，均需对其进行通电检测，保证手电筒可以正常使用，之后才装入后盖，进行包装。常规的操作方式是人工手动使用检测棒检测手电筒，将不合格品剔除

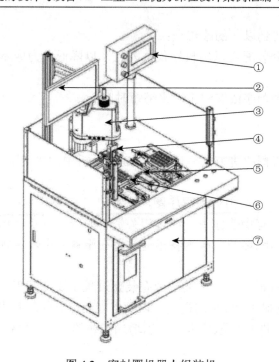

图 4.2　密封圈机器人组装机

注：相关内容见专利《一种密封圈机器人组装机》（CN 208214768U）

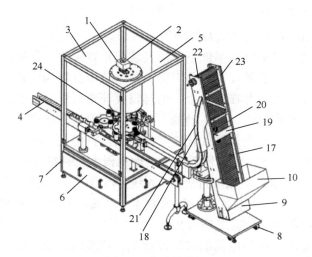

图 4.3　自动旋盖机

注：相关内容见专利《一种旋盖机》（CN 210366915U）

后放入流水线，由后续操作员进行后盖添加与旋紧工作，该操作需要的人力较多，造成了人力资源的浪费。为节约人力成本，拟将人工操作的"安装 2 节电池""安装后盖""检查开关与灯泡功能""拆解电池并装回后盖"用手电筒检测与装盖一体机（图 4.4）替代。

已知手电筒最大直径为 26mm，根据图 4.4 的次品轨道可推测出该手电筒检测与装盖一体机的占地面积为 $0.45 \times 0.15 \text{m}^2$。该设备每次可包装 1 个产品，旋盖机装配速率为 4 秒/个，又因为检测棒的插入与取出大约用时 2 秒，故预估此设备的单个平均装配时间为 6 秒。

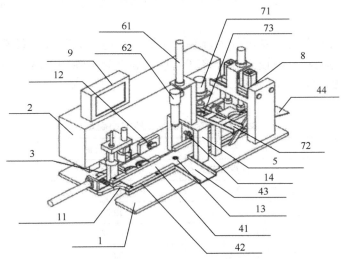

图 4.4　手电筒检测与装盖一体机

注：相关内容见专利《一种手电筒检测与装盖一体机》（CN 108527251A）

（5）使用手电筒自动包装设备替代及工序时长。

手电筒的需求量十分巨大，目前主要采用人工进行整个过程的包装，效率十分低下。为节约人力成本，拟将人工操作的"安装到塑料壳""安装彩印卡""用订书机订合彩印卡与塑料壳""完成品放置到完成品容器"用手电筒自动包装设备（图 4.5）替代。

已知彩印卡面积为 $224 \times 90 \text{mm}^2$，根据图 4.5 中的彩印卡上料机构可推测出该手电筒自动包装设备的占地面积为 $8.85 \times 1.96 \text{m}^2$。每次可同时包装 4 个产品，单个平均包装时间为 2 秒。

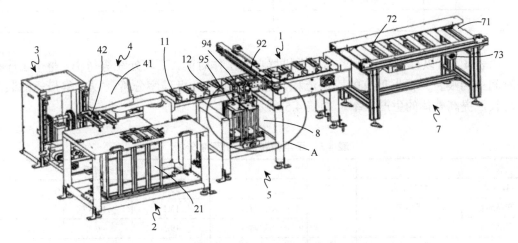

图 4.5　手电筒自动包装设备

注：相关内容见专利《用于手电筒的包装设备及包装工艺》（CN 108928525A）

（6）基于上述优化的进一步改良及结果分析。

首先，基于对时间的考虑，分别计算多人合作和单人工作的效率。由于多人合作的效率与单人工作效率相差不大，并且多人合作的产线平衡率仅为 83%，工作节拍难以平衡，最后决定采用单人完成装配一个手电筒，使装配流程更加流畅，同时减少工厂的人力成本。

其次，考虑到手电筒主要可分为灯头、中筒、灯尾三大部分，且部分工序已采用机器替代，由于包装机器体积较大，故将产品包装划分为单独的区域，将剩下的装配流程主要分为三大步骤，如表 4.4 所示。

**表 4.4　装配流程及工序时间确定**

| 步骤 | 工序 | 工序时间/s | 组合工序时间/s |
|---|---|---|---|
| 1 | 安装大密封圈到灯头螺旋盖 | 1.594 | 9.1 |
| | 安装有机玻璃片 | 1.041 | |
| | 安装中密封圈到灯头主件 | 1.020 | |
| | 安装聚光瓦片 | 0.698 | |
| | 安装灯头螺旋盖 | 3.515 | |
| 2 | 机器安装密封圈 | 4×2 | 12 |
| | 安装导电柱到锥形弹簧 | 0.905 | |
| | 安装锥形弹簧到支撑件 | 0.662 | |
| | 安装支撑件到中筒 | 0.451 | |
| | 机器安装灯头到中筒 | 4 | |
| 3 | 机器检测开关与灯泡功能 | 6 | 8.5 |
| | 机器检查产品外观无划痕 | 2.544 | |
| 小计 | | | ≈30 |
| | 机器自动包装 | 2 | 2 |
| 合计 | | | 32 |

由表 4.4 可以直观看出阴影部分为机器自动工作时间，工人处在等待中，整个工序存在时间上的浪费。根据现有的操作流程，进行详细的人机程序分析，以求得最短的装配总时长，提高整体的生产效率，如表 4.5 所示。

**表 4.5　手电筒装配人机程序分析**

| 表号 | | 日期 | | 改进前 | 改进后 | 节省 |
|---|---|---|---|---|---|---|
| 操作者 | 装配工人 | 周期 | | 32.6 | 17.8 | 14.8 |
| 产品名称 | 手电筒 | 人 | 操作时间 | 13.1 | 17.8 | |
| 产品编号 | | | 闲置时间 | 19.5 | 0 | 19.9 |
| 工序名称 | 手电筒装配 | 机 001 | 运转时间 | 6 | 12 | |
| 工序编号 | | | 闲置时间 | 26.6 | 5.8 | 20.8 |

续表

| 表号 | | 日期 | | | 改进前 | 改进后 | 节省 |
|---|---|---|---|---|---|---|---|
| 设备名称 | 密封圈机器人组装机、自动旋盖机、手电筒检测与装盖一体机 | 机002 | 运转时间 | | 4 | 8 | |
| | | | 闲置时间 | | 28.6 | 9.8 | 18.8 |
| | | 机003 | 运转时间 | | 8.5 | 17 | |
| | | | 闲置时间 | | 24.1 | 0.8 | 23.3 |
| 设备编号 | 001、002、003 | 利用率 | 人 | | 40% | 100% | 60% |
| | | | 机001 | | 18% | 67% | |
| | | | 机002 | | 12% | 45% | |
| | | | 机003 | | 26% | 96% | |

| 人 | 时标/s | 机001 | 机002 | 机003 |
|---|---|---|---|---|
| 1、安装大密封圈到灯头螺旋盖 | 1.6 | | | |
| 2、安装有机玻璃片 | 2.6 | | | |
| 3、安装中密封圈到灯头主件 | 3.6 | | | |
| 4、安装聚光瓦片 | 4.3 | | | |
| 5、安装灯头螺旋盖 | 7.9 | | | |
| 6、步行至001号机器 | 9.1 | | | |
| | 15.1 | | 7、安装密封圈 | |
| 8、步行至中间操作台 | 16.1 | | | |
| 9、安装导电柱到锥形弹簧 | 17.0 | | | |
| 10、安装锥形弹簧到支撑件 | 17.7 | | | |
| 11、安装支撑件到中筒 | 18.1 | | | |
| 12、步行至002号机器 | 19.1 | | | |
| | 23.1 | | 13、安装灯头到中筒 | |
| 14、步行至003号机器 | 24.1 | | | |
| | 30.1 | | | 15、检测开关与灯泡功能 |
| | 32.6 | | | 16、检查产品外观无划痕 |

根据表 4.5 的人机程序分析,人与机器的工作是串行的,机器工作时人处于等待状态,人工作时机器处于等待状态,而人的手工操作都是可以在机器自动工作时间内进行的,因此,让人与机器并行工作,减少工作周期的总时间,提高作业效率。

改进措施:将人的操作 1~6 放在 001 号机器自动工作时间内进行,001 号机器一周期内接连进行两组密封圈的组装,人在做完第一组的 1~5 号手工操作时,取得 001 号机器处理过的第一个中筒,随后进行 7~9 号手工操作,接着,002,003 号机器自动将接下来的工序进行完毕。人返回做下一个手电筒,如此循环。改进后手电筒装配人机程序分析如表 4.6 所示。

**表 4.6 改进后手电筒装配人机程序分析**

| 人 | 时标/s | 机 001 | 机 002 | 机 003 |
|---|---|---|---|---|
| 1#1 | 1.6 | | | |
| 1#2 | 2.6 | 1#6 | | |
| 1#3 | 3.6 | | | |
| 1#4 | 4.3 | | | |
| 1#5 | 6.0 | | | |
| | 7.9 | | | |
| 1#7 | 8.8 | 2#6 | | |
| 1#8 | 9.5 | | | |
| 1#9 | 9.9 | | | |
| 2#1 | 11.5 | | | |
| 2#2 | 12.5 | | 1#10 | |
| 2#3 | 13.5 | | | |
| 2#4 | 14.2 | | | |
| 2#5 | 17.8 | | | |
| 2#7 | 16.7 | | | 1#11 |
| 2#8 | 17.4 | | | |
| 2#9 | 17.8 | | | |
| … | 20.2 | | 2#10 | |
| | 21.8 | | | 1#12 |
| … | 22.7 | | | |
| … | … | | | |
| … | … | | | 2#11 |
| … | … | | | |
| … | … | | | |
| … | 28.7 | | | |
| … | … | | | 2#12 |
| … | 30.2 | | | |

注：序号注解 1 为安装大密封圈到灯头螺旋盖，2 为安装有机玻璃片，3 为安装中密封圈到灯头主件，4 为安装聚光瓦片，5 为安装灯头螺旋盖，6 为机器安装密封圈，7 为安装导电柱到锥形弹簧，8 为安装锥形弹簧到支撑件，9 为安装支撑件到中筒，10 为机器安装灯头到中筒，11 为机器检测开关与灯泡功能，12 为机器检查产品外观无划痕。

综上，每个工人原来装配一个手电筒需要约 32.6 秒，改进后装配两个手电筒只需约 17.8 秒，节省了 14.8 秒。人的利用率从 40%变为 100%，001 号机器利用率从 18%变为

67%，002 号机器利用率从 12%变为 45%，003 号机器利用率从 26%变为 96%，大大提升了人和机器的工作效率。考虑到其他的一些影响因素，对现有的时间进行了适当的放宽，最终确定装配 2 个手电筒的总时长为 22 秒。

## 4.2.4　产线设计说明

### 1. 工装工具说明

在进行产线设计之前，需对工装工具进行确定。计划采用市场上现有的标准零件盒 510mm×345mm×185mm（图 4.7）进行盛装零件。根据工时测定结果（一个手电筒装配时长为 11s）以及一天的工作总时间（425 分钟），计算得到一个工作单元一天可生产约 2300 个手电筒。根据所需零件个数、零件尺寸以及零件箱尺寸，可以求得每种零件所需零件箱个数（每日），最终得出工作单元零部件&物料盒用量表如表 4.7 所示。

表 4.7　工作单元零部件&物料盒用量表

| 序号 | 部件名称 | （单位）数量 | 尺寸/cm | | 数量/〔个/（天·工作单元）〕 | 总数量/（个/天） | 物料盒计数/〔个/（天·工作单元）〕 | 物料盒总数/（个/天） |
|---|---|---|---|---|---|---|---|---|
| 1 | 中筒（含开关） | 1 | 长 14 | | 2 300 | 319 700 | 10 | 1 390 |
| | | | 直径 1.7 | | | | | |
| 2 | 小密封圈 | 2 | 直径 1.7 | | 4 600 | 639 400 | 1 | 139 |
| 3 | 中密封圈 | 1 | 直径 2 | | 2 300 | 319 700 | 1 | 139 |
| 4 | 大密封圈 | 1 | 直径 2.3 | | 2 300 | 319 700 | 1 | 139 |
| 5 | 灯头主件（含灯泡） | 1 | 上直径 2.2 | | 2 300 | 319 700 | 4 | 556 |
| | | | 下直径 2 | | | | | |
| | | | 高 3.5 | | | | | |
| 6 | 灯头螺旋盖 | 1 | 直径 2.6 | | 2 300 | 319 700 | 2 | 278 |
| | | | 高 1.2 | | | | | |
| 7 | 有机玻璃片 | 1 | 直径 2.2 | | 2 300 | 319 700 | 1 | 139 |
| 8 | 导电柱 | 1 | 高 1 | | 2 300 | 319 700 | 1 | 139 |
| 9 | 聚光瓦片 | 1 | 直径 1.9 | | 2 300 | 319 700 | 1 | 139 |
| | | | 高 0.8 | | | | | |
| 10 | 锥形弹簧 | 1 | 上直径 0.4 | | 2 300 | 319 700 | 1 | 139 |
| | | | 下直径 0.7 | | | | | |
| | | | 高 1.5 | | | | | |
| 11 | 后盖（含弹簧） | 1 | 直径 2.3 | | 2 300 | 319 700 | 3 | 417 |
| | | | 高 1.8 | | | | | |

续表

| 序号 | 部件名称 | （单位）数量 | 尺寸/cm | | 数量/［个/（天·工作单元）］ | 总数量/（个/天） | 物料盒计数/［个/（天·工作单元）］ | 物料盒总数/（个/天） |
|---|---|---|---|---|---|---|---|---|
| 12 | 支撑件 | 1 | 对角线 1.5 | | 2 300 | 319 700 | 1 | 139 |
| | | | 高 1.6 | | | | | |
| 13 | 吊绳 | 1 | 长 21 | | 2 300 | 319 700 | 1 | 139 |
| 14 | 彩印卡 | 1 | 长 22.4 | | 2 300 | 319 700 | 2 | 278 |
| | | | 宽 9 | | | | | |
| 15 | 塑料壳 | 1 | 长 22.4 | | 2 300 | 319 700 | 2 | 278 |
| | | | 宽 9 | | | | | |
| | | | 深 2.5 | | | | | |

**2. 工位布置**

1）工作单元布置方式分析

（1）工艺原则布置（process-focused layout），又称工艺专业化布置，或工艺、功能、机群布置，是将相同功能的机器设备或职能单位组合配置并布置在同一生产或工作区域的布置模式；以完成相似工艺或活动的功能组或部门为特征，各类机床间也有一定的顺序安排，通常按照大多数零件的加工路线来排列；期望能生产或提供多种多样的产品或服务，适于产品和服务标准化程度较低的行业，一般是多品种小批量的生产方式。工艺原则布置如图4.6所示。

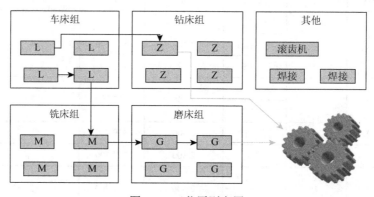

图 4.6　工艺原则布置

优点：能满足多样化产品和工艺的要求；系统对单个设备的可靠性要求较低，受个别设备出故障的影响不大；一般采用通用设备，比产品原则布置下的专用设备相对简单，投资少，维修较容易，费用也较低；设备和人员的生产柔性较高，对产品品种和数量变化的适应性较好；适合采用个人激励，操作人员作业多样化，工人工作兴趣和职业满足感较强。

缺点：因品种和批量问题，多采用间歇式加工，WIP（working in progress，在制品）库存量一般较大；为适应产品品种的频繁变更，需要经常进行工艺路线选择、调整及计划安排，生产调整成本较高，生产管理与控制较复杂；人员和设备的利用率较低，常出现闲置等待现象；物料运输慢、效率低，单位运输费用及物流效率比产品原则布置高；对个人技术要求高，工作复杂化使得监督跨度降低，监督费用较高；对每种产品或顾客都要特别重视，但产量低又导致单位产品费用高；财务、采购及库存的管理比产品原则布置复杂。

（2）产品原则布置（product-focused layout），即产品专业化布置，或生产流水线布置，是将设备按某种或几种产品（其加工工艺路线基本相似）的加工工艺路线或加工装配顺序依次排列的布置模式，即组成生产流水线，目的是使大量且品种单一的产品或服务迅速通过生产线；整个生产或服务过程被分解为一系列标准化作业，由专门的设备和人员完成，适合于标准化程度较高的产品生产或服务过程，如汽车发动机、电视机、手机、计算机等产品的装配生产线。产品原则布置如图 4.7 所示。

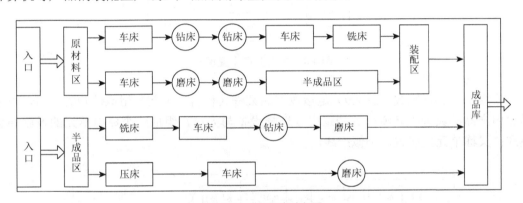

图 4.7　产品原则布置

优点：能满足多样化产品和工艺的要求；产量高，产品单位成本大大降低，可有效分摊高昂的设备费用；作业内容专门化，对人员的技术要求较低，减少了培训费用和时间，同时使监督跨度加大，节约监督费用；上下工序衔接紧密，各加工对象都按相同的加工顺序流转，大大简化了物料运输，单位物料运输费用低，WIP 数量少，物流效率较高；人员和设备利用率高，产线正常运转情况下一般很少出现中断；工艺路线及生产计划容易确定，生产管理和控制相对简单；可使用专用、机械化、自动化的设备及搬运方法；财务、采购及库存的管理流程变动少，运行较稳定，相对简单。

缺点：产线专用，对产品和工艺变化的适应性差，产品设计变化将引起布置的重大调整，故生产调整成本高；分工细，工作内容重复单调，人员易过度紧张影响生产；影响人员长远发展及积极性；复杂专用设备投资大，要求 TPM（total productive maintenance，全员生产性维修）及备品备件，维护保养费用高；对设备依赖性高，个别设备故障影响甚至中断整个生产线；节拍取决于瓶颈工序，产线平衡对布置设计非常重要，但平衡很难；很难实行与个人产量相连的激励计划，会导致各工人产量不一致，不利于系统中业务流程的顺利运行。

（3）混合布置（hybrid layout），将有一定批量不适合工艺原则布置但又不足以大到采用生产线且有一定相似性的系列产品组合在一起，使单件产品下"无序"的设施布置在某种程度上实现"有序"布置加工；混合布置模式包括一人多机布置模式和成组生产布置模式。其中，一人多机布置模式是指一个员工操作和管理多个设备，多设计成 U 型；当产量不足以使一人看管一台设备时，可一人看管一条小生产线；当产量大时，可用一人一机布置模式，可实现人员随产量变化而弹性调度，使工作效率不因产量变化而变化。一人多机布置模式如图 4.8 所示。

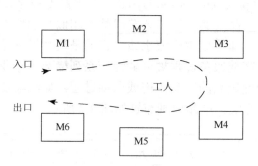

图 4.8　一人多机布置模式

成组生产布置模式（图 4.9）是指按产品某些（材料、工艺）相似性归类分组，再根据组内产品的典型工艺流程和加工内容选择设备与人员，组成一个成组单元的设施布置模式；又称单元式布置，类似产线。

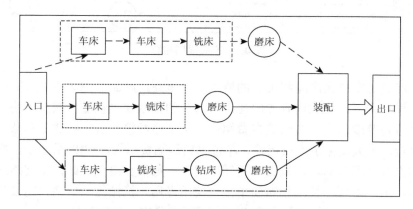

图 4.9　成组生产布置模式

优点：具有工艺原则布置的柔性特征和产品原则布置的物流运行特征优势；流程相对通畅，加工时间较短，运输距离较短，物流效率较高；WIP 库存水平相对较低，生产准备时间较短；有利于扩大员工的综合技能，并发挥班组合作精神，改善人际关系，利于基层班组管理；产品成组在一定程度上减少了设备投资，提升了设备利用率。

缺点：成组编码分类难度大，并不能保证得到优化的成组方案和成组生产布置方案，且减少了使用专用设备的机会；生产管理控制难度大，各单元间的生产平衡较难实现，故需设置中间缓冲库存，增加物料搬运及 WIP 水平；对人员要求高，需掌握单元生产的所有技能、熟练程度及其他能力；兼有产品原则布置和工艺原则布置的缺点。

（4）固定工位布置（fixed position layout），也称项目布置，主要针对大型产品或工程项目而采用的一种设施布置模式；多因为产品或项目的重量、体积、物理地点的限制等，如道路、楼房、大坝等大型工程，飞机、火箭、船舶等大型产品的总装；加工对象多位于布置区域的中心，保持不动，人员、设备、工具和物料根据装配顺序、使用次序和移动的难易程度布置在产品四周，并按需移动，适于单件或小批量生产。固定工位布置如图 4.10 所示。

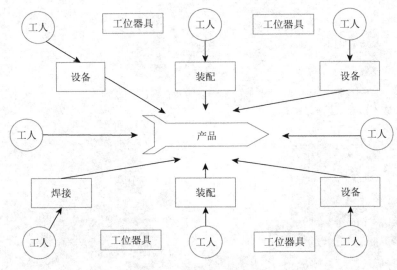

图 4.10　固定工位布置

优点：整个生产过程物料的移动较少；生产柔性较高，对产品种类和产量变化的适应性较强；多采用团队或班组方式，有利于作业连续性的提升；每个团队或班组能完成大部分作业内容，有利产品品质的保证。

缺点：物料、设备、工具和多通道需要大量的面积，场地空间利用率不高；不同的工作时期，不同产品所需物料、设备和人员存在差异，加大了生产组织和管理的难度；团队或班组的组织相对固定，对人员的要求较高，除基本技能外，还需要良好的团队协作精神等；产品固定不动，使得人员、设备、工具和物料等的移动大大增加。

2）工作单元布置方式确定

本手电筒工厂采用混合模式中的一人多机布置模式。混合模式具有工艺原则布置的柔性特征优势和产品原则布置的物流运行特征优势，一人多机布置模式可实现人员随产量变化而弹性调度，使工作效率不因产量变化而变化。此模式下一人管理一条小生产线，生产平衡率高，且生产计划安排简单，可以根据标准工时直接将任务安排到个人。相比于直线型，将线体设计为 U 型可减少员工的走动，减少不必要的时间浪费。U 型线具有"人员技能要求非常高，需培养多能工"的通病，但本工厂手电筒装配的难度系数较低，且许多工作由机器代替，故而可将其缺陷降到最低。本工厂采用自动导引车（automated guided vehicle，AGV）上料并回收空盒，具有良好的物料支撑及物料配送体系，使此模式的实施成为可能。

　　根据手电筒装配的特点，参考上述零件盒的用量，我们设计了工作单元布置图（图 4.11）。整体工作单元长 2.34m，宽 2.325m，面积为 5.44m²，呈 U 型分布。其中中心圆弧区域为工人可自由走动的区域。工作单元布置（3D）如图 4.12 所示。

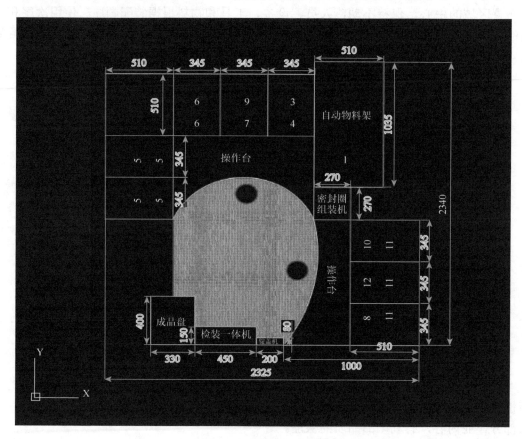

图 4.11　工作单元布置图

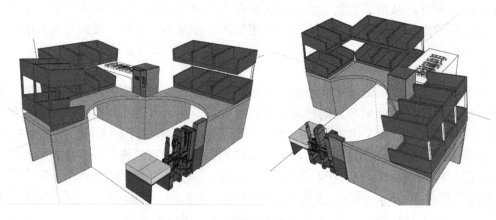

图 4.12　工作单元布置（3D）

为了便于分析，将工作单元大致分成以下三部分进行具体分析。

工作单元-上：如图 4.13 所示，工作单元上边部分主体为操作台和物料架。完成工作"安装大密封圈到灯头螺旋盖；安装有机玻璃片；安装中密封圈到灯头主件；安装聚光瓦片；安装灯头螺旋盖"。操作台上放置 10 个标准零件盒，分别为 3、4、5、6、7、9 号零件，零件盒个数参见工作单元布置图。具体摆放参照图 4.13（b）。

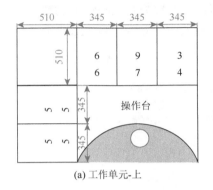
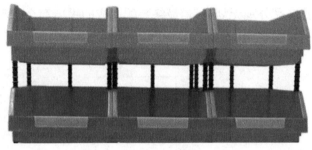

(a) 工作单元-上　　　　　　　　(b) 零件盒摆放实例

图 4.13　工作单元-上

工作单元-右：如图 4.14 所示，工作单元右边部分由密封圈组装机、操作台、自动物料架组成。完成工作"机器安装密封圈；安装导电柱到锥形弹簧；安装锥形弹簧到支撑件；安装支撑件到中筒"。操作台上放置 6 个标准零件盒，零件盒摆放共分为两层，第一层摆放 8、10、12 号零件，第二层摆放三个 11 号零件，零件盒具体摆放参照图 4.14（b）。

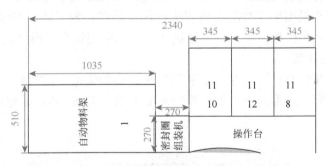

(a) 工作单元-右

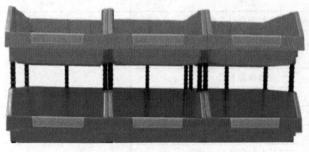

(b) 零件盒摆放实例　　　　　　　　(c) 自动物料架

图 4.14　工作单元-右

自动物料架 [图 4.14（c）] 用于放置中筒零件盒。自动物料架分为两层，上层用于放置装满零件的零件盒，下层用于放置空零件盒，依据重力可自行滑动。经过计算得中筒在一个工作日需要 10 个单位的零件盒，故采用自动物料架，利用 AGV 进行换料。自动物料架长 1.035m，上层可放置 3 个零件盒，因此需要一天换料 4 次。

工作单元-下：如图 4.15 所示，工作单元下边部分由检装一体机、成品盒和旋盖机组成，尺寸为 0.98m×0.4m。完成工作"机器安装灯头到中筒；机器检测开关与灯泡功能；机器检查产品外观无划痕"。最终装配完成的手电筒会自动滑入成品盒中，由 AGV 运送至包装区进行包装。

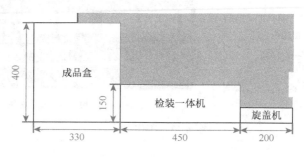

图 4.15　工作单元-下

### 3. 与手工装配线进行对比

由于手电筒本身制造与装配的技术水平较低，所以目前手电筒生产仍处于劳动密集型产业，其工厂主要采用手工装配线形式进行加工处理。为了体现本组设计的半自动装配线的可操作性和生产优势，以下将单独设计一手工装配线生产模型进行比较。

1）手工装配线模型

基于时间测定部分的分析，通过对各工序的实际操作以及生产线平衡率的综合考虑，将工序进行如下分解，并得到一个手电筒的装配节拍为 11.61 秒。手电筒的装配如表 4.8 所示。

表 4.8　手电筒的装配

| 工位 | 工序 | 时间/s |
|---|---|---|
| 1 | 安装大密封圈到灯头螺旋盖 | 7.868 |
| | 安装有机玻璃片 | |
| | 安装中密封圈到灯头主件 | |
| | 安装聚光瓦片 | |
| | 安装灯头螺旋盖 | |
| 2 | 安装 1 个小密封圈到中筒 | 11.38 |
| | 安装第 2 个小密封圈 | |
| | 安装导电柱到锥形弹簧 | |
| | 安装锥形弹簧到支撑件 | |

续表

| 工位 | 工序 | 时间/s |
|---|---|---|
| 2 | 安装支撑件到中筒 | 11.38 |
| | 安装灯头到中筒 | |
| 3 | 安装 2 节电池 | 10.057 |
| | 安装后盖 | |
| | 检测开关与灯泡功能 | |
| | 拆解电池并装回后盖 | |
| | 检查产品外观无划痕 | |
| 4 | 安装到塑料壳 | 11.61 |
| | 安装吊绳到塑料壳 | |
| | 安装彩印卡 | |
| | 用订书机订合彩印卡与塑料壳 | |
| | 完成品放置到完成品容器 | |

将工序划分完成后，对于每一个工位如何布置以及每一个工位间的位置关系进行分析。考虑到多个工人合作装配平衡性较差的问题，将产线设计成 U 型以提高平衡率。因为 3 号工位所需工作台面积较小，故将其放置在 2 号工位和 4 号工位的交汇处以节省对厂房的面积占用。之所以将 2 号工位和 3 号工位均设计为矩形而非弧形，是为了方便厂内物流通道的布置，故将工位布置如图 4.16 所示。

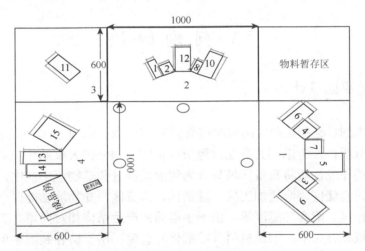

图 4.16　手工装配线工位布置

2）自动化和手工装配线对比分析

人时产能（units per person per hour，UPPH）：

$$UPPH = \frac{UPH^{①}}{作业人数}$$

---

① UPH 为 units per hour，即时均产能

$$UPH = \frac{当天实际产量}{当天工作时数}$$

$$UPPH_{manual} = \frac{UPH_{manual}}{4} = 78 \text{个} / \text{小时}$$

$$UPPH_{automatic} = \frac{UPH_{automatic}}{1} = 180 \text{个} / \text{小时}$$

在该指标下，可以看出半自动化产线的设计将原有手工产线的人时产能提高一倍以上。

成本对比：由于该工厂经济性计算时可接受的最长投资回报周期为 2 年，所以以两年为期计算单个工作单元的平均成本。

$$C = \frac{C_I + C_L}{2}$$

$$C_{manual} = \frac{0 + 80}{2} = 40 \text{ (万元} / \text{年)}$$

$$C_{automatic} = \frac{57 + 20}{2} = 38.5 \text{ (万元} / \text{年)}$$

由计算结果易知，工作自动化的引入降低了工厂的人力成本，同时增加工厂的收益率。

## 4.3　问　题　解　决

### 4.3.1　厂区总平面设计

基于设施规划目标和企业实际情况搜集的 P、Q、R、S、T 的原始资料[2]，对手电筒的装配过程的分析以及考虑到其装配过程所需步骤，划分出大致的作业单位，再进一步根据作业单位的作业性质将布置区域划分为物流功能区和非物流功能区，物流功能区一般包括进货区、仓储区、流通加工区、理货区、出货区，非物流功能区一般包括服务功能区、辅助制作区、配合功能区等。由于手电筒的产品结构相对简单，工艺并不复杂，故将其厂间区域划分如下。①原材料（零部件）仓库：用于储存装配手电筒的零部件以及生产部分零部件（中筒）所需要的原料。②零部件加工区：包括数控机床，主要用于生产手电筒装配中的一种金属零部件，在此加工手电筒的中筒这一零部件。③装配车间：进行手电筒的装配和包装。④成品库：储存装配完成且检验合格的手电筒。⑤配电室：辅助作业单位，主要掌控整个车间的用电。在停电的特殊情况下，进行自行发电，以保证生产正常进行。⑥办公室：用于工厂管理人员的办公和休息。⑦员工休息室：用于工人的休息。

在第一次进行厂区作业单位之间的位置关系的确定时，根据大量的资料查阅、讨论，以及其他工厂布局的分析参考，对作业单位之间的物流关系直接进行综合分析以及排序，大致确定其位置关系以及相对面积。后初步确立各区域的位置，进行较详细的物流强度计算从而分析各区域间的物流强度，检验综合分析时确定的初步物流关系是否合适，如果不合适，将对位置关系进行改动，直至作业单位之间的接近程度达到最优。在进行综合分析时，为直观反映作业单位位置相对关系，采用 A、E、I、O、U 的评价方法。厂区作业单位综合接近程度排序表如表 4.9 所示。手电筒工厂作业单位综合相关图如图 4.17 所示。

**表 4.9　厂区作业单位综合接近程度排序表**

| 作业单位 | 1 | 2 | 3 | 4 | 5 | 6 | 7 |
|---|---|---|---|---|---|---|---|
| 1 | | A | A | U | U | U | U |
| 2 | A | | A | O | U | I | O |
| 3 | A | A | | A | I | I | O |
| 4 | U | O | A | | U | U | U |
| 5 | U | U | I | U | | U | U |
| 6 | U | I | I | U | U | | O |
| 7 | U | O | O | U | U | O | |
| 综合接近程度 | 8 | 12 | 17 | 5 | 2 | 5 | 3 |
| 排序 | 3 | 2 | 1 | 4 | 6 | 4 | 5 |

注：1）各作业单位编号：1 为原材料（零部件）仓库；2 为零部件加工区；3 为装配车间；4 为成品库；5 为配电室；6 为办公室；7 为员工休息室。

2）A＝4，E＝3，I＝2，O＝1，U＝0

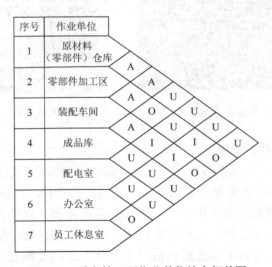

图 4.17　手电筒工厂作业单位综合相关图

综合接近程度值反映了该作业单位在布置图上处于中心位置还是边缘位置，也间接反映了在作业单位位置进行规划时优先考虑的顺序。即优先考虑排序为 1 的作业单位，以及与其相互关系为 A 的作业单位，后考虑相互关系为 E 的作业单位，最后考虑相互关系为 I、O、U 的作业单位，进行逐步、逐层规划。

为了更直观地表现出各厂区内各主要作业单位之间的联系程度，同时确定作业单位间的相对位置，根据综合接近程度排序表绘制出各区域位置相关图如图 4.18 所示。

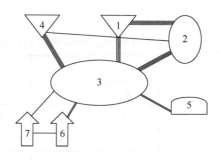

图 4.18  手电筒工厂作业单位位置相关图

注：各作业单位编号：1 为原材料（零部件）仓库；2 为零部件加工区；3 为装配车间；4 为成品库；5 为配电室；6 为办公室；7 为员工休息室

基于以上分析并根据题目提供的厂房实际情况设计得到该手电筒工厂平面布置方案，如图 4.19 和图 4.20 所示。

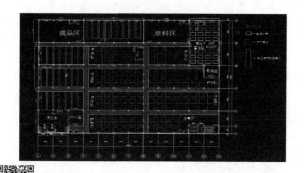

图 4.19  手电筒工厂作业单位布置图

图 4.20  手电筒工厂作业单位布置图（3D）

扫一扫 见彩图

1）原材料（零部件）仓库

$S_{\text{原}} = 18 \times 11 = 198\text{m}^2$，位于该工厂的北侧。基于"零库存"理念，经过合理假设和计算，该原材料（零部件）仓库足以存储工厂一天所需的物料，每日供货商都能及时供货。该区域负责存储供应商提供的手电筒工厂所需的各类物料，包括各种零部件以及加工中筒的原料。将原材料（零部件）仓库布置在工厂北侧靠门区域，便于原材料（零部件）运送。所有原材料（零部件）通过原材料（零部件）仓库北侧的大门输入，其中中筒金属原料通过原材料（零部件）仓库东门转运至零部件加工区。原材料（零部件）仓库（3D）如图 4.21 所示。

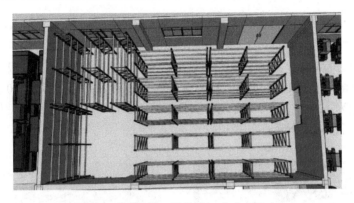

图 4.21　原材料（零部件）仓库（3D）

2）零部件加工区

$S_{加工} = 12 \times 22 = 264 \text{m}^2$。零部件加工区位于该工厂的东北侧，紧邻原料区。零部件加工区将金属原材料加工为所需要的中筒，加工所需工具为数控机床，每个数控机床占地面积为 $S_{数} = 2 \times 1.5 = 3 \text{m}^2$，在该区域中共设有 28 台，每台的横纵距离相等，即 $d_1 = d_2 = 1\text{m}$。合理假设该厂配备的数控机床的产能足以供应装配。除此之外，在该区域中还设有零件检验区和暂存区用于检验加工后的零件是否符合实际生产要求以及暂时存储加工完成的中筒部件，之后 AGV 会将中筒运输至装配区。零件检验区和暂存区的总面积为 $S_{检验+暂存} = 4.5 \times 12 = 54 \text{m}^2$。零部件加工区（3D）如图 4.22 所示。

图 4.22　零部件加工区（3D）

3）装配车间

根据之前对手电筒装配流程的优化分析，手电筒装配分为"装配"和"包装"两部分。因此整体装配车间也由"装配区"和"包装区"两部分组成：装配区中 $S_{装配} = 22 \times 9 \times 3 + 16 \times 9 + 231 + 28 \times 9 \times 2 = 1473 \text{m}^2$，该区域负责手电筒的装配。整体装配区被道路分成 A、B、C、D、E、F、G、H 八个部分。图中每个部分装配工作单元的布置是根据题目提供的厂区平面图，结合前面设计的工作单元尺寸进行实际划分的。共绘制出 139 个装配组，在正常排列下（无支撑物阻挡），各组间纵向间隔 1m，横向间隔 1m。

每个装配小区间内都设有休息区，其中摆放一些座椅以及饮水装置，供工人短暂休整；包装区中 $S_{包装} = 18 \times 9 \times 3 + 24 \times 11 = 750m^2$，该区域负责用手电筒自动包装设备对已经装配完成的手电筒进行包装，并最终由 AGV 运送至成品库。将其大致分成四个区域Ⅰ、Ⅱ、Ⅲ、Ⅳ。结合手电筒自动包装设备的尺寸，经布置设计，共可以摆放 30 台设备。每台设备一天的包装量为 12750 件，30 台设备共计 382 500 件。装配区（3D）如图 4.23 所示，包装区（3D）如图 4.24 所示。

 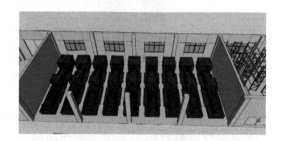

图 4.23　装配区（3D）　　　　　　　　　图 4.24　包装区（3D）

4）成品库

$S_{成品} = 18 \times 11 = 198mm^2$，位于该工厂的北侧。此区域用于存储手电筒成品，之后通过成品区北侧大门向外运输。成品区以工厂一天的产能进行设计，合理假设每日生产的手电筒可以在当天工作结束后被运出。成品库（3D）如图 4.25 所示。

图 4.25　成品库（3D）

5）通道

通道供运输物料的 AGV 以及工人行动，纵向通道宽 2m，横向通道宽 2m。厂区共布置了 4 条横向主干道和 2 条纵向主干道，便于物料的运输。

6）配电室

$S_{配电室} = 5.5 \times 6 = 33m^2$，位于该工厂的东侧，紧邻原料加工区。远离休息室和办公室，避免噪声干扰办公和休息。

7）员工休息室

$S_{休息} = 12 \times 11 = 132m^2$，位于该工厂的西南侧，员工休息室供工人上午、中午、下午的休息活动，其中设有洗手间，满足工人的生理需求。

8）办公室

$S_{办公} = 6 \times 7.4 = 44.4 \text{m}^2$，位于该工厂的西南侧，紧邻休息室和卫生间，靠近工厂南侧左大门。工厂约有 6 位管理员可在其中办公，并监管工厂的日常生产运营。

休息室&办公室&卫生间简图（3D）如图 4.26 所示。

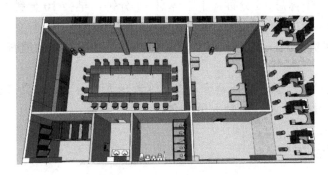

图 4.26 休息室&办公室&卫生间简图（3D）

## 4.3.2 产能确定

（1）日产能

$$日产能（大手电）= 装配组数 \times \frac{每天工作时长}{单位手电筒生产时长} = 115 \times \frac{425 \times 60}{11} = 266\,590\,(个/天)$$

$$日产能（小手电）= 装配组数 \times \frac{每天工作时长}{单位手电筒生产时长} = 24 \times \frac{425 \times 60}{11} = 55\,636\,(个/天)$$

（2）年产能

$$年产能（大手电）= 装配组数 \times \frac{每天工作时长 \times 年工作日天数}{单位手电筒生产时长}$$

$$= 115 \times \frac{425 \times 60 \times 250}{11} = 66\,647\,727\,(个/年)$$

$$年产能（小手电）= 装配组数 \times \frac{每天工作时长 \times 年工作日天数}{单位手电筒生产时长}$$

$$= 24 \times \frac{425 \times 60 \times 250}{11} = 13\,909\,090\,(个/年)$$

## 4.3.3 人员配备

（1）装配工人：每个工作单元配备 1 名装配工人，根据工作单元数 139 个，共配备装配工人 139 名，负责手电筒的装配工作。每日工作时间为 425 分钟，不包含午休 45 分钟，上午休息 15 分钟，下午休息 15 分钟，早会 10 分钟。年工作日 250 天，单班生产。

（2）包装工人：每台自动包装设备配备 1 名工人进行机器的操作和看管，根据自动包装机器数量，共配备包装工人 30 名，负责手电筒的包装工作。每日工作时间为 425 分钟，不包含午休 45 分钟，上午休息 15 分钟，下午休息 15 分钟，早会 10 分钟。年工作日 250 天，单班生产。

（3）零件加工工人：每台数控机床配备 1 名工人进行中筒的加工，根据数控机床数量，共配备零件加工工人 28 名，负责中筒的加工工作。每日工作时间为 425 分钟，不包含午休 45 分钟，上午休息 15 分钟，下午休息 15 分钟，早会 10 分钟。年工作日 250 天，单班生产。

（4）装配车间负责人：配备 2 名负责人负责整个装配车间的监督与工人的管理，上报特殊情况等。

（5）其他人员：工厂配备有原料库、成品库管理人员各 2 名，负责货物的管理，AGV 调度等其他工作；电工 1 名；后勤人员 2 名。

### 4.3.4　物流设计&工具

1. 物流路径规划

在对厂区的工作单位划分完成后，基于对手电筒装配过程以及对物料清单表的分析，对厂区内的物料搬运路线进行如下规划，将从以下四个物流类型进行具体分析。

1）原料（零部件）仓库-装配区

从原料（零部件）仓库主要运送装配手电筒所需的各个零部件至装配区，如图 4.27 所示。图中黄色箭头表示运送路线。零部件从原料（零部件）仓库的南门运出，沿各条主干道分别配送至 A、B、C、D、E、F、G、H 区。

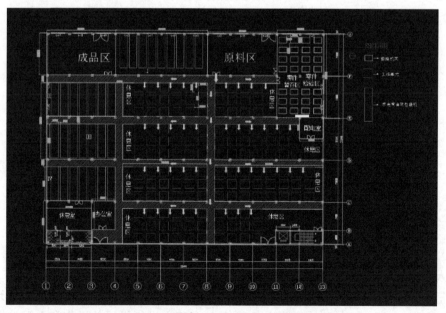

图 4.27　原料（零部件）仓库-装配区物流

扫一扫　见彩图

2）零部件加工区-装配区

零部件加工区加工完成的中筒这一零部件将直接从该区域运送至装配区，如图 4.28 所示。图中蓝色箭头表示运输路线，中筒将从零件加工区的西门运出，沿各条主干道配送至各个装配区域中。

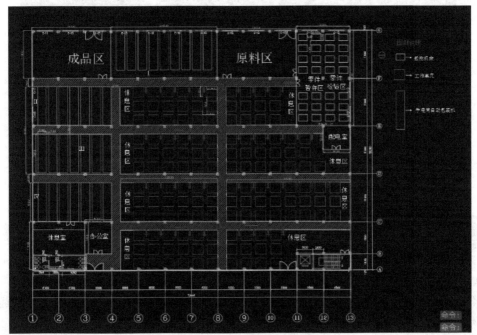

图 4.28    零部件加工区-装配区物流

扫一扫  见彩图

其中，关于零部件加工区与装配区的平衡的讨论如下。

零部件加工区设有 28 台数控机床，单台数控机床加工一个中筒的时间约为 1.5 分钟（大、小手电筒中筒的加工方式相同，加工时间大致相等），经计算可得零部件加工区的日加工量约为 8000 个。

装配区共设有 139 个装配单元，单个装配单元装配一个手电筒的时间约为 11 秒（大、小手电筒中筒装配方式相同，装配时间大致相等），经计算可得装配区的日装配量约为 322 226 个。

综上可知，零部件加工区的日加工量远小于装配区的日装配量，无法满足装配需求，仍需对大、小中筒进行外购，外购量为 314 226 个/天。

3）装配区-包装区

从装配区将装配完成的手电筒运送至包装区进行集体包装，物流路线如图 4.29 所示。图中的各色箭头表示物流路径。将每个装配区和所对应的包装区用有色边框进行表示，同种颜色相互匹配。由图可见，B、D 装配区对应于Ⅰ号包装区；A、C 装配区对应于Ⅱ号包装区；E、F 装配区对应于Ⅲ号包装区；G、H 装配区对应于Ⅳ号包装区。具体情况可视实际而定。

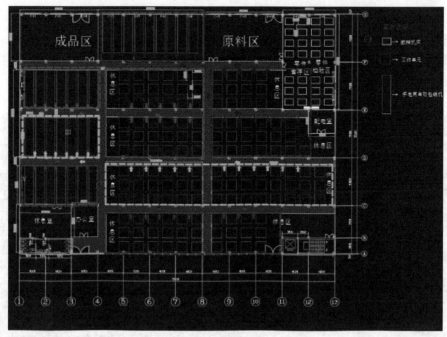

图 4.29 装配区-包装区物流

4）包装区-成品库

将包装区包装好的手电筒运送至成品区进行存储。成品将从成品区南门运入成品库中，物流路线如图 4.30 所示。图中的紫色箭头表示运送路径。

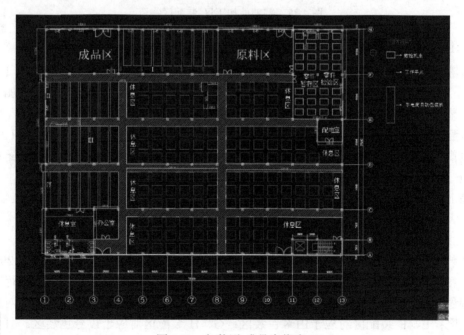

图 4.30 包装区-成品库物流

2. 物料搬运工具

1）AGV 自动送料系统

为了实现该手电筒工厂的生产装配过程中存在的配送物料以及空料盒回收流程，采用基于现有技术的 AGV 自动送料系统，实现物料的自动转运、投料、空料盒回收、AGV 路径实时规划，提升配送效率，降低人力成本。AGV 的现有技术已经非常成熟，且结构简单、性能稳定、制造成本低。如图 4.31 所示是现有的 AGV 结构图，本手电筒工厂可根据工厂的实际情况和需求进行 AGV 定制。一辆 AGV 可同时配送多个物料盒至多个工作单元。AGV 尺寸如表 4.10 所示。

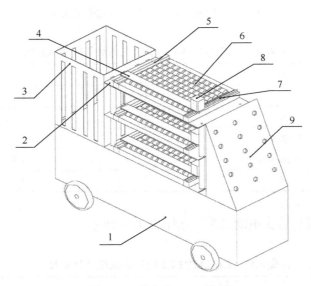

图 4.31　现有的 AGV 结构

表 4.10　AGV 尺寸

| 参数 | 数值/mm |
| --- | --- |
| 长 | 600 |
| 宽 | 400 |
| 高 | 600 |

2）前移式电动叉车

该搬运工具主要用于原料（零部件）仓库和成品区内部货物的搬运工作。由于原料（零部件）仓库和成品区面积不大，所以应考虑车身设计较窄，操作轻便灵活，并且能保持高位稳定的叉车，因此最终采用 CQD12RF1.2 吨前移式电动叉车，如图 4.32 所示。

CQD12RF1.2 吨前移式电动叉车基本数据如表 4.11 所示。

图 4.32　CQD12RF1.2 吨前移式电动叉车

**表 4.11　CQD12RF1.2 吨前移式电动叉车基本数据**

| 项目 | 数据 |
|---|---|
| 型号 | CQD12RF |
| 动力型式 | 电动 |
| 操作类型 | 座驾式 |
| 额定载荷 $Q$/kg | 1200 |
| 载荷中心距 $c$/mm | 600 |

CQD12RF1.2 吨前移式电动叉车尺寸如表 4.12 所示。

**表 4.12　CQD12RF1.2 吨前移式电动叉车尺寸**

| 项目 | 符号 | 数据 |
|---|---|---|
| 门架及货叉前后倾角 | $\alpha/\beta$/(°) | 2/4 |
| 门架下降后的最低高度 | $h_1$/mm | 2065 |
| 自由起升高度 | $h_2$/mm | 0 |
| 标配门架最大起升高度 | $h_3$/mm | 3000 |
| 起升最高时的门架高度 | $h_4$/mm | 4000 |
| 护顶（驾驶舱）高度 | $h_6$/mm | 2015 |
| 座椅及站台的高度 | $h_7$/mm | 930 |
| 承载轮护板/支撑腿高度 | $h_8$/mm | 310 |
| 整车长度 | $l_1$/mm | 2285 |
| 货叉端面至车尾长度 | $l_2$/mm | 1215 |
| 整体宽度 | $b_1/b_2$/mm | 988/990 |
| 货叉尺寸 | $s/e/l$/mm | 40/100/1070 |
| 货叉架类型 A，B | | A |

续表

| 项目 | 符号 | 数据 |
|---|---|---|
| 前移距离 | $l_4$/mm | 535 |
| 挡货架外宽 | $b_3$/mm | 956 |
| 货叉外宽 | $b_5$/mm | 200~650 |
| 支撑腿内宽 | $b_4$/mm | 698 |
| 车身最小离地间隙 | $m_2$/mm | 56 |
| 托盘为1000mm×1200mm交叉的通道宽度 | $A_{st}$/mm | 2655 |
| 托盘为800mm×1200mm交叉的通道宽度 | $A_{st}$/mm | 2705 |
| 转弯半径 | $W_a$/mm | 1570 |
| 整车长度（不含货叉） | $l_7$/mm | 1715 |

**3. 原料（零部件）仓库和成品区存储设备**

使用托盘式货架进行手电筒零部件、成品的存储。托盘式货架是专门用于存放堆码在托盘上的货物的货架，外形和层架类似，为钢制结构，并且做成双排型连接。有利于实现机械化的装卸作业，用叉车实现货物的码垛存取。生产率较高，而且便于单元化存取，可获得较高的仓库空间利用率，符合手电筒工厂对存储的整体要求。托盘式货架实物图如图4.33所示。

图 4.33　托盘式货架实物图

### 4. 工厂其他设备

#### 1）通风、照明、除湿设备

手电筒工厂所需的零部件多为金属和橡胶制品，对物理环境要求较高，所以要配备相应的通风、照明、除湿设备。主要有除湿机、抽风机等，如图4.34所示。

(a) 工厂除湿机　　　　　　　　　　　　(b) 工厂抽风机

图4.34　通风、照明、除湿设备

#### 2）检验设备

手电筒工厂的多数零部件为外购，需要对外购的零部件进行检验，检验设备在入库验收环节、在库质量检查环节和出库交接环节中尤为重要。需要度量衡称重设备和量具及商品检验的各种仪器等。主要有磅秤、标尺、卡钳、自动称重设备等，如图4.35所示。

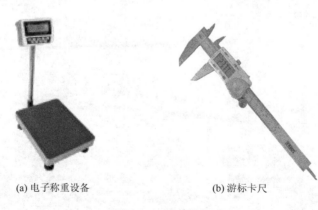

(a) 电子称重设备　　　　　　　　　　　　(b) 游标卡尺

图4.35　检验设备

#### 3）消防设备

消防安全是重中之重。为了保障手电筒工厂的消防安全，必须配备相应的消防器材和设备。主要有消防栓、灭火器等，如图4.36所示。

(a) 消防栓　　　　　　　　　　　　　(b) 灭火器

图 4.36　消防设备

4）养护设备

在工厂中需要对仓库产品质量进行维护和监控，对设备进行维护，因此要配备有养护设备，主要有智能温湿度控制器等，如图 4.37 所示。

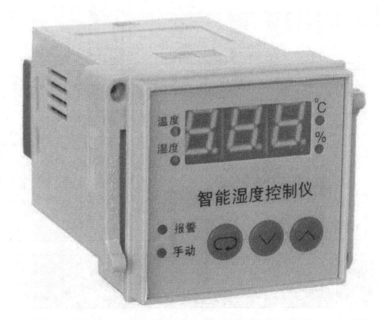

图 4.37　智能温湿度控制器

## 4.3.5　手电筒工厂管理信息系统（顶层架构）设计

为更高效地进行手电筒工厂管理，提升手电筒工厂的管理柔性和信息化程度，向智慧工厂转型，将管理信息系统加入手电筒工厂的管理中，为此进行了手电筒工厂管理信息系统的顶层架构设计。手电筒工厂管理信息系统的核心应用系统主要包括仓储管理系统（warehouse management system，WMS）、物料搬运系统（material handling system，

MHS）、员工管理系统、财务系统（financial system，FS）、设备管理系统（equipment management system，EMS），依靠以上五个子系统，最终实现对手电筒工厂的全面管理[3]。因此，围绕这个管理目标，构建顶层架构，落实五项核心应用服务，提出手电筒工厂管理信息系统顶层架构如图 4.38 所示[4]。

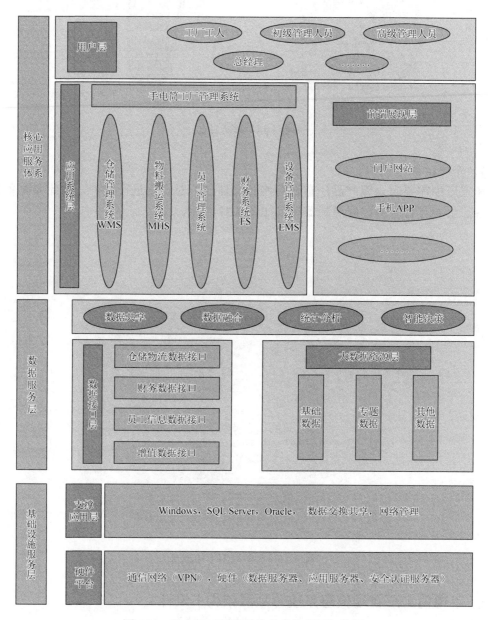

图 4.38　手电筒工厂管理信息系统顶层架构图

## 1. 基础设施服务层

基础设施服务层由硬件平台和支撑应用层构成，是整个手电筒工厂管理信息系统的基础。获取的相关数据需要通过网络进行传输，同时，外部相关平台需要利用网络通信体系实现数据传输与交互。一个稳定的管理信息系统需要强大的硬件设备支撑，因此要配备数据服务器、应用服务器以及安全认证服务器等。Windows 操作系统可对各项资源板块开展调度工作，包括软硬件设备、数据信息等，同时进行网络管理。SQL Server、Oracle 数据库系统负责数据信息的存储和规划，保持数据的独立性，实现数据集中统一控制和交换共享，同时对数据进行维护。

**2. 数据服务层**

**1）数据接口层**

为保证平台系统之间数据安全稳定传输，需要设置必要的数据通信接口，其中包括仓储物流数据接口、财务数据接口、员工信息数据接口、增值数据接口等，从而实现数据的交换与共享。

**2）大数据资源层**

对手电筒工厂进行信息化管理，势必产生海量的数据，包括基础数据、专题数据以及其他数据。因此，为更好地融合多源数据，服务于整个手电筒工厂管理信息系统，完成数据资源共享、融合、挖掘与决策，必须要建立一个大数据资源管理体系，融合外部相关平台共享数据信息，进行数据融合、分拣、分析，最终实现数据共享、数据融合统计分析与辅助智能决策。

**3. 核心应用服务体系**

**1）应用系统层**

仓储管理系统（WMS）：仓储在工厂的整个供应链中起着至关重要的作用，如果不能保证正确的进货和库存控制及发货，将会导致管理费用的增加，服务质量难以保证。为更好地进行工厂的规范化管理，提升手电筒工厂的信息化程度，首先必须对原料（零部件）仓库和成品库进行规范化管理。大致分为三个模块。①原料（零部件）入库：采购入库或者其他入库，自动生成入库单号，可以区分正常入库、退货入库等不同的入库方式。②成品出库：销售出库或者其他出库，可以自动生成出库单号，可以区分正常出库、赠品出库等不同的出库方式。③库存管理：不需要手工管理，当入库和出库时，系统自动生成每类产品的库存数量，查询方便。

物料搬运系统（MHS）：为减少人工成本，提升手电筒工厂的效率，建立物料搬运系统。物料搬运系统是指一系列的相关设备和装置，用于一个过程或逻辑动作系统中，协调、合理地对物料进行移动、储存或控制。本手电筒工厂的物料搬运主要包括 AGV 物料搬运、原料（零部件）仓库和成品库内部搬运，其中还涉及 AGV 搬运路径的规划、与仓储系统的数据整合等。

员工管理系统：包括组织结构的建立和维护，工厂员工信息的录入和输出，工人工资的调整和发放，调动管理、合同管理、培训管理、绩效考核、奖惩管理以及各类报表的绘制和输出等功能，还包括日常的考勤、请假等，在操作上集输入、维护、查询、统计、打印、输出等处理为一体，简便灵活，自动化功能强大。有别于以往人工管理的落后，降低手电筒工厂管理的成本。让管理人员将更多的精力用于工厂的管理决策。

财务系统（FS）：为工厂会计以及管理人员提供各种格式的凭证和账簿，包括收款凭证，付款凭证，转账凭证，数量凭证，外币凭证；银行、现金日记账，数量账，往来账、多栏账，总账，明细账等。为工厂的库存、采购、销售、生产等提供指导，为工厂领导的决策提供及时、准确的财务信息。

设备管理系统（EMS）：该手电筒工厂配备数量庞大的设备，有数控机床、搬运设备、包装设备、装配设备等。设备管理系统可以有效地管理设备资源、维护设备的正常运转，减轻管理人员的数据处理负担，极大地提高设备管理效率，从而提高手电筒工厂的效率。

2）前端展现层、用户层

手电筒工厂管理信息系统可通过门户网站或手机 APP（application，应用程序）等方式进入，随着信息系统的发展，可根据实际情况和应用需求，创建微信公众号等平台。依据该管理信息系统的参与者，构建用户层：工厂工人、初级管理人员、高级管理人员、总经理等。

# 4.4　分析及结论建议

## 4.4.1　市场需求分析

该手电筒功能较多，适用于工业、安保、野营以及家庭，筒身由轻质的铝合金特制而成，拥有超亮 LED（light-emitting diode，发光二极管）光源和超长的使用寿命，防尘防溅水的设计让使用更加安全，在国内销售状况较好。

随着经济全球化的浪潮，中国制造已经深入世界的各个角落。如今中国制造的商品不仅在国内各大购物软件以及线下商店出售，更是扎根国际最大的电商平台亚马逊和实体零售商场沃尔玛。随着许多发达国家产业的转型升级，我们的手工业商品不仅出口至亚非拉地区，更是在许多发达国家销售，包括北美、欧洲、日本、东南亚地区。如将海外市场纳入考虑范围，市场需求远大于手电筒工厂的产能。因此，手电筒的销售市场极为广阔。

## 4.4.2　财务可行性分析

由于题目未给出具体的各项费用，因此，以下的所有费用皆基于网络资料以及合理假设。且为大致测算，部分费用未纳入考虑，如表 4.13 所示。

表 4.13　手电筒年费用预估表

| 项目 | 小项 | 栏次 | 本年累计/万元 |
| --- | --- | --- | --- |
| 成本 | 工人工资 | 1 | 2100 |
| | 厂房租金 | 2 | 300 |

续表

| 项目 | 小项 | 栏次 | 本年累计/万元 |
|---|---|---|---|
| 成本 | 设备投资 | 3 | 10000 |
| | 水电费 | 4 | 12 |
| 税金 | / | 5 | 1000 |
| 利润 | 手电筒总收益 | 6 | 19200 |
| | 总利润 | 7 | 6800 |
| | 投资回报率 | 8 | 55% |

1. 成本费用测算

（1）工人工资：该工厂预计提供 210 个工作岗位，假设每位工人的年平均工资为 10 万元，共计 2100 万元。

（2）厂房租金：该工厂占地面积为 3960m²，按每平方米每天 2 元的租金计算，合理假设每年的厂房租金共计 300 万元。

（3）设备投资：该工厂预计共有 139 个工作单元，每个工作单元配备三台设备，分别是"密封圈组装机""旋盖机""检装一体机"。根据网络资料以及询问专业人士，求得每台设备的价格分别约为 20 万元、15 万元、22 万元。工厂还配备 30 台自动包装设备以及 28 台数控机床，每台设备约为 25 万元。AGV 共配备约 30 辆，每辆约 9 万元。考虑到其他一些设备，如电动叉车、货架、工作台、物料盒等，因此，该工厂所有设备的总投入约为 10000 万元。

（4）水电费：通过网络资料查询，每 500m² 每月水电费约为 1300 元，因此该手电筒工厂每年的水电费约为 12 万元。

2. 营业收入

手电筒总收益：该工厂预计每年可生产 8000 万个手电筒，通过某网络购物软件查询得到该品牌手电筒的单价为 30 元，根据每个手电筒 8% 的净利润率，求得每年的总销售净利润为 19200 万元。

3. 税金

通过查阅资料，合理假设以 17% 的税率征收小型企业净收入，求得该工厂每年所需缴纳的税金约为 1000 万元。

4. 利润测算

根据以上成本费用以及营业收入等的计算，可求得该手电筒工厂每年的总利润约为 6800 万元。

5. 投资回报率

投资回报率（ROI）= 年利润/投资总额×100% = 6800/12400×100% = 55%。

　　由于题目中给出经济性计算时可接受的最长投资回报周期为 2 年，该工厂符合该要求，因此该项目在财务方面可行性较高。

### 4.4.3　结论建议

　　本篇案例围绕系统布局规划（SLP）展开，基于手电筒现有的装配过程的程序分析、人机分析等，运用基础工业工程、设施规划与设计以及管理信息系统的相关知识，从产品改进入手，进行工厂的工位布置、作业单位划分、物流分析、人员配备以及管理信息系统顶层架构设计等，对手电筒装配工厂进行了较为详细的规划，且结合智能制造、工业 4.0、中国制造 2025 等时代背景，对工厂引入自动化设备，取代部分传统的人工装配过程，有效地降低了手电筒的装配时间，节约了人工成本，也极大地提高了产线的自动化水平以及柔性。设计过程中，较为全面地考虑到技术、经济、市场、信息化等因素，使本设计有了较高的科学性和可实施性。

### 参 考 文 献

[1]　蔡启明，张庆，庄品. 基础工业工程[M]. 2 版. 北京：科学出版社，2009.

[2]　张力菠，庄长远. 设施规划与设计[M]. 北京：电子工业出版社，2016.

[3]　陈城辉. 重庆西站枢纽综合区智慧信息管理系统顶层架构设计研究[J]. 铁道运输与经济，2019，41（12）：77-81.

[4]　杨显，马燕茹. 云计算环境下企业管理信息系统规划与设计分析[J]. 现代信息科技，2019，3（21）：113-114.

# 第5章 救灾机器人远程操作控制台设计

## 5.1 案 例 介 绍

### 5.1.1 研究背景

救灾机器人的研究自 20 世纪 80 年代开始，随后一些救灾机器人被应用于地震灾害、矿难事故等灾难现场，并逐渐得到一定程度的关注。救灾机器人的出现为消防救灾工作提供了新的工作思路，也保证了消防人员的生命健康安全。在救灾的过程中，很多高危险性的任务是救灾人员无法做到的，而救灾机器人的出现在一定程度上解决了这一问题，它能够代替救灾人员完成一些高难度的工作任务，进而推动救灾行动的高效开展。20 世纪 90 年代末，美国和日本相继发生大型地震，救援现场错综复杂，人员难以进入，救灾机器人的实际应用逐步受到各国的关注。2001 年，大批救灾机器人应用到了"9·11"恐怖袭击事故现场救灾任务当中。

美国、日本、法国等国对于救灾机器人的技术研究相对比较成熟，先后研制出了多种可用于危险环境的救灾机器人[1]。通过近几年的发展，很多救灾机器人达到了实用化标准，在排爆、矿难及地震等灾害现场搜救等任务中发挥了重要作用。通过对中信重工开诚智能装备有限公司、山东国兴智能科技有限公司等研究救灾机器人的领军企业的了解，现行主流救灾机器人主要分为消防机器人、侦查机器人、煤矿智能机器人等类型。

随着救灾机器人功能逐渐增多，单一操纵器进行独立操作已经不适应发展需求。救灾机器人基本都需要使用操作平台。通常将操作平台放置在后方，操作平台上需要有对机器人进行远程控制的控制系统和能反映现场灾害状态的显示系统。良好的操作平台设计可使操作人员快速识别信息并准确对机器人进行正确指挥。因此，救灾机器人远程操作平台设计成为救灾机器人设计的关键环节。

操作平台和人员及周围环境组成了一种较为复杂的人-机-环境系统，具有显示操纵装置多、操作工作精密、空间较狭小的特点。在救灾过程中，往往通过单人操作控制平台来控制机器人的许多远程操作，如控制机器人的行走、控制机器人的机械臂。

1. 研究目的和研究意义

1）研究目的

本章主要基于人因工程学理论和方法，结合相关文献和市面上已投入使用的救灾机器人研究救灾机器人操作控制台设计，具体目的：对救灾机器人总体任务以及需要的功能进行分析；将救灾机器人作为研究对象，明确救灾机器人所要完成的任务，在此基础上分析任务完成需要控制台具备的显示、控制功能，研究显示、控制功能的实现方式。对操作控制台显示界面和控制器进行设计：在控制平台显示、控制功能需求分析和实现方式分析的基础上，开展人机交互显示界面设计，控制器设计。对操作控制台的工作台和座椅进行设计与评价：考虑到我国救灾人员多为男性，依据满足 90% 的中国成年男性使用需求的设计目标，对操作控制台的工作台、座椅等进行尺寸设计。并运用人机工效分析软件对操作控制台进行系统建模与仿真分析，验证设计的合理性。

2）研究意义

我国救灾机器人的远程操作控制台设计通常是设计人员根据经验设计的，基于人因工程理论进行救灾机器人远程操作控制台设计研究的文献很少。控制台设计如果忽视人的因素，就会给操作人员在信息接收、控制器操作的准确性和速度方面带来一定的影响，影响现场救灾的速度和准确性，对人们生命和财产造成巨大损失。此外，操作控制台和座椅等尺寸设计如果没有考虑使用人员的人体尺寸，长期操作会造成作业疲劳和肌肉骨骼损伤，因此，基于人因工程开展救灾机器人远程操作控制台的设计研究具有重要的意义。

本题目利用人因工程学原理对救灾机器人远程操作控制台进行设计研究，基于救灾机器人的任务，分析救灾机器人单人远程操作控制台应该具备的信息显示和操作控制功能以及实现方式，在此基础上进行人机交互界面显示界面设计和控制器设计。以人体尺寸国家标准为依据，结合操作人员的生理和心理需求，依据操作人员的工作姿势进行工作台和座椅等相关尺寸的设计，并运用人机工效分析软件，依据操作控制台的几何尺寸、结构尺寸、显示器布局、控制器布局、座椅尺寸等，构建基于人因工程学的救灾机器人单人操作控制台的仿真模型，依据人体各部分关节舒适度、肢体可达域以及视觉的可视性对操作控制台进行评价。本研究探索了救灾机器人远程操作控制台设计方法，研究成果将提高交互效率和质量，增加操作人员的工作舒适度，提高安全性，为救灾机器人远程操作控制台的设计提供方法支持。

2. 国内外研究现状

1）文献检索范围及分析方法

救灾机器人是当今机器人研究领域的关注热点，对其控制方法及控制界面的人因设计等研究是当今研究热点。通过文献计量及 CiteSpace 软件研究近年来救灾机器人领域的研究现状、热点及发展趋势，能够为接下来的操作控制台研究方向提供指导。本研究基于文献计量及可视化分析方法进行文献分析，明确研究现状。救援机器人研究文献综述数据来源：国内以 CNKI（China national knowledge infrastructure，中国国家知识基础设施，简称中国知网）为主要的中文数据源，国外以 Web of Science 为主要的外文数据源，利用 CiteSpace 进行相关期刊检索，使用火灾机器人、救援机器人等关键词进行检索。

选择标准：2012 年到 2022 年十年间研究主题包括火灾机器人、救援机器人等相关关键词的文献，研究类型不做较多的限制，文献类型集中在核心期刊论文，排除学位论文、会议论文等。检索筛选后，收集到 CNKI 上对应 2012～2022 年的相关文献总数为 790 篇，收集到 Web of Science 上对应 2012～2022 年的相关文献为 1376 篇,分别对其进行可视化分析,共得到对应的词频示图、聚类示图、时间频谱示图。

2) 国内文献分析

词频示图分析:如图 5.1 (a) 所示,在当今十年的主流研究中,对于救援机器人的研究主要集中于控制系统的研究和人机界面的研究,并由此发散出其他领域。其中,从发散情况来看,人机界面和控制系统之间联系较为紧密,存在很多交叉领域。从频次及中心性来看,人机界面的研究处于研究的热点中心位置,对其研究聚焦于远程控制、自动化控制、人机交互、传感器方面。

聚类示图分析:如图 5.1 (b) 所示,聚类分析中除机器人这一必然研究要素外,主要研究领域为人机界面、控制系统、人机交互、产品设计、优化设计等领域。其中,对于人机界面、控制系统和机器人三个领域,优化设计属于三者的共同延伸领域。

时间频谱示图分析:如图 5.1 (c) 所示,近年来人机界面占据着救援机器人相关领域的研究热点位置。对于控制系统的研究中,智能化自动控制也占据着一定的研究热度。同时,研究者还关注着人机交互领域,与人机界面领域结合紧密,相对于其他领域发展较晚。

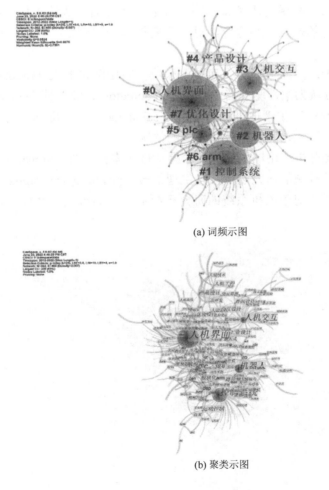

(a) 词频示图

(b) 聚类示图

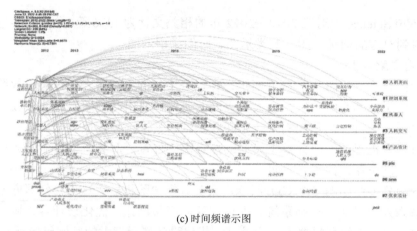

(c) 时间频谱示图

图 5.1 国内文献关键词频示图、国内文献聚类示图、国内文献被引时间频谱示图

**3）国外文献分析**

词频示图分析：如图 5.2（a）所示，除机器人（robot）这一必然研究要素外，在这十年的主流研究中，对于救援机器人的研究主要集中于机器人学（robotics）、搜索救援（search and rescue）、机械设计（machine design）等方面。从频次及中心性来看，机器人学的研究处于研究的热点中心位置，对其研究聚焦于控制系统、人机系统、人机交互等方面。

聚类示图分析：由图 5.2（b）可得，聚类分析中除机器人（robot）这一必然研究要素外，主要研究领域为柔性驱动器（compliant actuator）、操作员（human operator）、共享控制（shared control）、生理信号（physiological signal）等，可以看出主要研究领域之间的联系非常紧密，彼此之间存在领域交叉的情况。

时间频谱示图分析：由图 5.2（c）可得，近年来操作员（human operator）正在逐步成为人机系统相关领域的研究热点，且生理信号（physiological signal）也占据着一定的研究热度，可以看出对于人机系统的研究逐渐从单纯的机械研究转变为了注重人的因素的研究。

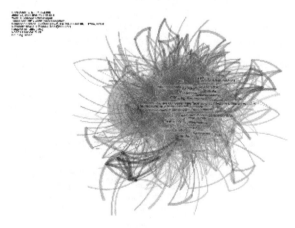

(a) 词频示图

(b) 聚类示图

(c) 时间频谱示图

图 5.2　国外文献关键词频示图、国外文献聚类示图、国外文献被引时间频谱示图

4）文献研究结论

国内外文献对比后发现，相比于西方发达国家，我国对救灾机器人的研究与开发工作起步较晚，但发展较迅速，近年来国内高校、科研院所积极开展该领域的研究工作，取得了一定的成果。例如，中国科学院沈阳自动化研究所研制的废墟搜索机器人[2]利用其携带的红外摄像机与声音传感器等装置，把废墟内的情形传送给救援人员方便展开施救。曾世藩等[3]对救灾机器人关键技术做了详细研究，为后人设计救灾机器人提供了技术参考。赵燕和王江华[4]将机械臂运用在救援机器人上，进行了相关的人机仿真研究，在运用机械臂救援的方向上为后人提供了参考。

综合国内外文献分析，通过文献计量的方式为具体研究方向提供了思路和参考，并对研究热点和发展趋势进行了一定深度的挖掘与比较，总结如下。人机交互正在成为救援机器人研究领域的热点。近年来机器人学的研究焦点逐渐从单纯的机械设计转移到了人机系统、控制系统上，重视人机系统之间的交互设计成为趋势。在控制系统的设计中，要考虑控制救援机器人的模式。如机器人可以利用机器学习算法规划路径，实现机器人对救灾场景的快速适应，还有机器人可以搭载液气悬挂系统，以减少地形对于机器人运行的影响，从而减轻操作者的负担，同时还可增加机械臂装置，增加实际救援中的可操作性，提高整体操作效率。采用何种方法对人机系统进行科学合理的评价是人机系统设计者需要考虑的问题。近年来，眼动实验和系统建模仿真逐渐成为人机系统评价的重要手段，眼动实验可用于研究显示界面设计的用户体验，系统建模仿真可用于控制台设计的人机工效分析和评价。上述方法可用于救灾机器人单人远程操作控制台的设计研究中。以数据支撑的评价结果更具备说服力，同时也降低了评价成本。

3. 研究内容与研究方法

1）研究内容

本课程设计对救灾机器人进行总任务分析和各模块任务分析，确定基础功能模块和专业功能模块的显示、控制功能需求和实现方式。利用眼动实验方法，通过眼动实验数据的分析对设计的显示-控制界面进行评价和选择。利用人因工程学理论，考虑操作控制台的几何尺寸、结构尺寸、显示器布局、控制器布局、座椅尺寸等，构建基于人因工程学的救灾机器人单人操作控制台设计方案。通过 Solidworks 建模，再通过 CATIA 对操作控制台进行人因工程学评价，包括舒适域分析、可达域分析、可视域分析等，并对未来相关设计进行展望。

2）采用的研究方法

文献研究方法：通过网络及图书馆收集资料，了解救灾机器人的研究和应用现状及功能，了解目前救灾机器人显示控制系统设计和布局设计方法。调研分析方法：通过实际调研访谈，对操作控制台显示和控制功能、操作人员行为心理进行分析，提出关键设计需求。其次，对单人操作控制台尺寸以及显示器和控制器布局位置进行计算及设计。

眼动实验方法：对设计的两套显示界面进行眼动实验。利用遥测式眼动仪，记录被试在浏览界面过程中的注视点数、平均注视时间、眼跳次数、眨眼频率、扫描路径长度、首次注视持续时间和回视次数，并综合热力图和浏览路径图来分析与评价所设计的显示界面，最终选出最佳方案。系统建模与仿真方法：救灾机器人远程操作平台设计涉及人体测量、作业空间设计、人机界面设计等人因工程理论。采用我国人体测量数据，结合操作人员工作状态以及工作姿势，对平台座椅尺寸进行设计，从而得出设计的关键尺寸。对操作平台外观造型以及色彩进行设计，使用 Solidworks 实现设计的三维效果展示。最后使用 CATIA 人机仿真软件对操作控制台操作舒适度、双眼视域、手部可达域进行评价。

3）本设计的创新点

基于 CiteSpace 的文献计量分析：通过 CiteSpace 对收集到的国内外近 10 年相关文献进行整理筛选，生成对应的词频示图、聚类示图、时间频谱示图进行研究热点、关联分析，再结合具体文献了解到救灾机器人及其控制界面和控制台的设计方法，为本课程设计提供参考。

基于眼动追踪技术的人机交互界面评价：通过眼动实验对两套显示界面的设计方案进行评价和选择，记录并分析被试对于界面整体的注视点数、平均注视时间、眼跳次数、眨眼频率和扫描路径长度五项眼动指标，针对眼跳次数和扫描路径长度存在的显著差异进行了分析。同时，对两套设计方案划定了 AOI（area of interest，兴趣区域），记录并统计了被试对于 AOI 的首次注视持续时间、回视次数和注视点数三项眼动指标，针对首次注视持续时间和回视次数的显著差异进行了分析。综合各项眼动指标以及被试的主观评价，利用热力图和眼动轨迹图辅助判断，选择了最优的界面设计方案。

基于 Solidworks 与 CATIA 的操作平台人因仿真分析：在对控制台和座椅进行尺寸设计后，通过对单人操作台进行 Solidworks 建模，然后导入 CATIA 中进行人因分析，建立仿真环境。通过可视域、可达域、关节舒适度三个方面分析了两种常见操作姿态下的肌肉疲劳程度，从仿真角度实现对操作台的科学评价，验证操作台设计的合理性。

### 5.1.2　救灾机器人总体任务及任务模块功能分析

#### 1. 救灾机器人的分类

在地震、核泄漏、火灾等事故发生后，救援人员能否快速且高效地开展救援工作关系着被困人员的生命安全。在事故中运用救灾机器人，能够极大地提高救灾的效率，抢夺救灾时间，为消防员的生命安全提供强有力的保障。现场指挥人员可以根据救灾机器人的反馈结果，及时对灾情作出科学判断，并对灾害事故现场工作作出正确、合理的决策。

参考贾硕等[1]关于救灾机器人现状的研究，得出了目前常见的救灾机器人具备爬坡、登梯及障碍物跨越，耐温和抗热辐射，防雨淋、防爆、防腐蚀、防干扰，遥控行走和自卫等功能，能够代替消防员进入有毒、浓烟、高温、缺氧等高危险性现场完成侦查检验、排烟降温、搜索救人、灭火控制等任务，协助消防人员完成事故现场的数据采集、处理和反馈，在灭火和抢险救灾中发挥着举足轻重的作用。接下来介绍几类常见的救灾机器人，如图 5.3 所示。

图 5.3　消防灭火机器人、消防侦察机器人和消防排爆机器人

（1）消防灭火机器人：可适用消防车和市政消防水等多种供水系统；履带采用外部耐高温、阻燃橡胶，内部全金属骨架；独立悬挂减振系统，抗冲击性强；远程控制消防炮回转、俯仰、自动扫射，可以切换多种喷射方式；采用先进的无线通信技术，通信距离远，抗干扰性强，可以实现远程监控；机动性强，移动速度快；自主避障功能，避障

系统自动识别障碍物距离，灵敏度高，检测距离远。代表型号：RXR-M40D 消防灭火机器人。

（2）消防侦察机器人：网络通信功能强，可接入互联网，将数据传输到指挥中心，提供可靠的决策依据；与无人机配合，实现"三位一体"的消防指挥控制；搭载环境探测传感器，可自动升降，实现对现场有毒、可燃气体的检测分析；采集现场图像并实时上传；通过红外热成像实现对热源的检测与跟踪；可实时采集现场声音，便于了解受困人员情况；避障系统自动识别障碍物距离，灵敏度高，检测距离远。代表型号：RXR-C6BD 消防侦察机器人。

（3）消防排爆机器人：防爆、防水设计，尤其适用于石化、燃气等易爆环境；履带采用外部耐高温、阻燃橡胶，内部全金属骨架；排烟降温，降低辐射热；采用与消防车或中低泵相连接的方式，利用压力水作为动力，压力水带动风机旋转后，回流到消防车内，压力水可循环使用，节约水资源；扇叶后方均匀布置水雾喷头，喷射至扇叶上进一步雾化，降尘作用好；广角角度调校器，可调节倾斜角度。代表型号：RXR-YC10000JD 防爆消防排烟侦察机器人。

## 2. 总体任务分析

救灾机器人总体任务包括基础任务和专业任务。每个任务包括不同的任务模块。

参考曾世藩等[3]关于救灾机器人关键技术的研究，将基础任务分成六个方面，并由六个模块组成。①运动模块实现速度调节、方向控制、越障、避障等功能；②显示模块实现图像传输、摄像头的移动及角度旋转、图像储存、图像处理等功能；③信息识别模块实现特殊气体检测分析、热源检测跟踪、辐射扫描测量等功能；④交流救援模块实现报警、语音交流等功能；⑤通信模块实现通信设备调整、GPS（global positioning system，全球定位系统）内置定位、数据共享互联网等功能；⑥结构模块实现机体情况显示、机体结构调整等功能。对于通信系统而言，其一般是与其他操作控制台相联系，在单人操作控制台中难以进行对应的控制器和显示器设计，而结构系统与机器人和硬件系统结合较为紧密，超出了单人的控制能力界限，在后续设计中不再讨论。

专业任务分为四个方面，由四个模块组成。①机械臂模块实现排出、搬运、移动、销毁、取样等功能；②消防模块实现消防炮、排烟等功能；③运输模块实现内部运输、外部运输等功能；④后台分析模块实现环境感知、可视化处理、现场数据查询等功能。其中，运输模块较为简单，一般来说前方救灾人员即可完成对应的任务，无须后方的控制；后台分析模块为救灾机器人总体所收集的救灾现场汇总信息的分析，不属于单人操作控制台的研究范围。两者在后续不作为操作控制台研究的对象。此外，机械臂模块和消防模块的实现原理基本相同，都需要控制机械臂或者消防水炮管的运动、旋转，同时考虑到一类机器人大部分情况下不会同时携带消防模块和机械臂模块，因此采用模块化设计的原理，以消防侦察机器人为例，主要设计机械臂模块，对于不同的机器人类型可以将机械臂操作模式一键切换为消防炮操作模式，实现消防排烟等功能。

基础任务和专业任务各自承担着不一样的功能，只有当总体任务能较好地实现时，救灾机器人才能在事故环境中发挥出最大的优势，为救灾工作提供便利。

3. 基础任务模块功能分析

1）运动模块的功能分析

目前在实际的救灾现场，充满复杂、危险、未知性的现场环境对实际的救灾机器人的运动模块提出了很高的要求。符合要求的救灾机器人，其在运动全过程中应当保持对地形的适应性和运动状态的稳定性，实现整体在运动过程中的灵活性。

参考张守阳等[5]对履带式救灾机器人的设计，目前救灾机器人主流的运动模块的实现有轮式（wheeled）、履带式（tracked）、腿式（legged）几种类型。其中轮式机器人运动模块结构较为简单，运动速度也相对较快，但其爬坡越障能力较差，在环境条件较为复杂的情况下难以完成其设计的运动任务。腿式机器人以人与陆生动物的肢体运动形式为模仿对象，在运动过程中可以根据环境对自身的运动过程进行相应的调整，其能够在复杂的地形环境下实现运动过程，具有良好的运动适应性，但该种运动模块其后台操控较为复杂，难以控制，加之救灾现场较为危险，该类型运动模块容易损坏，因而在救灾现场往往不采用该类型的运动模块设计。履带式机器人运动方式较为灵活，能够实现运动的越障，地形适应能力较强，能通过沟壑、楼梯、倒塌的废墟等障碍物。同时，由于履带与地面接触面积较大，其在运动过程中相对较为稳定，有利于后台的控制人员对救灾现场进行相应的观察与分析。因而，现今主流的运动系统均采用履带式的运动模块设计。

在履带式运动模块中，有双履带、四履带、六履带四摆臂等类型的运动机构，其控制难度与运动能力逐次增加。参考王川伟等[6]关于履带机器人越障的研究，考虑到对救灾现场复杂环境的适应能力是救灾机器人完成救灾任务的关键因素和救灾环境的实际状况，在此选取履带式运动模块。在履带式运动模块中，选择操控最为复杂、对地形适应能力最好的六履带四摆臂机构作为目标救灾机器人的运动系统组成部分。

六履带四摆臂运动机构由左主履带单元、后左摆臂单元、前左摆臂单元、右主履带单元、后右摆臂单元、前右摆臂单元六部分组成。其主要通过对履带电机及摆臂电机的驱动器的控制，实现行走、越障等运动行为。具体而言，其通过对左右两侧履带的直流电机进行控制，使得左右间运动方向和运动速度不同，从而实现救灾机器人的前进、后退、左右转弯以及旋转等运动方面的控制。在摆臂方面，其由单独的电机控制，主要是对摆臂的顺逆角度进行控制，使得摆臂姿态不同，从而实现救灾机器人通过障碍物、上下台阶等动作。

在运动过程中，为了保证机器人的承载能力和运动时的稳定性，一般会配备悬挂系统。悬挂系统主要分为弹簧悬挂、扭杆悬挂、液气悬挂三大类。弹簧悬挂的原理是当负重轮受到向上的力时，平衡肘会挤压弹簧起到缓冲作用。扭杆悬挂是用扭力杆代替传统的螺旋弹簧进行减震。当前比较先进的机器人一般采用液气悬挂系统，使用空气缸取代了弹簧作为悬挂的阻尼装置。与弹簧不同，空气压缩量与其弹力之间的关系是非线性的，这意味着只要改变液体柱的体积就可以轻松地改变悬挂系统的刚度与阻尼。因此，液气悬挂更加灵活，通过调节悬挂来控制车体的俯、仰、侧偏姿态或底盘离地高度。

2）现场显示模块功能分析

随着摄像头成本和尺寸的不断下降以及图像处理软件功能的不断增强，机器人系统在新型视觉引导应用中大量出现，尤其是 3D 应用。AspenCore 视觉引导机器人专题通过一系列文章探讨了围绕该技术的硬件、软件和商业问题。机器人能够快速准确抓取和操纵物体，这使其非常适于执行重复、危险或烦琐的任务，如零件检查，以及在雾、火、水下作业或焊接等操作。作为收集和分析信息的传感器，摄像头对于机器人在地面上行走导航并避免其与附近物体碰撞十分重要。不同类型的摄像技术包括 2D 成像、3D 感应、超声和红外等。

2D 成像技术：对于具有机器视觉，但不需要深度或距离信息的机器人，普通 2D 数码摄像头是比较通用的选择。数码摄像头尽管看起来像胶片相机，实际上它基于完全不同的科学原理。它与电视也不同，电视投射出数百万个微小的彩色光点或像素以合成图像，数码摄像头则捕获从物体反射回来的光粒子（光子），并将其转换成可作为数字存储起来的电信号，或称像素。一张数码照片实际上是一长串描述每个像素的数字。在屏幕上，这一长串数字又被转换为像素并合成图像。对于需要获取 3D 信息的场景，使用超声、红外或 3D 感测技术的摄像头会更适合。红外技术：红外传感器通过检测物体发出的红外线（infrared radiation，IR）来工作。它还可以通过向物体投射红外光并接收反射光来计算目标物体的距离或接近程度。其红外传感器可以检测大范围的红外光，识别人和其他有热量的物体，并与其反射图像（如镜子）区分开来。红外摄像头能够在烟尘或雾气等低可见度条件下进行感测。与超声摄像头一样，IR 相机可以检测水下材料，目前已经在建筑绝缘或泄漏检测中得到了应用。

3）信息识别模块的功能分析

环境感知系统是远程操作人员获取前方现场信息的主要途径，也是机器人实现自主智能控制的重要组成部分。在事故发生后，救灾指挥人员需要了解事故发生地点的准确位置和事故现场信息，因此要求环境感知系统应能够尽可能全面地采集现场的各种有效信息，如现场的图像、声音、环境温度、气体组成、目标位置等以便操作人员或后方专家正确判断现场形势实施准确的操作动作或做出正确的决策。

救灾机器人的信息识别功能通过传感器实现，在具体实现上分为现场环境数据显示和现场异常数据分析。要对显示屏交互界面和操作控制台操作方式都进行设计。

（1）现场环境数据显示。机器人搭载各类传感器，对现场环境数据进行监测，并将信息回传。该机器人搭载的传感器有：①环境探测传感器，实现对现场有毒、可燃气体的检测分析；②热眼检测传感器，通过红外热成像实现对热源的检测与跟踪；③辐射扫描传感器，实现对核泄漏等特殊辐射环境下相关指标的测量。由于传感器可能会遭受现场不良环境的影响，其考虑采用与摄像头相似的伸缩系统。机器人搭载三种传感器，可自动升降，大角度全方位地进行扫描。

（2）现场异常数据分析。传回的数据根据系统测算，判断其指标情况并在显示器中显示。操作控制台界面采用数字化显示，在系统显示屏的相应位置突出显示数值较为异常的指标。机器人对热源、射线超标、火情、温湿度等异常情况进行检测，及时自动将报警信息上送到监控中心和用户的移动终端进行相应的事件处理，报警信息可根据级别上报到不同的管理人员进行应急处理。

（3）生命体征监测。在救援过程中，救援人员需要准确快速地锁定被困人员位置，以尽快展开施救。同时需要了解被困人员的生命体征信息如呼吸、心跳、血压和体温，以确定搜救次序和调配医疗资源。但是火灾现场环境复杂，很难通过穿戴设备对被困人员进行直接测量。

非接触生命体征监测是不需要与被测目标进行直接接触的检测技术，不需要任何类似电极或者其他与人体接触的传感器设备，只需要一套基于生物雷达的生命监测系统，通过对雷达回波进行信号处理，就能从雷达回波中恢复出需要的生命体征信号，然后通过信号分离算法分离呼吸和心跳信号，进而得到它们的频率。其采用的技术是微波技术，微波的特征是很容易穿透非金属障碍物，而且能够在生命体表面发生强反射，将携带生命信息的调制信号发送回来，满足这些不可见或有阻隔的应用场合的需求，而且在系统功率足够大时，微波生物雷达甚至能够穿透废墟、砖墙等障碍物，在地震、泥石流、火灾等灾害救援中发挥作用。

4）交流救援模块功能分析

碰到紧急情况或发生危险时，机器人可以释放警铃警报提示危险信息。此外，在救灾现场，机器人可以作为救援人员、幸存人员、远程操作人员的沟通桥梁。机器人还具有帮助救灾人员交流沟通的功能。机器人搭载扬声器，用来播放救援人员的声音，远程指导火灾现场的幸存人员自救，引导救援人员实施救援。同时搭配声音接收器，传回救灾现场的实时声音。

4. 专业任务模块功能分析

机械臂模块功能分析。在新一代搜救机器人的研制中，机械臂是搜救机器人的重要拓展部分，也成为评价新一代搜救机器人性能的重要指标。

在救灾现场，如果之前进入的搜救机器人探测结果表明事故现场会对救灾人员自身的安全构成严重威胁，则挂装机械臂的搜救机器人将代替救灾人员执行相应的救灾任务。基于现场搜救任务的需求，机械手应具有移除易燃易爆物、搬运等功能。

操作人员运用操作设备完成对机械臂的操控，完成相关的任务。参考赵燕和王江华[4]、毛胜磊[7]对机械臂的人机交互研究，做出如下设计：救灾机器人装载的机械臂属于小型机械臂，可以用于搬运重量较轻的物体，不能实现大重量的搬运。机械臂是由单独的设备进行控制的，可以进行 360°旋转和关节处的转动，从而实现灵活的运动。对于抓取功能的实现，单独设置了一个开关按钮，当操作人员想要抓取相应物体时，只要长按住按钮，机械爪就会慢慢收缩去抓取物体，松开按钮，则机械爪慢慢打开，将物体放下，从而完成对物体的搬运。机械爪还可以切换为其他工具，实现爆破、拆除等功能。为了让机械臂有更好的稳定性，在机械臂中安装了有触觉反馈的机械手系统，以便控制人员实现精准的远程操控。

采用模块化设计的思想，由于消防炮的控制方式与机械臂相差不大，因此机械臂模块可以装卸，转换为消防炮模块。将双炮安装在机器人的两侧，中间平台部分搭载机械臂，这样就可以完成更多的工作。在救灾机器人中，两个炮头本身可以实现仰俯角度的调节，承载炮头的平台可以实现一定角度的回转功能，这两个功能使得水柱的喷射有了一定的可调节性和灵活性。

消防炮的喷射物有水柱和泡沫两种，水柱主要实现对常见物质引起的火灾的扑灭，泡沫主要用于扑救木材、棉花、织物、纸张等引起的火灾，也可用于扑救汽油、煤油、植物油等引起的火灾。救灾机器人的尾部设置相应的高压水管接口来接通高压水枪管，救灾机器人尾部携带泡沫箱和水箱，来帮助其完成高压水枪无法连接情况下的短暂射击。排烟器的设计是为了方便侦察和水枪的射击，其可以使图像画面更加清晰。机械臂-消防炮的模块化设计可以降低控制台成本，同时减小操作人员在操作不同类型机器人时的思维转换时间，提高工作效率。

## 5.2　问题解决

### 5.2.1　远程操作控制台显示、控制功能需求分析与实现

操作控制台功能模块由基础功能模块和专业功能模块组成。基础功能模块是救灾机器人在工作时和正常运作有关的基本功能模块，专业功能模块是救灾机器人在工作时能发挥救灾作用的特定化功能模块。只有当二者能较好地实现时，救灾机器人才能在事故环境中发挥出最大的优势。将操作控制台分为五个模块，基础功能模块由四个模块组成，分别是运动模块、现场显示模块、信息识别模块、交流模块；专业功能模块为机械臂模块。

下面分别针对这五个模块的显示控制需求进行分析，并对需求进行实现。

1. 运动模块显示、控制功能需求分析与实现

运动模块应当实现运动控制、运动显示及辅助功能，整体的显示、控制功能模式可以分为三种：自主运动模式、远程控制工作模式以及自主运动与远程控制相结合的半自主运动模式。半自主运动模式是将机器人根据程序自主调整运动状态的能力与后台的人进行远程操控有机结合起来，以这种人机协同的方式来对救灾机器人进行相应的控制。

1）运动模块显示功能需求分析与实现

运动模块显示功能需求分析。根据救灾机器人的运动特点，将所需的显示功能需求分为以下几类。①摄像头画面的显示。在控制机器人进行控制时，其需要对机器人自带摄像头所摄画面进行显示，以帮助机器人操作人员了解救灾现场环境。②运动状态的显示。操作控制台应当显示运动速度、当前运动方向等运动关键信息，使得机器人操作人员对当前运动状态有一个直观的显示。③自动避障相关信息的显示。在发现前方障碍物无法跨越时，机器人自主避开障碍物，在绕过后调整回原方向，向目标移动。针对这一需求，应当显示自动避障的相关信息，为机器人操作人员提供相应的参考。④最优行驶路线规划。救灾现场的障碍物繁多，只有自动避障功能很容易使机器人迷失方向，且救灾机器人的电量控制在现场至关重要，系统应当为机器人规划出最优的行驶路线，实现能耗和效率的均衡最优化。

运动模块显示功能需求实现。针对前面所描述的三大显示功能需求进行分析，发现通过显示界面的相关设计能够有效地实现该运动模块的显示功能需求。考虑到摄像头画面的显示及运动状态的显示关系较为紧密，将其放置在同一显示界面中。针对显示屏幕所显示信息的有限性，将自动避障和最优路线显示放置在另一显示界面上，两界面可以进行切换。

2）运动模块控制功能需求分析与实现

运动模块控制功能需求分析。根据机器人的运动特点，将救灾机器人的运动分为以下五类。①基础运动。主要是对履带进行控制，实现前进、后退、左转弯、右转弯等基础运动行为。②越障。通过控制机器人摆臂电机实现对摆臂的控制。其与基础运动相组合，实现机器人越过障碍、爬楼梯等行为。③避障。发现前方障碍物无法跨越时，机器人自主避开障碍物，在绕过后调整回原方向，向目标移动。④路径规划。根据优化准则，使机器人能够在有障碍物的工作环境中寻找到一条从给定的起始状态到目标状态的能够避开所有障碍物的最优路径。⑤液气悬挂。通过液气悬挂功能调节前后左右的履带高低，调整姿态，确保履带机器人平稳运行。运动模块控制功能需求实现。运动模块根据控制主体不同，可分为人或机控制。其控制方式主要通过控制摇杆进行实现，其在显示器上具体显示当前运动速度和运动方向及速度挡位。对于基础运动而言，其应该具有直线运动和变换方向两部分，同时根据实际需要，其也应该具有变换速度挡位、制动等辅助功能。在运动方向变化方面，由于履带自身运动的特点，其可分为360°转弯和相对运动幅度较小的弧线转弯模式，具体如表5.1所示。

表 5.1　运动模式

| 运动模式 | 运动状态 |
| --- | --- |
| 基本 | 停止 |
|  | 保持现运动状态 |
| 直线 | 前进 |
|  | 后退 |
| 自转 | 顺时针 |
|  | 逆时针 |
| 弧线 | 向前左转 |
|  | 向前右转 |
|  | 向后左转 |
|  | 向后右转 |
| 制动/启动 |  |

越障行为控制的实现：机器人越障涉及除履带外摆臂的控制，相对较为复杂。在

现有的机器人设计中，主流的摆臂控制是机器人本身根据相关传感器感知到的履带当前的移动位置，根据履带当前的运动状态来进行相关的调节。具体而言，机器人可以通过三维姿态传感器所获取的接触的地面与履带之间的航向角、横滚角、俯仰角以及同时运动电机的行进速度和前端摆臂的旋转角度来进行内置算法的计算，实现对机器人运动的调节。

就具体控制过程而言，控制器由机器人内置算法自动计算调节。为保证机器人在越障时的稳定性以及避免机器人因计算而导致的失误，在相关的电子界面设有六类基础越障模型，操作者发现机器人越障出现问题时可自行选择上楼梯、下楼梯、上斜坡、下斜坡、越过突出部位、越过沟壑六类中的任意一种。

避障行为控制的实现：避障行为除去人自行调节方向外，还可选择自动避障模式。在选择自动避障模式后，遇到障碍时，机器人会在显示界面进行弹窗提示，同时自动降低运动速度，自动改变运动方向绕过障碍物，并沿之前的运动方向缓慢行驶。其中人主要对是否开启、避障距离和避障时的运动速度进行提前设定，显示器对人设定的状态进行显示。

最优路径规划控制的实现：最优路径规划主要通过控制端的粒子群算法实现。采用MAKLINK图法建立机器人的运动空间模型，然后使用$A^*$算法获得从起点到终点的最短路径，且能够实现有效的障碍物检测与规避。当在最短路径上检测到障碍物时，机器人将选择最近的安全点移动，同时计算距离目标最近的下一个点，然后采用粒子群优化算法对路径进行优化。控制台开启自主运动模式后，系统会根据算法计算出最优路线，并对机器人下发指令，使机器人按照最优路线行驶。

液气悬挂控制的实现：在遇到障碍物较多的复杂地形时，可以开启液气悬挂功能。用来衰减行驶中的震动，使机器人行驶平稳，但是该功能功耗较大，操作者选择性开启。开启液气悬挂模式后，机器人行驶更稳定，操作者主要通过控制液气弹簧来控制机器人的履带前后左右的高度。

### 2. 现场显示模块显示、控制功能需求分析与实现

现场显示模块往往是与运动模块的相关显示功能需求相结合，保证其显示的救灾现场视觉相关信息能够满足救灾机器人的控制需求。其主要应对摄像头画面显示进行相关的功能需求分析与实现，同时兼顾立体交互显示的功能需求分析与实现。

1）现场显示模块显示功能需求分析与实现

现场显示模块显示功能需求分析：在显示方面，主要是对摄像头所拍到的救灾现场的画面和机器人在现场的状态进行相应的显示。现场显示模块显示功能需求实现：显示屏应当显示周围环境及当前运动状况。通过机器人的摄像头将现场的画面放映在显示屏上，同时在显示屏幕上应当显示有机器人本体信息，其包含机器人的速度、挡位、转速等。

2）现场显示模块控制功能需求分析与实现

现场显示模块控制功能需求分析：在行驶过程中，控制者主要通过摄像头来对当前救灾现场情况进行了解。为保证显示的信息符合控制者的要求，其对于显示画面及

配套音量应有一定的调节，其控制需求如下：主辅摄像头的切换、画面大小的调节、现场音量的调节和摄像头角度的调节。同时为保证控制的合理性，需要操作者对当前的探测环境有一个具体的认识。在这个过程中可以考虑配置相应的立体交互显示设备，以保证后台操作者对于救灾现场环境有一个整体的认识，操作者也可以对摄像头的角度进行调整。

现场显示模块控制功能需求实现：主要由人进行控制。在摄像头控制方面主要通过控制显示屏实现，操作者通过对相应鼠标和键盘操作来对摄像头进行调节。

### 3. 信息识别模块显示、控制功能需求分析与实现

信息识别模块显示、控制功能需求分析与实现：信息识别模块需要对搜集到的现场的各种信号进行识别，并传输回显示屏上。对于整体的显示、控制功能模式在人机交互控制体系下主要有自动、半自动、人工操作三种模式。半自动模式是将机器人根据程序自主信息识别的能力与后台操作人员进行远程操控有机结合起来，以这种人机协同的方式来对救灾机器人进行相应的控制。

1）信息识别模块显示功能需求分析

环境数据检测系统的界面设计要清楚地反映时间、运行模式；当处于某个状态（如故障、报警）时，相应状态的指示灯将会亮起；传感器搜集信息并实时反映监测数据、图像、危险级别、运行情况等；当机器人在现场检测到生命体征时，将生命体征信息（心率、呼吸）传回显示屏热眼检测传感器的界面。

2）信息识别模块显示功能需求实现

信息识别模块显示功能根据主体的不同，可分为人或机调节。显示需要人的调节：可以人工操作关闭或开启某一传感器。传感器连接异常时，该项开关无法开启，且右方的故障中指示灯会亮起。图标旁的按钮可以手动操作使该传感器系统进入某一状态。运行模式图标表示该传感器系统的运行模式有自动、半自动、人工操作三种模式，可以手动切换。系统开机后默认为半自动模式。

显示不需要人的调节：热眼检测传感器中，将会实时显示传感器的红外热成像图。每个传感器都能自动检测到的某一方面的数据。每个传感器根据检测到的数据进行综合分析而判定出某一方面的危险级别，会自动显示高、中或低。

传感器连接异常图标表示传感器此时是否能正常工作。当传感器连接异常时，该指示灯将会亮起。传感器连接异常时，该传感器不能工作。某些图标表示该传感器系统是否处于某一状态，如果是则相应的指示灯将会亮起。生命体征检测通过生物雷达实现，通过对雷达回波进行信号处理，就能从雷达回波中恢复出需要的生命体征信号，然后通过信号分离算法分离呼吸和心跳信号，进而得到它们的频率。

3）信息识别模块控制功能需求分析与实现

信息识别模块控制功能需求分析：搜救机器人的传感系统应具备环境信息状态信息数据采集、数据存储与现场分析以及数据传输等功能。为此，搜救机器人环境感知子系统需要获取环境温度、相应气体含量等现场信息，以及伤者的心率、呼吸频率等生命体征，以保证搜救机器人安全高效地完成救灾任务。

操作控制台上应有切换运行模式和掌控开关机的按钮，同时，为了应对更多突发状况，平台上还应有紧急停止、手动报警的按钮。环境探测传感器、热眼检测传感器、辐射扫描传感器应分别占据三个界面，各自有开关按钮和危险级别按钮。为了保证传感器不会遭受不良环境的影响，应考虑采用与摄像头相似的伸缩系统。

信息识别模块控制功能需求实现：信息识别模块控制功能根据主体的不同，可分为人或机控制，具体如下。人进行控制：当需要开启某个传感器时，只需要按下传感器开关，该传感器立即进入工作状态。当需要关闭某个传感器时，只需要再次按下该开关，该传感器便进入关闭状态。当需要改变传感器系统运行模式时，可以在"运行模式"图标处手动进行调整。人工操作模式下，可以进行手动报警、紧急停止，系统不会自动报警，是否报警将全由操作人员判断。当机器人即将进入危险地带或未探测出自身处于危险地带时，为保证机器人不受到损毁，可以按下"紧急停止"按钮，机器人将会处于停止运动状态，但其他功能仍能正常运行，紧急停止状态的指示灯也将亮起。当危险因素消失后，再次按下该按钮，将会解除紧急停止状态，紧急停止状态的指示灯也将暗下。当环境中的有毒气体过浓、温度过高或辐射过大，但传感器系统自身判定为低或中危险级别时，可以手动开启"手动报警"按钮，界面背景将变为红色，起到警示作用，报警中的指示灯也将亮起。当危险级别变低时，可以再次按下该按钮，将会解除手动报警状态，报警中的指示灯也将暗下。机进行控制：自动模式下，无法手动报警、紧急停止，自动模式的指示灯会亮起，报警状态全权交由系统自主判断；当某一个传感器出现高危险级别时，传感器系统将会自动进入报警状态。半自动模式下，可以进行手动报警、紧急停止，系统也会结合数据自动报警。

### 4. 机械臂模块显示、控制功能需求分析与实现

机械臂模块应当实现对机器人机械臂的精准控制，从而实现物体的搬运。在显示部分，该模块设置单独的界面进行显示，只要显示机械臂装载摄像头的视频画面以及机械臂自身状态。控制部分则全由操作人员进行控制，操作人员通过操作摇杆，实现机械臂的伸展、转动、抓取等动作，从而完成对于物体的抓取与搬运。

1）机械臂模块显示功能需求分析与实现

机械臂模块显示功能需求分析：根据机械臂的功能实现需求，将救灾机器人机械臂模块的显示功能需求分为几类。①摄像头画面的显示。在对机械臂进行控制时，显示界面需要对机器人自带摄像头所摄画面进行显示，以帮助操作人员了解被搬运物体的具体位置。②机械臂状态的显示。操作控制台应当显示机械臂俯仰角、侧倾角等关键信息，使得机器人操作人员能直接解读当前机械臂的状态。③功能模式显示。除机械臂外，机器人还有实现爆破、拆除、防护等其他工具，如铲刀等。显示界面应当显示当前开启了哪些功能。

机械臂模块显示功能需求实现：针对前面所描述的显示需求功能，单独将机械臂的各种信息放在一个显示屏上，包括机械臂摄像头画面、机械臂的运动姿态、角度、倍率、位置等。考虑到操作者的视野范围，将摄像头画面放在屏幕中央。

2）机械臂模块控制功能需求分析与实现

机械臂模块控制功能需求分析：根据机械臂要实现的动作进行分析，得出机械臂

控制模块主要有几方面的功能需求。①360°转动。需要机械臂搬运的物体的位置是不确定的，而通过操作车身的位置方向去调整机械臂的位置的操作过于麻烦。机械臂具有 360°自由旋转的功能，则搬运车身圆周范围内的物体时，只需要转动机械臂就可以轻松地到达物体的附近，从而实现抓取。②前后伸展。前后伸展主要是调节机械臂前后的伸展距离，从而实现机械臂对于空间位置高低分布的物体的抓取。③抓取。通过机械臂完成对物体的搬运动作，则机械臂前段必须安装机械爪，控制机械爪去抓取物体，然后带动其转移到另一位置，这也就是机械臂需要具备的抓取功能。④实现远程操控。为了顺利实施救援，救援机器人需要与周围环境进行安全交互。但机械臂在抓取物体时存在很大程度的不稳定性，需要由操作者对机械臂的运动进行远程操控。运动模块控制功能需求实现：为了实现机械臂 360°转动、前后伸展、抓取的功能，需要在机械臂上安装相关的配件，从而实现相应的功能。⑤360°全周向转动轴。在机械臂底部安装 360°全周向转动轴，机械臂就可以绕转动轴进行 360°旋转，轻松到达圆周范围内的物体附近。⑥伸缩杆。在机械手臂间安装伸缩杆，机械臂就可以实现前后伸展的功能，在空间上对自身进行调节。⑦机械爪。在机械臂前端安装机械爪，通过控制机械臂的张合来抓取物体，然后带动其转移到另一位置，从而实现对于物体的搬运。基于触觉反馈的机械手系统。此系统安装在摇杆上，测量关节扭矩和接触力，以实现远程操作和触觉反馈性能，能够为操控者提供临场感，缩短任务时间，提高操控效果和实现精细操控。

机械臂的控制只需要人使用摇杆来进行操控，从而实现精准的物体抓取和搬运。

**5. 交流模块显示、控制功能需求分析与实现**

交流模块是连接控制台与现场的关键，以保证救援人员、控制台的操作人员以及伤者之间的有效沟通，提高救援效率。其主要通过麦克风实现相关的功能需求。

1）交流模块显示功能需求分析与实现

交流模块显示功能需求分析：根据音频通话的需求，将交流模块的显示功能需求分为两方面。①音量：由于救灾现场存在各种噪声，音量过低控制人员无法清晰辨别现场的声音，音量过高容易使听力受损，显示界面应当实时反映音量的高低。②信号状况：救灾现场情况复杂多变，信号无法得到稳定传输，显示界面应当实时显示信号状况，以便控制人员在信号断开的情况下及时做出应对。

交流模块显示功能需求实现：在主显示界面增加麦克风开关，音量和信号状况以图标的形式直接显示在主界面的基础信息部分，以便控制人员可以实时掌握。

2）交流模块控制功能需求分析与实现

交流模块控制功能需求分析：音量的控制方面，要求音量调节方便且精准，声音清晰，无系统杂音。为了减轻控制人员的监控压力，应当设置机器人报警功能，在遇到极端危险时会自动发出警报，以提醒控制人员。

交流模块控制功能需求实现：音量控制用鼠标的滚轮实现，并且可以由键盘直接设定音量的大小，滚轮能够方便且快捷地实现音量的调节。在主界面设置自动报警的开关，打开后控制人员可以接收到机器人发出的报警信号，及时处理危急情况。

### 5.2.2 远程操作控制台显示界面设计

1. 显示-控制界面设计

显示-控制界面设计在救灾机器人操作控制台设计中占有重要地位。从显示角度来说，相比传统仪表盘，交互界面能够使得显示的救灾现场信息更加容易辨认，使得操作者可以更加快速地掌握现场情况。从控制的角度来说，一些较为简单的控制过程可以直接在交互界面上实现，从而减少了控制器的数量，简化了实现控制的过程，使得操作者的作业负担得以减轻[8]。

在显示-控制界面的设计上，以前面讨论的救灾机器人的主要任务模块为设计依据，进行不同交互界面的设计。参考巩固和朱华[9]对救灾机器人的目标识别的研究，并考虑到交互界面往往通过计算机显示屏来实现显示和控制作用，因而选取 PC(personal computer，个人计算机）端的界面设计方式，根据功能类别的不同，采用三块显示界面屏布局，即主显示界面、机械臂/消防界面、传感器界面。三块显示屏的设计为主屏幕设置横屏，即 PC 端界面设计，环境探测传感器界面为左屏，设置为竖屏，机械臂/消防界面为右屏，与左屏幕相同为竖屏。为了设计符合人因工程学，并使交互界面更具效率化，对这三块显示屏都设计了几种不同的显示方案，并通过眼动实验从中选择出相对较优的显示界面类型。

1) 主显示界面设计

主显示界面是操作者最常关注的交互界面，其位置为三面屏的正中间，属于横屏状态。其主要显示救灾机器人当前摄像头所拍摄的现场画面及机器人当前运动状态的各种参数，在此显示界面中融合了热成像，操作者可以通过该界面实现对机器人运动状态的简单控制及摄像头所摄画面的调节，并进行活体目标跟踪。

在显示方面，操作者需要在观察界面时获取救灾现场的画面信息，因此在不影响其他信息显示和操作者操作的情况下，摄像头的画面显示占据主显示界面的大部分画面，摄像头所拍摄的画面大，并且摄像倍率高，其显示内容在救灾机器人进行现场救援活动时十分重要，为了能够更好地在显示界面中获得救灾现场存在的生物生命体征信息，将热成像技术与摄像头所拍摄界面融合在一起，方便获取信息以及对活体目标进行跟踪，热成像集成以及对救援现场画面展现等功能要求主摄像头显示画面大，并且采用通屏设计。为了能够全面观察救灾现场的情况，设置一个后摄像头，附有一个小屏实时观察后方情况，通过后摄像头切换键可以放大观察救灾机器人后方的现场情况。主显示界面除了要展示摄像头所拍摄画面外，还需要显示摄像头的画面倍率、摄像头的环境音量等相关参数。

主显示界面除了放置摄像头所拍摄的画面外，还需要有救灾机器人当前的运动状态以及方便救灾现场实施救援的各种参数设置。主显示界面留有区域显示救灾机器人的实时运动状态画面区域，并且显示机器人当前运动状态相应的速度、挡位、转速、运动方向等，由于车体运动通过摇杆进行控制，因此将车体运动信息模块居左。为了加强救灾机器人对环境的适应性以及操作的灵活性，设计液气悬挂功能，通过调节前后左右方位使得机器人现场运动更加多样。现场救援路线多样，并且救灾地势复杂，因此设计自动避障功能以克服地势带来的难题，并添加救援现场救援路径最佳路线规划以使得救援更具效率。

　　主显示界面是操作者与救援现场关系最为密切的交互界面，双方通过这个界面获取信息，因此需要设置一个与救灾现场的交流功能，通过这一功能实现操作者与身处救灾现场的人员直接交流，互通情况，方便救援。

　　热成像融合下的主显示界面如图 5.4 所示。

　　在控制方面，操作者需要在操作控制台设置自动避障、路线规划、液气悬挂、目标跟踪、主辅摄像头的控制、画面倍率控制、挡位控制等控制装置，对机器人进行控制完成救援目标。

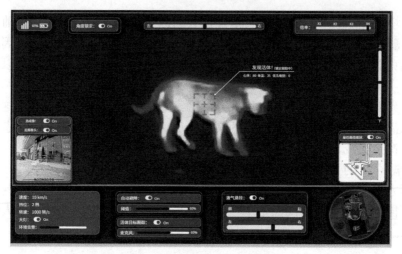

扫一扫　见彩图

图 5.4　热成像融合下的主显示界面

在设计方面，尝试多种界面设计，最终确定了两种类型。由于主摄像画面采用通屏设计，占据主显示界面超过 2/3 画面，并且为了使显示与控制装置相合，从所有设计的界面中择优选择最符合功能设计需求的两种主流的布局设计，分别为界面居上和界面居下，其摄像头所摄画面占比相同，其他显示及控制部件进行多种布局设计，其他界面显示内容基本无差异。由于热成像技术与机器人摄像头画面融合，以主显示界面 1 为例，展示当热成像控制按钮打开时，主显示界面所呈现的画面。

2）环境探测传感器界面设计

环境探测传感器界面是显示救灾现场环境参数交互界面，其位置为三面屏的左屏，形状为竖屏，其主要显示救灾机器人所处现场中的有毒有害气体浓度、实施环境温度、辐射情况等数据。操作者可以通过该界面观察现场的环境变化情况，并通过这一界面判断该救灾环境是否存在对现场人员人身安全造成威胁的超标浓度，并实现对机器人传感器运行状态的简单控制及开关。在显示方面，操作者需要在该界面及时观察环境参数变化，以帮助救灾者在充满浓烟的救灾现场及时判断现场情况。机器人采集现场温度，并在环境探测传感器界面显示实时环境温度，为了能够直观地显示变化，绘制曲线方便观察温度的起伏。除了温度监控，还需要留意现场中是否存在有毒有害气体，并且其浓度是否超标。当打开气体传感器装置时，环境探测传感器界面显示物质实时浓度，并且系统会判断浓度是否超标，设一个安全监控提醒装置，当有毒有害气体浓度值处于正常范围时，装置不会亮起，现场环境有毒有害气体浓度超过要求上限时，或者传感器装置工作状态异常时，状态栏显示异常，安全监控提醒装置将会亮起红灯，闪烁并伴随有声音提示，采用信号灯以及听觉装置两类，能够提高人们的反应。除此之外，环境探测传感器界面还需显示测量的现场环境中的辐射剂量，显示画面呈现具体数据并标注有辐射危险级别，设计辐射传感器开关并监测其运行状态，与有毒有害气体监测相似，辐射监测也设置有安全监控提醒装置。

为了能够进一步保障现场环境各类参数能够准确获取并有效利用，环境探测传感器界面中的各种环境参数的运行模式有两种选择：全自动模式和半自动模式。显示界面会显示出当前的运行模式，操作者可以在操作过程中根据现场环境需求进行选择、切换。设计一个报警警报显示，当环境探测传感器检测到的各类环境参数超出要求上限，处于危险级别时，系统会响起报警警报。考虑功能分区，环境监测传感器界面有三大功能区：实时环境温度监测区、有毒有害气体监测区、辐射监测区。由于温度是实时监测并且呈现的是数值上的变化，所以采用曲线图直观表达出温度的波动，有毒有害气体与辐射监测需要有具体的浓度数值或者实时工作状态显示，并在显示区右侧设置一个安全监控提醒装置，以图形与颜色，加上视觉与听觉的结合达到突出提醒的目的。

在控制方面，操作者需要在界面上对机器人传感器及运行模式的控制，使得该界面所显示的现场信息更加符合操作者的实际需要。为了防止现场环境超出容许范围，对现场人员带来伤害，需要设计一个报警警报按钮。在设计方面，尝试多种界面设计，最终结合以下理由择优确定两个界面设计类型。由于该界面涉及三大功能分区，即实时环境温度监测区、有毒有害气体监测区、辐射监测区，考虑功能区的内容排列为竖列排列，为了使得界面使用率更高并更加符合人的从上至下的观察习惯，环境探测传感器界面采用竖屏的版式，并且由于实时温度监测区是图画的形式，因此在其各种环境因素画面占比相同，主要区别为实时环境温度显示的位置，将显示及控制部件进行两种主流的布局设计，分别为界面居上和界面居中，其他界面显示内容基本无差异，具体如图 5.5 所示。

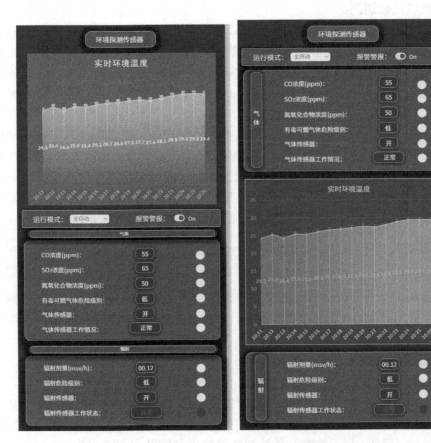

图 5.5　环境探测传感器界面 1 和 2

3）机械臂/消防界面设计

机械臂/消防界面是显示救灾机器人所装配的机械臂模块运行情况以及消防炮使用情况的交互界面，其位置为三面屏的右屏，形状为竖屏，其主要显示机械臂摄像头所摄的现场画面及系统模拟演算出的机器人当前运动状态。操作者可以通过该界面实现对机器人机械臂的简单控制及开关。

在显示方面，操作者需要在该界面及时观察机械臂显示界面，以帮助救灾者准确操作机械臂进行作业，因而机械臂摄像头所摄画面应占据较大界面空间，其也需显示机械臂的相关数据如俯仰角、各关节运动情况等。同时，界面应当显示系统模拟出的机械臂实时状态。

为了能够看清楚现场情况，确定目标物，在显示界面还需设置画面的倍率且增加照明选项。以机械臂为例，机械臂界面需要呈现机械臂位置所拍摄的救灾现场的画面，并且为了能够看清楚画面内容，机械臂摄像头画面占据机械臂界面显著位置。机械臂界面还需要呈现当前机械臂的运动位置，用 $X$ 轴与 $Y$ 轴实时数据体现，除此之外，界面还需有机械臂本体当前运动形态，周围显示机械臂各个关节的角度以及机械臂相对于机器人的整体角度。

在该界面中，包含机械手、消防炮两个大的模块。通过模块切换键可以在机械手模块和消防炮模块进行切换。

在控制方面，操作者可以对机器人的摄像头进行开关、角度等控制，在机械手模块，采用摇杆控制，设置好抓取、救援、爆破、拆除等机械臂功能对机械臂进行控制与利用。通过模块切换键切换至消防炮模块，除了和机械手模块一样，都具备对机器人的摄像头进行开关、角度等控制功能，以及针对消防救灾现场的消防炮的基础喷射和排烟功能。

在设计方面，以机械臂模块为例，尝试多种界面设计，最终结合以下理由择优确定了两个界面设计类型。由于机械臂界面主要的分区为机械臂摄像画面、机械臂方向参数、机械臂本体及关节参数，主要突出摄像头拍摄画面，因此采用其摄像头所摄画面占比相同，其他显示及控制部件进行两种主流的布局设计，机械臂摄像头拍摄画面分别为界面居上和界面居中，其他界面显示内容基本无差异，具体如图 5.6 所示。

2. 显示界面设计方案的眼动实验

1）实验材料

本次实验所选择的实验材料是在设计要素上具有显著性差异的消防远程控制界面的原型图。图片分为两个对比组，每类有两张，如图 5.7 所示，两套设计方案仅存在布局排列方式的区别，其他设计要素相同。

2）实验设备与被试

实验仪器为 SMI RED500 遥测式眼动仪，采样率为 500Hz，凝视精度＜0.4°。该眼动仪主要由硬件和软件两部分构成，硬件部分主要包含一台眼动仪主机，一台液晶显示器和红外线视线追踪组件；软件部分主要由三个软件构成，分别是用于设计实验的 Experiment Center 软件，用于控制红外线视线追踪组件的开启和关闭的 iView X 软件，以及用于眼动数据的分析和处理的 BeGaze 软件。在被试选择上，实验选择 15 名符合实验要求的被试，被试者均为大学生，未接触过相关人机交互界面的显示评价。

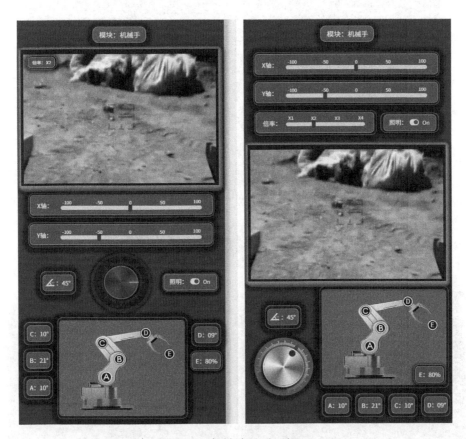

图 5.6 机械臂界面 1 和 2

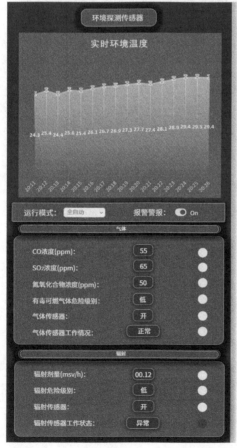

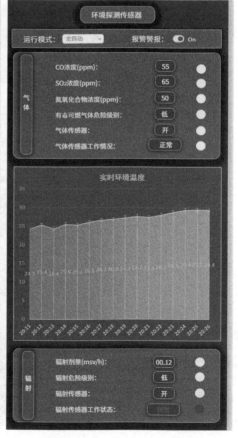

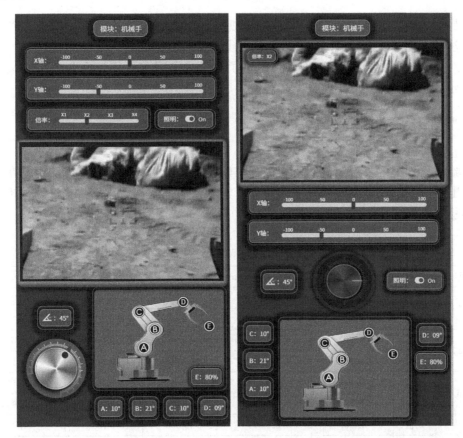

图 5.7　主界面和左右屏

3）实验过程

实验在眼动追踪实验室中进行，事先给被试讲解注意事项和实验步骤，同时调整被试位置，使其保持端坐、视线正对屏幕中心，通过眼动仪校准后，进行实验。在界面显示过程中，6 个显示界面随机出现，且同种类显示界面不会相邻出现，各界面的浏览时间为 15 秒，两界面中间插入 2 秒的空白界面，防止不同界面间的交互影响。

4）实验指标的选取

根据严慧敏等[10]对眼动实验的分析评价的研究，结合对实验的分析和设计，选取了如下指标。①注视点数：是指被试在某一区域的注视点个数。注视点的数目可以反映被试对于所观察界面的积极反应程度。被关注的越多，说明被试对该界面的交互设计更为认可。②平均注视时间：是指被试对于所观察目标的平均注视持续时间。其与总注视时间相结合，能更为客观地反映被试的集中程度。③眼跳次数：两个注视点之间的眼睛运动次数。眼跳的解读反映着眼球运动的轨迹变化，注视的位置是否发生改变，这是在眼动追踪中空间上的指标体现。④眨眼频率：眨眼是眼动追踪实验中常用的一项指标，其可以显示被试对于界面的专注度。一般来说，眨眼频率越高，说明该被试在注视界面时精力越不集中。⑤扫描路径长度：一系列交替的注视和扫视的长度。它可以提供有关参与者的搜索行为的信息。一般来说，扫描路径越长，表明搜索效率越低，界面设计的逻辑性越差。⑥首次注视持续时间：反映的是第一次关注到的区域并持续注视了多长时间，其与被试对该区域的感兴趣程度有关。⑦回视次数：反映了参与者对之前信息的再加工过程，它提供了有关参与者将注视返回到由所定义的兴趣区的特定目标上的次数信息。

### 3. 眼动实验数据处理及分析

#### 1）界面整体眼动实验数据

实验数据处理：本次实验的所有被试实验数据均在实验要求环境下测得。在对数据进行导出后，去除不符合实验要求的数据，筛选出有效数据后导出数据进行分析，得到眼动实验的数据统计，如表 5.2 所示。

**表 5.2　眼动实验数据**

| 界面 | 指标 | 注视点数（个） | 平均注视时间（ms） | 眼跳次数（次） | 眨眼频率（次/s） | 扫描路径长度（mm） |
|---|---|---|---|---|---|---|
| 主界面 1 | 均值 | 44.600 | 215.597 | 76.667 | 0.120 | 10 779.800 |
|  | 方差 | 9.803 | 73.954 | 30.828 | 0.119 | 2 383.571 |
| 主界面 2 | 均值 | 48.533 | 187.532 | 78.600 | 0.179 | 11 181.867 |
|  | 方差 | 10.366 | 61.100 | 30.882 | 0.140 | 2 171.560 |
| 左屏 1 | 均值 | 46.533 | 219.435 | 70.467 | 0.182 | 6 535.333 |
|  | 方差 | 6.742 | 63.824 | 26.311 | 0.121 | 1 029.685 |
| 左屏 2 | 均值 | 45.200 | 203.661 | 79.000 | 0.186 | 7 189.333 |
|  | 方差 | 8.503 | 75.261 | 26.858 | 0.125 | 1 313.883 |
| 右屏 1 | 均值 | 47.000 | 197.968 | 73.533 | 0.147 | 7 269.333 |
|  | 方差 | 12.936 | 66.329 | 27.575 | 0.101 | 2 117.320 |
| 右屏 2 | 均值 | 46.800 | 196.355 | 77.267 | 0.187 | 8 557.933 |
|  | 方差 | 8.142 | 63.279 | 28.039 | 0.162 | 1 619.856 |

实验数据分析。

分别对注视点数、平均注视时间、眼跳次数、眨眼频率、扫描路径长度进行配对样本 t 检验。结果证明，主界面 1 和主界面 2 的注视点数不存在显著差异[$t = -1.421$，$p = 0.177$]，平均注视时间不存在显著差异[$t = 1.778$，$p = 0.097$]，眼跳次数不存在显著差异[$t = -0.316$，$p = 0.757$]，眨眼频率不存在显著差异[$t = -1.697$，$p = 0.112$]，扫描路径长度不存在显著差异[$t = -0.511$，$p = 0.617$]。

左屏 1 和左屏 2 的注视点数不存在显著差异[$t = 0.649$，$p = 0.527$]，平均注视时间不存在显著差异[$t = 1.595$，$p = 0.133$]，眼跳次数存在显著差异[$t = -2.203$，$p = 0.045$]，左屏 2 的眼跳次数多于左屏 1 的眼跳次数，眨眼频率不存在显著差异[$t = -0.14$，$p = 0.884$]，扫描路径长度存在显著差异[$t = -2.429$，$p = 0.036$]，左屏 2 的扫描路径长度大于左屏 1 的。

右屏 1 和右屏 2 的注视点数不存在显著差异[$t = 0.057$，$p = 0.955$]，平均注视时间不存在显著差异[$t = 0.165$，$p = 0.871$]，眼跳次数不存在显著差异[$t = -0.588$，$p = 0.56$]，眨眼频率不存在显著差异[$t = -0.869$，$p = 0.400$]，扫描路径长度存在显著差异[$t = -2.230$，$p = 0.041$]，右屏 2 的扫描路径长度大于右屏 1 的。

2）界面 AOI 眼动实验数据

AOI 区域划定：主界面划定的五个 AOI 区域如图 5.8 所示。

左屏划定的三个 AOI 区域如图 5.9（a）（b）所示，右屏划定的三个 AOI 区域如图 5.9（c）（d）所示。

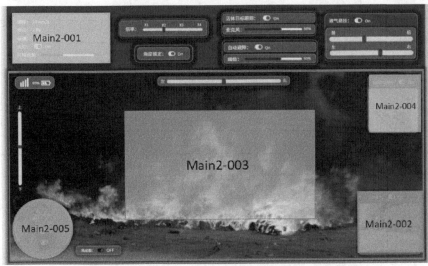

图 5.8　主界面 1 的 AOI 区域划定

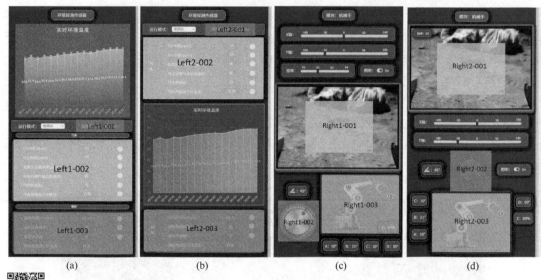

图 5.9　AOI 区域划定

扫一扫　见彩图

实验数据处理。两套设计方案的 AOI 眼动数据如表 5.3 所示。

**表 5.3　AOI 眼动数据（部分）**

| AOI 区域 | | 首次注视持续时间/ms | 回视次数 | 注视点数 |
|---|---|---|---|---|
| 主界面 1-001 | 均值 | 182.90 | 0.15 | 2.53 |
| | 方差 | 171.70 | 0.36 | 1.78 |
| 主界面 2-001 | 均值 | 176.52 | 1.27 | 4.93 |
| | 方差 | 104.99 | 1.18 | 2.57 |
| 左屏 1-001 | 均值 | 169.32 | 2.20 | 2.73 |
| | 方差 | 184.09 | 1.40 | 2.29 |
| 左屏 2-001 | 均值 | 61.33 | 2.00 | 0.80 |
| | 方差 | 148.01 | 0.82 | 1.76 |
| 右屏 1-001 | 均值 | 225.69 | 2.87 | 6.60 |
| | 方差 | 122.69 | 2.09 | 4.35 |
| 右屏 2-001 | 均值 | 133.39 | 3.53 | 7.40 |
| | 方差 | 81.81 | 2.73 | 5.30 |

实验数据分析。

首次注视持续时间是落在 AOI 上的第一个注视点的持续时间。首次注视持续时间是眼动指标中时间上重要的参考指标之一，反映的是第一次关注到的区域并持续注视了多长时间，其与被试对该区域的感兴趣程度有关。回视次数反映了参与者对之前信息的再加工过程，它提供了有关参与者将注视返回到由所定义的兴趣区的特定目标上的次数信息。每个 AOI 区域注视点数可以用来研究不同任务驻留时间下注视点的数量。AOI 的注视点数量反映元素的重要性，越重要的元素则有更多频次的注视。下面对首次注视持续时间、回视次数和注视点数进行配对样本 t 检验。

主界面中摄像头的显示画面（003）是最重要的因素，眼动数据显示，主界面 1-003 和主界面 2-003 在首次注视持续时间上存在显著差异[$t = 4.188$，$p = 0.001$]，主界面 1-003 的注视点数多于主界面 2-003，在回视次数上不存在显著差异[$t = 0.166$，$p = 0.871$]，注视点数不存在显著差异[$t = 1.956$，$p = 0.071$]。

左屏中对于预警警报的开关（001）是界面设计中重要的因素，眼动数据显示，左屏 1-001 和左屏 2-001 在首次注视持续时间上不存在显著差异[$t = -0.906$，$p = 0.380$]，在回视次数上存在显著差异[$t = -2.345$，$p = 0.039$]，注视点数不存在显著差异[$t = 0.951$，$p = 0.358$]。

右屏中机械臂的状态（003）是界面设计中的重要因素，眼动数据显示，右屏 1-003 和右屏 2-003 在首次注视持续时间上存在显著差异[$t = 2.509$，$p = 0.025$]，右屏 1-003 的首次注视持续时间大于右屏 2-003，在回视次数上不存在显著差异[$t = -0.607$，$p = 0.554$]，注视点数不存在显著差异[$t = 0.861$，$p = 0.404$]。

### 4. 最优设计界面方案的选择

#### 1）浏览路径图对比

运用眼动轨迹图进行方案比较，对三个界面进行观察分析，如图 5.10 所示。

从图 5.10 可以看出，主界面 1 的眼动轨迹逻辑性更好，轨迹的排布更具有规律性。左屏和右屏的轨迹的逻辑性差异不明显。

#### 2）热力图分析

热力图是可视化显示注视点的总体分布情况。它们通常在所呈现的图像或刺激上显示为颜色梯度叠加。红色、黄色和绿色按降序表示指向图像部分的注视点的时间长度，颜色越红表示眼球注视该目标的时间越长。

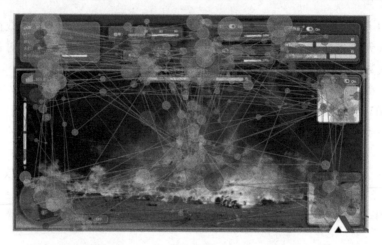

图 5.10 主界面 1（上）和主界面 2（下）的浏览路径对比

主界面：主界面两个设计方案的热力图如图 5.11 所示。

图 5.11 主界面 1（上）和主界面 2（下）的热力图分析

　　主界面 1 显示被试的主要注视区域为摄像头显示画面，而主界面 2 的主要注视区域为显示画面的上方，主界面 1 的结果更符合设计目的。

　　左屏：左屏的两个设计方案的热力图如图 5.12（a）（b）所示。

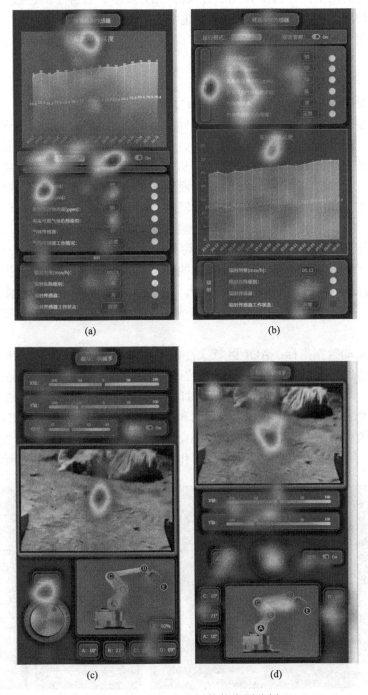

（a）　　　　　　　　　　　　　（b）

（c）　　　　　　　　　　　　　（d）

扫一扫　见彩图

图 5.12　左屏和右屏的热力图分析

　　左屏 1 的注视区域比较分散，聚集在环境温度、预警警报和气体浓度这三个元素上，左屏 2 的注视区域集中在气体指标和环境温度上，由于在操作的过程中，预警警报是不可忽视的因素，有助于操纵者及时处理警报问题，因此左屏 1 的设计更符合要求。

　　右屏：右屏的两个设计方案如图 5.12（c）（d）所示。右屏 1 的注视区域集中在机械臂的摄像画面和旋钮，右屏 2 的注视区域集中在机械臂的摄像画面、旋钮、机械臂的状态，但右屏 2 的下半部分注视区域较分散，右屏 1 的注视区域更集中，且包含了重要因素，因此右屏 1 更符合要求。

　　3）眼动实验数据指标对比

　　界面整体眼动数据指标：本次实验设计了两套不同的方案，包括两个主界面，两个左屏和两个右屏。界面整体关注的眼动指标主要有注视点数、平均注视时间、眼跳次数、眨眼频率、扫描路径长度。注视点数、平均注视时间和眨眼频率三项指标可以反映被试在观看界面时的注意力集中程度，从上述数据结果及分析中可以看出，两套方案的注视点数、平均注视时间和眨眼频率没有明显差异。眼跳次数可以反映被试在浏览界面过程中信息处理的程度和排布的逻辑性。界面中的信息越容易理解，排布越规律，眼跳次数越少。扫描路径长度可以反映界面的排布是否规律。路径越长，说明界面的元素排布越不合理。由上述检验结果可知，左屏 1 的眼跳次数小于左屏 2 的眼跳次数，左屏 1 的扫描路径长度小于左屏 2 的扫描路径长度，右屏 1 的扫描路径长度小于右屏 2 的扫描路径长度。在主观问卷中，对于布局结构的合理性和主次内容区分程度的评价结果，左屏 1 大于左屏 2，右屏 1 大于右屏 2，说明左屏 1 和右屏 1 的结构布局更加合理。

　　AOI 区域眼动数据指标：AOI 区域关注的眼动指标为首次注视持续时间、回视次数和注视点数。通过与被试交流讨论发现，被试对于自身认为重要的元素会着重浏览，并且会多次回视，对于感兴趣的内容浏览的时间也会更长。结合上述眼动指标的分析结果可以看出，被试对主界面 1 摄像头显示画面和右屏 1 的机械臂状态更感兴趣，对于左屏 1 预警警报开关的重视程度更高。综合热力图、眼动轨迹图以及眼动指标的分析表明，主界面 1、左屏 1 和右屏 1 更符合设计的初衷和要求，最终方案如图 5.13 所示。

图 5.13　显示屏主界面、左屏和右屏

扫一扫　见彩图

### 5.2.3　控制器设计及单人控制台几何尺寸设计

1. 控制台控制器设计

1）设计思路

对于操作控制台而言，其需要实现对多个显示屏幕的共同显示，也需要实现对救灾机器人多模块功能的控制。参考黄育龙等[11]的研究，旧有手柄式或其他易携型操作控制台由于其显示区域有限，所能装配的控制器较为简单的特点难以满足控制者对救灾现场环境的全方位了解和对机器人的精细控制需要，因而选择台式操作控制台作为设计的基础。对于要设计的台式操作控制台而言，其需要同时显示多个现场信息，也需要同时对消防模块、机械臂模块、履带运动模块进行相应的控制。因而简单的单显示型操作控制台难以满足需求。本书从左至右设计了 A、B、C 三块显示屏，采用两个控制摇杆，搭配按钮控制台，实现了控制功能与显示功能相结合的集成显控环境。

2）控制器种类、形状编码

根据前面所述，由控制器需要实现的目的，做出表 5.4 所示的分类。

**表 5.4　根据控制器实现目的分类**

| 目的分类 | 运动类别 | 基本类型 | 描述 |
| --- | --- | --- | --- |
| 开关类 | 拨动 | 近似平移控制器 | 功能的开关 |
| 选择类 | 按压 | 平移控制器 | 功能、模式的选择 |
| 大小粗调类 | 旋转 | 旋转控制器 | 精度要求不高的调节功能 |
| 大小精调类 | 滑动 | 平移控制器 | 精度要求稍高的调节功能 |
| 运动方位类 | 摆动 | 摇杆控制器 | 多维度、多方位的运动控制 |

如表 5.4 所示，对于开关类，考虑到救灾机器人所处的野外、灾害现场等环境，操作机器人的救援人员极有可能在穿戴防护、战术设备的情况下来使用控制器（尤其是穿戴手套情况下），故选用拨片开关（拨动式开关）来完成对开关类功能的控制。拨动式开关如图 5.14 所示。

对于选择类，并未有太高的精度要求，能够完成功能的选择即可，则使用按钮（按键）。按键的表面略向里凹，设计出贴合手指弧度的形状，可增加手指的触感，便于定位与操作。此外，考虑到戴手套的情况，可以将按键的尺寸稍微设计大一点，键与键之间的间隔略大一点。按钮如图 5.15 所示。

对于大小粗调类，主要是实现一些精度要求不高的大小调节功能，选用旋钮来实现。其中，圆形旋钮呈圆柱状，钮帽边缘有各种槽纹，用于增大摩擦，如图 5.16 所示。

对于精度要求稍高的调节类，选用滑动式调节块来控制。滑动式调节块由一个贴合人指弧度的滑块加导槽构成。导槽上一般画有刻度线，且运动只在一个维度上进行，调节精度较高，如图 5.17 所示。

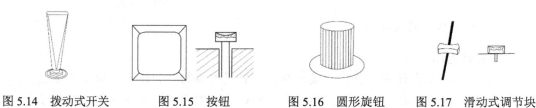

图 5.14　拨动式开关　　　图 5.15　按钮　　　图 5.16　圆形旋钮　　　图 5.17　滑动式调节块

使用数字来对以上几种控制结构编号，如表 5.5 所示。

表 5.5　各控制结构编号

| 结构 | 编号 |
|---|---|
| 拨动式开关 | ① |
| 按钮 | ② |
| 圆形旋钮 | ③ |
| 滑动式调节块 | ④ |
| 摇杆 | ⑤ |

3）按钮颜色编码

因为按钮数量较大且形状相似，如果不加以区分，容易使得操作人员混淆或者误触。故选用不同的颜色来标记按钮表面，区分出按钮的不同类型，有利于视觉搜索作业。

选用绿、白、黄、蓝、红五种颜色。绿色有安全、无害之意，此处用于表示重置、重连，表示对某一选择功能的重新调试或刷新某一系统的连接；白色用于表示普通、无异常，即无须特殊标识的普通按钮；黄色有警示、提醒之意，此处用于表示无视警报；蓝色有标记、提醒的作用，此处用于表示检查；红色有危险、警告之意，此处用于表示删除、异常。具体如表 5.6 所示。

表 5.6　颜色编码

| 颜色 | 表示 |
|---|---|
| 绿色 | 重置、重连 |
| 白色 | 普通、无异常 |
| 黄色 | 无视警报 |
| 蓝色 | 检查 |
| 红色 | 删除、异常 |

4）摄像头模块操作设计

机器人上一共有三个摄像头：车体主摄像头、车体后视摄像头、机械手操作摄像头。根据其相关功能进行设计，如表 5.7 所示。

对于车体主摄像头，由于其摄像头大、清晰度高、倍率高、功能复杂，使用遥感来控制主摄像头在 $X$、$Y$ 轴平面上的运动；用滑动式调节块来调节主摄像头的倍率大小；用拨动式开关来控制角度锁定、热成像、后摄像头（角度不可调）功能的开启，如图 5.18（a）所示。

对于机械手操作摄像头（第二摄像头），其摄像头较小，倍率调节范围小，故选用两个滑动式调节块来分别控制摄像头的 $X$、$Y$ 轴转动；用旋钮来调节倍率；用拨动式开关来控制模块开关、机械手照明，如图 5.18（b）所示。

表 5.7　摄像头模块操作设计

| 功能 | 控制编码 |
| --- | --- |
| 角度锁定开关、热成像开关、后摄像头开关、模式开关、照明开关 | ① |
| 主摄像头角度控制 | ⑤ |
| 主摄像头倍率调节、机械手摄像头角度控制 | ④ |
| 机械手摄像头倍率调节 | ③ |

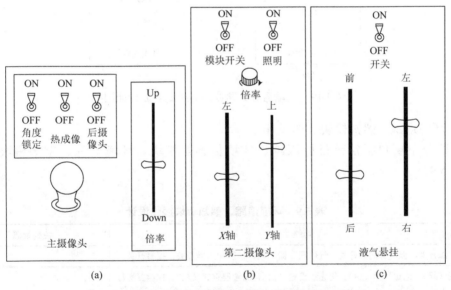

图 5.18　摄像头控制界面设计图和液气悬挂控制界面

5）辅助运动模块操作设计

该部分主要包括了机器人车体液气悬挂、自动避障功能、路线规划功能。辅助运动操作设计见表 5.8。

对于车体液气悬挂，使用拨动式开关控制功能的开启与关闭；使用两个滑动式调节块来分别控制机器人车体在前后左右方向姿态的倾斜，如图 5.18（c）所示。

对于自动避障功能，使用拨动式开关控制功能的开启与关闭；用旋钮来调节自动避障的阈值，如图 5.19（a）所示。对于路线规划功能，使用拨动式开关控制功能的开启与关闭；使用按键并标以绿色来重置规划路线方案，如图 5.19（b）所示。

表 5.8　辅助运动模块操作设计

| 功能 | 控制编码 |
| --- | :---: |
| 路线规划开关、自动避障开关、液气悬挂开关 | ① |
| 路线重置（绿） | ② |
| 液气悬挂调节 | ④ |
| 自动避障阈值调节 | ③ |

图 5.19　自动避障、路线规划控制界面设计图

6）环境追踪、感知模块操作设计

该部分主要包括活体目标跟踪、环境传感器模块。环境追踪、感知模块操作设计见表 5.9。

表 5.9　环境追踪、感知模块操作设计

| 功能 | 控制编码 |
| --- | :---: |
| 目标跟踪开关、温度探测器开关、气体探测器开关、辐射探测器开关、报警开关 | ① |
| 目标重置（绿）、选定目标（白）、优先级设定（白）、探测器重连（绿）、探测器运行模式设定（白）、删除报警（红）、监测项选择（白）、报警静音（黄）、检查报警（蓝） | ② |
| 目标跟踪麦克风音量调节 | ③ |

对于活体目标跟踪模块，使用拨动式开关控制功能的开启与关闭；用按键来控制各优先级别的指定，并将重置键用绿色标记出来；用旋钮来调节麦克风音量的大小，如图 5.20（a）所示。对于环境传感器模块，使用拨动式开关来控制温度探测器、气体探

测器、辐射探测器与总体功能的开启与关闭；用按键来控制各优先级别的指定。其中，"重连"功能标记为绿色，"删除报警"功能标记为红色，"报警静音"功能标记为黄色，"检查报警"标记为蓝色，如图 5.20（b）所示。

7）摇杆设计

摇杆主要是用于控制需要多维度精调的功能结构，其可集多种功能于一体，具有良好的人机功效。在此需要对机器人的两个部分进行摇杆控制设计：一个是运动功能模块，控制机器人车体的前进、后退、转向、换挡等；一个是机械手/消防炮功能模块，控制机械手、消防炮的运动、抓取、喷水等功能。

首先对机器人的运动类型分析，如表 5.10 所示，机器人的运动需要有对前进、后退、转向、换挡功能的控制。此外，由于大灯照明也是安装在车体上，将照明的开关安装在摇杆上便于操作人员识别记忆。按照运动相合性原则，控制方式如表 5.10 所示。

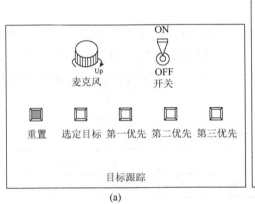
(a)

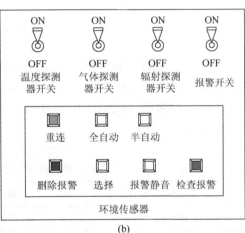
(b)

图 5.20　目标跟踪控制界面设计图和环境传感器控制界面设计图

扫一扫 见彩图

表 5.10　运动摇杆控制方式

| 功能 | 摇杆动作 | 编码 |
| --- | --- | --- |
| 前进 | 向前推动 | 1 |
| 后退 | 向后拉动 | 2 |
| 左转 | 向左拉动 | 3 |
| 右转 | 向右推动 | 4 |
| 增加挡位 | 按下增挡按钮 | 5 |
| 减小挡位 | 按下减挡按钮 | 6 |
| 照明开关 | 按下照明按钮 | 7 |

在摇杆上布置各个功能按钮时，应充分考虑空间相合性原则，对于增加挡位的按钮，因使用频繁，安排在便于左手大拇指按压的外侧；减小挡位的按钮则安排在内侧；此外，

为防止误触，使用较不频繁的大灯开关应该布置离挡位按钮远一点，其大小、形状也应该与之区别，如图 5.21（a）所示。此外，车体运动控制模式图如图 5.21（b）所示。

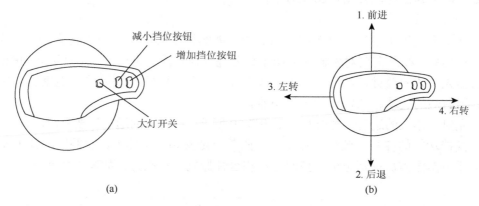

图 5.21　运动摇杆设计图（俯视）和车体运动控制图

对于机械手/消防炮的运动类型进行分析，如表 5.11 所示，需要实现机械手/消防炮的整体转动、前伸、后伸、操作（抓取、喷水等）以及在需要准确定位时对各个关节自由度（角度）的微调（机械手界面的 A、B、C、D、E）。机械手/消防炮摇杆控制方式如表 5.11 所示。

表 5.11　机械手/消防炮摇杆控制方式

| 功能 | 摇杆动作 | 编码 |
| --- | --- | --- |
| 前伸 | 向前推动 | 8 |
| 后伸 | 向后拉动 | 9 |
| 逆时针转动 | 向左拧动 | 10 |
| 顺时针转动 | 向右拧动 | 11 |
| 选择自由度 | 按下按钮 | 12 |
| 退出微调 | 按下按钮 | 13 |
| 操作 | 按下扳机 | 14 |
| 自由度 D 逆时针旋转 | 选择自由度 + 向左拧动 | 12 + 10 |
| 自由度 D 顺时针旋转 | 选择自由度 + 向右拧动 | 12 + 11 |

当不按下"选择自由度"按钮时，"前伸""后伸"操作表现为机械手/消防炮整体地向前伸出与后退，即自由度 A、B、C 角度同时增加；当按下"选择自由度"按钮后，初始默认所调节的自由度为 D，再次按下"选择自由度"按钮后为 C，再次按下为 B，再次按下为 A，再按又回到 D。此情况下对于 A、B、C 关节"前伸""后伸"表现为单独关节角度的增大与减小，对于 D 关节左右拧动摇杆表现为关节顺时针、逆时针转动。调节

完毕按下"退出微调"按钮回到对整体机械手/消防炮的控制。机械手/消防炮摇杆的设计图、控制模式图如图 5.22 所示。

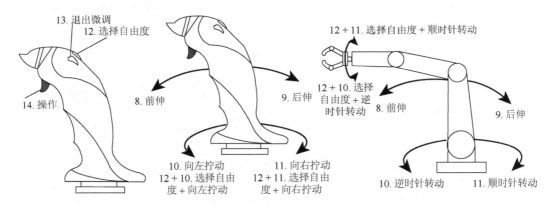

图 5.22　机械手/消防炮摇杆设计图（左视）和摇杆运动控制图

8）控制台布局与建模

在所有模块功能设计完后，如何将各功能区域合理地安排在控制面板上是一个重要的问题。如果安排不当，轻则不便于操作人员记忆与操作，重则可能造成误触，引起任务的失败。

根据前面的三屏布局，以便于人的操作与追求人机系统效能最大化为原则，设计一个如图 5.23（a）所示的机器人控制台。该控制台采用了三屏扇形布局，将机器人运动控制摇杆安排在左手附近，需要精细操作的机械手摇杆被安排在了右手附近，符合人的操作习惯。此外，控制台中间挖出了一个半圆形区域，将操作人员半包裹入其中，减少了手的移动距离。根据控制台及人手的位置，以空间相合性为原则，设计出如图 5.23（b）所示的控制面板布局。

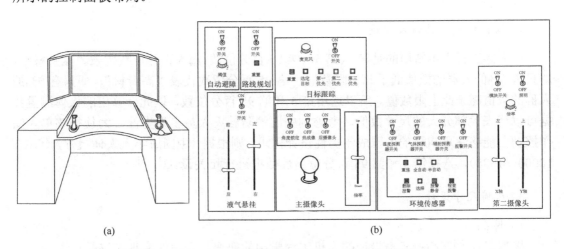

图 5.23　机器人控制台设计图和控制面板布局图

考虑到机器人在运动的过程中几乎不会使用机械臂，故将运动、路线规划、主摄像头模块放置在了界面偏左的位置，这样既考虑了功能区域归类，又便于在右手控制运动摇杆的同时左手对主摄像头、液气悬挂等功能进行调节；且根据功能模块的使用频率，将主摄像头模块放在了下方，自动避障、路线规划、目标跟踪等模块放置在了上方。

当操作人员用左手操作机械臂时，右手可以对环境传感器、第二摄像头功能进行调节。对布局图建模得到如图 5.24 所示的控制面板三维图组图。

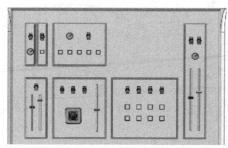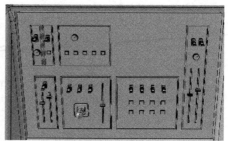

图 5.24　控制面板三维图组图

将控制面板放入控制台中，得到完整的机器人操作控制台模型，如图 5.25 所示。

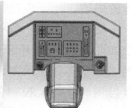

图 5.25　机器人控制台三维图组图

### 2. 操作控制台总体尺寸设计

在人因工程学中常用的是第 5、第 50、第 95 百分位数。第 5 百分位数代表"矮身材"，即只有 5% 的人群的数值低于此下限数值；第 95 百分位数代表"高身材"，即只有 5% 的人群的数值高于此上限数值。所以选用第 5 和第 95 百分位数，以此计算出的人体测量数据可以代表大部分人的尺寸数值。考虑到中国消防救灾人员多为男性，为使得该单人操作控制台能够满足 90% 的中国成年男性设计需求，则根据《中国成年人人体尺寸》（GB/T 10000—1988），选择第 5 和第 95 百分位男性数据进行相关设计[12-19]。

### 3. 座椅尺寸设计

1）座高

根据田炜[20]在高校桌椅设计的人机工程学中的研究，合适的座高应该是让人的大腿接近水平，小腿自然下放接触地面，以保证任何体型的人在就坐时均不会受到座面前部边缘部分的压迫，使得腿部肌肉及血管不被压迫，不出现因长期保持坐姿而导致的腿麻等现象。同时座高也不能设计得太低，以避免高身材的人因座椅较矮而被迫盆骨后倾，其腰椎长期保持拉直状态，使背部肌肉易出现疲劳现象。

座面高度属于一般用途设计，根据人体数据运用准则，取第 5 百分位和第 95 百分位的小腿加足高作为基本设计数据，以避免引起疲劳和不适。其中第 5 百分位男性对应数值为 383mm，第 95 百分位男性对应数值为 448mm。考虑鞋后跟高修正量 30mm 和裤厚修正量 3mm，则修正量为 27mm，设计出的座面高度应在 383～448mm 内可调。基础高度为 415mm，并配备脚垫以满足身材较小者的使用要求。

2）座深

座深设计的目的是保证身材较小的人在此种设计状态下也能维持上半身的重心稳定。在此基础上，也要保证身材较为高大的人能够保持稳定，因而选择男性的第 5 百分位数相关数据作为设计依据。在具体设计上，座深按照臀膝距第 5 百分位数的 3/4 来进行设计。查看相关数据得男性对应的臀膝距第 5 百分位数为 515mm，则座深为 387mm。

3）座宽

座宽的设计参考尺寸标准中的坐姿臀宽来进行设计，一般来说其取值往往要大于该数值，选择男性坐姿臀宽的第 95 百分位数（355mm）作为设计依据。在此基础上考虑到穿衣修正量 13mm 及要保留的人体活动余量 15mm，最后座宽设计值为 383mm。

4）座面倾角及靠背

参考郭伏和钱省三[13]所著人因工程学的相关内容，对于不同用途的座椅，其座面倾角要求不同。对于办公及工作用椅而言，后倾 4° 相对较为合适。靠背可以为工作者提供对上半身躯干的支撑，以分担一部分的压力，保证身体下半部分血液能够持续正常循环，减少疲劳。同时使脊柱保持较为自然的弯曲姿态，让人主观上感到舒适。对于靠背的设计主要有以下三个方面：靠背高度、形状和倾角。工作椅需要对腰椎部进行支撑，同时也需要满足腰背部的支撑。因而选择中靠背的形式，中靠背的上下高度为 40cm，主要为一点支承，其支承点主要位置在第八腰椎部上下，比较适合作为工作用椅的靠背。工作椅的形状和倾角的选择以弧状包含的形状和倾角 100° 为宜。

4. 操作控制台结构尺寸设计

1）操作控制台高度与深度

对于操作控制台高度而言，将坐姿肘高作为设计依据，其中在标准中该数据为小腿加足高与坐姿肘高之和。参考许留军[12]的研究，查询国家标准可得男性对应的第 5 百分位数据中坐姿肘高为 228mm，小腿加足高为 383mm，共计 611mm；男性对应的第 95 百分位数据中坐姿肘高为 298mm，小腿加足高为 448mm，共计 746mm。

考虑鞋跟高修正量取 30mm 和裤厚修正量 3mm，则修正量为 27mm。为方便操作，作业面应比肘高略低 20mm。综合考虑，作业面高度的调节范围为 618～753mm。接下来考虑操作控制台深度，将控制台深度设置为 50mm。控制台深度主要影响容膝空间，作业面高度的调节范围为 618～753mm，椅面的高度调节范围为 383～448mm，第 5 和 95 百分位数的坐姿大腿厚度分别为 112mm 和 151mm，除去控制台深度，分别对应自由活动的范围为 618−383−112−50 = 73mm，753−448−151−50 = 104mm。属于人体的舒适活动范围，因此将控制台深度设计为 50mm 是合理的。

2）容膝、容腿空间

容膝、容腿空间主要针对体型较大的第 95 百分位男性数值来进行设计，使其在作业时能有较为方便的姿势。其相关数值计算如下。①容膝孔宽度：为保证操作者下半身有足够的活动空间，其设计数值应略大于第 95 百分位男性坐姿两肘间宽 478mm，向上取整，考虑到操作员在进行操作时移动的实际需要，选择 650mm 左右作为设计依据。②容膝孔高度：其应高于第 95 百分位男性人体尺寸数据中的坐姿大腿厚（151mm）、小腿加足高（448mm）、修正量（27mm）与操作控制台深度（50mm）之和。③容膝孔深度：为保证操作者下半身有足够的活动空间，容膝孔深度应略大于第 95 百分位男性臀膝距 595mm，取整为 600mm。④容腿孔深度：为保证操作者下半身有足够的活动空间，同时考虑到腿部有一定向前伸长的正常现象，容腿孔深度应略大于容膝孔深度 600mm，选择 800mm 作为设计值。⑤大腿空隙：应大于已有设计中的最小值 200mm，小于最大值 240mm，则取其平均值 220mm 作为设计依据。

3）台面尺寸

台面尺寸的设计，主要参考操作者的一般水平作业范围。考虑到人体尺寸的差异性，应当将台面设计得相对较大，以满足体型较大操作者的作业空间需求。正常作业范围即一般活动范围，是将上肢轻松地垂直于体侧，曲肘，以肘关节为中心，前臂和手能自由达到的区域。在这个范围内，人操作时能舒适轻快地工作，其最大正常宽度为 1190mm，最大伸手所能触及的距离与桌面边缘为 390mm。为避免因宽度较大使得控制器超出了一般活动范围，将工作台长度设计为 900mm，其宽度略大于最大伸手所能触及的距离，设计为离桌面边缘 400mm。

## 5.3　总结与展望

### 5.3.1　远程操作控制台设计的分析与评价

1. 基于 CATIA 软件的操作控制台的人因工程学仿真

1）CATIA 软件概述

CATIA 是法国达索飞机公司开发的高档 CAD（computer aided design，计算机辅助设计）/CAM（computer aided manufacturing，计算机辅助制造）软件。CATIA 软件以其强大的曲面设计功能在飞机、汽车、轮船等设计领域享有很高的声誉。和普通的 CAD 建模软件相比，CATIA 带有人机工程学设计与分析模块，CAD/CAM 模块不仅能够依据不同人体尺寸在软件中建立虚拟人模型，还能够对多种动作和作业任务、流程进行模拟仿真，以获得有价值的仿真分析结果。同时也可以对人眼视觉进行分析仿真，如在软件内对数字人模型的视线方向进行改变，从而完成人眼视觉分析的任务。在仿真环境中，操作人员可以通过控制数字人模型的各关节角度以及动作流程，来模拟数字人与环境之间的交互关系，以检验人在有限空间内的活动程度,得到相应的人机仿真结果。CATIA 软件也具有良好的可扩展性,可与虚拟现实设备和传感器连接,通过外部设备来驱动数字人模型。

2)仿真分析准备及流程

实体模型的构建:要完成操作控制台的建立,需要完成椅子构建、操作控制台构建、人的构建以及环境的构建四部分的内容。在此首先使用了 Solidworks 软件进行 3D 建模,根据前面的分析构建操作台模型和椅子模型,并通过相关转换软件,将构建的 3D 模型转换成 STEP 格式导入到 CATIA 当中,导入的模型如图 5.26 所示。

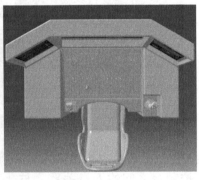

图 5.26　操作台及椅子模型

虚拟人模型的建立:CATIA 软件中提供了更加贴近于真实人体状态的虚拟人模型。软件中对人体模型关节和自由度进行细致严格的限制,精确的人体关节线性数据和角度数据为用户提供了准确的人体模型定义。软件还预先设置了美国、印度、中国台湾、德国、日本、韩国等的预定义人体模型。用户可以在 CATIA 中直接进行人体数据选择,节省了数据录入的时间和相关工序。

由于该软件本身没有中国大陆人体模型数据,台湾与大陆同属于黄色人种,身体尺寸差别不大,因此本次仿真使用中国台湾人体数据为基础进行虚拟人的创建。在系统的实际检验中,高百分位数的人体模型所反映的情况能够很好地反映绝大多数人的极限使用情况,故构建了第 95 百分位的中国台湾男性虚拟人模型。构建虚拟人模型的步骤如下。选择第 95 百分位数,如图 5.27 所示。选择地区,如图 5.28 所示。结合《中国成年人人体尺寸》(GB/T 10000—1988),对标准人体尺寸进行了略微调整。最终构建的虚拟人模型如图 5.29 所示。

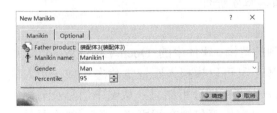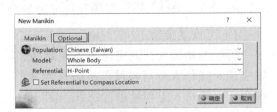

图 5.27　选择第 95 百分位数　　　　　图 5.28　数据选取中国(台湾)

图 5.29 虚拟人模型

仿真环境的建立：在救灾机器人人机环境的仿真中，人与机器的主要交流为人与座椅、人与操作控制台之间的人机关系。与此同时，还需要构建仿真场景去更好地拟合操作过程。在构建仿真场景的过程中，将室内不必要设备进行删除及简化，以人为中心，主要对座椅、操作控制台三部分的人机环境进行仿真测试。将人体模型以工作坐姿放置于导入的操作环境中，调整人体手部和腿部姿势后进行相关分析，建立的仿真环境如图 5.30 所示。

图 5.30 建立仿真环境

**2. 基于 CATIA 软件的操作控制台的人因工程学评价**

1）可视域分析

可视域是指人在既定坐姿下视野能够看到的范围。软件中的 Open Vision Window 可以实现对操作人员可视域范围仿真的需要。该工具可以模拟人眼视觉状态生成一个人眼视窗，直接对人眼视觉进行仿真。图 5.31（a）为可视域分析结果，从图中信息及前面所设计的显示界面可知，所设计界面信息的主要内容均可包含在视野里，而一些次要的信息也可以通过转头的方式看到，设计总体符合操作控制台设计的人机要求。

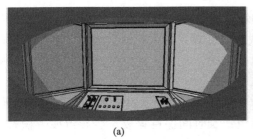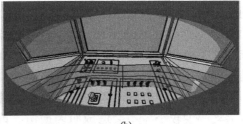

(a)　　　　　　　　　　　　　　　　　(b)

图 5.31　可视域分析结果和操作者低头时视野范围

从图 5.31 可以看出，操作者平视前方时，能够看到中间的整块大屏幕，通过左右眼球的转动可以看到几乎全部屏幕内容，可以看到大约 50%的按钮。图 5.31（b）是操作者低头时的视野范围，在低头角度为 14°时可以看见全部按钮，进行操作。研究表明低头时角度在 0～15°颈部肌肉的总体紧张度最低，此时颈部最舒服，最能预防颈部疼痛的出现。14°处于颈椎弯曲的安全范围，不会造成颈椎疲劳。

　　2）可达域分析

可达域即操作人员在正常进行操作的同时，身体各部分可触及的区域。Computes a reach envelope（计算可达域）是 CATIA 中可以模拟人可达域的模块，该模块可以以不同颜色的半透明区域展示的方式将可达域可视化。人在坐姿状态下，需要对操作控制台上的按键进行操作，以此来控制和调节救灾机器人的运动、机械臂抓取等一系列操作。因此，需要保证按键都可以包含在可达域之中。可达域分析结果如图 5.32 所示。

图 5.32　可达域分析-理想范围和最大范围

扫一扫　见彩图

绿色是最理想的移动范围，即只需要移动小臂就能碰到按钮、进行操作的范围，小臂的移动范围约 15cm，而且在该区域内肌肉活动幅度较小，不会造成疲劳。该区域涵盖了约 20%的按钮操作。红色为小臂的极限移动范围，要想达到该范围需要伴随肘的移动，移动距离为 30～40cm。红色范围约覆盖了 60%的按钮操作。蓝色为大臂的最大移动范围。从图中可以看出，在坐姿工作的情况下，通过前倾大约 15°，该范围能够覆盖全部的操作按钮，包括摇杆和推杆。根据可达域的尺寸以及对操作摇杆、键盘的比对，可以发现当前设计合理，且虚拟人能在不进行身体大幅度转动或前倾的情况下对所有装置进行操作。

　　3）关节舒适度分析

人体有一个自然的运动范围，在这个合适的范围内运动可以促进血液的循环和保证运动的灵活，从而为生产活动创造一个更加舒适的环境。Postural Analysis（姿态分析）是 CATIA 软件中的姿态分析模块。这个模块可以计算目标人在既定姿势下各个关节的活动范围并根据我们设定的标准进行评分，以此来确定我们所建立的产品和设定的姿势是否是合理的、舒适的。

人的自然活动范围可以划分为四个区域，用四种颜色表示。绿色：首选的活动区域，关节活动幅度较小，不会造成肌肉损伤。黄色：长时间保持该姿态会导致疲劳积累。红色，关节活动幅度较大，应调整。红色之外：会造成关节损伤、肌肉拉伤，应尽量避免。

选取了在坐姿作业中，容易手动损伤的四个关节，包括肩膀、脖子、背部、大臂。这些关节的活动范围如表 5.12 所示。

**表 5.12　常见关节的活动范围**　　　　　　　　　　（单位：cm）

| 部位 | 绿色 | 黄色 | 红色 |
|---|---|---|---|
| 肩部弯曲 | 18.05 | 44.65 | 89.3 |
| 肩部伸展 | 1.6 | 3.2 | 6.4 |
| 颈部弯曲 | 4.14 | 15 | 20.7 |
| 颈部伸展 | 1.86 | 4.65 | 9.3 |
| 背部弯曲 | 4.6 | 11.5 | 20.7 |
| 背部伸展 | 1.05 | 2.1 | 4.2 |
| 手臂伸展 | 18 | 45 | 89 |

肩膀、脖子、背部前后和大臂活动范围如图 5.33 所示。

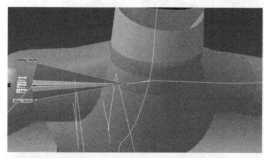
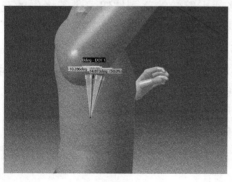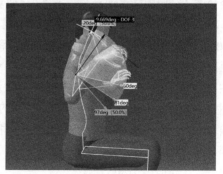

图 5.33　肩膀、脖子、背部前后和大臂活动范围

在设置各关节的活动范围后，对常见的操作姿态进行评估。

第一个是推杆操纵姿态，操作员大部分时间均在控制机器人的行进以及机械臂的状态，因此维持该姿态的时间较长。主要关节角度如表 5.13 所示。推杆操纵姿态如图 5.34（a）所示。

表 5.13　姿态 1 主要关节角度

| 关节 | 角度 | 所属范围 |
|---|---|---|
| 左肩膀 | 0.75° | 黄 |
| 右肩膀 | −2.24° | 黄 |
| 脖子 | 0° | 绿 |
| 背部 | 0° | 绿 |
| 左大臂 | −0.349° | 黄 |
| 右大臂 | 16.997° | 黄 |
| 左小臂 | 92.53° | 黄 |
| 右小臂 | 71.572° | 黄 |

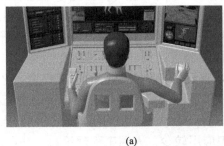 

(a)　　　　　　　　　　　　　(b)

图 5.34　推杆操纵姿态和旋钮调节姿态

第二个是旋钮调节姿态，旋钮数量较多，功能也较为复杂，用来控制液气悬挂、紧急呼救等功能。该姿态的特点是背部和脖子会略微前倾。同时小臂伸展，必要时大臂也会伸展。主要关节角度如表 5.14 所示，旋钮调节姿态如图 5.34（b）所示。

表 5.14　姿态 2 主要关节角度

| 关节 | 角度 | 所属范围 |
|---|---|---|
| 左肩膀 | 15.95° | 黄 |
| 右肩膀 | 20° | 黄 |
| 脖子 | 4.169° | 绿 |
| 背部 | 3.642° | 绿 |
| 左大臂 | 89.155° | 黄 |

续表

| 关节 | 角度 | 所属范围 |
|------|------|---------|
| 右大臂 | 75.478° | 黄 |
| 左小臂 | 31.248° | 绿 |
| 右小臂 | 15.196° | 绿 |

可以看出在基于计算出的人机尺寸进行设计的操作座椅以及操作控制台所构建的工作环境中，操作人员主要关节和整体舒适度均处于合理范围内，本课程设计有效地降低了由于关节活动范围不佳而导致的肌肉骨骼损伤。

### 5.3.2　展望

本章根据人因工程学相关内容，考虑到中国消防救灾人员多为男性，所有使平台能够满足 90%的中国成年男性使用的设计需求和其他工效学要求，对救灾机器人单人操作控制台进行了较为全面的设计。具体内容如下。

对救灾机器人发展历史和主流类型进行了分析，了解了救灾机器人在实际救灾现场所发挥的功能，明确了远程单人操作控制台应具备的功能，并在此基础上明确该操作控制台的显示、控制设计需求，以及控制台及座椅等相关尺寸设计及布局设计要求。

根据分析结果对救灾机器人单人操作控制台进行了具体的设计实践。结合智能显示屏、运动摇杆等新产品对平台的显示器和控制器进行设计。并根据平台要求，选择较为合适的平台形状，并对相关尺寸进行设计，得到了操作控制台的三维模型，之后采用眼动实验和系统建模仿真的方式对于设计的操作界面和操作控制台进行了评价分析。

在研究过程中，发现现有的消防机器人操作控制台设计相对于救灾机器人的发展需求较为落后，设计过程对人因工程学的知识应用较少。人因工程理论与方法在产品设计、交互设计领域的应用日益增加，随着各行业对人因工程的理解和应用，人因工程学将为未来救灾机器人远程操作控制台的设计提供更加符合人性化的高效的设计方法。此外，救灾机器人的信息交互和协同作业关注较少，且其控制器设计对如立体显示设备、多角度控制器等新技术和产品应用较少。这可能成为未来救灾机器人操作控制研究应该关注的内容和方法。

### 参 考 文 献

[1]　贾硕，张文昌，吴航，等. 救援机器人研究现状及其发展趋势[J]. 医疗卫生装备，2019，40（8）：90-95，100.

[2]　尚红，颜军利，胡卫建，等. 地震搜救机器人装备开发研制历程概述[J]. 中国应急救援，2018（3）：38-45.

[3]　曾世藩，周广兵，李文威，等. 面向公共安全的救援机器人关键技术综述[J]. 机器人技术与应用，2019（2）：20-25.

[4]　赵燕，王江华. 一种井下救援机械臂的运动学仿真分析及实现[J]. 实验室研究与探索，2018，37（3）：110-113，121.

[5]　张守阳，赵南生，李浩然，等. 一种基于摆臂平台的履带式灾地救援机器人设计[J]. 南通职业大学学报，2018，32（2）：85-88.

[6]　王川伟，马琨，杨林，等. 四摆臂-六履带机器人单侧台阶障碍越障仿真与试验[J]. 农业工程学报，2018，34（10）：46-53.

[7] 毛胜磊. 移动机械臂人机交互系统研究[D]. 济南：山东大学，2016.

[8] 聂宇. 消防机器人在灭火救灾中的应用探析[J]. 今日消防，2021，6（2）：20-21.

[9] 巩固，朱华. 煤矿救灾机器人环境目标图像识别[J]. 工矿自动化，2017，43（7）：7-11.

[10] 严慧敏，王军锋，王文军. 购物类 App 界面设计的眼动实验分析评价[J]. 工业设计研究，2018（1）：206-211.

[11] 黄育龙，余隋怀，杨延璞，等. 无人机地面控制台人机布局优化设计[J]. 图学学报，2013，34（2）：89-93.

[12] 许留军. 坐之有道[D]. 武汉：武汉理工大学，2008.

[13] 郭伏，钱省三. 人因工程学[M]. 2 版. 北京：机械工业出版社，2018.

[14] Karagiannis P，Kousi N，Michalos G，et al. Adaptive speed and separation monitoring based on switching of safety zones for effective human robot collaboration[J]. Robotics and Computer-Integrated Manufacturing，2022，77：102361.

[15] Chen J D，Ro P I. Human intention-oriented variable admittance control with power envelope regulation in physical human-robot interaction[J]. Mechatronics，2022，84：102802.

[16] Wang L K，Wang G Y，Jia S Y，et al. Imitation learning for coordinated human-robot collaboration based on hidden state-space models[J]. Robotics and Computer-Integrated Manufacturing，2022，76：102310.

[17] Scheunemann M M，Salge C，Dautenhahn K. Intrinsically motivated autonomy in human-robot interaction：Human perception of predictive information in robots[M]//Towards Autonomous Robotic Systems. Cham：Springer International Publishing，2019：325-337.

[18] Lindqvist B，Karlsson S，Koval A，et al. Multimodality robotic systems：Integrated combined legged-aerial mobility for subterranean search-and-rescue[J]. Robotics and Autonomous Systems，2022，154：104134.

[19] Dang T，Tranzatto M，Khattak S，et al. Graph-based subterranean exploration path planning using aerial and legged robots[J]. Journal of Field Robotics，2020，37（8）：1363-1388.

[20] 田炜. 高校桌椅设计的人机工程学研究[D]. 沈阳：沈阳建筑大学，2011.

# 第6章　航班机型分配

## 6.1　引　　言

### 6.1.1　问题背景

民航业具有高成本、高收益、高风险等特点，航空运营计划是航空公司业务开展的基础，也是实现航线网络与资源优化的重要途径。机型分配作为航班计划中的重要环节，对于有效控制成本发挥着至关重要的作用，是解决航司运力过剩、机型比例失调问题以及提高收益的灵魂与核心。

随着经济的发展和世界人均收入的增加，越来越多的人将飞机作为出行的选择，这使得全球范围内航线需求逐年增长，但由于飞机座位是易逝商品，具有很强的时效性，各航线存在需求不平衡的现状，需求预测的不准确会导致航空公司运力的浪费和收益的损失，如果提供的座位数远大于需求，会造成严重的浪费；当提供的座位数过少时，航空公司将面临巨大的机会损失。因此，给每个航班提供最经济合理的座位数是十分重要的。现阶段，世界范围内各航空公司大多推出了为数众多的航线产品供旅客选择，旅客能够根据自己的实际需要选择合适的产品，而各产品的历史销售情况为航空公司预测未来旅客需求、进行产品调整提供了决策依据。

机型分配是将机队中的机型与时刻表中的航线相匹配的过程，其目的是在满足优化目标函数与各种运营约束条件的情况下，将时刻表中的航段尽可能地分配给一种或多种机型，即尽可能利用有限的机队资源满足旅客需求，以获得最小成本或最大收益。随着机队规模的扩张以及航班数量的增长，航空公司机型分配不合理、运营成本过高的问题日益显著。为解决这一问题，应考虑在航班计划制订的基础上对机型分配进行动态调整。

### 6.1.2　问题描述

航空公司A近期完成了对另一家航空公司B的并购，并购后A公司拥有211架飞机分属9种不同的机型，每日航班数达到815次。现有A公司的飞行机队信息、航班计划表、A公司产品在各组织发展（organizational development，OD）市场的占有率和产品历史销售情况统计数据，利用以上信息分析旅客需求偏好和产品销售情况，并为A公司航班机型分配提供方案，基于该方案为其机队、航班的调整做出进一步的分析。

分析各数据集可以得到以下信息。

（1）在航班信息数据集中，可以获知A公司单日（当地时间）执飞的815次航班的具体情况，包括出发地和目的地，出发时间和到达时间以及各时间点与标准时间的差值，由此可以对航班进行预处理，分析单次航班在确定起终点、起终时间的基础上可以与其他哪些航班连接。

（2）在机队信息数据集中，可以获知 A 公司拥有的 211 架飞机分属于哪些机型，各机型各有多少架飞机，以及每种机型对应的座位数、每小时飞行成本，为机型分配提供座位数和成本依据。

（3）在产品信息数据集中，可以得知一年内 A 公司选取的 31 个记录日记录的产品历史销售量，以及各航班的各个等级的销量情况。此外，还能够分析出中转航班信息、经停航班信息等，为模型的建立提供约束条件。

（4）在市场占有率数据集中，可以得知并购后的 A 公司所售产品在各个 OD 市场的占有率，为调整 A 公司的机队和航班计划提供依据。

综合考虑，四个问题之间具有逻辑关联，是逐步对问题的深入探讨，层层递进不断深化。第一、二个问题均为对影响 A 公司销售情况因素的分析：第一个问题是从宏观角度，分析并购行为对于 A 公司收益的影响，从整体层面分析并购这一行为是否给 A 公司带来了效益的提升；第二个问题是从微观角度具体分析影响产品销售和旅客选择的因素，如转机次数、舱位等级、机票价格、飞行时间和市场占有率等，在因素分析的基础上识别出影响 A 公司销售情况的关键因素，为第三个问题提供分析求解的维度。在影响销售情况因素的分析基础上，结合前两问的结果建立机型分配模型并求解，根据第二个问题识别出的关键因素进行模型的敏感性分析，从多个维度探讨模型的适用性，使模型更具有说服力和应用价值。最终得到机型分配方案后，根据该方案分析现有 A 公司的航班计划和机队安排是否科学，为其改进提出建议。

### 6.1.3　研究意义及创新点

（1）在连接网络模型中考虑旅客需求影响。传统的机型分配连接网络模型仅有一个决策变量，即各航班对应的机型，目标函数为总成本最小化，仅能得到分配方案结果，没有进一步考虑实际旅客需求的影响。本研究考虑旅客对不同航班和舱位等级的需求，增设旅客实际座位需求量这一决策变量，利用每种产品对应的旅客需求计算总收益，结合所分配机型飞机的飞行成本，建立最大化利润目标函数，从供给端和需求端两方面确定航空公司的收益，计算结果具有较强的实际性和应用性。

（2）在模型中考虑长线航班的维修约束。分析航班计划信息数据集可以得知，在 A 公司的单日 815 次航班中，有较多航班飞行时间较长，为长线航班。因此，在模型中增加长线航班的维修约束条件，根据航班到达频次选出可提供维修条件的机场、根据航班在维修机场停留时间超过十小时需维修这一假设确定可维修的航班，即确定满足条件的维修弧，在模型中考虑飞机维修，更加符合实际。

（3）利用 Benders 分解算法求解模型。考虑到改进的连接网络模型中既有整数变量又有连续变量的特点，运用 Benders 分解算法将问题分解为主问题和子问题交替求解。应用精确算法改善主问题的初始解，基于大量实验数据进行测试，结果证明算法具有良好的性能，能够快速有效地求解此问题。

### 6.1.4 技术线路图

技术路线图如图 6.1 所示。

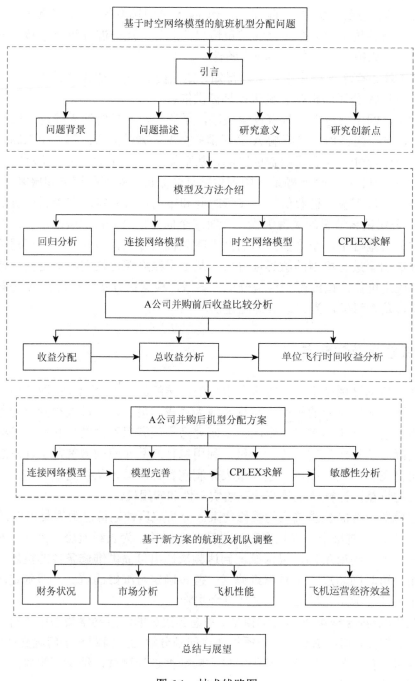

图 6.1 技术线路图

# 6.2 模型构建与方案研究

## 6.2.1 A 公司并购前后收益比较

### 1. 并购前后收益比较方案

对于每一种产品，A 公司都记录了其前一年内 31 个时间点对应的销售情况，用 RD$x$（RD 为 reading day，即记录日）表示在距离航班飞机起飞 $x$ 天时，该航班产品卖出的数量。基于对记录日 RD$x$ 的理解，将产品 $p$ 中票价等级 $h$ 共 31 个时间点的数字加总求和，便可以得到 A 公司产品 $p$ 中票价等级 $h$ 一年的机票总平均销售量，即 $Q_{hp}$，

$$Q_{hp} = \text{RD0}_{hp} + \text{RD1}_{hp} + \cdots + \text{RD330}_{hp} \tag{6.1}$$

考虑到对于航空公司并购前后收益情况的分析不能仅仅局限于分析总收益增长，还要深入进行对航空公司收益质量的研究，即并购行为是否对 A 公司的单位飞行时间收益产生了积极影响。因此，将对 A 公司并购前后的收益比较研究问题划分为两个维度，一是对 A 公司并购前后总收益的分析，二是对 A 公司并购前后单位飞行时间收益的分析。

1）并购前后总收益比较方案

将产品 $p$ 中每个票价等级 $h$ 一年的总平均销售量 $Q_{hp}$ 与其相应票价 $P_{hp}$ 相乘，可以得到 A 公司产品 $p$ 中每个票价等级 $h$ 的一年机票总平均销售额(total sales)，即 $\text{TS}_{hp}$

$$\text{TS}_{hp} = Q_{hp} \times P_{hp} \tag{6.2}$$

将 A 公司每个产品 $p$ 中 11 个票价等级的一年总平均销售额加总求和，可以得到每个产品 $p$ 的一年总平均销售额，即 $\text{TS}_p$，

$$\text{TS}_p = \sum_{1}^{11} \text{TS}_{hp} \tag{6.3}$$

将每个产品 $p$ 的一年总平均销售额加总求和，便可以得到 A 公司所有产品在一年内的总平均销售额，即 $\text{TS}_A$，

$$\text{TS}_A = \sum \text{TS}_p \tag{6.4}$$

这就是 A 公司一年的总销售收入。

因此，根据 A 公司并购前后的历史销售情况和被并购前 B 公司的历史销售情况，依照以上思路分析处理数据，可以得出 A 公司并购前后每个产品包含的 11 个票价等级的收益、每个产品的收益、A 公司并购前后的收益、B 公司被并购前的收益情况。

2）并购前后单位飞行时间收益比较方案

基于上述对 A 公司各个产品总收益的计算情况，进一步计算出 A 公司各个产品的飞行时间，便可以得出单位飞行时间收益情况。

将 A 公司每个产品的飞行时间用 $t_p$ 来表示，将 A 公司每个产品的单位时间收益用 $US_p$(unit sales) 来表示，则有

$$US_p = TS_p / t_p \tag{6.5}$$

将 A 公司每个产品的单位时间收益加总求和平均，即可得到 A 公司所有航班的单位时间收益情况，即 $US_A$，有

$$US_A = \frac{1}{n} \sum US_p \tag{6.6}$$

其中，$n$ 为 A 公司的产品数量。

因此，根据以上思路，可以分别计算出在并购之前 A 公司和 B 公司各自所有航班的单位时间收益情况、并购之后 A 公司所有航班的单位时间收益情况，最后进行分析，探究并购行为对 A 公司收益质量的影响。

3）销售数据分离处理方案

由于现有关于销售情况的数据只有 A 公司并购后单日 815 次航班组合成的 47 190 种产品的销售数据，因此有必要对 A 公司并购后的数据进行初步处理，整理出 A 公司并购前的销售数据和 B 公司被并购前的销售数据。

观察航班号发现，A 公司原有飞机的航班号以"AA"打头，原 B 公司飞机的航班号以"BA"打头，为简略且清晰表示航班组合，将 A 公司并购前拥有的飞机用"A"表示，将 B 公司被并购前拥有的飞机用"B"表示。在 A 公司并购后 815 次航班组合成的 47 190 种产品中，由于一个产品最多包含三段航班，即 Flight1、Flight2 和 Flight3，因此航班号组合有 14 种，分别是 A..、B..、AA.、AB.、BA.、BB.、AAA、AAB、ABA、ABB、BAA、BAB、BBA、BBB。例如，在并购后 A 公司销售数据表格中，第 166 号产品，即第 166 号行程由两段航班组成，第一段的航班号是"AA0084BODTFB"，第二段的航班号是"BA2302TFBCJM"，不存在第三段航班号，因此这一产品的航班组合用"AB."表示。

为了定量比较 A 公司并购前后的收益情况，首先要明确 A 公司并购前的销售情况。由于现有销售数据是在 A 公司并购后记录的，包含原 A 公司飞机和原 B 公司飞机，那么为了计算 A 公司在并购前的收益，对于并购后每一种产品的销售收入，应按照一定的方法分别归入 A 公司和 B 公司的飞机，而不是简单剔除包含 B 公司飞机的所有产品。本组按照各段航程中 A、B 两公司飞机的飞行时间比例分配销售收入，因此提出以下假设。

假设：采用按照各段航程中 A、B 两公司飞机的飞行时间比例分配销售收入的方法，能够合理反映出并购前 A 公司和 B 公司的真实收益情况。

2. 并购前后收益比较

1）并购前收益分配计算

基于上述分析和假设，可以利用 A 公司并购后的销售数据表格分离出 A 公司和 B 公司在销售活动发生前的销售情况。

A 公司并购后销售数据表格中共有 47 190 个产品，其中只包含 A 公司飞机的航班组合有 A..、AA.、AAA 共 3 种，包括 15 730 个产品，这些产品可以看作 A 公司并购前推出产

品的一部分。经过计算,这些只包含 A 公司飞机的产品总销售收益为 9 881 449.587 0 美元。

在 47 190 个产品中,只包含 B 公司飞机的航班组合有 B..、BB.、BBB 共 3 种,包括 10 450 个产品,这些产品可以看作 B 公司被并购前推出产品的一部分。经过计算,这些只包含 B 公司飞机的产品总销售收益为 2 051 956.357 9 美元。

除了以上只包含 A 公司飞机和只包含 B 公司飞机的 26 180 个产品,剩下的 21 010 个产品中航班组合有 AB.、BA.、AAB、ABA、ABB、BAA、BAB、BBA 共 8 种,均是 A 公司飞机和 B 公司飞机共同组成的航班。根据本组假设,这 21 010 个混合产品是并购前 A 公司和 B 公司合作推出的,因此 A 公司收益应当按照 A 公司飞机飞行时间占各产品总飞行时间的比例从总收益中分配,B 公司收益应当按照 B 公司飞机飞行时间占各产品总飞行时间的比例从总收益中分配。

利用并购后 A 公司的每日航班执飞表,可以计算出 A 公司和 B 公司各自的航班飞行时间。值得注意的是,产品销售表中存在经停航班,而每日航班执飞表中并没有直接给出经停航班的总飞行时间,考虑到每架飞机到达机场后至少需要停留 40 分钟才能执行下一个航班任务,所以经停航班的飞行时间计算需要加入在机场的停留时间。例如,经停航班 BA2168QTQQEY 的飞行时间 257 分钟就是普通航班 BA2168QTQTKD 的飞行时间 96 分钟,加上普通航班 BA2168TKDQEY 的飞行时间 121 分钟,最后加上中间在机场 TKD 停留的 40 分钟。

经过计算,21 010 个混合产品的总收益中,有 805 127.658 7 美元应归入 A 公司,剩下的 268 655.946 5 美元应归入 B 公司。

2)并购前后总收益比较

经过上述计算,并购前 A 公司的总收益为 10 686 577.245 7 美元,并购前 B 公司的总收益为 2 320 612.304 4 美元。

并购后,A 公司的总收益是 47 190 个产品的销售收入之和,一共为 13 007 189.550 0 美元。

计算结果整理如表 6.1 所示。

**表 6.1 产品分解方法和收益比较**

| | 航班组合 | 产品数量 | 收益/美元 | 总收益/美元 |
|---|---|---|---|---|
| 并购前 A 公司 | A..,AA.,AAA | 15 730 | 9 881 449.587 0 | 10 686 577.245 7 |
| | AB.,BA.,AAB,ABA,ABB,BAA,BAB,BBA | 21 010 | 805 127.658 7 | |
| 并购前 B 公司 | B..,BB.,BBB | 10 450 | 2 051 956.357 9 | 2 320 612.304 4 |
| | AB.,BA.,AAB,ABA,ABB,BAA,BAB,BBA | 21 010 | 268 655.946 5 | |
| 并购后 A 公司 | A..,B..,AA.,AB.,BA.,BB.,AAA,AAB,ABA,ABB,BAA,BAB,BBA,BBB | 47 190 | 13 007 189.550 0 | 13 007 189.550 0 |

比较 A 公司并购前后的总收益可以发现,A 公司并购 B 公司后的收益明显增加,由

10 686 577.245 7 美元增加到 13 007 189.55 美元，增加的收益为 2 320 612.304 3 美元，增幅为 21.72%，存在较大幅度的总收益增长现象。

究其原因，是并购之后 B 公司原有的飞机被纳入 A 公司的机队中，A 公司的飞机数量增加，飞机型号可能也有所增加，由 A 公司完全掌控的航班组合从 3 种增加到 14 种，产品数量由 15 730 种增加到 47 190 种，因此能够承载更多的旅客数量，为更多的旅客提供服务，开展业务的能力上升，总收益明显增加。同时，由于客户对航班和航空公司选择的依赖性和忠诚度，并购行为也会促成 A 公司接手大部分 B 公司的原有客户，因此并购后 A 公司的客户数量有所增长，能够为更多的客户提供更加便捷快速的航空服务，进一步提高了旅客的满意度和忠诚度，总收益有所提升。

3）并购前后单位飞行时间收益比较

为了探究并购行为对航空公司收益质量的影响，还需要对并购前后 A 公司的单位飞行时间收益进行分析。

计算得出在 47 190 个产品中，A 公司并购前所拥有飞机的总飞行时间为 774 278 分钟，总收益为 10 686 577.245 7 美元；B 公司被并购前飞机的总飞行时间为 243 513 分钟，总收益为 2 320 612.3043 美元。因此在并购活动发生前，A 公司的单位飞行时间收益为 13.801 990 04 美元/分钟，B 公司的单位飞行时间收益为 9.529 726 563 美元/分钟。

在并购活动发生后，销售数据表中 47 190 个产品的所有收益和飞行时间都属于 A 公司，因此 A 公司飞机的总飞行时间是 1 017 791 分钟，总收益为 13 007 189.550 0 美元，则 A 公司并购后的单位飞行时间收益是 12.779 823 706 美元/分钟。计算结果整理如表 6.2 所示。

**表 6.2　并购前后收益**

|  | 飞行时间/分钟 | 总收益/美元 | 单位飞行时间收益/(美元/分钟) |
|---|---|---|---|
| 并购前 A 公司 | 774 278 | 10 686 577.245 7 | 13.801 990 04 |
| 并购前 B 公司 | 243 513 | 2 320 612.304 3 | 9.529 726 563 |
| 并购后 A 公司 | 1 017 791 | 13 007 189.550 0 | 12.779 823 706 |

比较 A 公司并购前后的单位飞行时间收益，可以发现单位飞行时间收益降低了 1.022 166 334 美元/分钟，降幅为 7.41%，存在较小幅度的降低现象。这说明并购活动虽然在形式上扩大了 A 公司的整体机队规模、提高了 A 公司的总收益，但是收益的质量却降低了。

究其原因，A 公司在并购活动发生后，虽然接手了 B 公司所有的资源，但只是简单扩充了机队规模，并没有充分发挥并购的协同效应，对各项资源的利用程度没有得到提高，因此 A 公司在总收益扩张的同时，收益质量有所降低。

为了让并购行为真正提升 A 公司的总体实力，A 公司有必要充分发挥并购的协同效应，对于 A、B 两公司的原有航班进行统筹配置，在航线上做到覆盖面更广、航线更多、航班更加便捷，这也是本章的研究重点，即对 A 公司并购后的航线进行合理机型分配，以稳定提高 A 公司收益水平和收益能力。

## 6.2.2　影响 A 公司销售情况的因素分析

### 1. 影响因素分析思路和假设

从 A 公司的视角出发，研究旅客出行选择行为特性，对于合理分配机队运力资源、提高经济效益和社会效益都具有十分重要的意义。根据文献查阅和数据分析，影响销售情况的因素可以分为客观因素和主观因素。其中，客观因素是指与旅客出行有关的因素，如由出发地和目的地决定的起终机场，由自身出行时间决定的购票时间、A 公司市场占有率等，一般情况下不受外界因素影响；主观因素是指对旅客出行没有直接影响的、取决于旅客个人偏好的因素，如直飞或者经停航班、舱位等级、飞行时间、产品价格等，主要因素如图 6.2 所示。

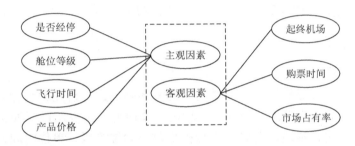

图 6.2　影响旅客选择行为的因素

具体来看，在客观因素中，旅客的起终机场、购票时间不会随着其他主观因素而改变，该类因素可变范围小，且受随机因素和客观需要的影响较大，因此在进行旅客购票行为分析时对该类因素不予考虑。而 A 公司在各 OD 市场占有率对旅客需求可能相关，因此应将市场占有率列入可能影响旅客购票行为的因素。

在主观因素中，是否经停指的是旅客选择直飞航班或者经停航班，直飞航班可以直达目的地，中途不会经历降落和起飞，而经停航班在途中需要经历至少一次起降，即航班会在经停机场降落。舱位等级是由航空公司自行设置的产品等级，A 公司对航班产品设置了 11 个等级，分别用 B、G、H、K、L、M、Q、S、T、V、Y 来表示，通过数据分析和查阅资料可知，不同的航空公司对于舱位等级的编制不同，但可以确定的是，等级 B 为头等舱，等级 M 为商务舱，其余等级均为经济舱，旅客选择不同舱位等级对应的价格也不同。飞行时间是指旅客从出发地到目的地所需时间中飞机飞行的时间，由于相同出发地和目的地之间存在多个航班，其飞行时间不同，旅客可以根据自己的偏好自由选择航班。产品价格是航空公司为各航班产品制定的价格，在每个航班中，不同等级的座位价格不同，旅客可以根据自己的实际需要选择不同价格的航班。

综上，在进行旅客行程行为分析时，主要分析是否经停、舱位等级、飞行时间、产品价格因素和 A 公司在各 OD 市场占有率对旅客购票的影响。刻画标准为：根据各航班经停次数判断其是否经停，计算得转机次数刻画航班经停情况；B、G、H、K、L、M、

Q、S、T、V、Y 11 个等级中，仅 B 和 M 等级为确定性的，分别为头等舱和商务舱，用 1 和 2 表示，其余 9 个等级关系不明显，均为经济舱，统一用 3 标识；利用各航班起降时间计算飞行时间，单位统一转换为分钟；价格因素利用单位时间机票价格刻画，由于各航班飞行时间差异较大，因此仅用其机票价格不合理，故计算其单位时间机票价格来刻画价格因素；A 公司在各 OD 市场占有率可由每个产品对应的 OD 确定。

因素分析按照先进行各因素之间的相关性分析，再进行回归分析的思路展开，因素分析的研究假设如下。

H1：转机次数对旅客需求量为负向影响，即转机次数越多，旅客需求量越小。

H2：舱位等级对旅客需求量为正向影响，即舱位等级越高，旅客需求量越大。

H3：单位时间机票价格对旅客需求量为负向影响，即单位时间机票价格越高，旅客需求量越小。

H4：飞行时间对旅客需求量为负向影响，即飞行时间越长，旅客需求量越小。

H5：市场占有率对旅客需求量为正向影响，即市场占有率越大，旅客需求量越大。

**2. 影响旅客需求的因素分析**

**1）相关性分析**

相关性分析是一种对模型中各变量之间的关系强度进行研究的统计方法，通常运用相关系数描述变量间线性关系的方向以及程度，本研究采用皮尔逊（Pearson）相关系数对变量之间的关系进行描述，首先分析转机次数、舱位等级、单位时间机票价格、飞行时间和市场占有率五个因素之间的相关程度，之后分析这五个变量与旅客需求（销售量）之间的相关程度。其中，转机次数、舱位等级、单位时间机票价格、飞行时间和市场占有率五个因素之间的相关性分析见表 6.3。

**表 6.3　转机次数、舱位等级、单位时间机票价格、飞行时间和市场占有率相关性分析**

|  | 转机次数 | 舱位等级 | 单位时间机票价格 | 飞行时间 | 市场占有率 |
|---|---|---|---|---|---|
| 转机次数 | 1 |  |  |  |  |
| 舱位等级 | $-3.094\,02\times10^{-17}$ | 1 |  |  |  |
| 单位时间机票价格 | $-0.291\,790\,622$ | $-0.299\,470\,262$ | 1 |  |  |
| 飞行时间 | $0.444\,350\,866$ | $-1.117\,4\times10^{-18}$ | $-0.441\,819\,439$ | 1 |  |
| 市场占有率 | $-0.114\,960\,838$ | $-4.425\,23\times10^{-18}$ | $0.127\,189\,53$ | $-0.078\,295\,494$ | 1 |

由表 6.3 可知，预估影响旅客需求选择的因素（转机次数、舱位等级、单位时间机票价格和飞行时间）之间的相关系数均低于 0.35，仅飞行时间与转机次数和单位时间机票价格之间的相关性为 0.44，稍高于 0.35，各变量之间基本不存在多重共线性问题。

此外，从表 6.3 还可以看出，转机次数、舱位等级与单位时间机票价格呈负相关，转机次数与飞行时间呈正相关，这与基本常识和假设相符，即旅客选择转机次数越多的经停航班，其单位时间机票价格和舱位越低，飞行时间越长。其次，舱位等级与单位时间机票价格呈负相关，与飞行时间均呈负相关，说明旅客选择的舱位等级越高，其所承担的单位时间机票价格越高，飞行时间越短。再次，单位时间机票价格与飞行时间呈负相关，说明旅客单位时间花费越高，其飞行时间就越短，最后，飞行时间与市场占有率几乎无关，与基本常识相符。

之后进行五个因素与旅客需求之间的相关性分析，相关性结果如表 6.4 所示。

**表 6.4　转机次数、舱位等级、单位时间机票价格、飞行时间、市场占有率与旅客需求相关性分析**

|  | 转机次数 | 舱位等级 | 单位时间机票价格 | 飞行时间 | 市场占有率 |
| --- | --- | --- | --- | --- | --- |
| 旅客需求 | −0.355 74 | 0.068 838 | −0.046 04 | −0.115 28 | 0.011 07 |

相关系数是衡量两个变量之间相关性大小的指标，从表 6.4 可知，本问题中舱位等级对旅客需求和市场占有率的影响为正向，其余因素均为负相关，说明舱位等级越高，旅客需求量（销售量）就越大，而转机次数、单位时间机票价格和飞行时间越大，旅客需求越低，与现实情况较为相符。从相关系数数值的角度来看，转机次数和飞行时间对旅客需求影响相对较大，舱位等级和单位时间机票价格对旅客需求影响相对较小，说明乘坐飞机的旅客大多是时间敏感型旅客，对转机次数、飞行时间的要求较高，而对舱位等级、单位时间机票价格、市场占有率的要求相对较小。

2）回归分析

回归分析是通过建立回归方程对多个自变量的组合与因变量之间互相关联的程度进行分析。相关分析只能考察变量间相互关联程度，而不能确定每个自变量与因变量之间相互关联的不同程度，回归分析可能判断出来影响因变量产生变化的自变量，并且能够计算出影响力的方向以及大小。本研究选择观察 Sig.值来对回归结果进行判定，Sig.<0.001，显著程度最高，用\*\*\*表示；0.001 ≤ Sig.<0.01，显著程度次之，用\*\*表示；0.01 ≤Sig.<0.05，显著程度较弱，用\*表示。本节对转机次数、舱位等级、单位时间机票价格、飞行时间和市场占有率与旅客需求量之间的关系进行回归分析。

（1）转机次数对旅客需求量的回归分析。转机次数对旅客需求量的回归分析结果如表 6.5 所示。

**表 6.5　转机次数对旅客需求量的回归分析**

| 变量 | 功能价值 | |
| --- | --- | --- |
|  | 常数项 | 系数 |
| 转机次数 | 6.096 | −5.231\*\*\* |
| $F$ | 6836.972 | |
| $R^2$ | 0.127 | |
| 调整 $R^2$ | 0.127 | |
| $N$ | 47 190 | |

根据前面所述的标准，转机次数对旅客需求量回归分析结果显示，模型的 $F$ 统计量为 6836.972，Sig.值小于 0.001，满足 $F$ 检验及 $T$ 检验的要求，回归效果极为显著，因此回归模型的设定是可接受的，$R^2$ 为 0.127 意味着转机次数变量解释旅客需求的 12.7%。转机次数与旅客需求显著负相关，与研究假设相同，说明转机次数越多，旅客需求量越小。

（2）舱位等级对旅客需求量的回归分析。舱位等级对旅客需求量的回归分析结果如表 6.6 所示。

**表 6.6　舱位等级对旅客需求量的回归分析**

| 变量 | 功能价值 | |
| --- | --- | --- |
| | 常数项 | 系数 |
| 舱位等级 | −0.433 | 0.796** |
| $F$ | 224.673 | |
| $R^2$ | 0.005 | |
| 调整 $R^2$ | 0.005 | |
| $N$ | 47 190 | |

舱位等级对旅客需求量的回归分析结果显示，模型的 $F$ 统计量为 224.673，Sig.值小于 0.01，回归效果较为显著，因此回归模型的设定是可接受的，$R^2$ 为 0.005 意味着舱位等级变量解释旅客需求的 0.5%。舱位等级与旅客需求显著正相关，与研究假设相同，说明舱位等级越高，旅客需求量越大。

（3）单位时间机票价格对旅客需求量的回归分析。单位时间机票价格对旅客需求量的回归分析结果如表 6.7 所示。

**表 6.7　单位时间机票价格对旅客需求量的回归分析**

| 变量 | 功能价值 | |
| --- | --- | --- |
| | 常数项 | 系数 |
| 单位时间机票价格 | 28.766 | −27.566*** |
| $F$ | 152.143 | |
| $R^2$ | 0.003 | |
| 调整 $R^2$ | 0.003 | |
| $N$ | 47 190 | |

单位时间机票价格对旅客需求量的回归分析结果显示，模型的 $F$ 统计量为 152.143，Sig.值小于 0.001，回归效果显著，$R^2$ 为 0.003 意味着单位时间机票价格变量解释旅客需求的 0.3%。单位时间机票价格与旅客需求显著负相关，与研究假设相同，说明单位时间机票价格越高，旅客需求量越小。

（4）飞行时间对旅客需求量的回归分析。飞行时间对旅客需求量的回归分析结果如表 6.8 所示。

表 6.8　飞行时间对旅客需求量的回归分析

| 变量 | 功能价值 | |
|---|---|---|
| | 常数项 | 系数 |
| 飞行时间 | 3.053 | $-0.006^{***}$ |
| $F$ | 456.635 | |
| $R^2$ | 0.010 | |
| 调整 $R^2$ | 0.010 | |
| $N$ | 47190 | |

　　飞行时间对旅客需求量回归分析结果显示，模型的 $F$ 统计量为 456.635，Sig.值小于 0.001，回归效果显著，$R^2$ 为 0.010 意味着飞行时间变量解释旅客需求的 1%。飞行时间与旅客需求显著负相关，与研究假设相同，说明飞行时间越长，旅客需求量越小。

　　（5）市场占有率对旅客需求量的回归分析。市场占有率对旅客需求量的回归分析结果如表 6.9 所示。

表 6.9　市场占有率对旅客需求量的回归分析

| 变量 | 功能价值 | |
|---|---|---|
| | 常数项 | 系数 |
| 市场占有率 | 1.588 | $0.252^{***}$ |
| $F$ | 5.784 | |
| $R^2$ | 0.0001 | |
| 调整 $R^2$ | 0.0001 | |
| $N$ | 47190 | |

　　市场占有率对旅客需求量的回归分析结果显示，模型的 $F$ 统计量为 5.784，Sig.值小于 0.001，回归效果显著，$R^2$ 为 0.0001 意味着市场占有率解释旅客需求的 0.01%。A 公司在各 OD 市场占有率与旅客需求显著正相关，与研究假设相同，说明市场占有率越高，对应 OD 市场上旅客需求量越大。

　　（6）转机次数、舱位等级、单位时间机票价格、飞行时间和市场占有率多元回归分析。对五个因素（转机次数、舱位等级、单位时间机票价格、飞行时间和市场占有率）与旅客需求量进行多元回归分析，结果如表 6.10 所示。

表 6.10　五个因素对旅客需求量的回归分析

| 变量 | 功能价值 | |
|---|---|---|
| | 常数项 | 系数 |
| 转机次数 | 8.552 | $-5.880^{***}$ |
| 舱位等级 | | $0.246^{***}$ |

续表

| 变量 | 功能价值 | |
|---|---|---|
| | 常数项 | 系数 |
| 单位时间机票价格 | | $-1.973^{***}$ |
| 飞行时间 | 8.552 | $-0.0006^{**}$ |
| 市场占有率 | | $-0.351^{***}$ |
| $F$ | 1691.225 | |
| $R^2$ | 0.152 | |
| 调整 $R^2$ | 0.152 | |
| $N$ | 47 190 | |

对五个因素（转机次数、舱位等级、单位时间机票价格、飞行时间和市场占有率）与旅客需求量进行多元回归分析，五个因素均较为显著，回归模型解释程度为15.2%。

通过回归分析，对前面提出的假设检验结果如表6.11所示。

表 6.11　假设检验结果

| 标号 | 假设检验 | 结果 |
|---|---|---|
| H1 | 转机次数对旅客需求量为负向影响 | 支持 |
| H2 | 舱位等级对旅客需求量为正向影响 | 支持 |
| H3 | 单位时间机票价格对旅客需求量为负向影响 | 支持 |
| H4 | 飞行时间对旅客需求量为负向影响 | 支持 |
| H5 | 市场占有率对旅客需求量为正向影响 | 不支持 |

最终得到结论，从影响方向来看，转机次数、单位时间机票价格和飞行时间对旅客需求具有负向影响，舱位等级、市场占有率对旅客需求具有正向影响。从影响程度来看，转机次数和单位时间机票价格对旅客需求的影响程度较大，舱位等级、飞行时间和市场占有率对旅客需求影响相对较小，因此，影响旅客行为选择的因素按照影响程度顺序为：转机次数、单位时间机票价格、市场占有率、舱位等级、飞行时间。

### 6.2.3　A 公司并购后机型分配方案

1. 航班机型分配模型

航班机型指派问题是一个基于每日日程的混合整数规划问题，现有两种经典的模型用于解决该问题，即连接网络模型和时空网络模型。

1）连接网络模型

连接网络模型最早由 Abara[7] 提出。在连接网络模型中，每个机场有两条时间线，即出发时间和到达时间。连接网络中的节点代表航段的出发和到达。连接网络模型使用三种类型的弧，即航段弧、连接弧和起始/终止弧。航段弧代表机场之间的不同航班。连接弧标志着到达航班和离开航班之间可能的飞机连接，起始弧代表在一天开始时从机场出发的飞机，终止弧代表在一天中剩下时间到达并停留在机场的飞机。连接网络模型示意图如图 6.3 所示。

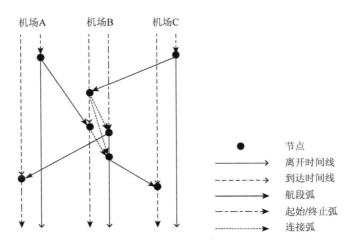

图 6.3　连接网络模型示意图

机型分配问题的基本思想就是为每一个机型分配一个子网络，这样每个机型子网络中的航班可以由该机型的飞机执行飞行任务，所有的机型子网络可以被覆盖约束集限制，以保证每一个航班都可以被分配到一个机型子网络。

由以下符号表示。

集合：

$K$：机型集合，用 $k$ 索引。

$L$：航班段集合，用 $l$，$i$ 或 $j$ 索引。

$L^+ := L \cup \{0\}$ 索引 $i=0$ 表示起始弧，索引 $j=0$ 表示终止弧。假设有一个航段连接 $i \to j$，$i, j \in L^+$，如果 $i=0$，那么 $j$ 就是每日飞机航线的第一个航段；如果 $j=0$，那么 $i$ 就是每日飞机航线的最后一个航段。

$S$：机场集合，用 $s$ 索引。

$L_s^A$：到达 $s$ 机场的航段集合。

$L_s^D$：离开 $s$ 机场的航段集合。

常量：

$M_k$：机型 $k$ 的可用飞机数量。

参数：

$c_k$：机型 $k$ 中每架飞机的成本。

$P_{jk}$：机型 $k$ 执行航段 $j$ 飞行任务的收益。

变量：

$$x_{ijk}: \in \{0, 1\}, \quad x_{ijk} = \begin{cases} 1, & \text{机型}k\text{覆盖连接}i \to j, i, j \in L^+ \\ 0, & \text{其他} \end{cases} \tag{6.7}$$

连接网络模型：

$$\text{Max} \quad \sum_{i \in L^+, j \in L, k \in K} P_{jk} x_{ijk} - \sum_{j \in L, k \in K} c_k x_{0jk} \tag{6.8}$$

$$\text{s.t.} \quad \sum_{i \in L^+, k \in K} x_{ijk} = 1, \qquad \forall j \in L \tag{6.9}$$

$$\sum_{i \in L^+} x_{ilk} - \sum_{j \in L^+} x_{ljk} = 0, \quad \forall l \in L, \quad \forall k \in K \tag{6.10}$$

$$\sum_{l \in L_S^D} x_{0lk} - \sum_{l \in L_S^A} x_{l0k} = 0, \quad \forall s \in S, \quad \forall k \in K \tag{6.11}$$

$$\text{其中：} \sum_{l \in L} x_{0lk} \leqslant M_k, \quad \forall k \in K \tag{6.12}$$

$$x_{ijk} \in \{0, 1\}, \quad \forall i, j \in L^+, \quad \forall k \in K \tag{6.13}$$

该模型中，目标函数由两部分构成，第一部分是总体收益，第二部分是总成本，以利润最大化为决策目标。约束（6.9）表示每一航班均只由一种机型执飞；约束（6.10）表示航班 $l$ 前后所连接的两个航班 $i$ 和 $j$ 均由同一机型执飞，即保证了网络的流平衡，确保该航班机型指派方案能够持续执行；约束（6.11）表示从起始弧到航班 $l$ 和从航班 $l$ 到终止弧均由同一机型执飞；约束（6.12）表示从该机场的起始弧出发的各机型的飞机数量均小于每种机型 $k$ 的可使用数量，即保证了执飞航班所需飞机不会超过实际拥有飞机数量；约束（6.13）是对决策变量的约束，规定该决策变量为 0-1 型变量。

　　2）时空网络模型

　　时空网络模型最早由 Hane 等[8] 提出，涉及三种类型的弧：航班弧、地面弧和回旋弧。航班弧表示机场之间的航班；地面弧表示飞机停留在地面上；回旋弧连接一个机场的最后活动到最初活动，表示飞机在该机场过夜。时空网络中的节点代表航段出发和到达。到达时间节点等于航段的实际到达时间加上飞机的最小过站时间，以保证衔接性。

　　符号如下所示。

集合：

$K$：机型集合，用 $k$ 索引。

$L$：航班集合，用 $l$，$i$ 或 $j$ 索引。

$N_k$：机型 $k$ 对应的时空网络中的节点集合，用 $n$ 索引。

$L_{n^+}$：在节点 $n$ 对应时刻到达的航班集合。

$L_{n^-}$：在节点 $n$ 对应时刻出发的航班集合。

$N_k^P$：在机型 $k$ 的时空网络中，经过飞机计数时刻的地面弧所指向的节点集合。

$L^P$：经过飞机计数时刻的航班弧集合，用 $l$ 索引。

常量：

$M_k$：机型 $k$ 的可用飞机数量。

参数 $p_{lk}$：用机型 $k$ 飞航班 $l$ 的收益。

变量：

$$x_{lk}: \in \{0,1\}, \quad x_{lk} = \begin{cases} 1, & \text{机型}k\text{覆盖航段}l \\ 0, & \text{其他} \end{cases} \tag{6.14}$$

$y_{n^+}$：指向节点 $n$ 的地面弧上的飞机的数量，$n \in N_k, k \in K$。

$y_{n^-}$：从节点 $n$ 指出的地面弧上的飞机的数量，$n \in N_k, k \in K$。

时空网络模型：

$$\text{Max} \quad \sum_{i \in L, k \in K} p_{lk} x_{lk} \tag{6.15}$$

$$\text{s.t.} \quad \sum_{k \in K} x_{lk} = 1, \quad \forall l \in L \tag{6.16}$$

$$\sum_{l \in L_{n^+}} x_{lk} + y_{n^+} - \sum_{l \in L_{n^-}} x_{lk} - y_{n^-} = 0, \quad \forall n \in N_k, \ \forall k \in K \tag{6.17}$$

$$\sum_{l \in L^P} x_{lk} + \sum_{n \in N_k^P} y_{n^+} \leqslant M_k, \quad \forall k \in K \tag{6.18}$$

$$\text{其中：} x_{lk} \in \{0,1\}, \quad \forall l \in L, \quad \forall k \in K \tag{6.19}$$

$$y_{n^+}, y_{n^-} \geqslant 0, \quad \forall n \in N_k, \quad \forall k \in K \tag{6.20}$$

该模型以总利润最大化为优化目标（6.15）。约束（6.16）对应覆盖约束，保证每一个航班最多被安排给一个机型。该约束松弛了每一个航班必须被执飞这个要求，所得分配结果对航网的航班决策有一定的参考价值。约束（6.17）对应流平衡约束。约束（6.18）对应飞机数量约束，前半部分计算了计数时刻在空中的飞机数量，后半部分统计了在计数时刻停留在地面的飞机数量，相加为所有使用的飞机数量。

基于对题目的分析以及结合实际分析，由于本题涉及的航班信息较为庞大和复杂，为更好地刻画航班间及航班与机型的关系，本章将基于连接网络模型，并考虑引入旅客需求、经停及维修等因素，建立组合连接网络模型。

#### 2. 基于经停及旅客需求的连接网络模型

在本问题中，各航班时刻表已知，因此可以根据其出发和到达时间、出发和到达机场将各机场连接起来。

本章建立机型指派模型是基于以下条件：①该航空公司各航班的时刻表已知，可由该时刻表得出各航班飞行时间，进而可求得各航班对应各机型的飞行成本；②该航空公司实际拥有的飞机机型及各机型各自的数量已知；③该航空公司所有行程产品信息及其各票价等级的需求量已知。

结合行程信息及航班信息，可知其中存在经停航班。由题目所给信息知，经停航班需由同一机型的飞机执飞。因此，本研究在构建模型时考虑了经停约束，即经停航班的机型相同。

由于在核算目标函数中的总收益时，需考虑行程票价及实际上座率，且本题目所给数据中包含各行程产品各票价等级的旅客需求量，即对旅客行程选择需求进行了划分，将座位及相应票价进行划分以满足不同旅客的需求。因此，本研究亦考虑增加旅客需求约束，引入实际乘坐旅客数 $\pi_{ph}$ 这一决策变量。下面是对模型及参数的解释。

集合参数：

$K$：机型集合，用 $k$ 索引。

$L$：航班集合，用 $l$，$i$ 或 $j$ 索引。

$H$：所有票价等级的集合，用 $h$ 索引。

$\Pi$：所有行程的集合，用 $p$ 来索引。

$\Pi_j \subseteq \Pi$：包括航班 $j$ 的行程子集，$\forall j \in L$。

$L^+:=L \cup \{0\}$ 索引 $i=0$ 表示起始弧，索引 $j=0$ 表示终止弧。假设有一个航班连接 $i \to j$，$i, j \in L^+$，如果 $i=0$，那么 $j$ 就是每日飞机航线的第一个航段；如果 $j=0$，那么 $i$ 就是每日飞机航线的最后一个航段。

$S$：机场集合，用 $s$ 索引。

$L_s^A$：到达 $s$ 机场的航段集合。

$L_s^D$：离开 $s$ 机场的航段集合。

常量：

$M_k$：机型 $k$ 的可用飞机数量。

$\gamma_{kh}$：机型 $k$ 上票价等级 $h$ 的座位数量，$k \in K$，$h \in H$。

$\mu_{ph}$：行程 $p \in \Pi$ 中票价等级 $h \in H$ 的平均需求量。

参数：

$c_{jk}$：机型 $k$ 执行航班 $j$ 的总飞行成本（包括溢出成本和固定成本）。

$f_{ph}$：行程 $p \in \Pi$ 中票价等级 $h \in H$ 的估计收入变量。

决策变量：

$x_{ijk}: \in \{0, 1\}$，$x_{ijk} = \begin{cases} 1, & \text{机型} k \text{覆盖连接} i \to j, \ i, \ j \in L^+ \\ 0, & \text{其他} \end{cases}$

$\pi_{ph}$：行程 $p \in \Pi$ 中票价等级 $h \in H$ 接收的旅客数量。

基于经停及旅客需求的连接网络模型：

$$\text{Max} \quad \sum_{p \in \Pi, h \in H} f_{ph} \pi_{ph} - \sum_{j \in L^+, k \in K} c_{jk} x_{0jk} \tag{6.21}$$

$$\text{s.t.} \quad \sum_{i \in L^+, k \in K} x_{ijk} = 1, \quad \forall j \in L \tag{6.22}$$

$$\sum_{i \in L^+} x_{ilk} = \sum_{j \in L^+} x_{ljk}, \quad \forall l \in L, \quad \forall k \in K \tag{6.23}$$

$$\sum_{l \in L_s^D} x_{0lk} = \sum_{l \in L_s^A} x_{l0k}, \quad \forall s \in S, \quad \forall k \in K \tag{6.24}$$

$$\sum_{l \in L} x_{0lk} \leqslant M_k, \quad \forall k \in K \tag{6.25}$$

$$\sum_{p \in \Pi_j} \pi_{ph} \leqslant \sum_{k \in K} \gamma_{kh} x_{0jk}, \quad \forall j \in L, \quad h \in H \tag{6.26}$$

$$0 \leqslant \pi_{ph} \leqslant \mu_{ph}, \quad \forall p \in \Pi, \quad h \in H \tag{6.27}$$

$$其中：x_{ijk} \in \{0,1\} \quad \forall i, j \in L^+, \quad \forall k \in K \tag{6.28}$$

约束（6.22）表示每一航班弧只由一种飞机机型执飞；约束（6.23）表示航班 1 前后所连接的两个航班 $i$ 和 $j$ 均由同一机型执飞，同时保证了经停约束；约束（6.24）表示从起始弧到航班 1 和从航班 1 到终止弧均由同一机型执飞，约束（6.23）、约束（6.24）保证了流平衡；约束（6.25）表示从该机场的起始弧出发的各机型的飞机数量均小于每种机型 $k$ 的可使用数量；约束（6.26）、约束（6.27）是对旅客需求量的约束，约束（6.26）表示每次航班所乘坐的乘客数小于实际座位数，约束（6.27）表示每座位等级的实际乘坐的乘客数小于该座位等级的需求量。

加入经停约束和考虑旅客需求后，改进后的连接网络模型示意图如图 6.4 所示。

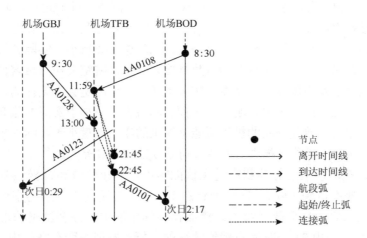

图 6.4　基于经停和旅客需求的连接网络模型示意图

3. 模型求解

1）数据预处理

（1）机型 $k$ 上票价等级 $h$ 的座位数量 $\gamma_{kh}$。

飞机的舱位主要分为头等舱、商务舱和经济舱。通常头等舱的价格最高，商务舱其次，经济舱的价格最低。飞机头等舱座位占全部座位的 3%~5%，一架波音飞机共有 300+的座位，头等舱只有 8~16 个座位。在普通的正常航班中，头等舱和商务舱这"两舱"的旅客数量并不太多，通常仅占航空公司旅客总数的 5%~8%，由于 A 航空公司的每一个产品都有 11 种价格等级，因此可以假设在这 11 种价格等级中，头等舱座位数量占总座位数量的 3%，商务舱的座位数量占总座位数量的 5%，经济舱占比 92%。

一般而言，经济舱也可以分为三个等级，最好的是经济舱右侧第一排和紧急出口，其次是经济舱第 2～10 排座位，第三等是经济舱的第 11～20 排座位。分析 A 公司前一年内 4290 个产品各自 11 个票价等级和相应销售结果可以发现，将票价等级 B 对应于头等舱较为合理，将票价等级 M 对应于商务舱较为合理，剩下的 9 个票价等级都对应于经济舱，票价等级 Y、L、V 为经济舱第一等级的三个不同折扣，票价等级 H、G、T 为经济舱第二等级对应的三个不同折扣，K、Q、S 为经济舱第三等级对应的三个不同折扣，根据 1∶9∶10 的比例，假设票价等级 Y、L、V 的座位数分别占飞机总座位数的 1.53%，票价等级 H、G、T 的座位数分别占飞机总座位数的 13.8%，票价等级 K、Q、S 的座位数分别占飞机总座位数的 15.3%。

（2）溢出成本。

对于第三问，除了考虑大家经常会研究的收入和成本对航空公司收益情况的影响，也考虑到了"旅客溢出"这一概念。旅客溢出就是指飞机能够提供的座位数小于该航班旅客的数量。一般有两种原因。第一种是航空公司超售机票导致购票人数超过执飞飞机所能够提供的座位数。在现实生活中，经常会发生购买了机票的旅客因故未能成行，造成座位虚耗，这对航空公司而言是较大浪费。因此航空公司会在部分容易出现虚耗的航班上进行适当超售，以避免座位浪费，也能够满足更多旅客的出行需要。对于此种"旅客溢出"，航空公司的处理方法都有明文规定，因此航空公司可以站在自身利益角度较好地把握和控制损失，旅客的溢出成本较小。第二种是航空公司预测的旅客数量小于实际的旅客数量。在对航线进行机型分配时，一个相当重要的参数是旅客数量，航空公司对旅客数量的预测是基于过去的销售数据以及市场调研，然而在实际生活中，预测是会有误差的，因此就可能发生下面这种情况：在一次航班中，航空公司预测的旅客数量小于实际的旅客数量，即航空公司依据预测结果为该航线分配的机型所能够提供的座位数量小于实际乘坐的旅客数量，造成潜在的经济损失，而这种损失是航空公司难以控制和掌握的。

对于每一次航班，最理想的状态是飞机能够提供的座位数和乘坐该航班旅客的实际数量相等，即客座率达到 100%。在这种状态下，航空公司既不会因为座位空缺而减少收入，也不会因为旅客溢出而降低收入。然而在实际生活中，旅客溢出的现象时有发生。通过对 A 公司前一年内 31 个时间点销售情况的分析，发现在所有产品中，有 1/8 的行程机票销售数量超过所有机型能够提供的最大座位数量，也就是存在"旅客溢出"现象，因此在机型分配中，需要将旅客溢出的成本纳入模型，考虑在旅客溢出成本的情况下航空公司收益最优的机型分配方案。

以航空公司 C 的一个航班为例，假设公司 C 根据以往销售记录和市场调研，预测本次航班的需求量为 300 人，据估计预测的需求旅客中有 90% 会选择该航班，然而航空公司安排的执飞机型实际能够提供的座位数只有 250，假设此次航班的飞机票价为 1000 元，则该航班由于旅客溢出导致的溢出成本为

$$C = (300 \times 90\% - 250) \times 1000 = 20\,000 \text{元} \tag{6.29}$$

提供的机型数据中，只有每种机型的总座位数，并不包含 11 个票价等级 B、M、Y、L、V、H、G、T、K、Q、S 的座位数，所以在计算每个票价等级的溢出成本以计算一次航班的总溢出成本时，需要首先对 11 个票价等级的座位数做出估计与合理假设。

在合理估计和假设每种机型 11 个票价等级座位数量的基础上，可以计算出每个票价等级的旅客溢出成本，从而计算出一次航班的总溢出成本。

以航空公司 C 的一个航班为例，假设公司 C 根据以往销售记录和市场调研，预测本次航班的需求量为 300 人，据估计预测的需求旅客中有 90%会选择该航班，这 270 人中有 8 人选择头等舱，有 16 人选择商务舱，有 246 人选择经济舱，然而航空公司安排的执飞机型实际能够提供的座位数只有 250，头等舱座位数为 7，商务舱座位数为 13，经济舱座位数为 230，假设此次航班的头等舱票价为 1000 元，商务舱票价为 800 元，经济舱票价为 400 元，则该航班由于旅客溢出导致的溢出成本为

$$C = (8-7) \times 1000 + (16-13) \times 800 + (246-230) \times 400 = 9800元 \tag{6.30}$$

（3）总成本 $c_{jk}$。

本研究所建立模型中，$c_{jk}$ 为飞机飞行总成本，即包括飞行固定成本和座位溢出成本。前面已介绍了溢出成本的处理方法，下面介绍总成本的处理方法。

利用航班时刻表，由于表中的出发时间和降落时间均为出发机场和降落机场当地的时间，因此需利用表中所给的当地时间与标准时间的时间差进行转换，获得均以标准时间衡量的出发时间和降落时间，进而求得各航班的飞行时间。

又已知各机型的每小时飞行成本，本研究将已求得的各航班飞行时间分别与各机型的每小时飞行成本相乘得到各航班可能的飞行成本，即得到航班数×机型数的矩阵。

（4）行程 $p \in \Pi$ 中票价等级 $h \in H$ 的估计收入参数 $f_{ph}$。

$f_{ph}$ 为行程 $p \in \Pi$ 中票价等级 $h \in H$ 的估计收入变量。本题所给数据中包含了各行程产品各座位等级所对应的票价，以及所对应的预估市场需求量。因此，本研究将各票价等级与其所对应的需求量和相乘，得到各行程各票价等级的预估收入 $f_{ph}$。最后，将其处理为行程数×票价等级的矩阵，以便输入模型进行求解。

（5）行程 $p \in \Pi$ 中票价等级 $h \in H$ 的平均需求量 $\mu_{ph}$。

每个产品，公司 A 记录了前一年内 31 个时间点对应的销售情况。在产品表中，RD$x$ 表示该列数据的记录时间为第一段航班起飞之前 $x$ 天（例如，RD0 的记录时间为航班起飞当日；RD4 为航班起飞的 4 天前）。每一次记录的数量为从上一次记录日到当前记录日的累积销售数量（例如，RD2 记录了在 RD4 到 RD2 之间各个产品的销售数量，最早的 RD330 则记录了截至 330 天前的销售数量）。为得到平均需求量 $\mu_{ph}$，本研究将每一票价等级的 RD$x$ 加总求和，即得到行程数×票价等级数的矩阵，以便进行求解。

（6）到达 $s$ 机场的航段集合 $L_s^A$ 及离开 $s$ 机场的航段集合 $L_s^D$。

由于连接网络模型中有连接弧、航段弧和起始/终止弧，每个机场代表一条时间线，每条时间线上均有代表到达航班和出发航班的时间点。模型中的约束（6.23）需保证从起始弧到航班 1 和从航班 1 到终止弧均由同一机型执飞，因此，需对每个机场的到达航班进行梳理。本研究利用 Python，对航班时刻表进行数据分析，得到每个机场的到达航班，同理，也得到每个机场的出发航班。

2）求解结果

针对上述模型，本研究利用 CPLEX 进行求解，得到如表 6.12 所示结果。其中，1 到

9 分别代表机型 F8C12Y126、F12C0Y132、F8C12Y99、F12C12Y48、F0C0Y72、F0C0Y76、F12C0Y112、F12C30Y117、F16C0Y165。

总收益为 602 004 319 美元。

**表 6.12　CPLEX 求解部分数据结果**

| [1, 1] | [11, 2] | [432, 3] | [654, 4] | [573, 5] | [418, 6] | [419, 7] | [18, 8] | [196, 9] |
|---|---|---|---|---|---|---|---|---|
| [2, 1] | [108, 2] | [485, 3] | [675, 4] | [575, 5] | [453, 6] | [420, 7] | [44, 8] | [209, 9] |
| [3, 1] | [110, 2] | [488, 3] | [694, 4] | [600, 5] | [454, 6] | [426, 7] | [104, 8] | [210, 9] |
| [4, 1] | [112, 2] | [497, 3] | [712, 4] | [612, 5] | [463, 6] | [500, 7] | [113, 8] | [223, 9] |
| [5, 1] | [138, 2] | [509, 3] | [731, 4] | [656, 5] | [477, 6] | [520, 7] | [117, 8] | [236, 9] |

得到机型分配方案后，为使求解进一步可视化，本研究基于 SLP 原理，在初始航班环线图中标出各机型分配结果。

**4. 基于维修要求的改进连接网络模型**

1）基于维修要求的改进连接网络模型（iterative multi-scale feature aggregation，IMFA）构建

在上述基于经停和旅客需求的连接网络模型的基础上，本研究又考虑了维修约束。

由于飞行安全是航空公司必须重视的问题，因此除了保证飞行人员的素质，还必须对飞机进行定期检查，提高飞行的安全系数。定期检查的时间间隔一般是由飞机的飞行时间确定的，我国将飞机的定期检查分为两类，即 A 检和 C 检。A 检是采用目视对飞机的内外部及驾驶船进行的检查，C 检主要是对飞机的内外部、发动机、驾驶舱等进行的彻底的检查。航空公司可以根据每架飞机的具体利用率，确定每架航班在未来一段时间的定检时间。因此，可以根据航空公司总的定检安排确定出每个时期飞机的具体可用数量。

飞机毕竟是机器，而机器出现故障是不可避免的。因此在编制航班计划时，必须充分考虑到飞机一旦发生故障而需要维修的时间，必须为飞机的维修留有充足的时间。

机型分配是在已知航班时刻表、航班旅客需求量与机队信息的前提下，给各定期航班确定合适机型，使得航空公司的总成本最小或总利润最大的决策过程。在上述模型的基础上，同样基于总利润最大这一决策目标，引入行程 $p \in \Pi$ 中票价等级 $h \in H$ 接收的旅客数量 $\pi_{ph}$ 这一决策变量用以衡量机票销售总收入情况，并对其进行约束。本研究认为，航班实际接受旅客数量应同时小于需求量及航班座位固定数量，并且引入经停约束。

同时，由于本问题中航线大多为长航线航班，对飞机的整体飞行状况有着较高要求，在实际情况中，常常会对飞机进行维修，因此，本模型考虑维修约束，即在建立连接弧时同时考虑是否在该停站机场维修，以保证连接弧的可维修性。实际在以下三种情况下，需要对飞机进行维修：①飞机飞行时间达到一定阈值；②飞机起降次数达到一定阈值；③飞机使用日历日达到一定阈值。

由于航线大多为长航线航班，飞机起降次数一般较少，因此可忽略该条件。又因飞

机使用日历日的时间跨度较大，因此也忽略该条件。综上，本模型仅依据飞机飞行时间考虑维修情况，在后续研究中会视情况引入起降次数和使用时间两个条件。

基于此，本研究建立了如下的基于维修要求的改进连接网络模型（IMFA）。

用 $L$ 表示每天航班的集合，那么对于每个航班 $j \in L$，有以下符号定义。

$DT_j$：航班 $j$ 的离开时间。

$AT_j$：航班 $j$ 的到达时间。

$DS_j$：航班 $j$ 的离开机场。

$AS_j$：航班 $j$ 的到达机场。

$t_j$：航班 $j$ 的飞行时间。

na：航班时刻表上环绕航班的数量（wrap-around flights）（即在某一天离开的航班穿过一天时间的末尾，到达第二天）。

$L_\omega \equiv \{j \in L : j$ 是一个环绕航班$\}$。注意根据定义有 na $\equiv |L_\omega|$。

$R$：航空公司经停航班集合，且 $R \in L$，$\forall g \in Fl$；同时，$g_1, g_2 \in R$（$g_1, g_2$ 分别表示航节 1 和航节 2）。

$P$：所有机场的集合，其中 D 表示离开机场，A 表示到达机场。

用 $K$ 表示所有机型的集合，那么对于每种机型 $k \in K$，有以下符号定义。

$\tau^k$：机型 $k$ 的飞机到达机场后的停留时间（依据题意，停留时间需大于 45 分钟），$\forall k \in K$。

$NA^k$：现有机型 $k$ 的数量，$\forall k \in K$。

$t_{\max}^k$：机型 $k$ 两次连续维护检查之间的最大飞行时间。注意 $t_{\max}^k$，$\forall j \in L, k \in K$。

$to_{\max}^k$：机型 $k$ 两次连续维护检查之间的最大起飞次数。$to_{\max}^k \geq 1$，$\forall k \in K$。

$d_{\max}^k$：机型 $k$ 两次连续维护检查之间的最大天数。$d_{\max}^k \geq 1$，$\forall k \in K$。

$M^k$：机型 $k$ 一次维护检查所需的时间，$\forall k \in K$（$M^k > 10$ 小时）。

$S^k$：机型 $k$ 维护检查的机场集合，$\forall k \in K$（$|S^k| \geq 1$）。

$u_j^k$：机型 $k$ 在执行完 $j$ 航班段后，距离上次维修所经过的时间。

对于一个给定的航班时刻表，定义一个相关的有向图 $G = (V, A)$（$V$ 是顶点，$A$ 是弧），在这个有向图中，每一个节点表示一个航班段。更进一步，对于每一种机型 $k$，$\forall k \in K$，定义一个相应的弧集合 $A^k$，有 $A \equiv \bigcup_{k \in K} A^k$，每一条弧 $(i, j) \in A^k$ 表示一个可行的连接。即对于一条弧 $(i, j) \in A^k$，有且仅有一架机型为 $k$ 的飞机可以连续服务从该弧的起始节点到终止节点（分别表示为 $i$ 和 $j$）的航班。并且为了便于标注，定义 $i, j$ 均为航班段，定义 $(i, j)$ 为连接 $i$ 航班段与 $j$ 航班段的弧，定义 $i : (i, j)$ 为弧 $(i, j)$ 的 $i$ 航班段，定义 $j : (i, j)$ 为弧 $(i, j)$ 的 $j$ 航班段。

$A_D^k$：出发机场的起始虚拟弧。

$A_S^k$：到达机场的终止虚拟弧。

$A_1^k$：可维修弧，其中连接维修弧的 $i$ 航班与 $j$ 航班必须在同一天执飞的弧集合。

$A_2^k$：可维修弧，其中连接维修弧的 $i$ 航班与 $j$ 航班，$j$ 航班必须在 $i$ 航班执飞的后一天飞行。

$A_3^k$：为不可维修弧，其中连接维修弧的 $i$ 航班与 $j$ 航班必须在同一天执飞的弧集合。

$A_4^k$：为不可维修弧，其中连接弧的 $i$ 航班与 $j$ 航班，$j$ 航班必须在 $i$ 航班执飞的后一天飞行。

$A_5^k$：可维修弧，其中连接弧的 $i$ 航班与 $j$ 航班，$j$ 航班必须在 $i$ 航班执飞的后两天飞行。

$A_6^k$：不可维修弧，其中连接弧的 $i$ 航班与 $j$ 航班，$j$ 航班必须在 $i$ 航班执飞的后两天飞行。

$A_M^k$：所有弧段中可能的维修弧，$(i,j) \in A_M^k \in A^k$。弧需满足以下两个条件才是可维修弧：①一般飞机维修时间在十小时左右，因此需要求飞机过站时间超过十小时；②需要求 $i$ 航班段所停机场是可维修的。

因此，基于上述条件，本研究对每一种机型所对应的弧集合 $A^k$ 进行预处理，得出每一种机型的可维修弧 $A_M^k$。

$A_{NM}^k$：所有弧段中的不可维修弧，$A_{NM}^k \in A^k$，即不满足上述两个条件。

为了包含基于行程的航班需求，有以下符号定义：

$\Pi$：所有行程的集合。

$\Pi_j \subseteq \Pi$：包括航班 $j$ 的行程子集，$\forall j \in L$。

$H$：所有票价等级的集合。

$\gamma_{kh}$：机型 $k$ 上票价等级 $h$ 的座位数量，$k \in K$，$h \in H$。

$\mu_{ph}$：行程 $p \in \Pi$ 中票价等级 $h \in H$ 的平均需求量。

$f_{ph}$：行程 $p \in \Pi$ 中票价等级 $h \in H$ 的估计收入。

$\bar{c}_{jk}$：把机型 $k$ 分配到航班 $j$ 的固定成本。

$o_{jh}$：当对票价等级 $h$ 的预期需求量超过所分配飞机的座位数量时，航班 $j$ 上每个溢出旅客的机会成本。

$c_{jk}$：分配机型 $k$ 到航班段 $j$ 的成本：

$$c_{jk} = \bar{c}_{jk} + \sum_{h \in H} o_{jh} \max \left\{ 0, 0, \sum_{p \in \Pi_j} \mu_{ph} - \gamma_{kh} \right\} \tag{6.31}$$

决策变量：

$x_{ij}$：是一个二元变量，如果 $(i,j) \in A^k$ 被选择了，则 $x_{ij} = 1$，否则 $x_{ij} = 0$，即

$$x_{ij} = \begin{cases} 1, & (i,j) \in A^k \text{被选择} \\ 0, & \text{其他} \end{cases} \tag{6.32}$$

$y_{jk}$：是一个二元变量，如果航班 $j \in L$ 被分配给机型 $k \in K$，则 $y_{jk} = 1$，否则 $y_{jk} = 0$，即

$$y_{jk} = \begin{cases} 1, & \text{航班} j \in L \text{被分配给机型} k \\ 0, & \text{其他} \end{cases} \tag{6.33}$$

$\pi_{ph}$：行程 $p \in \Pi$ 中票价等级 $h \in H$ 接收的旅客数量。

模型:

$$\text{Max}\left\{\sum_{p\in\Pi,h\in H}f_{ph}\pi_{ph}-\sum_{j\in L,k\in K}c_{jk}y_{jk}\right\} \tag{6.34}$$

$$\text{s.t.}\quad\sum_{k\in K}y_{jk}=1,\ \forall j\in L \tag{6.35}$$

$$\sum_{i:(i,j)\in A^k\cup A_D^k}x_{ij}=y_{jk},\ \forall j\in L,k\in K \tag{6.36}$$

$$\sum_{j:(i,j)\in A^k\cup A_A^k}x_{ji}=y_{jk},\ \forall j\in L,k\in K \tag{6.37}$$

$$u_j^k x_{ij}=t_j x_{ij},\ \forall(i,j)\in A_M^k,\ j\in L,k\in K \tag{6.38}$$

$$u_j^k x_{ij}=\left(u_{i}^k+t_j\right)x_{ij},\ \forall a\in(i,j)\in A_{NM}^k,\ j\in L,k\in K \tag{6.39}$$

$$t_j\leqslant u_j^k\leqslant t_{\max}^k,\ \forall j\in L,k\in K \tag{6.40}$$

$$\sum_{a\in A_2^k\cup A_4^k}x_{ij}+2\sum_{a\in A_5^k\cup A_6^k}x_{ij}+\sum_{j\in L_w}y_{jk}\leqslant NA^k,\ \forall k\in K \tag{6.41}$$

$$\sum_{r_1\in R}y_{r_1,k}=\sum_{r_2\in R}y_{r_2,k}\quad\forall k\in K,\ r\in R\in L \tag{6.42}$$

$$\sum_{A_{Dp}}x_{ij}=\sum_{A_{Ap}}x_{ij},\ \forall p\in P \tag{6.43}$$

$$\sum_{p\in\Pi_j}\pi_{ph}\leqslant\sum_{k\in K}\gamma_{kh}y_{jk},\ \forall j\in L,k\in K \tag{6.44}$$

$$0\leqslant\pi_{ph}\leqslant\mu_{ph},\ \forall p\in\Pi,h\in H \tag{6.45}$$

$$x,y\in\{0,1\} \tag{6.46}$$

约束（6.38）表示当弧 $(i,j)$ 属于可维修弧时，即该机型 $k$ 在执行完 $i$ 航班段时已完成了维修，那么该机型 $k$ 在执行完 $j$ 航班段时距离上次维修时间就为 $j$ 航班的飞行时间。若 $x_{ij}=1$，则就形成了该连接弧，反之，则不形成连接弧。

同理，约束（6.39）表示当弧 $(i,j)$ 不属于维修弧时，即该机型 $k$ 在执行完 $i$ 航班段时并未完成维修，那么该机型 $k$ 在执行完 $j$ 航班段时距离上次维修时间为该机型 $k$ 在执行完 $i$ 航班段时距离上次维修时间与 $j$ 航班飞行时间之和。若 $x_{ij}=1$，则就形成了该连接弧，反之，则不形成连接弧。

约束（6.40）即对机型 $k$ 在执行完 $j$ 航班段时距离上次维修时间做出约束，不能超过机型 $k$ 两次连续维护检查之间的最大飞行时间，不能低于机型 $k$ 执行航班 $j$ 的飞行时间。约束（6.38）、约束（6.34）、约束（6.35）即保证了连接弧的可维修性。

约束（6.41）是对各机型的飞机数量约束。

约束（6.42）为经停航班约束，要求有经停的航班段必须使用同一种机型。

约束（6.43）为流平衡约束。

约束（6.44）、约束（6.45）是对旅客需求量的约束，约束（6.44）表示每次航班所乘坐的乘客数小于实际座位数，约束（6.45）表示每座位等级的实际乘坐的乘客数小于该座位等级的需求量。

2）线性化（reformulation-linearization technique，RLT）技术

由于约束（6.38）、约束（6.39）为二次约束，直接使用 CPLEX 求解十分困难。因此，基于 Sherali 和 Adams[9, 10]的线性化技术，本模型对其进行了线性化处理，得如下两个替代约束：

$$\sum_{j:(i, j)A^k \cup A_A^k} \omega_a^k = t_j + \sum_{i:(i, j)\in A^k \cup A_D^k} x_a + \sum_{i:(i, j)\in A_{NM}^k} \omega_a^k, \ \forall j \in L, \ k \in K \tag{6.47}$$

$$t_{ij^-} x_{ij} \leqslant \omega_{ij}^k \leqslant b_{ij}^{t^k} x_{ij}, \ \forall(i, j) \in A^k, \ k \in K \tag{6.48}$$

综上所述，本研究所构建模型如下所示：

$$\text{Max}\left\{\sum_{p\in \Pi, h\in H} f_{ph}\pi_{ph} - \sum_{j\in L, k\in K} c_{jk}y_{jk}\right\} \tag{6.49}$$

$$\text{s.t.} \quad \sum_{k\in K} y_{jk} = 1, \ \forall j \in L \tag{6.50}$$

$$\sum_{i:(i, j)\in A^k \cup A_D^k} x_{ij} = y_{jk}, \ \forall j \in L, k \in K \tag{6.51}$$

$$\sum_{j:(i, j)\in A^k \cup A_A^k} x_{ji} = y_{jk}, \ \forall j \in L, \ k \in K \tag{6.52}$$

$$\sum_{j:(i, j)A^k \cup A_A^k} \omega_a^k = t_j + \sum_{i:(i, j)\in A^k \cup A_D^k} x_a + \sum_{i:(i, j)\in A_{NM}^k} \omega_a, \ \forall j \in L, \ k \in K \tag{6.53}$$

$$t_{ij^-} x_{ij} \leqslant \omega_{ij}^k \leqslant b_{ij}^{t^k} x_{ij}, \ \forall(i, j) \in A^k, \ k \in K \tag{6.54}$$

$$t_j \leqslant u_j^k \leqslant t_{max}^k, \ \forall j \in L, \ k \in K \tag{6.55}$$

$$\sum_{a\in A_2^k \cup A_4^k} x_{ij} + 2 \sum_{a\in A_5^k \cup A_6^k} x_{ij} + \sum_{j\in L_w} y_{jk} \leqslant NA^k, \ \forall k \in K \tag{6.56}$$

$$\sum_{r_1\in R} y_{r_1, k} = \sum_{r_2\in R} y_{r_2, k} \quad \forall k \in K, \ r \in R \in L \tag{6.57}$$

$$\sum_{A_{Dp}} x_{ij} = \sum_{A_{Ap}} x_{ij}, \ \forall p \in P \tag{6.58}$$

$$\sum_{p\in \Pi_j} \pi_{ph} \leqslant \sum_{k\in K} \gamma_{kh}y_{jk}, \ \forall j \in L, \ k \in K \tag{6.59}$$

$$0 \leqslant \pi_{ph} \leqslant \mu_{ph}, \ \forall p \in \Pi, \ h \in H \tag{6.60}$$

$$x, y \in \{0, 1\} \tag{6.61}$$

**5. 验证基于维修要求的改进连接网络模型的有效性**

由于上述模型较为复杂，所涉及的约束条件较为综合，因此本研究拟对该模型进行数值实验以验证模型的有效性。

为验证模型的有效性，本研究拟对旅客需求约束和维修约束进行有效性分析，以验证模型的完整性和准确性。在数值实验中，首先将 IMFA 模型进行分解处理，分别得到

了如下所示的两个模型：NIFA（non-incrementral fare analysis，不考虑旅客行程需求收益的模型），NMFA（no maintenance facility availability，不考虑维修机会的模型）。进而利用商业求解器 CPLEX 对三个模型进行求解。

NIFA：

$$\text{Min}\left\{\sum_{j\in L,\,k\in K} c_{jk}y_{jk}\right\} \tag{6.62}$$

s.t.　式（6.50）～式（6.61）

NMFA：

$$\text{Min}\left\{\sum_{j\in L,\,k\in K} c_{jk}y_{jk}\right\} \tag{6.63}$$

s.t.　式（6.50），式（6.51），式（6.55）～式（6.61）

1～9 分别代表机型 F8C12Y126、F12C0Y132、F8C12Y99、F12C12Y48、F0C0Y72、F0C0Y76、F12C0Y112、F12C30Y117、F16C0Y165。

1）NIFA 与 IMFA

为验证考虑了旅客需求模型的有效性，本研究对航空公司的行程需求和收益数据进行处理，预估 815 个航班的需求。将 815 个航班划分为高需求、中需求、低需求三种类型。同时将机型按照座位数划分为大、中、小三种机型，其中机型 1、2、9 为大机型，机型 3、7、8 为中机型，将 4、5、6 为小机型。利用 CPLEX 商业求解器分别求解了 NIFA 模型与 IMFA 模型，得到的机型指派对比结果如表 6.13 所示。

分析表 6.13 可发现，IMFA 模型能够较好地将高需求的航班指派给座位数较多的飞机，可见在机型指派中考虑旅客行程需求和收益是十分重要的。因此 IMFA 模型优于 NIFA 模型。

表 6.13　机型指派对比结果

| 航班种类 | 模型 | CPU 时间 | 分配大机型的个数 | 分配中机型的个数 | 分配小机型的个数 |
|---|---|---|---|---|---|
| 高需求（共 350 个） | NIFA | 13.01 s | 254 | 73 | 23 |
| | IMFA | 12.21 s | 123 | 53 | 174 |
| 中需求（共 220 个） | NIFA | / | 83 | 112 | 25 |
| | IMFA | | 120 | 62 | 38 |
| 低需求（共 245 个） | NIFA | | 20 | 72 | 153 |
| | IMFA | / | 108 | 128 | 9 |

2）NMFA 与 IMFA

为验证考虑维修约束的模型，本研究将维修机会记为 MOP（maintenance opportunity），同样利用 CPLEX 求解模型 NMFA 和 IMFA，可以得到每个机型指派到的航班，由此通过预处理得到不同机型的 $A_M^k$ 集合，来分别统计两个模型的不同机型的 MOP，结果如表 6.14 所示。

MOP1 代表机型 1（即机型 F8C12Y126）的维修机会。分析表 6.14 可知，IMFA 模型得到的机型分配方案中，各机型的维修可能均高于 NMFA 模型得到的机型分配方案。并结合 A 公司所拥有的各机型数量可知，飞机数量越多，维修可能性就越高。

在航空公司中，机型指派的下阶段问题为飞机路径规划问题，机型指派的解将用于下阶段的飞机路径规划问题中，这样阶段性求解往往会导致飞机路径问题无解，所以需要在机型指派问题中创造更多的 MOP，由表 6.14 可知我们的模型将创造更多的 MOP 可用于飞机路径问题。

**表 6.14 两个模型的不同机型的 MOP**

| 模型 | CPU 时间 | 机型 | | | | | | | | |
|------|---------|------|------|------|------|------|------|------|------|------|
| | | MOP1 | MOP2 | MOP3 | MOP4 | MOP5 | MOP6 | MOP7 | MOP8 | MOP9 |
| IMFA | 13.01 s | 56 | 7 | 6 | 8 | 2 | 21 | 8 | 37 | 36 |
| NMFA | 11.39 s | 12 | 3 | 2 | 5 | | 6 | 5 | 11 | 14 |

**6. 基于维修要求的改进连接网络模型求解**

由于上述模型中存在两个决策变量，且约束条件较多，因此，本节尝试了三种方法求解，并对三种方法的求解效果进行对比。第一种方法是利用 CPLEX 直接求解，得到最优解；第二种方法为 RLT[*] 加速技术，对维修约束进行处理，将其转换成混合整数线性规划问题，通过不断迭代的启发式算法求得全局最优解；第三种方法是利用 Benders 分解算法，将原问题分解为子问题和主问题，分别进行迭代求解。本研究计算了不同次数 Benders 分解的效果，为了保证求解的速度，只做了三次 Benders 分解（括号内代表 Benders 分解的次数）。通过目标函数的变化得出与最优解的差距（即 Optimality gap，Optimality gap 越小表示与最优解差距越小）。

1）启发式算法求解

基于模型的凸性，提出以下命题。

**命题 6.1** 对于给定的解的集合 $X \equiv \{(y, x, \omega, \pi) \text{and } y \geq 0\}$，在 $X$ 的所有极点上 $y$ 是 0,1 变量。

证明：对于任意 $X$，形式为目标函数为 $c_1^T y + c_2^T \pi$，一定存在，在取到最优解时，$y$ 是 0,1 变量。因为无论 $c_1$，$c_2$，$c_3$ 是正数还是负数，由于约束式（6.57），式（6.59）的存在，$y$ 和 $\pi$ 存在上下界，这就将线性规划问题简化为 $c_1^T y + c_2^T \pi$ 且满足式（6.50）～式（6.52），这是一个线性的指派问题，一定存在 0,1 整数解。

由命题 6.1，本研究将原问题松弛成线性规划问题，且 $x \in [0,1], y \in [0,1]$，因此如果在根节点上做一次线性规划，则可以得到一个有非整数解和整数解的集合。此时的整数解一定是全局最优解，所以可以保留这些整数解。

基于上述原理，本研究设计了以下启发式算法来加速 CPLEX 的求解速度。

步骤 1：松弛原问题，且 $x \in [0,1], y \in [0,1]$，利用 CPLEX 求解线性规划问题，得到整数解集合 $X_1$ 和非整数解集合 $X_2$。

步骤 2：将解集合 $X_1$ 固定，对于非整数解集合 $X_2$，通过分析得到还未指派完成的航班。

步骤 3：对剩余的变量利用 CPLEX 做一次混合整数线性规划。

2）Benders 算法求解

（1）Benders 算法介绍。

Benders 分解算法是由 Benders 在 1962 年首先提出的，目的是用于解决混合整数规划问题（mixed integer programming，MIP），即连续变量与整数变量同时出现的极值问题。

Benders 分解算法的精妙之处在于引入了复杂变量，当这些变量固定时，剩下的优化问题（子问题）变得相对容易。在 MIP 中，先把复杂变量（整数变量）的值固定，则问题成为一般的线性规划问题，且这个线性规划问题是以复杂变量为参数的。在 Benders 设计的算法里，利用割平面的方式将主问题（以子问题的解为参变量）的极值和使子问题（线性规划问题）有可行解的参变量值的集合很恰当地表达了出来。

IMP 原问题的矩阵表述形式如下所示。

目标函数：

$$\text{Min } c^{\mathrm{T}}x + f^{\mathrm{T}}y \tag{6.64}$$

约束条件：

$$\begin{cases} Ax + By = b \\ x \geqslant 0, \ x \in R^p \\ y \in Y \subseteq R^q \end{cases} \tag{6.65}$$

式中，$x$ 和 $y$ 分别是 $p$ 和 $q$ 维（列）向量，$Y$ 是 $y$ 的可行域，$A$、$B$ 是对应维度的矩阵，$c$、$b$、$f$ 也是对应维度的向量。

把 $y$ 当成复杂变量（$y$ 是整数看似并不复杂，但约束更细致，是"复杂"的），当 $y$ 值固定时，原问题就变成了普通的线性规划问题。基于此，可以把问题分解成主问题和子问题。

主问题如下所示。

目标函数：

$$\text{Min } f^{\mathrm{T}}y + q(y) \tag{6.66}$$

约束条件：

$$y \in Y \subseteq R^q \tag{6.67}$$

子问题如下所示。

目标函数：

$$\text{Min } c^{\mathrm{T}}x \tag{6.68}$$

约束条件：

$$\begin{cases} Ax = b - By \\ x \geqslant 0 \end{cases} \tag{6.69}$$

其中，$q(y)$ 是子问题的最优目标函数值。对于任意给定的 $y \in Y$，子问题是一个线性规划问题。可以得到，如果子问题无界，那么主问题也必定无界，则原问题无最优解；在子问题有界的情况下，可以通过求解子问题的对偶问题来计算 $q(y)$。

对子问题引入对偶变量 $\alpha$，那么子问题的对偶问题如下所示。

目标函数：

$$\text{Max } \alpha^{\text{T}}(b - By) \tag{6.70}$$

约束条件：

$$\begin{cases} A^{\text{T}}\alpha \leqslant c \\ \alpha \text{ free} \end{cases} \tag{6.71}$$

可见，对偶问题的可行域并不依赖于 $y$，$y$ 只影响目标函数值。因此，对于给定的 $y$，如果对偶问题可行域为空，那么原问题无界或可行域为空（此时任意 $y \in Y$ 原问题都为空）。假设对偶问题可行域不为空，可以枚举可行域所有的极点 $\left(\alpha_p^1, \alpha_p^2, \cdots, \alpha_p^I\right)$，极射线 $\left(\alpha_r^1, \alpha_r^2, \cdots, \alpha_r^J\right)$，$I$ 和 $J$ 分别为极点和极射线的数量。然后，对于一个给定的 $\hat{y}$ 向量，要求解对偶问题，可以通过检测：①$\left(\alpha_r^j\right)^{\text{T}}(b - B\hat{y}) \geqslant 0$ 对于所有极射线 $\alpha_r^j$ 是否成立，如果成立则对偶问题无界且原问题无解；②是否存在一个极点使对偶问题的目标函数值 $\left(\alpha_p^i\right)^{\text{T}}(b - B\hat{y})$ 最大，若存在，则原问题和对偶问题都有有限的最优解。

目标函数：

$$\text{Min } f^{\text{T}}y + q \tag{6.72}$$

约束条件：

$$\begin{cases} \left(\alpha_r^j\right)^{\text{T}}(b - By) \leqslant 0, & \forall j = 1, 2, \cdots, J(b) & \text{(6.73a)} \\ \left(\alpha_p^i\right)^{\text{T}}(b - By) \leqslant q, & \forall i = 1, 2, \cdots, I(c) & \text{(6.73b)} \\ y \in Y & & \text{(6.73c)} \\ q \text{ free} & & \text{(6.73d)} \end{cases}$$

由于对偶表达式存在大量极射线和极点，要生成上述所有的约束是不现实的。所以 Benders 分解算法使用约束条件的子集，即求解松弛主问题。开始，初始松弛主问题中无约束，在 Benders 算法求解过程中不断向松弛主问题中加入式中约束条件的某一个，即加入有效的切平面。通过求解松弛主问题，可以得到一个候选最优解 $(y^*, q^*)$，然后将 $y^*$ 代入对偶子问题中求解计算 $q(y^*)$ 值，如果子问题的最优解 $q(y^*) = q^*$，则算法停止。如果对偶问题无解，则在松弛主问题中可以加入式（6.73b）类型的约束，然后求解新的松弛主问题。式（6.73b）类型的约束称为 Benders 可行性分割。如果对偶子问题的最优解 $q(y^*) > q^*$，则在松弛主问题中可以引入式（6.73c）类型的约束，然后求解新的松弛主问题。式（6.73c）类型的约束称为 Benders 最优性割平面。在每次迭代过程中都可以生成某一类型的约束，由于 $I$ 和 $J$ 是有限的，故可以保证在有限次迭代过程后得到最优解。

伪代码如下所示。

初始化：

{

y=有效的整数解

$$LB=-\text{inf}$$
$$UP=\text{inf}$$

}

while(UB-LB>0)

{

求解子问题

$$\text{minu}\left\{f^\mathrm{T}y+(b-By)^\mathrm{T}A^\mathrm{T}\alpha \mid A^\mathrm{T}\alpha \leqslant c,\ \alpha \geqslant 0\right\}$$

　if 无界

{

得到无界的极射线 $\alpha_\mathrm{r}$

把割 $(b-By)^\mathrm{T}\alpha_\mathrm{r} \leqslant 0$ 加入到主问题

}

else

{

得到极点 $\alpha_\mathrm{p}$

把割 $z \geqslant f^\mathrm{T}y+(b-By)^\mathrm{T}\alpha_\mathrm{p}$

加入到主问题

求解主问题

$$\text{miny}\left\{z \mid \text{cuts},\ y\in Y\right\}$$
$$LB=z$$

}}

（2）Benders 算法分解模型。

基于 Benders 算法，本研究将 5.2 节的模型分解为主问题和基于旅客行程需求的子问题两个部分。

主问题：

$$\text{Min} \sum_{j\in L,\,k\in K} c_{jk}y_{jk} \tag{6.74}$$

$$\sum_{k\in K} y_{jk}=1,\ \forall j\in L \tag{6.75}$$

$$\sum_{i:(i,\,j)\in A^k\cup A_D^k} x_{ij}=y_{jk},\ \forall j\in L,\ k\in K \tag{6.76}$$

$$\sum_{i:(i,\,j)\in A^k\cup A_A^k} x_{ji} = y_{jk}, \ \forall j\in L, \ k\in K \tag{6.77}$$

$$u_j^k x_{ij} = t_j x_{ij}, \ \forall (i,\,j)\in A_M^k, \ j\in L, \ k\in K \tag{6.78}$$

$$u_j^k x_{ij} = \left(u_i^k + t_j\right)x_{ij}, \ \forall a\in (i,\,j)\in A_{NM}^k, \ j\in L, \ k\in K \tag{6.79}$$

$$t_j \leqslant u_j^k \leqslant t_{\max}^k, \ \forall j\in L, \ k\in K \tag{6.80}$$

$$\sum_{a\in A_2^k\cup A_4^k} x_{ij} + 2\sum_{a\in A_5^k\cup A_6^k} x_{ij} + \sum_{j\in L_w} y_{jk} \leqslant NA^k, \ \forall k\in K \tag{6.81}$$

$$\sum_{h_1\in H} y_{h_1,k} = \sum_{h_2\in H} y_{h_2,k} \quad \forall k\in K, \ H\in L \tag{6.82}$$

$$\sum_{A_{Dp}} x_{ij} = \sum_{A_{Ap}} x_{ij}, \ \forall p\in P \tag{6.83}$$

$$x, y\in\{0,1\} \tag{6.84}$$

基于行程的旅客需求子问题：

$$\text{Max} \sum_{p\in \Pi} f_{ph}\pi_{ph} \tag{6.85}$$

$$\text{s.t.} \quad \sum_{p\in \Pi_j}\pi_{ph} \leqslant \sum_{k\in K}\gamma_{kh}y_{jk}^*, \ \forall j\in L, \ k\in K \tag{6.86}$$

$$0\leqslant \pi_{ph}\leqslant \mu_{ph}, \ \forall p\in \Pi, \ h\in H \tag{6.87}$$

由于子问题一定是有可行解的，因此每次迭代，子问题均返回一个最优割至主问题，从而对主问题决策变量产生新的约束，最优割表达式为

$$\phi_c \leqslant \sum_{i\in FL,\, j\in J,\, a\in\delta_j^-\cap A^k} \chi_{jh}^1\gamma_{kh}y_{jk}^* + \sum_{p\in \Pi}\chi_{ph}^2\mu_{ph}, \ \forall\left(\chi_{jh}^1,\chi_{ph}^2\right)\in X_h, h\in H \tag{6.88}$$

3）三种算法比较

通过比较上述的 CPLEX，RLT* 加速技术和 Benders 分解算法对 IMFA 模型的求解结果，本研究通过目标函数的差距（即 Optimality gap）来衡量三种算法的求解效果。

通过对结果的分析可知，虽然 RLT* 求解速度最快，说明该优化算法有利于提高求解效率，但是其求解结果与最优解间存在较大差异。因此，在后续研究中，希望在上述 RLT* 的步骤 2 中进行改进，以提高解的准确性。

此外，三次 Benders 分解算法的结果显示，在第三次分解中，求解效果最好，且求解速度比直接使用 CPLEX 求解速度要快，因此，可看出，Benders 算法效果较好，在保证解的准确度的同时，也提高了求解速度。

以下为用 CPLEX 求解的计算结果：总收益为 591 769 979。

各机型匹配航班比例如图 6.5 所示。

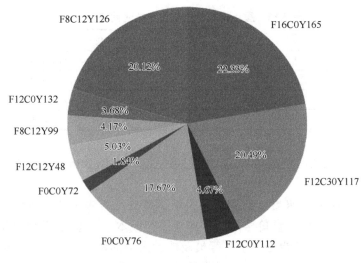

图 6.5　各机型匹配航班比例

# 6.3　基于新方案的航班及机队调整

## 6.3.1　求解结果分析

定性分析机队信息数据表（表 6.15）可以看出，机型代号为 1、6、8、9 的飞机数量较多，座位数也相对较多，因此匹配的航班较多。代号为 5 的飞机仅有 4 架，且单位座位每小时飞行成本相对较高，因此匹配到的航班数也较少。

表 6.15　机队信息

| 机型 | 代号 | 座位数/个 | 飞机数量/架 | 每小时飞行成本/美元 |
|---|---|---|---|---|
| F8C12Y126 | 1 | 126 | 39 | 8350 |
| F12C0Y132 | 2 | 132 | 8 | 6281 |
| F8C12Y99 | 3 | 99 | 9 | 4597 |
| F12C12Y48 | 4 | 48 | 11 | 1908 |
| F0C0Y72 | 5 | 72 | 4 | 2390 |
| F0C0Y76 | 6 | 76 | 38 | 2390 |
| F12C0Y112 | 7 | 112 | 10 | 4540 |
| F12C30Y117 | 8 | 117 | 44 | 5159 |
| F16C0Y165 | 9 | 165 | 48 | 4602 |

## 6.3.2　机队调整

在分配频率较高的机型（1、6、8、9）中，分别分析其座位数和单位时间飞行成本，得到单位座位单位时间飞行成本如表 6.16 所示。

表 6.16　重点机型单位座位单位时间飞行成本

| 机型 | 代号 | 单位座位单位时间飞行成本 |
|------|------|--------------------------|
| F8C12Y126 | 1 | 66.26 984 127 |
| F0C0Y76 | 6 | 31.44 736 842 |
| F12C30Y117 | 8 | 44.09 401 709 |
| F16C0Y165 | 9 | 27.89 090 909 |

A 公司并购后机队调整需要考虑公司财务状况、市场分析、飞机性能要求、飞机运营经济效益等诸多因素。

从公司财务状况方面来看，航空公司机队调整要综合考虑购置价格、飞行成本等因素。本课题未提及各机型购置价格，故仅考虑飞行成本。机型 1 单位座位单位时间飞行成本最高，为 66.27，这可能是由于飞行员及地勤人员的培训费、零件换装、航空燃油总费用大。因此要减少该机型的购置，以降低航空公司运营成本。

从市场分析方面看，虽然机型 1、6、8、9 的分配频率都较高，但其座位数和飞行成本也是影响航空公司成本的关键因素，根据其单位座位单位时间飞行成本，A 公司可以考虑多购置机型 9 和机型 6，在满足旅客需求的同时可以节约成本。

从飞机性能要求来看，机型 4 座位数最少，为 48，适合客流量小的航线。机型 5 和机型 6 座位数差异不大，分别为 72 和 76，相互替代程度高，但是后者的飞行成本低于前者。因此，当需要新购座位数为 75 左右的飞机时，应优先考虑机型 6。同样，当需要新购座位数为 115 左右的飞机时，应优先考虑机型 7。机型 9 座位数最多，为 165，商载人数多，飞行距离远，适合国际或越洋飞行，但是一般来说价格昂贵，因此 A 公司需要权衡航线长度与购置成本的关系。

从飞机运营经济效益方面看，机型 1 匹配 4.205 次/架，为所有机型中最高，其次是机型 7 匹配 3.8 次/架，机型 8 匹配 3.795 次/架。这三种机型飞行周期短，维修频率大，因此，这些机型折旧较快。相较于其他机型，A 公司需要更多地新购这三种机型。

各机型单位数量匹配次数如表 6.17 所示。

表 6.17　各机型单位数量匹配次数

| 机型 | 代号 | 飞机数量 | 匹配次数 | 匹配次数/飞机数量 |
|------|------|----------|----------|-------------------|
| F8C12Y126 | 1 | 39 | 164 | 4.205 128 205 |
| F12C0Y132 | 2 | 8 | 30 | 3.75 |
| F8C12Y99 | 3 | 9 | 34 | 3.777 777 778 |
| F12C12Y48 | 4 | 11 | 41 | 3.727 272 727 |
| F0C0Y72 | 5 | 4 | 15 | 3.75 |
| F0C0Y76 | 6 | 38 | 144 | 3.789 473 684 |
| F12C0Y112 | 7 | 10 | 38 | 3.8 |
| F12C30Y117 | 8 | 44 | 167 | 3.795 454 545 |
| F16C0Y165 | 9 | 48 | 182 | 3.791 666 667 |

# 6.4　总结与展望

## 6.4.1　研究总结

随着我国民航事业高速发展和民航业市场的不断扩大，航空公司之间的竞争也不断加强，为了能够适应快速变化的市场，航空公司必须加强自身的管理，用定量化手段确定最优机型分配以最大化降低成本，分析旅客的购票需求偏好以提供更加优质的产品，增大利润空间。因此，航班机型分配和旅客需求偏好分析是航空公司运营过程中应思考的重点问题，其中航班机型分配对航空公司的经营尤为重要。

本书针对并购后 A 公司机型分配问题进行研究，首先介绍了机型分配的研究现状，分析并比较了 A 公司并购前后的收益情况，分析结果表明，并购后 A 公司的收益增加。接着针对 A 公司并购后产品历史销售情况分析旅客需求偏好，分别从购票时间、舱位等级、是否经停三个方面分析旅客需求，利用主成分分析法为不同特征的旅客画像，从而为 A 公司调整产品提供建议。

基于对并购前后收益以及旅客需求的分析，建立了机型分配连接网络模型。考虑到传统连接网络模型仅包括三大基本约束，在本问题中并不全面，因此引入新的决策变量——实际旅客乘坐量，加入考虑飞机经停的约束、旅客需求的约束和飞机维修的约束，即经停航班的机型不变性、旅客实际乘坐量小于对应机型座位数和旅客需求数及长途飞机维修约束，对传统连接网络模型进行了优化，最终建立了考虑旅客实际需求的连接网络模型。

由于本问题为最优化问题，采用 CPLEX 求解是较为可行的方法。但考虑到问题规模、数据体量较大，故本书选择运用智能算法求解。而机型分配问题存在最优解，如果选择启发式算法可能会使结果陷入局部最优，因此需要选择精确算法。但一般的精确算法在面对如此庞大的数据时，存在求解速度缓慢、效率较低的问题，基于以上考虑，本书选取了 Benders 分解算法进行模型求解。将改进的连接网络模型分为主问题和子问题，以包含旅客需求变量的模型为子问题模型，以包含飞机飞行成本的模型为主问题模型，求解主问题得到结果，代入子问题求解，将得到的最优割返回到主问题继续求解，循环迭代求解直至主子问题得到的解差距较小，最终得到最优解。求得最优解后，与 CPLEX 求解结果一致，证明了算法的有效性。

在机型分配结果的基础上，分析了 A 公司现有机队和航班计划的合理性，提出了相应的改进建议，也为航空公司制订航班计划和机型分配提供了方案。

## 6.4.2　研究展望

航班机型分配问题规模大、复杂度高，因此对模型的要求也较高。本书运用了考虑旅客需求的连接网络模型，虽然考虑到旅客实际乘坐量和长航班维修约束，对传统连接网络模型进行了优化改进，但考虑的层面仍然较为简单、约束仍然不足，因此还存在若干问题有待进一步的深入研究和讨论分析，以下为未来可以继续研究的问题。

（1）在改进的连接网络模型中，仍然存在约束考虑不全面的问题，如 A 公司在各 OD 市场的市场占有率没有充分利用等。

（2）本书的模型没有将所有影响航班计划制订的因素考虑进来，同时为了简便运算，在理论上还对其中一些因素做了假设处理，因此不能完全反映航班计划制订的实际情况，如何更全面地反映现实中航班计划的制订是值得研究的。

（3）仅考虑了飞机座位溢出带来的损失，没有考虑座位虚耗给航空公司带来的损失。

（4）在考虑维修约束时，仅考虑了飞机飞行时间，并未考虑飞机起降次数及飞机使用日历日。

## 参 考 文 献

[1] 张恒飞. 东方航空公司并购上海航空公司绩效研究[D]. 太原：太原理工大学，2019.

[2] Zhou L，Liang Z，Chou C N，et al. Airline planning and scheduling：Models and solution methodologies[J]. Frontiers of Engineering Management，2020，7（1）：1-26.

[3] 魏阳. 航班计划中机型指派问题研究[D]. 成都：西南交通大学，2014.

[4] Shao S Z，Sherali H D，Haouari M. A novel model and decomposition approach for the integrated airline fleet assignment，aircraft routing，and crew pairing problem[J]. Transportation Science，2017，51（1）：233-249.

[5] 张开华. 需求驱动下机型指派问题研究[D]. 南京：南京航空航天大学，2018.

[6] Sherali H D，Adams W P. A hierarchy of relaxations between the continuous and convex hull representations for zero-one programming problems[J]. SIAM Journal on Discrete Mathematics，1990，3（3）：411-430.

[7] Abara J. Applying integer linear programming to the fleet assignment problem [J]. Interfaces，1989，19（4），20-28.

[8] Hane C A，Barnhart C，Johnson E L，et al. The fleet assignment problem：Solving a large-scale integer program[J]. Mathematical Programming，1995，70（1-3）：211-232.

[9] Sherali H D，Adams W P. A hierarchy of relaxations between the continuous and convex hull representations for zero-one programming problems [J]. SIAM Journal on Discrete Mathematics，1990，3（3），411-430.

[10] Sherali H D，Adams W P. A hierarchy of relaxations and convex hull characterizations for mixed-Integer zero-one programming problems [J]. Discrete Applied Mathematics，1994，52，83-106.

# 第7章　H医院急诊科仿真

## 7.1　案例介绍

### 7.1.1　问题描述

H三甲医院急诊中心全天24小时不间断地提供急诊服务，每年接收救治大量患者，并且在各类灾难和突发公共卫生事件中承担了应急医疗和紧急救援任务。为了进一步增加急救中心的医疗能力，在现有医疗资源和救治流程的基础上借助计算机仿真手段进一步评估和优化急诊服务流程、资源配置等管理内容，设计出合理的医院布局图，进而充分利用有限医疗资源，为各类急诊患者提供更好的服务[1-5]。

### 7.1.2　条件分析

#### 1. 医疗资源

目前，该急诊中心有急诊医师105名，急诊护士和护士共237名，医疗区域根据按病情轻重分区救治的理念分为普通诊断区、急诊抢救区和抢救监护区。医疗区入口设立无障碍通道，方便各类患者就诊。抢救监护区共有抢救床位46张，监护床位16张，为各类重症患者提供抢救和全面的生命支持；普通诊断区设有床位31张，满足普通急诊和观察需求。

#### 2. 医护人员排班要求

对于不同的区域有不同的医疗资源需求，如表7.1所示。

**表7.1　急诊中心医疗资源配置**

| 区域 | 病床总数 | 分诊护士总数 | 急诊医师总数 | 护士总数 |
| --- | --- | --- | --- | --- |
| 分诊台 | / | 12 | / | / |
| 急诊抢救室 | 46 | / | 75 | 180 |
| EICU | 16 | / | / | / |
| 普通诊断区 | 31 | / | 30 | 45 |

注：EICU为急诊重症监护室（emergency intensive care unit）

医护人员实行三班制，为了能够充分了解急诊中心的承载能力，在评估急诊中心救治能力时采取班次均分的医疗资源安排，如表7.2所示。

表 7.2　医护人员排班表

| 班次 | 急诊抢救室医生 | 急诊抢救室护士 | 普通诊断区医生 | 普通诊断区护士 |
|---|---|---|---|---|
| 第一班（6:30—15:00） | 25 | 60 | 10 | 15 |
| 第二班（14:00—22:30） | 25 | 60 | 10 | 15 |
| 第三班（22:00—7:00） | 25 | 60 | 10 | 15 |

### 3. 患者就诊流程设计

根据题目要求，将医院分为分诊台、急诊抢救室、EICU、普通诊断区和候诊室五个主要工作部门，患者就诊的过程就是在不同区域转移治疗的过程。

患者救治流程以图 7.1 方法展示。

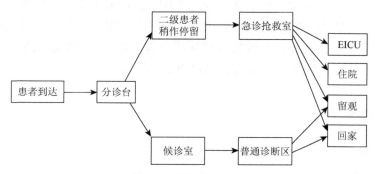

图 7.1　患者救治流程

### 4. 就诊优先度设计

根据题目要求，三、四级患者有一定比例的特殊人群，并且有概率发生病情恶化。因此，对于接受普诊治疗的三、四级患者，进行了如下的设计：在分诊台对患者进行判断，如果该患者为特殊人群，赋予一定加权，在排队中处于队列前端，在等候和治疗过程中，三、四级患者有一定的概率发生病情恶化，并且进行相应的处理，其中三级患者恶化为二级时，立即占用医疗资源对其就地抢救。特殊患者救治流程如图 7.2 所示。

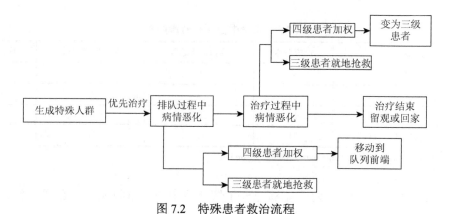

图 7.2　特殊患者救治流程

### 7.1.3　研究问题与目标

（1）评估和分析现有急诊科配置和运营流程，找出运行瓶颈。根据题目中给出的条件及流程，运用 Plant Simulation 软件对 H 医院急诊中心就诊流程进行建模与仿真。在此过程中，综合考虑医护人员数量限制、候诊区排队等候、医护人员班次、特殊人群及病情恶化等情况，设计医院治疗能力绩效指标，最终得到统计数据并且对医院进一步进行分析，得出 H 医院急诊科的运行瓶颈。

（2）设计急诊就诊流程、医疗资源配置和区域布局的优化方案。根据前面得到的运行瓶颈，具体分析医院运行的流程，设计对应不同时期的医疗资源配置，优化就诊流程、设计新的医院布局等，以减少患者的等待时长，增加医院的治疗能力，对应设计出三种方案。

（3）设计突发事件的运营改进方案。设计大型车祸、火灾、公共卫生事件三个类别的突发事件，并且针对不同类别的事件给出不同的仿真参数设计，得到不同的仿真结果，考虑案例中所得到的急诊室运营升级改造和新址布局设计方案，设计出对应于突发事件的运营方式，增强医院的救治能力。

### 7.1.4　假设条件

（1）不考虑医院的布局设置，不计患者在不同区域之间移动的耗时。

（2）换班时如果有患者正在接受治疗，本次医护人员在患者治疗结束后再换班。

（3）根据实际情况，患者只会恶化一次。

（4）三级患者病情恶化时进行就地抢救，占用普诊室资源，治疗结束后如有需要再按照急诊室治疗规则接受救治。

（5）医护人员在各区域间的移动时间忽略不计。

（6）一、二级患者移动速度为 1.2m/s，三、四级患者移动速度为 1m/s。

（7）临时病床的搭建时间和机动班次医生进入急诊中心的时间忽略不计。

## 7.2　问 题 解 决

### 7.2.1　研究过程

#### 1. 急诊医院患者数据分析

通过对题目中的患者数据进行统计分析发现，四种患者在不同时间段到达规律都有所不同，所以需要对四种患者到达数据分时间段进行数据拟合，为后期七天的生成模拟患者物流 MU（mobile unit，可移动单元）更接近题目给出患者到达的情况。

拟合时使用数学工具 MATLAB，利用其数据拟合函数分别输出每种患者每个时间段的到达间隔符合何种分布；并通过 Plant Simulation 中的控件 Datafit 验证 MATLAB 中得出分布类型是否正确。

MATLAB 拟合过程如下。

（1）将"附件一"中给出的时间点相减以将时间点数据转化为时间间隔数据（模拟生成患者时，可以通过生成间隔数据类型来模拟患者到达间隔）。

（2）将五天所有患者数据按三个班次、四级患者进行分类统计，分成 12 组数据。

（3）使用 MATLAB 对得到的数据进行数据拟合分析。最终，得到 12 组间隔数据分别符合的数据类型以及参数如表 7.3 所示。

表 7.3　拟合分布结果

| 班次 | P1 | P2 | P3 | P4 |
|------|----|----|----|----|
| 第一班 | 正态分布<br>（8497.4, 6722.2） | 指数分布<br>（1347.6, 0, 9999） | 伽马分布<br>（0.9982, 236.0069） | 指数分布<br>（1014.3, 0, 99999） |
| 第二班 | 正态分布<br>（4371, 3693.3） | 伽马分布<br>（0.8513, 1319.2） | 伽马分布<br>（0.9538, 232.8214） | 伽马分布<br>（0.9147, 997.4373） |
| 第三班 | 正态分布<br>（8988.5, 6276.1） | 指数分布<br>（1106.8, 0, 9999） | 伽马分布<br>（1.0548, 216.2332） | 伽马分布<br>（1.1144, 718.7934） |

**2. 建模步骤**

1）搭建仿真框架

建立了如图 7.3 所示的 6 种框架模型，对应于 H 医院急诊科待解决的问题。

首先搭建初步的仿真框架，用来评估题目中初始情况下医院的治疗能力；其次增加评价体系，根据仿真的运行情况建立评价医院治疗能力的指标；再次根据仿真情况分析医院运行的瓶颈，设计相应的应对方案；随后设计 A、B 两种医院布局方案进行比较，评价出最优化的布局设置；最后设计三种突发情况，结合实际给出不同的应对方案。

图 7.3　仿真平台框架设计

2）导入拟合数据

将分析得到的 12 种分布导入到对应的 source 中，如图 7.4 所示。

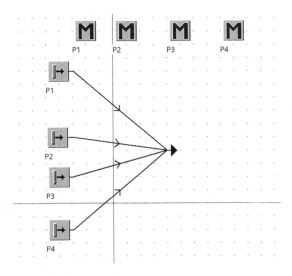

图 7.4　医院入口框架

通过 method 编程设置对应班次不同的拟合分布，以 P1 患者的分布为例，如图 7.5 所示。

```
is
shift:integer;
do
if shift=1 then
P1.interval.setparam("normal", 8497.4, 6722.2,1,99999);
elseif shift=2 then
P1.interval.setparam("normal", 4371, 3693.3,1,99999);
elseif shift=3 then
P1.interval.setparam("normal", 8988.5, 6276.1,1,99999);
end;

end;
```

图 7.5　不同班次患者到达时间设置

3）分诊台设置

由于一、二级患者分诊时间可忽略不计，三、四级患者存在分诊时间，根据要求使用多服务台处理器控件，设置一、二级患者直接移动到急诊室进行抢救，对三、四级患者进行分诊挂号，设定等待时间；对特殊人群类别的患者，增加其优先度，让其优先接受治疗。分诊台出口控件设置如图 7.6 所示。

4）特殊人群和病情恶化患者的优先度设置

对于表示患者的 Entity 设置了自定义属性 priority，如图 7.7 所示。将相应概率的患者减去一定的数值，以提升该患者的优先度。

```
is
 RAND:real;
do
     number:=number+1;
     @.number:=number;
     @.arrive:=eventcontroller.simtime;

     if @.name="P3" or @.name="P4" THEN
     rand:=Z_uniform(1,0,1);
 if rand>0.0 and rand<=0.1 then
     @.POINT := @.POINT-0.5
END;
     end;
     if @.name="P1" or @.name="P2" THEN
         @.move(YXD1)
     END;

END;
```

图 7.6　分诊时间设置

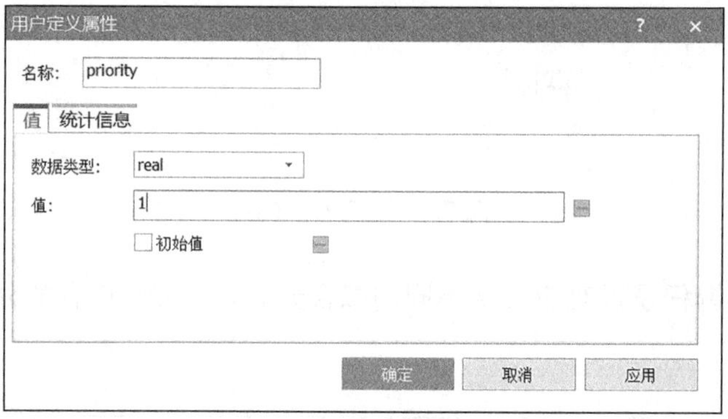

图 7.7　优先度参数设计

　　四种级别的患者分别对应 1、2、3、4 的 priority 数值，在此基础上对老弱特殊人群和三、四级患者病情恶化进行加权，结合 sorter 控件中的排序准则控制（图 7.8），实现不同级别的患者有序接受治疗。

　　5）每个患者对医疗资源的占用情况

　　设置如图 7.9 的 6 个全局变量来表示急诊、普诊占用的医疗资源，包括医生、护士、病床，当患者进入和离开对应的治疗区域时，对数值进行加减，治疗人数到达临界值时关闭处理器入口。

　　6）判断患者类型，设置相应的医疗资源占用

　　对于一、二级患者，判断患者类型，对于不同种类的患者有不同的治疗时间、医护人员占用情况在急诊室的入口的 method 里编写程序，如图 7.10 所示。

　　由于三、四级患者存在病情恶化的情况，对于普诊室的治疗时间和医疗资源占用不能用患者名称来判断，因此根据患者的优先度数值将不同患者分配到不同的治疗区域，并且设置相应的治疗时间、占用资源。相应程序如图 7.11 所示。

　　7）出口处程序判断

　　在出口处进行判断，决定去向，归还消耗的医疗资源。

图 7.8　sorter 排序准则设置

| JZ_D = 0 | JZ_N = 0 | JZ_B = 0 | PZ_D = 0 | PZ_N = 0 | PZ_B = 0 |

图 7.9　全局变量的设置

```
if @.name = "P1" then
    JZ.proctime.setparam("triangle",1, 30*60, 15*60, 60*60);
    JZ_D:=JZ_D+3;
    JZ_N:=JZ_N+4;
    JZ_B:=JZ_B+1;
    JZBED[1,@.NUMBER]:=eventcontroller.simtime;
elseif @.name = "P2" then
    JZ.proctime.setparam("triangle",1, 25*60, 10*60, 60*60);
    JZ_D:=JZ_D+2;
    JZ_N:=JZ_N+3;
    JZ_B:=JZ_B+1;
    JZBED[1,@.NUMBER]:=eventcontroller.simtime;
end;
```

图 7.10　急诊室患者医疗资源占用代码

```
do
    if @.point <= 4 AND @.point >3 then
        WORK1[1,@.number]:=eventcontroller.simtime;
        PZ.proctime.setparam("triangle",1,  15*60,10*60, 20*60);
        PZ_D:=PZ_D+1;
        PZ_N:=PZ_N+1;
        PZ_B:=PZ_B+1;

        end;
    end;
```

图 7.11　普诊室患者医疗资源占用代码

8）患者离开去向

患者离开急诊室设定四个去向：EICU、住院部、留院观察、回家；患者离开普诊室设定两个去向：留院观察、回家。具体控件如图 7.12 所示。

图 7.12　患者离开去向

9）配置 EICU 资源

对 EICU 设定 16 张病床，设定停留时间。

10）住院部设置

等待转至住院部的患者，设定停留时间，占用 1 张急诊病床，离开时归还。病床停留的出口控件设置如图 7.13 所示。

```
is
do
    JZ_B:=JZ_B-1;
    JZBED[2,@.NUMBER]:=eventcontroller.simtime;
    @.move (ZY2)

end;
```

图 7.13　转至住院部方法设置

11）留院观察患者等待设置

对于留院观察的患者，设定留观区域，留观时占用 1 张普诊区病床，根据患者类型设置占用时长，离开归还。留观区入口、出口设置如图 7.14、图 7.15 所示。

```
PZ_B:=PZ_B+1;
PZBED[3,@.NUMBER]:=eventcontroller.simtime;
```

图 7.14　留观区入口设置

```
if @.name="P1" or @.name="P2" THEN
PZ_B:=PZ_B-1;
PZBED[4,@.NUMBER]:=eventcontroller.simtime;
@.move (HJ2);
END;
IF @.name="P3" OR @.name="P4" THEN
PZ_B:=PZ_B-1;
PZBED[4,@.NUMBER]:=eventcontroller.simtime;
@.move (HJ3);
END;
```

图 7.15　留观区出口设置

12）设置就地抢救服务台

在普通诊断区会有一定概率三级患者病情恶化为二级患者，对于该种类别的患者，设定就地抢救区域，占用普诊室的医疗资源，抢救结束后与二级患者去向相同。

13）控制诊室容量

对于医疗资源不足的情况，对每处排队的出口进行判断，若医疗资源不足，则排队出口的 method 关闭，停止患者进入。由于仿真软件为了使建模正常进行，在控件之间传输会无视 M 约束条件，所以同时使用 sorter 和 buffer 模拟真实排队，用来实现出口关闭。医疗资源限制条件设置如图 7.16 所示。

```
waituntil JZ_D<JZD-1 AND JZ_N<JZN-2 AND JZ_B<JZB PRIO 1;
@.leave:=eventcontroller.simtime;
@.move(JZ);
```

图 7.16　医疗资源限制条件设置

### 3. 建立仿真数据评价体系

1）生成患者排队超时、平均排队时间表格、病房满员次数表格

通过程序对等待时间超过题目要求的患者进行次数记录，当患者超出等待时间时在表格中进行记录。等待超时人次统计如图 7.17 所示。

| real 1 | real 2 | real 3 | real 4 |
|---|---|---|---|
| 一级病患等待超时人次 | 二级病患等待超时人次 | 三级病患等待超时人次 | 四级病患等待超时人次 |
|  |  |  |  |
|  |  |  |  |

图 7.17　等待超时人次统计

排队时间统计如图 7.18 所示，记录患者类型、患者数量、平均排队时间、平均移动时间等数据。

| string 0 | integer 1 | time 2 | time 3 |
|---|---|---|---|
| 患者类型 | 患者数量 | 平均排队时间 | 平均移动时间 |
| 1 |  |  |  |
| 2 |  |  |  |
| 3 |  |  |  |
| 4 |  |  |  |

图 7.18　排队时间统计

2）建立排队统计图表

为方便观察仿真动态情况，使用控件 chart 与 waiting 生成占比表可得到动态的等候区排队时间占比表，如图 7.19 所示。

图 7.19　等候区排队时间占比表

3）建立医生病床工作情况统计图表

计算医生总工作时间、病床占用时间除以总仿真天数，生成 chart 图表，医疗资源工作比例如图 7.20 所示，用于查看医生、病床的工作、使用时间比例。

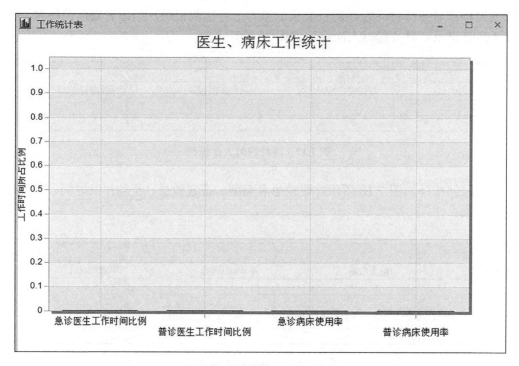

图 7.20　医疗资源工作比例

当病房无法调出医生或者病床时，进行满额次数记录，当诊室的使用率超过 70% 时，为诊室的繁忙状态，记录繁忙持续时间，除以总时间得到诊室拥挤率，记录于表格中。诊室使用率统计如图 7.21 所示。

| integer 5 | integer 6 | real 7 | real 8 |
|---|---|---|---|
| 急诊病房满额次数 | 普诊病房满额次数 | 急诊病房拥挤率 | 普诊病房拥挤率 |
| | | | |
| | | | |

图 7.21　诊室使用率统计

4）诊室繁忙记录

当诊室的占用资源数超过了诊室资源上限的 70%时，诊室为**繁忙状态**，此时将诊室的数据记录于表格中，诊室繁忙统计如图 7.22 所示。

| time 1 | time 2 | integer 3 | time 4 | time 5 | integer 6 |
|---|---|---|---|---|---|
| 急诊室繁忙开始时间 | 急诊室繁忙结束时间 | 所处班次 | 普诊室繁忙开始时间 | 普诊室繁忙结束时间 | 所处班次 |
| | | | | | |
| | | | | | |
| | | | | | |

图 7.22　诊室繁忙统计

5）设置全局变量

设置了 jzfulltimes、pzfulltimes、MAX_JZ_D、MAX_JZ_N、MAX_JZ_B、MAX_PZ_D、MAX_PZ_N、MAX_PZ_B 等全局变量，用来记录诊室的满额次数和占用医疗资源的上限。

## 7.2.2　瓶颈分析

### 1. 普通诊断区医生紧缺

各班次医生工作比例如表 7.4 所示。

表 7.4　各班次医生工作比例

| 班次 | 普诊医生工作比例 | 急诊医生工作比例 |
|---|---|---|
| 第一班 | 66% | 13% |
| 第二班 | 63% | 14% |
| 第三班 | 69% | 15% |

在仿真运行的过程中，普诊室最大排队队长为 8，三级患者有 10 人等待时长超过要求的 30 分钟，普诊室有 973 次满额，普诊室工作的医生多次达到人员上限，护士和病床的使用率较低，普诊室拥挤率为 12%，而统计得出的医生繁忙程度并不高，平均每班次只有 66%；并且相比之下，急诊室有大量的医生处在空闲状态，医生工作强度偏低，说明医院医生资源分配不均衡。普诊室的拥堵往往是由普诊室医疗人员的紧缺而造成的。

## 2. 急诊室病床短缺

如图 7.23 可知，急诊室病床使用率高达 58%，床位占用峰值最高可达 36，虽然急诊室并不拥挤，拥挤率仅为 4%，但是由于一、二级患者数量较少，急诊室病床容量较大，急诊室病床占用比例相对较高，一方面是因为急诊患者治疗时间较长，另一方面是因为急诊患者有转到住院部的可能，最高同时有 35 位患者在急诊室等待转入住院部，此时需要占用急诊室病床等候转移，会花费较多的时间。医院病床分配有待优化。

| real<br>1 | real<br>2 |
|---|---|
| 急诊病床使用率 | 普诊病床使用率 |
| 0.58 | 0.41 |
| | |
| | |
| | |

图 7.23  病床使用率统计

## 3. 就地抢救占用过多资源

三级患者转变为二级患者时，会有额外的治疗时间和医生占用，根据仿真结果图 7.24 可知，最大情况下，有 4 位患者同时接受就地抢救的治疗，这时就地抢救的患者需要占用普诊室的 8 个医生和 12 个护士，普诊区会有相当长一段时间处于停滞状态。

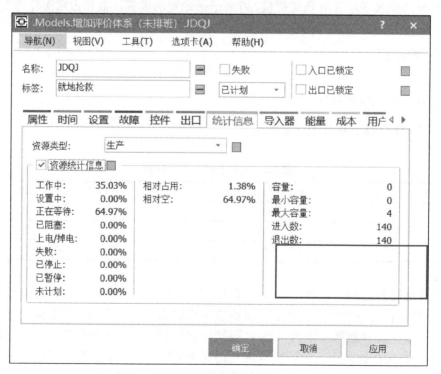

图 7.24  就地抢救区域资源占用统计

4. 等待住院人数过多

急诊抢救区会有一定比例的患者需要转至医院住院部，此时在急诊室有较长时间的停留，由图 7.25 的结果可知，需要同时在急诊室等待转至住院的患者数量很大，占用急诊室大量的床位。

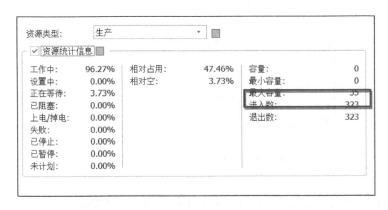

图 7.25　等待住院资源占用统计

### 7.2.3　优化方案

1. 优化医疗资源配置

要实现医疗资源配置的优化，有以下两种方案。

1）方案一：加入医护人员排班表

由瓶颈分析可得知，医院救治患者时，医护人员的分配不够合理，尤其是在普通诊断区，由于每个班次医生的人数只有 10 人，普诊区非常容易拥堵，会造成大量三级患者等候超时。因此，通过对工作人员进行排班，能进一步优化医院的资源配置，以提高急诊中心的治疗能力。同时，根据不同诊室的实际需要，可以将普诊室空闲的 3 张病床转至急诊室。

对医护人员进行排班，需要进行以下步骤。

（1）观察分析数据。统计各班次的诊室繁忙次数并计算其频率，得到表 7.5。可知第三班 22:00—7:00 时间段医院患者数量最多，其次是第一班 6:30—15:00，而第二班 14:00—22:30 相对轻松。

表 7.5　各班次诊室繁忙次数统计

| 班次 | 频数 | 频率 |
| --- | --- | --- |
| 第一班 | 401 | 36% |
| 第二班 | 282 | 25% |
| 第三班 | 435 | 39% |

根据表 7.5 所得的频率，将其作为三个班次医生的人数比例，设计出对应的班次医生数量如图 7.26 所示。

| 到达患者比例 | | | | | |
|---|---|---|---|---|---|
| | 第一班 | 第二班 | 第三班 | | |
| 急诊 | 118 | 100 | 143 | 七天总和 | |
| 普诊 | 747 | 639 | 804 | 3571.4 | |
| | | | | | |
| 医生计算比例 | | | | | |
| | 第一班 | 第二班 | 第三班 | | |
| 急诊 | 25 | 21 | 29 | | |
| 普诊 | 10 | 9 | 11 | | |
| | | | | | |
| 护士计算比例 | | | | | |
| | 第一班 | 第二班 | 第三班 | | |
| 急诊 | 59 | 50 | 71 | | |
| 普诊 | 15 | 13 | 17 | | |

图 7.26　各班次患者数量比例计算

（2）使用发生器控件。设置对应的活动时间，每八小时触发一次 method，以达到按时切换医护人员班次的目的。发生器设置如图 7.27 所示。

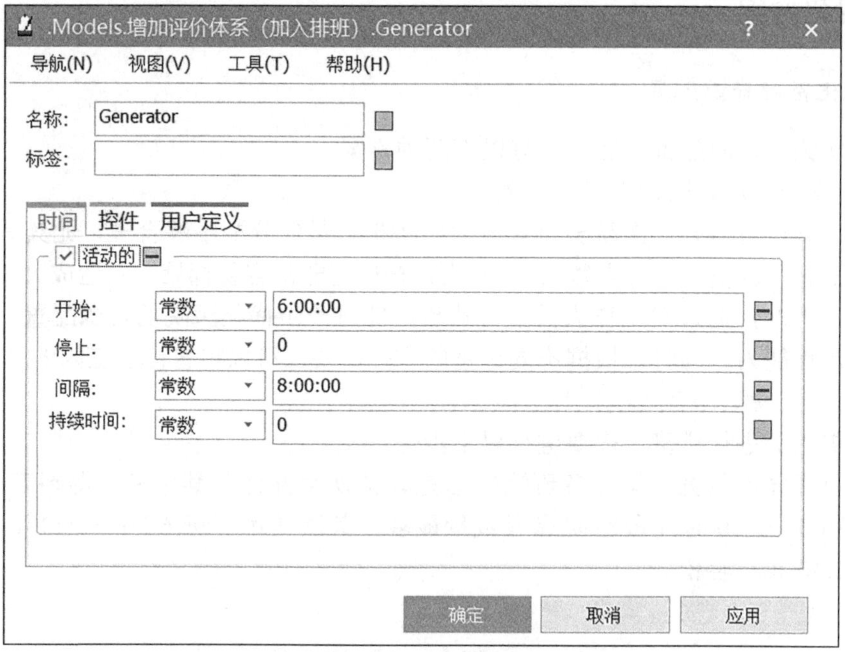

图 7.27　发生器设置

（3）通过编程，实现在不同时间段对医护人员资源数量进行修改，以急诊科医生班次转换为例，各班次医疗资源调整如图 7.28 所示。

```
if JZD==24 then JZD:=20; shift:=1;
elseif JZD==20 then JZD:=16; shift:=2;
elseif JZD==16 then JZD:=24; shift:=3;
end;
```

图 7.28　各班次医疗资源调整

2）方案二：设置多能工

通过数据分析不难发现，急诊室资源和普诊室资源的占用不均衡，将一定数量的医生设置为多功能工，即该种类的医师既可以治疗普诊室的患者，也可以治疗急诊室的患者，用来帮助普诊室医生治疗患者。结合发生器触发轮班变量，动态改变原有的排班数值，将计算得出的最优化排班人数比例加入到编程中。

多能工的设置需要进行以下步骤。

（1）首先引入 2 个全局变量 ZYD 和 ZYN，表示多能工的人数。

（2）改变原有的医疗资源限制条件，增加控制上限的数量，具体设置如图 7.29 所示。

```
waituntil QJ.empty prio 1;
waituntil PZ_D<PZD+ZYD AND PZ_N<PZN+ZYN AND PZ_B<PZB PRIO 1;
@.leave:=eventcontroller.simtime;
```

图 7.29　加入多能工的资源限制

**2. 加入布局方案**

1）物流现状分析

根据题目中描述的现有就诊流程，设计原始的医院布局图，如图 7.30 所示。

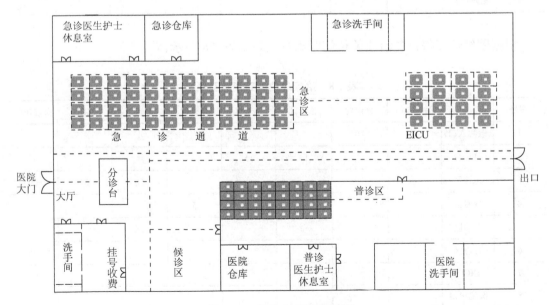

图 7.30　急诊中心原布局图

根据题目给出五天患者到达统计，再结合患者急迫性，列出急迫性赋予相关系数与每天到达总数的流动系数表，如表7.6所示。

**表7.6 流动系数表**

| 编码 | 名称 | 患者类型 | 相关系数 | 数量/人 | 流动系数 |
|---|---|---|---|---|---|
| A | P1 | 濒危患者 | 0.4 | 7 | 2.8 |
| B | P2 | 危重患者 | 0.3 | 72 | 21.6 |
| C | P3 | 急诊患者 | 0.2 | 361 | 72.2 |
| D | P4 | 非急诊患者 | 0.1 | 93 | 9.3 |

每日各作业单位间人流系数从至表如表7.7所示。

**表7.7 人流系数从至表**

| 序号 | 从　　至 | 医院入口 | 分诊台 | 急诊区 | 挂号区 | 候诊区 | 普诊区 | EICU | 医院出口 |
|---|---|---|---|---|---|---|---|---|---|
| 1 | 医院入口 | | 105.9 | | | | | | |
| 2 | 分诊台 | | | 24.4 | 81.5 | | | | |
| 3 | 急诊区 | | | | | | 4.88 | 2.44 | 17.08 |
| 4 | 挂号区 | | | 24.4 | | 81.5 | | | |
| 5 | 候诊区 | | | | | | 81.5 | | |
| 6 | 普诊区 | | | | | | | | 81.5 |
| 7 | EICU | | | | | | | | 2.44 |
| 8 | 医院出口 | | | | | | | | |

根据图纸计算每日各治疗单位间距离从至表如表7.8所示。

**表7.8 治疗单位间距离从至表**

| 序号 | 从　　至 | 医院入口 | 分诊台 | 急诊区 | 挂号区 | 候诊区 | 普诊区 | EICU | 医院出口 |
|---|---|---|---|---|---|---|---|---|---|
| 1 | 医院入口 | | 10 | | | | | | |
| 2 | 分诊台 | | | 14 | 15 | | | | |
| 3 | 急诊区 | | | | | | 50 | 24 | 60 |
| 4 | 挂号区 | | | 30 | | 5 | | | |
| 5 | 候诊区 | | | | | | 15 | | |
| 6 | 普诊区 | | | | | | | | 25 |
| 7 | EICU | | | | | | | | 50 |
| 8 | 医院出口 | | | | | | | | |

作业单位间的人流量＝流动系数×单位距离，由表 7.7 和表 7.8 计算，表中数据为以上两种对应数值相乘得出，则治疗单位间人流量从至表如表 7.9 所示。

**表 7.9　治疗单位间人流量从至表**

| 序号 | 从　　　至 | 医院入口 | 分诊台 | 急诊区 | 挂号区 | 候诊区 | 普诊区 | EICU | 医院出口 | 合计（从） |
|---|---|---|---|---|---|---|---|---|---|---|
| 1 | 医院入口 | | 1059 | | | | | | | 1059 |
| 2 | 分诊台 | | | 341.6 | 1222.5 | | | | | 1564.1 |
| 3 | 急诊区 | | | | | | 244 | 58.56 | 1024.8 | 1327.36 |
| 4 | 挂号区 | | | 732 | | 407.5 | | | | 1139.5 |
| 5 | 候诊区 | | | | | | 1222.5 | | | 1222.5 |
| 6 | 普诊区 | | | | | | | | 2037.5 | 2037.5 |
| 7 | EICU | | | | | | | | 122 | 122 |
| 8 | 医院出口 | | | | | | | | | 0 |
| | 合计（至） | 0 | 1059 | 1073.6 | 1222.5 | 407.5 | 1466.5 | 58.56 | 3184.3 | 8471.96 |

2）各作业单位的相互关系分析

根据从至表的计算结果，对各作业单位的相互关系进行划分，如图 7.31 所示。作业单位间相互关系等级见表 7.10，作业单位相关理由见表 7.11。

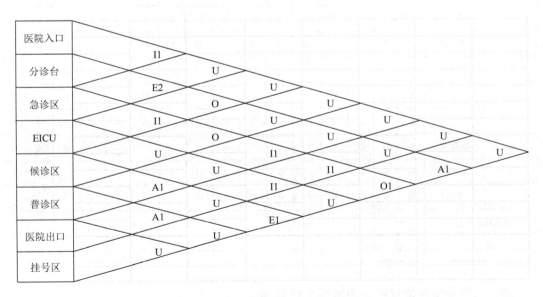

图 7.31　各作业单位相互关系图

**表 7.10　作业单位相互关系等级表**

| 对应符号 | 含义 | 比例（%） |
|---|---|---|
| A | 绝对重要 | 2～12 |
| E | 特别重要 | 10～20 |
| I | 重要 | 15～30 |
| O | 一般密切程度 | 20～40 |
| U | 不重要 | 35～80 |

**表 7.11　作业单位相关理由表**

| 序列 | 理由 |
|---|---|
| 1 | 患者看病流程 |
| 2 | 规定的布局要求 |

根据已得出的作业单位间相互关系的密切程度，对 A，E，I，O，U 分别赋予分值 4，3，2，1，0，计算排序得到表 7.12（对两个作业单位间打分）。

**表 7.12　综合接近程度表**

| 序号 | 作业单位 | 医院入口 | | 分诊台 | | 急诊区 | | 挂号区 | | 候诊区 | | 普诊区 | | EICU | | 医院出口 | |
|---|---|---|---|---|---|---|---|---|---|---|---|---|---|---|---|---|---|
| 1 | 医院入口 | | | I | 2 | U | 0 | U | 0 | U | 0 | U | 0 | U | 0 | U | 0 |
| 2 | 分诊台 | U | 0 | | | E | 3 | A | 4 | U | 0 | U | 0 | U | 0 | U | 0 |
| 3 | 急诊区 | U | 0 | U | 0 | | | O | 1 | U | 0 | I | 2 | I | 2 | I | 2 |
| 4 | 挂号区 | U | 0 | U | 0 | O | 1 | | | E | 3 | U | 0 | U | 0 | U | 0 |
| 5 | 候诊区 | U | 0 | U | 0 | U | 0 | U | 0 | | | A | 4 | U | 0 | U | 0 |
| 6 | 普诊区 | U | 0 | U | 0 | U | 0 | U | 0 | U | 0 | | | U | 0 | A | 4 |
| 7 | EICU | U | 0 | U | 0 | U | 0 | U | 0 | U | 0 | U | 0 | | | I | 2 |
| 8 | 医院出口 | U | 0 | U | 0 | U | 0 | U | 0 | U | 0 | U | 0 | U | 0 | | |
| 综合接近程度 | | 0 | | 2 | | 4 | | 5 | | 3 | | 6 | | 2 | | 8 | |
| 排序 | | 8 | | 7 | | 4 | | 3 | | 5 | | 2 | | 6 | | 1 | |

绘制作业单位间位置相关图如图 7.32 所示。

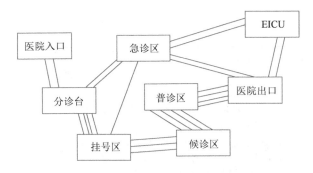

图 7.32　作业单位间位置相关图

引入实际最小占地面积，如表 7.13 所示。

表 7.13　最小占地面积表　　　　　　　　　　　　　（单位：m²）

| 医院入口 | 分诊台 | 急诊区 | 挂号区 | 候诊区 | 普诊区 | EICU | 医院出口 |
|---|---|---|---|---|---|---|---|
| 0 | 60 | 576 | 135 | 163 | 192 | 240 | 0 |

3）得出改进方案

根据各单位的实际占地面积及作业单位位置相互关系，利用 SLP 原则得到两个方案。方案 A 布局图见图 7.33，方案 B 布局图见图 7.34。

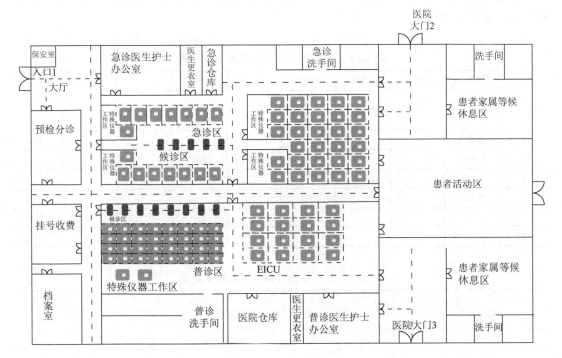

图 7.33　方案 A 布局图

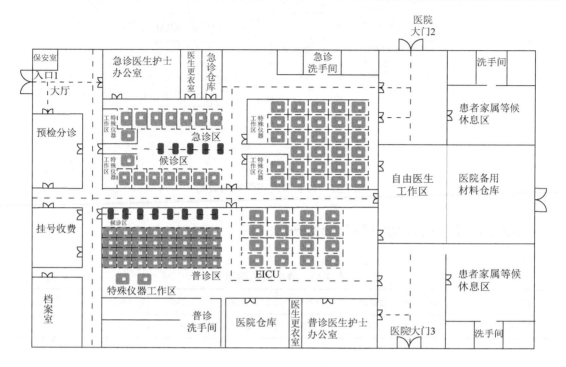

图 7.34　方案 B 布局图

4）方案优化对比

计算各新方案作业单位间距离，获得各新方案每日各作业单位间距离从至表，如表 7.14、表 7.15 所示。

表 7.14　方案 A 治疗单位间距离从至表

| 序号 | 从＼至 | 医院入口 | 分诊台 | 急诊区 | 挂号区 | 候诊区 | 普诊区 | EICU | 医院出口 |
|---|---|---|---|---|---|---|---|---|---|
| 1 | 医院入口 | | 10 | | | | | | |
| 2 | 分诊台 | | | 4 | 4 | | | | |
| 3 | 急诊区 | | | | | | 4 | 4 | 20 |
| 4 | 挂号区 | | | 40 | | 4 | | | |
| 5 | 候诊区 | | | | | | 2 | | |
| 6 | 普诊区 | | | | | | | | 20 |
| 7 | EICU | | | | | | | | 25 |
| 8 | 医院出口 | | | | | | | | |

表 7.15　方案 B 治疗单位间距离从至表

| 序号 | 从＼至 | 医院入口 | 分诊台 | 急诊区 | 挂号区 | 候诊区 | 普诊区 | EICU | 医院出口 |
|---|---|---|---|---|---|---|---|---|---|
| 1 | 医院入口 | | 10 | | | | | | |
| 2 | 分诊台 | | | 10 | 10 | | | | |
| 3 | 急诊区 | | | | | | 15 | 4 | 25 |

续表

| 序号 | 从＼至 | 医院入口 | 分诊台 | 急诊区 | 挂号区 | 候诊区 | 普诊区 | EICU | 医院出口 |
|---|---|---|---|---|---|---|---|---|---|
| 4 | 挂号区 | | | 40 | | 15 | | | |
| 5 | 候诊区 | | | | | | 15 | | |
| 6 | 普诊区 | | | | | | | | 15 |
| 7 | EICU | | | | | | | | 20 |
| 8 | 医院出口 | | | | | | | | |

计算各单位间的人流量。两方案治疗单位间人流量从至表如表 7.16、表 7.17 所示。

表 7.16　方案 A 治疗单位间人流量从至表

| 序号 | 从＼至 | 医院入口 | 分诊台 | 急诊区 | 挂号区 | 候诊区 | 普诊区 | EICU | 医院出口 | 合计（从） |
|---|---|---|---|---|---|---|---|---|---|---|
| 1 | 医院入口 | | 1059 | | | | | | | 1059 |
| 2 | 分诊台 | | | 97.6 | 326 | | | | | 423.6 |
| 3 | 急诊区 | | | | | | 19.52 | 9.76 | 341.6 | 370.88 |
| 4 | 挂号区 | | | 976 | | 326 | | | | 1302 |
| 5 | 候诊区 | | | | | | 163 | | | 163 |
| 6 | 普诊区 | | | | | | | | 1630 | 1630 |
| 7 | EICU | | | | | | | | 61 | 61 |
| 8 | 医院出口 | | | | | | | | | |
| 合计（至） | | 0 | 1059 | 1073.6 | 326 | 326 | 182.52 | 9.76 | 2032.6 | 5009.48 |

表 7.17　方案 B 治疗单位间人流量从至表

| 序号 | 从＼至 | 医院入口 | 分诊台 | 急诊区 | 挂号区 | 候诊区 | 普诊区 | EICU | 医院出口 | 合计（从） |
|---|---|---|---|---|---|---|---|---|---|---|
| 1 | 医院入口 | | 1059 | | | | | | | 1059 |
| 2 | 分诊台 | | | 244 | 815 | | | | | 1059 |
| 3 | 急诊区 | | | | | | 73.2 | 9.76 | 427 | 509.96 |
| 4 | 挂号区 | | | 976 | | 1222.5 | | | | 2198.5 |
| 5 | 候诊区 | | | | | | 1222.5 | | | 1222.5 |
| 6 | 普诊区 | | | | | | | | 1222.5 | 1222.5 |
| 7 | EICU | | | | | | | | 48.8 | 48.8 |
| 8 | 医院出口 | | | | | | | | | 0 |
| 合计（至） | | 0 | 1059 | 1220 | 815 | 1222.5 | 1295.7 | 9.76 | 1698.3 | 7320.26 |

计算得出：方案 A 的人流量为 5009.48，方案 B 的人流量为 7320.26。两改进方案人流量明显小于原始布局，方案 A 人流量小于方案 B。

优缺点对比如表 7.18 所示。

**表 7.18　优缺点对比表**

| 方案 | 优点 | 缺点 |
|---|---|---|
| 原始方案 | | 1、关联区域联系不紧密，距离较远<br>2、普诊区口容易发生人员交叉，易发生碰撞事件<br>3、空间利用率不高，太多空置却没有使用地区<br>4、出口设置不合理，人员离开路径过长<br>5、从至表斜线以下出现了物流量，易发生人员流动碰撞 |
| 方案 A | 1、作业单位密级高的区域联系紧密，布置紧凑<br>2、设立了另外两处出口，使患者流动时，有最近选择<br>3、为急诊区也增加了等候区，能有效防止一、二级患者无处等待<br>4、有效减少了人流，使医院更高效 | 1、空间利用过于密集，就诊区域过于拥挤<br>2、并未解决从至表中斜线下方出现物流量问题 |
| 方案 B | 1、作业单位密级高的区域联系较为紧密，布置较为紧凑<br>2、设立了另外两处出口，使患者流动时，有最近选择 | 1、未解决人流过多的问题<br>2、候诊区加大厅布置过大，较不合理<br>3、并未解决从至表中斜线下方出现物流量问题 |

5）较优方案的调整

首先，根据方案 A 之前的布置，位置过于紧凑，可将急诊区与 EICU 设置房间变宽松，充分利用场地，给医生更舒适的工作环境，给患者更宽松的就诊环境；其次，针对从至表斜线以下出现人流量问题，是为了急诊患者后续挂号过程，可在急诊区设置自助挂号机与提出网上挂号业务，省去这一步骤。优化后急诊中心布局图如图 7.35 所示。

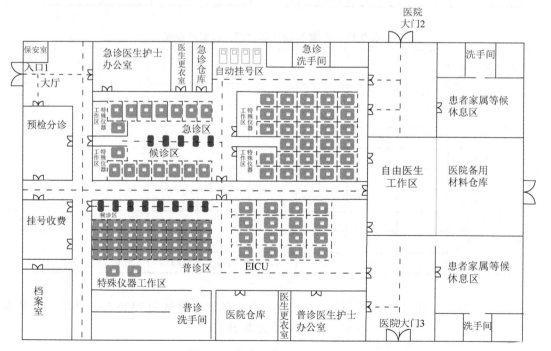

图 7.35　优化后急诊中心布局图

6）通过仿真建模实现

通过 CAD 布局图的相关位置，结合假设的患者移动速度，对患者移动时间进行对应的计算。

（1）方案 A。

计算从医院入口到急诊室之间的距离为

$$X_1 = 10 + 4 = 14 \tag{7.1}$$

从急诊室到病床的距离取均匀分布：

$$X_2 = 0 \sim 45 \tag{7.2}$$

从急诊室到留观区的距离为

$$X_3 = 4 + 4 + (0 \sim 64) \tag{7.3}$$

计算从医院入口到普诊室之间的距离为

$$X_4 = 5 + 15 + 4 + 7 + 4 = 35 \tag{7.4}$$

从普诊室到病床的距离取均匀分布：

$$X_5 = 0 \sim 32 \tag{7.5}$$

（2）方案 B。

计算从医院入口到急诊室之间的距离为

$$X_6 = 10 + 10 = 20 \tag{7.6}$$

从急诊室到病床的距离取均匀分布：

$$X_7 = 0 \sim 50 \tag{7.7}$$

从急诊室到留观区的距离为

$$X_8 = 18 + 2 + (0 \sim 82) \tag{7.8}$$

计算从医院入口到普诊室之间的距离为

$$X_9 = 10 + 10 + 10 + 20 + 9.2 + 2 = 61.2 \tag{7.9}$$

从普诊室到病床的距离取均匀分布：

$$X_{10} = 0 \sim 32 \tag{7.10}$$

通过查阅资料，设置医院急诊中心患者运输速度，一、二级患者为 1.2m/s，三、四级患者为 1m/s。计算所得位移时间如表 7.19 所示。

表 7.19　治疗区域间位移时间表　　　　　　　（单位：s）

|  | 医院入口→急诊室 | 急诊室→EICU | 急诊室→留观区 | 医院入口→普诊室 |
|---|---|---|---|---|
| 方案 A | 11.7～49.2 | 3.3～61.7 | 6.7～60 | 35～67 |
| 方案 B | 16.7～58.3 | 3.3～54.2 | 16.7～85 | 61.2～93.3 |

7）分析现阶段方案 A、B 的治疗能力

方案 A 普诊病房满额次数为 0 次，繁忙时间占比为 28%；方案 B 普诊病房满额次数为 231 次，繁忙时间占比为 28%。

方案 A、B 患者等待超时人次分别如图 7.36、图 7.37 所示。

| real 1 | real 2 | real 3 | real 4 |
|---|---|---|---|
| 一级病患等待超时人次 | 二级病患等待超时人次 | 三级病患等待超时人次 | 四级病患等待超时人次 |
| 6.00 | 0.00 | 0.00 | 0.00 |
|  |  |  |  |
|  |  |  |  |

图 7.36　方案 A 等待超时人次

| real 1 | real 2 | real 3 | real 4 |
|---|---|---|---|
| 一级病患等待超时人次 | 二级病患等待超时人次 | 三级病患等待超时人次 | 四级病患等待超时人次 |
| 10.00 | 0.00 | 4.00 | 0.00 |
|  |  |  |  |
|  |  |  |  |

图 7.37　方案 B 等待超时人次

方案 A、B 医疗资源使用率及病床占用情况分别如图 7.38、图 7.39 所示。

|  | real 1 | real 2 |
|---|---|---|
| string | 急诊病床使用率 | 普诊病床使用率 |
| 1 | 0.49 | 0.34 |
| 2 |  |  |
| 3 |  |  |
| 4 |  |  |

图 7.38　方案 A 病床占用情况

|  | real 1 | real 2 |
|---|---|---|
| string | 急诊病床使用率 | 普诊病床使用率 |
| 1 | 0.48 | 0.34 |
| 2 |  |  |
| 3 |  |  |
| 4 |  |  |

图 7.39　方案 B 病床占用情况

方案 A、B 医生繁忙程度分别如表 7.20、表 7.21 所示。

表 7.20　方案 A 医生繁忙程度

| 班次 | 普诊医生工作时间比例 | 急诊医生工作时间比例 |
|---|---|---|
| 第一班 | 0.66 | 0.16 |
| 第二班 | 0.70 | 0.21 |
| 第三班 | 0.62 | 0.16 |

表 7.21　方案 B 医生繁忙程度

| 班次 | 普诊医生工作时间比例 | 急诊医生工作时间比例 |
|---|---|---|
| 第一班 | 0.64 | 0.17 |
| 第二班 | 0.69 | 0.23 |
| 第三班 | 0.61 | 0.16 |

方案 A、B 患者平均排队时间和平均移动时间分别如图 7.40、图 7.41 所示。

| | string 0 | integer 1 | time 2 | time 3 |
|---|---|---|---|---|
| string | 患者类型 | 患者数量 | 平均排队时间 | 平均移动时间 |
| 1 | 1 | 56 | 1.0128 | 24.5033 |
| 2 | 2 | 464 | 0.4335 | 26.2267 |
| 3 | 3 | 2661 | 5:15.5765 | 48.5090 |
| 4 | 4 | 730 | 5:10.8530 | 50.8903 |

图 7.40　方案 A 患者平均排队和移动时间记录

| | string 0 | integer 1 | time 2 | time 3 |
|---|---|---|---|---|
| string | 患者类型 | 患者数量 | 平均排队时间 | 平均移动时间 |
| 1 | 1 | 56 | 1.5947 | 28.7767 |
| 2 | 2 | 464 | 0.7206 | 31.5054 |
| 3 | 3 | 2661 | 5:30.5625 | 1:13.4283 |
| 4 | 4 | 730 | 5:17.5339 | 1:16.8333 |

图 7.41　方案 B 患者排队和移动时间记录

经过对比统计数据可以得到，方案 A 的布局设计更优。

## 7.2.4　突发情况

1. 增加突发情况建模过程

根据题目要求，设置车祸、火灾和疫情暴发三种不同类型的突发事件，在 source 中定时发生，作为突发情况的患者进入到仿真系统中。

1）车祸

以车祸事件为例，source 的设置如图 7.42 所示。设置 5 位一级患者和 20 位二级患者陆续来到急诊中心，如图 7.43 所示。

2）火灾

设置 71 位患者根据一定等级比例，于第二天 12:00 陆续来到急诊中心接受治疗。

3）公共卫生事件

自第六天中午 12:00 开始，设置疫情暴发，此时医院不再接待普通患者，所有诊室只治疗疫情的 P5 患者，医院此时处于紧急状态，开始疫情期间的防控管制。

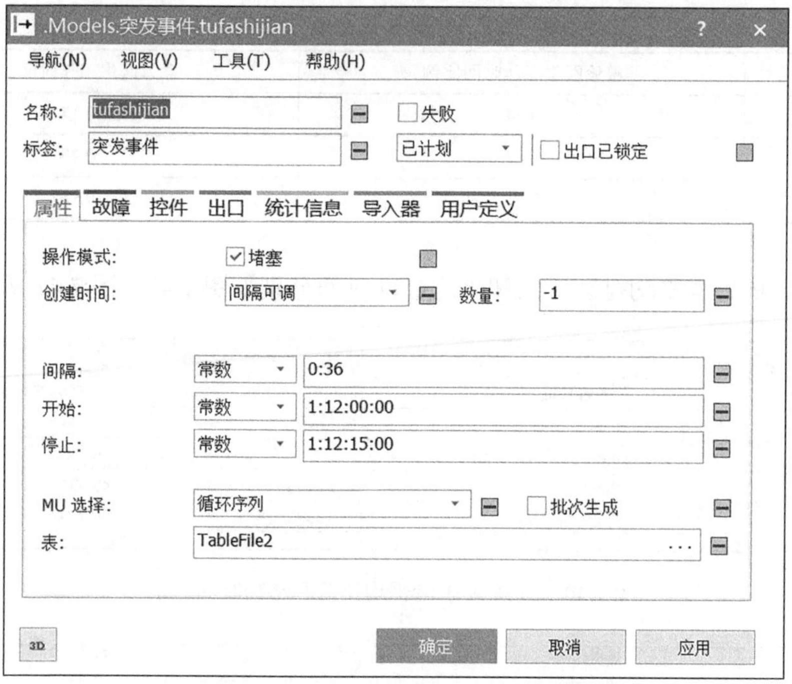

图 7.42　车祸突发事件 source 设置

| string | object<br>1 | integer<br>2 | string<br>3 | table<br>4 |
|---|---|---|---|---|
| | MU | Number | Name | Attributes |
| 1 | .Models.P1 | 5 | | |
| 2 | .Models.P2 | 20 | | |

图 7.43　车祸突发事件患者安排

## 2. 记录仿真数据

### 1）车祸数据记录

急诊病房满额次数为 15 次，普诊病房满额次数为 104 次，车祸发生后急诊室整体更加忙碌。急诊病房繁忙时间占比为 5%，普诊病房繁忙时间占比为 28%，繁忙持续时间并未大幅上升，说明医院在较短时间内完成对突发事件的应对。

患者等待超时人次如图 7.44 所示。由于突发事件的发生，急诊病房医疗资源占用急剧增加，该时刻一部分患者等候时间增加。

| real<br>1 | real<br>2 | real<br>3 | real<br>4 |
|---|---|---|---|
| 一级病患等待超时人次 | 二级病患等待超时人次 | 三级病患等待超时人次 | 四级病患等待超时人次 |
| 14.00 | 20.00 | 1.00 | 0.00 |
| | | | |
| | | | |
| | | | |

图 7.44　患者等待超时人次（车祸）

病床占用情况见图 7.45。

| real 1 | real 2 |
|---|---|
| 急诊病床使用率 | 普诊病床使用率 |
| 0.57 | 0.41 |
|  |  |
|  |  |
|  |  |

图 7.45　病床占用情况（车祸）

医生繁忙程度如表 7.22 所示。

表 7.22　医生繁忙程度（车祸）

| 班次 | 普诊医生工作时间比例 | 急诊医生工作时间比例 |
|---|---|---|
| 第一班 | 0.66 | 0.19 |
| 第二班 | 0.69 | 0.22 |
| 第三班 | 0.63 | 0.16 |

由于车祸的发生只会有一、二级患者来到急诊中心，因此急诊室的医疗资源使用率会增高，此时床位较为紧张，但是急诊医生的工作效率有所提高。

患者平均排队时间和平均移动时间见图 7.46。最大排队队长为 18，急诊室床位占用最高可达 49，普诊室床位占用最高可达 25，EICU 同时接纳人数可达 23。由于一、二级患者突然增多，对其的治疗需要占用更多的资源，此时会有较多的患者会因为需要等待转至住院部而占用较多床位，并且转至 EICU 的患者数量也有所增加。

| string | string 0 | integer 1 | time 2 | time 3 |
|---|---|---|---|---|
|  | 患者类型 | 患者数量 | 平均排队时间 | 平均移动时间 |
| 1 | 1 | 61 | 1.4710 | 37.6084 |
| 2 | 2 | 484 | 1:30.3204 | 31.7586 |
| 3 | 3 | 2661 | 5:07.9021 | 52.5548 |
| 4 | 4 | 730 | 5:16.2310 | 50.6230 |

图 7.46　患者排队和移动时间记录（车祸）

2）火灾数据记录

急诊病房满额次数为 49 次，普诊病房满额次数为 157 次，火灾发生后诊室整体更加忙碌。急诊病房繁忙时间占比为 9%，普诊病房繁忙时间占比为 28%。

患者等待超时人次见图 7.47。

| real 1 | real 2 | real 3 | real 4 |
|---|---|---|---|
| 一级病患等待超时人次 | 二级病患等待超时人次 | 三级病患等待超时人次 | 四级病患等待超时人次 |
| 26.00 | 35.00 | 6.00 | 0.00 |
| | | | |
| | | | |
| | | | |

图 7.47　患者等待超时人次（火灾）

火灾使得 71 位患者来到急诊中心，并且一、二级患者居多，因此，急诊室会比以往更加繁忙，而普诊室也相应的更加拥堵。病床占用情况见图 7.48。

| real 1 | real 2 |
|---|---|
| 急诊病床使用率 | 普诊病床使用率 |
| 0.58 | 0.42 |
| | |

图 7.48　病床占用情况（火灾）

医生繁忙程度如表 7.23 所示。

表 7.23　医生繁忙程度（火灾）

| 班次 | 普诊医生工作时间比例 | 急诊医生工作时间比例 |
|---|---|---|
| 第一班 | 0.69 | 0.20 |
| 第二班 | 0.70 | 0.25 |
| 第三班 | 0.63 | 0.15 |

由于患者数量的增加，各个诊室的病床使用率都有所上升，但是存在拥堵床位短缺的情况，普诊医生更加短缺。

患者平均排队时间和平均移动时间见图 7.49。

| string | string 0 | integer 1 | time 2 | time 3 |
|---|---|---|---|---|
| | 患者类型 | 患者数量 | 平均排队时间 | 平均移动时间 |
| 1 | 1 | 73 | 22:24.0519 | 32.8224 |
| 2 | 2 | 487 | 8:34.9452 | 32.4669 |
| 3 | 3 | 2677 | 5:19.0099 | 51.7505 |
| 4 | 4 | 745 | 5:31.4215 | 50.8540 |

图 7.49　患者排队和移动时间记录（火灾）

最大排队队长为 25，急诊室床位占用最高可达 49，普诊室床位占用最高可达 24，等待住院人数最多可达 49，EICU 同时接纳人数可达 14。

3）公共卫生事件数据记录

急诊病房满额次数为 17 次，普诊病房满额次数为 98 次，诊室满额次数增加，医院治疗能力更紧张。急诊病房繁忙时间占比为 11%，普诊病房繁忙时间占比为 22%，由于在疫情之后所有诊室只接收疫情患者，并且有较长的治疗时间，因此繁忙度上升。

患者等待超时人次见图 7.50。疫情暴发后，有 60 名患者进入急诊中心，其中 45 名患者等待时间超过 10 分钟，说明诊室的治疗能力低下，在所有医疗资源都在救治疫情患者的条件下仍然有较长的等待时间。

| integer 1 | integer 2 | integer 3 | integer 4 | integer 5 |
|---|---|---|---|---|
| 一级病患等待超时人次 | 二级病患等待超时人次 | 三级病患等待超时人次 | 四级病患等待超时人次 | 疫情患者等待超时人次 |
| 6 | 0 | 0 | 0 | 45 |
| | | | | |
| | | | | |

图 7.50　患者等待超时人次（公共卫生事件）

病床占用情况见图 7.51。

| real 1 | real 2 |
|---|---|
| 急诊病床使用率 | 普诊病床使用率 |
| 0.48 | 0.33 |
| | |
| | |

图 7.51　病床占用情况（公共卫生事件）

医生繁忙程度如表 7.24 所示。

**表 7.24　医生繁忙程度（公共卫生事件）**

| 班次 | 普诊医生工作时间比例 | 急诊医生工作时间比例 |
|---|---|---|
| 第一班 | 0.56 | 0.27 |
| 第二班 | 0.50 | 0.36 |
| 第三班 | 0.51 | 0.29 |

疫情造成急诊室的医疗资源短缺，急诊中心无法满足应对公共卫生事件的能力要求。患者平均排队时间和平均移动时间见图 7.52。

| string 0 | integer 1 | time 2 | time 3 |
|---|---|---|---|
| string | 患者类型 | 患者数量 | 平均排队时间 | 平均移动时间 |
| 1 | 1 | 44 | 1.0825 | 31.3998 |
| 2 | 2 | 365 | 0.4323 | 33.9265 |
| 3 | 3 | 2088 | 5:12.6919 | 51.6802 |
| 4 | 4 | 583 | 5:13.6179 | 50.8341 |
| 5 | 5 | 57 | 7:47:28.6413 | 31.0036 |

图 7.52　患者平均排队和移动时间记录（公共卫生事件）

最大排队队长为 43，急诊室床位占用最高可达 42，普诊室床位占用最高可达 23，等待住院人数最多可达 37，EICU 同时接纳人数可达 23。说明此时急诊室的承载能力已经到了上限，但是仍然满足不了突发事件的需求。

3. 应对方案

1）车祸应对方案

设立医院机动医生，在突发事件暴发时，到达医院治疗患者。

在备用仓库储备便搭建式病床与针对公共卫生问题暴发的药物工具等。

机动医生全部到医院工作，将医院后备仓库中准备的便搭建式病床全部利用起来，搭建在候诊区、患者家属等待区等位置（根据医院承载能力和实际情况储备病床数 48，机动医生设立 100 人编次）。

2）火灾应对方案

设立医院机动医生，在突发事件暴发时，到达医院治疗患者。

在备用仓库储备便搭建式病床与针对公共卫生问题暴发的药物工具等。

机动医生全部到医院工作，将医院后备仓库中准备的便搭建式病床全部利用起来，搭建在候诊区、患者家属等待区等位置（根据医院承载能力和实际情况储备病床数 48，机动医生设立 100 人编次）。

3）突发公共卫生事件应对方案

将自由工作区、普诊室医生全部调动为急诊医生，所有 EICU 病床与普诊区病床合并作为疫情暴发患者隔离就诊区（急诊室完全用于治疗疫情患者，急诊中心所有医生用来治疗患者）。

在备用仓库储备便搭建式病床与针对公共卫生问题暴发的药物工具等。

机动医生全部到医院工作，将医院后备仓库中准备的便搭建式病床全部利用起来，搭建在候诊区、患者家属等待区等位置（根据医院承载能力和实际情况储备病床数 48，机动医生设立 100 人编次）。

4. 应对方案数据分析

1）车祸应对方案

急诊病房满额次数为 3 次，普诊病房满额次数为 117 次。急诊病房繁忙时间占比为 7%，普诊病房繁忙时间占比为 28%。

患者等待超时人次见图 7.53。

| real 1 | real 2 | real 3 | real 4 |
|---|---|---|---|
| 一级病患等待超时人次 | 二级病患等待超时人次 | 三级病患等待超时人次 | 四级病患等待超时人次 |
| 14.00 | 0.00 | 1.00 | 0.00 |
|  |  |  |  |
|  |  |  |  |
|  |  |  |  |

图 7.53　患者等待超时人次（车祸应对方案）

病床占用情况见图 7.54。

| 急诊病床使用率 | 普诊病床使用率 |
|---|---|
| 0.61 | 0.41 |
|  |  |
|  |  |
|  |  |

图 7.54　病床占用情况（车祸应对方案）

医生繁忙程度见表 7.25。

表 7.25　医生繁忙程度（车祸应对方案）

| 班次 | 普诊医生工作时间比例 | 急诊医生工作时间比例 |
|---|---|---|
| 第一班 | 0.67 | 0.19 |
| 第二班 | 0.69 | 0.22 |
| 第三班 | 0.63 | 0.16 |

患者平均排队时间和平均移动时间见图 7.55。

| string | string 0 | integer 1 | time 2 | time 3 |
|---|---|---|---|---|
|  | 患者类型 | 患者数量 | 平均排队时间 | 平均移动时间 |
| 1 | 1 | 61 | 1.4710 | 33.9572 |
| 2 | 2 | 484 | 0.4196 | 30.7629 |
| 3 | 3 | 2661 | 5:10.2274 | 52.1137 |
| 4 | 4 | 730 | 5:12.4914 | 51.3700 |

图 7.55　患者平均排队和移动时间记录（车祸应对方案）

最大排队队长为 6，急诊室床位占用最高可达 49，普诊室床位占用最高可达 62，等待住院人数最多可达 49，EICU 同时接纳人数为 13。

**2）火灾应对方案**

急诊病房满额次数为 2 次，普诊病房满额次数为 158 次。急诊病房繁忙时间占比为 3%，普诊病房繁忙时间占比为 28%。

患者等待超时人次见图 7.56。

| real<br>1 | real<br>2 | real<br>3 | real<br>4 |
|---|---|---|---|
| 一级病患等待超时人次 | 二级病患等待超时人次 | 三级病患等待超时人次 | 四级病患等待超时人次 |
| 18.00 | 1.00 | 3.00 | 0.00 |
| | | | |
| | | | |
| | | | |

图 7.56　等待超时人次（火灾应对方案）

病床占用情况见图 7.57。

| real<br>1 | real<br>2 |
|---|---|
| 急诊病床使用率 | 普诊病床使用率 |
| 0.55 | 0.43 |
| | |
| | |
| | |

图 7.57　病床占用情况（火灾应对方案）

医生繁忙程度见表 7.26。

表 7.26　医生繁忙程度（火灾应对方案）

| 班次 | 普诊医生工作时间比例 | 急诊医生工作时间比例 |
|---|---|---|
| 第一班 | 0.67 | 0.17 |
| 第二班 | 0.68 | 0.22 |
| 第三班 | 0.65 | 0.19 |

患者平均排队时间和平均移动时间见图 7.58。

| string | string<br>0 | integer<br>1 | time<br>2 | time<br>3 |
|---|---|---|---|---|
| | 患者类型 | 患者数量 | 平均排队时间 | 平均移动时间 |
| 1 | 1 | 73 | 9.8586 | 29.3926 |
| 2 | 2 | 487 | 2.8608 | 33.7520 |
| 3 | 3 | 2677 | 5:13.6010 | 52.0578 |
| 4 | 4 | 745 | 5:13.9229 | 51.7037 |

图 7.58　患者平均排队和移动时间记录（火灾应对方案）

最大排队队长为 8，急诊室床位占用为 39，普诊室床位占用最高可达 24，等待住院人数最多可达 37，EICU 同时接纳人数可达 17。

3）公共卫生事件应对方案

急诊病房满额次数为 53 次，普诊病房满额次数为 94 次，加入机动医生之后，医院治疗能力得到进一步的扩张。急诊病房**繁忙**时间占比为 8%，普诊病房**繁忙**时间占比为 24%，诊室治疗繁忙度下降。

患者等待超时人次见图 7.59。

| integer 1 | integer 2 | integer 3 | integer 4 | integer 5 |
|---|---|---|---|---|
| 一级病患等待超时人次 | 二级病患等待超时人次 | 三级病患等待超时人次 | 四级病患等待超时人次 | 疫情患者等待超时人次 |
| 6 | 0 | 1 | 0 | 0 |
|  |  |  |  |  |

图 7.59　等待超时人次（公共卫生事件应对方案）

经过对就诊流程的调整，等待超时人次清零，说明诊室的治疗能力大幅提升，能够治疗大多数的患者。病床占用情况见图 7.60。

| real 1 | real 2 |
|---|---|
| 急诊病床使用率 | 普诊病床使用率 |
| 0.52 | 0.33 |
|  |  |

图 7.60　病床占用情况（公共卫生事件应对方案）

医生繁忙程度见表 7.27。

**表 7.27　医生繁忙程度（公共卫生事件应对方案）**

| 班次 | 普诊医生工作时间比例 | 急诊医生工作时间比例 |
|---|---|---|
| 第一班 | 0.60 | 0.14 |
| 第二班 | 0.54 | 0.82 |
| 第三班 | 0.54 | 0.15 |

疫情造成急诊室的医疗资源短缺，急诊中心调用临时的机动医生，在该时刻医生工作时间大大提升。

患者平均排队时间和平均移动时间见图 7.61。

最大排队队长为 6，急诊室床位占用最高可达 40，普诊室床位占用最高可达 14，等待住院人数最多可达 38，EICU 同时接纳人数可达 33。

| string | string 0 | integer 1 | time 2 | time 3 |
|---|---|---|---|---|
| string | 患者类型 | 患者数量 | 平均排队时间 | 平均移动时间 |
| 1 | 1 | 44 | 1.0825 | 31.3998 |
| 2 | 2 | 365 | 0.4323 | 33.9265 |
| 3 | 3 | 2088 | 5:12.6919 | 51.6802 |
| 4 | 4 | 583 | 5:13.6179 | 50.8341 |
| 5 | 5 | 57 | 7:47:28.6413 | 31.0036 |

图 7.61　患者平均排队和移动时间记录（公共卫生事件应对方案）

**5. 应对方案总结**

（1）通过对不同突发事件设计相应的应对方案，各级患者等待超时人次减少，最大队长的数值大幅下降，患者平均等待时长有所降低；各诊室病床使用率大幅上升，医生工作时间占比也有所提高；由于接待患者的数目和类型不同，进入 EICU 和留院观察的患者数目增多，对应增加了相应的病床数量来应对突发情况，使得医院治疗能力大幅提升。

（2）设立了自由工作医生与机动队伍，急诊等候区并未再出现有很多人排队等候且等候超时现象，有效地提高了急诊医院应对突发事件的能力以及普诊收纳患者的速度。并通过仿真模型表格记录可得知，在此类突发状况下，机动队伍与自由工作医生和大于等于 35，临时调用、机动护士和总数大于等于 90 即可。

（3）随着科技水平发展，医疗器械的更新很快，急诊医院拥有便于存储，能方便铺设、收起的收纳性病床具有可行性，并且仅需在急诊区准备五张以上，便可应对此类突发事件。

（4）机动队医生护士的调用、病床的铺设都需要时间，在仿真运行中可以忽略，过于理想化的数据调用一定还存在问题，过程中的细节还需完善，并应当提出好的解决应对办法。

# 7.3　总结与展望

## 7.3.1　主要结论

通过对急诊中心的建模仿真，对 H 医院急诊中心的治疗能力进行了评估，分析得到了急诊中心的运营瓶颈，并结合医院的布局，设计出优化后的就诊流程，改善了医疗资源的配置，进一步提升了医院的治疗能力。工作过程中的主要结论如下。

（1）现阶段医院急诊中心，基本能满足急诊室的治疗需求，但是急诊室的床位占用较为紧张，主要是由于等待住院的患者数量过多；普诊室的治疗能力较差，存在患者排队等候时间较长的现象主要是因为普诊室医生人数较少，急诊中心医疗资源配置不合理。

（2）通过改善资源配置，优化就诊流程，并且结合 SLP 原则设计出新的医院布局等措施，H 医院急诊中心治疗承载能力大幅上升，医生和诊室的平均工作时长大幅上升，患者平均等待时长、最大排队人数和等待超时人数大大减少。

（3）发生突发事件时，通过增加临时床位、值班医生的方法，在优化后的就诊流程下，急诊中心的治疗能力也能满足需求。

### 7.3.2　优化建议

针对 H 医院的急诊科现状，提出以下优化建议。

（1）合理配置医疗资源，适当增加普诊室的医生、急诊室的病床。

（2）设置一部分急诊医生可以在急诊室和普诊室工作，此时当普诊室医生资源不够时，可以临时借用急诊室的医生，治疗完成后，急诊医生再返回原有科室。

（3）设置一定数目的休假医生为应急医生，如果此时发生突发事件，本处于休息班次的医生临时调回医院以应对医疗资源紧张的情况。

（4）在医院储备一定数目的临时病床，应对不同情况的突发事件中各诊室床位紧缺的情况。

### 7.3.3　研究展望

本次研究包含数据拟合、科室划分、就诊优先度、医疗资源分配和突发事件及其应对策略等问题，但还有可以进一步研究的方面。

（1）通过进一步的调研，得到更多的原始数据，为数据拟合提供更多的依据，可以获得更好的拟合效果，更加准确地模拟医院的实际情况。

（2）要解决患者就诊时由于医疗资源不足产生的拥堵问题，希望通过进一步的调查信息，增加对医院就诊的了解，分析患者的就诊流程，提出更加完善的就诊流程的优化。

（3）对于医院的整体布局，现有算法无法具体了解医院的通道拥挤情况。可以结合现有的医院急诊部门布局，进行进一步的优化，提高就诊效率。

（4）可以考虑医院的医生与护士具体的休息时间，更加准确地模拟真实情况，防止医护人员工作强度过大。

## 参 考 文 献

[1]　周金平. 生产系统仿真：Plant Simulation 应用教程[M]. 北京：电子工业出版社，2011.

[2]　施於人，邓易元，蒋维. eM-Plant 仿真技术教程[M]. 北京：科学出版社，2009.

[3]　郭海男. 基于仿真优化的急诊医护人员能力计划与调度问题的研究[D]. 沈阳：东北大学，2013.

[4]　钦军. 医院急诊流程重组应用研究[D]. 上海：第二军医大学，2004.

[5]　张洪侠. 医院急诊急救管理的现状及对策研究[D]. 长春：吉林大学，2005.

# 第8章  纸飞机设计

## 8.1  案 例 介 绍

### 8.1.1  摘要

本书基于 SolidWorks 公司的 Paper Pilot 模拟器，针对不同形状纸飞机的重量、抬升翼角度、是否有翼尖小翼及抛飞方式进行组合模拟，使用响应曲面法进行逼近，得出了在该研究方案下不同形状纸飞机飞行距离最远的参数搭配及抛飞方案。在后续进行的数据分析中，综合得出了在该模拟器中的最优方案并形成了实验指导书，能够使操作者在指导书的指导下，以较大的容错率获得 45m 以上的飞行距离，具有较强的稳定性和可复现性。

### 8.1.2  问题描述

1. 研究问题

在 SolidWorks 公司的 Paper Pilot 模拟器环境下，探究纸飞机的形状、重量、抬升翼角度、是否有翼尖小翼、抛飞方式的最优化组合，使得纸飞机能够获得稳定的最远飞行距离。

2. 研究目标

（1）寻找最佳的参数搭配和抛飞方式，使得纸飞机的飞行距离最远。

（2）形成可靠详细的作业程序，使得未接触过该系统的人员能够依照作业程序得到相近的较远的飞行距离。

3. 预计难点

（1）高自由度的连续型变量。

（2）纸飞机的纸张重量、抬升翼角度及抛飞方式都可以认为是连续变化的自变量，不同自变量在发生连续变化时对于响应的影响难以预估，随之变化的高阶交互项也可能引起响应的剧烈波动，给实验带来了较大的难度。

（3）庞大的实验次数。

（4）如针对该实验进行 $2^k$ 全因子设计，则对于每一款纸飞机，$k$ 需取到至少 4 才能满足实验的需求。若对抛掷方式进行更多维度的描述，该数量仍然会增加。3 款飞机分别进行实验及今后后续验证会使得实验次数进一步上升，增大实验的时间成本。

（5）难以量化和调控的抛掷方式。

（6）在该模拟器中，实验者需通过拖曳纸飞机调整模拟器中抛飞者的姿态和力度，释放左键后模拟器将会自动模拟飞机的飞行轨迹并给出落点和出发点的水平距离。在对抛飞者的姿态进行调整时，很难做到精确重复和调整，给实验带来了较大的不确定性。

（7）多次实验的可重复性。

（8）由于对模拟器内部不同因子间的交互作用及各个因子对于响应的影响方式不明，在进行相同参数的重复实验时，很可能会因为参数的小幅改变带来响应变量的大幅抖动，从而影响实验结论的说服力和精度，也可能使得实验在其他人员进行复现时难度更大。

4．实施计划

1）自变量

为了刻画影响飞机飞行距离的因素，选择如下 6 个自变量进行分析。其中的抛掷角度和抛掷力度将模拟器中抛掷者的行为分解为两部分，以便更好地刻画抛掷行为。

（1）飞机种类（尖头飞机、方头飞机、平头飞机）。

（2）纸张重量（0～100g）。

（3）抬升翼角度（0～100°）。

（4）是否有翼尖小翼（0，1）。

（5）抛掷角度（−15°～70°）。

（6）抛掷力度，即抛掷者大臂和小臂外侧所成的夹角（30°～180°）。

2）混淆变量

（1）运行该模拟器的机器性能。

（2）不同实验人员评估角度的主观差异。

（3）鼠标等人机交互设备的信号抖动。

3）因变量

飞机的水平飞行距离。

4）目标

通过实验设计方法，得到使得飞机水平飞行距离最远且可复现的参数设计组合。

5）实验计划

（1）使用模拟器进行随机测试，使得实验人员在实验前熟悉该软件的操作流程。

（2）选择初始原点进行带有中心点的 $2^k$ 全因子设计，确认在该小区域内的最速上升方向（即对所得点进行一阶项回归）。

（3）以上一阶段获得的梯度方向进行上升使之以最快的速度远离初始原点，在该上升方向上择取有限个点进行实验，得到飞机水平飞行距离不再增长的转折点。

（4）以该转折点为第二次最速上升的原点，在原点附近以适当标准选取因子的不同水平，设计带有中心点的 $2^k$ 因子，对实验测得数据进行分析，得到在该区域内的最速上升方向。

（5）使用上一阶段得到的最速上升方向进行实验，在该直线上择取有限个点进行实验，得到飞机水平飞行距离不再增长的转折点。

（6）此时可认为该点接近于飞机水平飞行距离最远的最优化参数，以该点为原点，进行 $2^k$ 的响应曲面设计，分析得到最优的参数组合。

（7）使用该参数进行重复实验以及经验性的微调，确认该参数的正确性且能够复现。

#### 5. 结论验证

（1）鲁棒性测试：由 3 名实验者分别使用该参数进行实验，确认最远飞行距离的可复现并记录数据，若方差过大，可考虑使用田口设计进一步增强其鲁棒性，减少在投掷动作上的抖动对最终响应的影响。

（2）可复现性验证：寻找 3 名未使用过该系统的被试进行实验，要求认真阅读并严格按照作业指导书进行抛掷放飞，其水平飞行距离的均值能够在显著性水平为 0.05 时认为等于实验中所得到的最远距离。

## 8.2　问 题 解 决

### 8.2.1　研究过程

在本次研究中，主要采用了全因子分析、响应曲面分析等手段进行实验设计并通过对参数的调整得到最优解的参数组合。主要过程如下。

（1）实验人员对 SolidWorks 公司的 Paper Pilot 试飞模拟器进行了解和使用，学习调整参数的方法，并进行参数的确定。

（2）通过对实验的分析，可以发现此次实验中存在四种设计因子分别为飞机种类（尖头三角翼型 A、方头矩形翼型 B 和平头三角翼型）、翼尖小翼（存在或不存在）、纸张重量（0～100g 离散取值）及升降舵（0～100°离散取值）。同时存在两种投掷因子：投掷角度（-15°～70°）及投掷力度（30°～180°）。

（3）针对三种机型和是否存在翼尖小翼两个变量正交组合，共有六种组合，分别针对方头有翼尖小翼，方头无翼尖小翼，半尖头有翼尖小翼，半尖头无翼尖小翼，尖头有翼尖小翼和尖头无翼尖小翼六种情况开展实验。针对每一种组合，对剩下的四个因子（纸张重量、升降舵、投掷角度和投掷力度）进行带中心点的、区组数为 3 的 $2^k$ 全因子设计。在六组中，每组分别进行 51 次实验测试。其中，四个因子的水平都经过编码，实际水平如表 8.1 所示。

表 8.1　因子水平编码

| 因子 | 编码 | | |
| --- | --- | --- | --- |
| | -1 | 0 | 1 |
| 纸张重量 $A$ | 0 | 50 | 100 |
| 升降舵 $B$ | 0 | 50 | 100 |
| 投掷角度 $C$/(°) | 30 | 45 | 60 |
| 投掷力度 $D$/(°) | 90 | 120 | 150 |

　　针对全因子设计次序获取数据,将仿真参数分别按照不同编码的实际情况进行选定,利用量角器确定投掷角度和投掷力度,区组分析和随机打乱取点可以有效减小实验误差。

　　(4) 对六组实验分别进行全因子分析,在进行回归分析时,忽略双因子交互作用,得到仅包括单因子的线性回归方程,通过梯度进行最速上升法分析,得到优化方向。回归方程分别如表 8.2 所示。

表 8.2　实验组回归方程

| 实验组 | 回归方程 |
|---|---|
| 尖头有翼尖小翼 | $y = -0.24A - 7.35B - 1.82C - 8.03D + \text{CONSTANT}$ |
| 尖头无翼尖小翼 | $y = 1.54A - 7.59B - 2.1C - 7.39D + \text{CONSTANT}$ |
| 方头有翼尖小翼 | $y = 1.060A - 4.815B - 0.705C - 7.173D + 9.198$ |
| 方头无翼尖小翼 | $y = 0.515A - 4.073B + 0.644C - 4.727D + 6.548$ |
| 半尖头有翼尖小翼 | $y = 3.36A - 12.60B - 4.47C - 0.80D + 16.38$ |
| 半尖头无翼尖小翼 | $y = 1.33A - 6.51B - 0.18C - 6.79D + \text{CONSTANT}$ |

　　可以发现,不同的飞机类型之间回归方程差异较大,是否有翼尖小翼对回归方程影响也较大。由于后续将继续逼近,回归方程只考虑了单因子的线性回归。

　　(5) 以上一阶段获得的梯度方向进行上升使之以最快的速度远离初始原点,在该上升方向上择取有限点进行实验,得到飞机水平飞行距离不再增长的转折点。在这里,梯度分别为因子前的系数,在最速上升中,确定最速上升方向。得到的实验数据如表 8.3~表 8.8 所示。

表 8.3　尖头有翼尖小翼

| $A$ | $B$ | $C$ | $D$ | 距离 1 | 距离 2 | 距离 3 | 距离 |
|---|---|---|---|---|---|---|---|
| 50 | 50 | 45 | 120 | 29.3 | 28.3 | 29.9 | 29.16667 |
| 48.5 | 39 | 41.6 | 90 | 26.8 | 27.7 | 28.3 | 27.6 |
| 47 | 28 | 38.2 | 60 | 26.2 | 26 | 26.2 | 26.13333 |
| 45.5 | 17 | 34.8 | 30 | 16.5 | 16.9 | 17.9 | 17.1 |

表 8.4　尖头无翼尖小翼

| $A$ | $B$ | $C$ | $D$ | 距离 1 | 距离 2 | 距离 3 | 距离 |
|---|---|---|---|---|---|---|---|
| 50 | 50 | 45 | 120 | 29.3 | 28.1 | 28.3 | 28.56667 |
| 60 | 45 | 40.85 | 117 | 29.5 | 28.4 | 29.7 | 29.2 |
| 70 | 40 | 36.7 | 114 | 25.9 | 26.1 | 25.6 | 25.86667 |
| 80 | 35 | 32.55 | 111 | 18.9 | 17.3 | 18.3 | 18.16667 |

**表8.5 半尖头有翼尖小翼**

| A | B | C | D | 距离1 | 距离2 | 距离3 | 距离 |
|---|---|---|---|---|---|---|---|
| 60 | 46.25 | 44.6 | 119.86 | 13 | 12.4 | 13.4 | 12.93333 |
| 70 | 42.5 | 44.2 | 119.72 | 15.2 | 15.9 | 15.5 | 15.53333 |
| 80 | 38.75 | 43.8 | 119.58 | 20.2 | 21.3 | 21.2 | 20.9 |
| 90 | 35 | 43.4 | 119.44 | 22.2 | 21.7 | 20 | 21.3 |
| 100 | 31.25 | 43 | 119.3 | 25.1 | 22.5 | 26.3 | 24.63333 |
| 95 | 33.125 | 43.2 | 119.37 | 24.5 | 21.7 | 25.5 | 23.9 |

**表8.6 半尖头无翼尖小翼**

| A | B | C | D | 距离1 | 距离2 | 距离3 | 距离 |
|---|---|---|---|---|---|---|---|
| 50 | 50 | 45 | 120 | 22.5 | 22.6 | 21.4 | 22.16667 |
| 49 | 45 | 44.96 | 117 | 26.2 | 23.7 | 26.5 | 25.46667 |
| 48 | 40 | 44.92 | 117 | 31.5 | 28.5 | 29.6 | 29.86667 |
| 47 | 35 | 44.88 | 117 | 26.1 | 25.5 | 25.8 | 25.8 |

**表8.7 方头有翼尖小翼**

| A | B | C | D | 距离1 | 距离2 | 距离3 | 距离 |
|---|---|---|---|---|---|---|---|
| 50 | 50 | 45 | 120 | 16.3 | 16.7 | 16.7 | 16.56667 |
| 53.69441 | 33.21832 | 45.73714 | 105 | 23.4 | 22.6 | 22.1 | 22.7 |
| 57.38882 | 16.43664 | 46.47428 | 90 | 24.5 | 23 | 25 | 24.16667 |
| 61.08323 | −0.34504 | 47.21142 | 75 | 23.7 | 23.5 | 19.9 | 22.36667 |

**表8.8 方头无翼尖小翼**

| A | B | C | D | 距离1 | 距离2 | 距离3 | 距离 |
|---|---|---|---|---|---|---|---|
| 50 | 50 | 45 | 120 | 14.6 | 14.6 | 14.9 | 14.7 |
| 52.72371 | 28.45885 | 46.02179 | 105 | 20.1 | 19.9 | 19.6 | 19.86667 |
| 55.44743 | 6.917707 | 47.04358 | 90 | 25.7 | 25.7 | 25.7 | 25.7 |
| 56.3199 | 0 | 47.38777 | 85.18 | 25.7 | 25.9 | 25.2 | 25.6 |

（6）在转折点附近设置高低变量，以转折点为中心点继续进行全因子设计，新的变量水平差值比转折点与周围点距离略大。可以发现，在新的变量水平中，变量水平之间的差异值变小。针对新的变量水平进行新的因子分析，并得到新的回归方程如表 8.9 所示。

**表 8.9　新变量水平的新回归方程**

| 实验组 | 回归方程 |
|---|---|
| 尖头有翼尖小翼 | $y = 29.783 - 0.458A - 0.008B - 1.767C - 0.933D$ |
| 尖头无翼尖小翼 | $y = 26.738 + 0.096A - 0.329B - 1.904C + 2.904D$ |
| 方头有翼尖小翼 | $y = 21.592 + 1.138A - 0.221B - 5.321C - 3.204D$ |
| 方头无翼尖小翼 | $y = 12.86 + 0.7A - 0.12B + 0.61C - 6.21D$ |
| 半尖头有翼尖小翼 | $y = 0.49A - 0.73B - 13.31C + 1.92D + 21.63$ |
| 半尖头无翼尖小翼 | $y = 27.39 - 0.43A - 1.25B + 0.63C + 6.85D$ |

在这一步中，回归方程进一步逼近了最高值下的真实情况。由于是逼近项，所以此回归中只考虑了一次项。与第一次的回归方程进行比较可以发现，参数在减小，考虑到梯度的作用是找到优化方向，可以发现，在前两次的调整中，各个参数影响减小，梯度的减小同时说明选取的参数已经到了极值的周围。

（7）第二次逼近和第四步相似，以上一阶段获得的新的梯度方向进行上升使之以最快的速度远离初始原点，在该上升方向上择取有限点进行实验，得到飞机水平飞行距离不再增长的转折点。

在新的转折点周围，以转折点为中心点，选取新的变量水平，使用响应曲面法进行分析，获得了新的回归方程，实验数据见附表，minitab 分析过程如图 8.1～图 8.8 所示。

| 常数<br>Term | 效应<br>Effect | 系数<br>Coef | 标准误差系数<br>SE Coef | T值<br>T-Value | P值<br>P-Value | 方差膨胀因子<br>VIF |
|---|---|---|---|---|---|---|
| Constant | | 40.400 | 0.946 | 42.70 | 0.000 | |
| A | 0.350 | 0.175 | 0.193 | 0.91 | 0.378 | 1.00 |
| B | 0.400 | 0.200 | 0.193 | 1.04 | 0.316 | 1.00 |
| C | −3.800 | −1.900 | 0.193 | −9.84 | 0.000 | 1.00 |
| D | −1.550 | −0.775 | 0.193 | −4.01 | 0.001 | 1.00 |
| A*A | −4.633 | −2.317 | 0.966 | −2.40 | 0.029 | 1.00 |
| A*B | −2.250 | −1.125 | 0.193 | −5.83 | 0.000 | 1.00 |
| A*C | 0.517 | 0.258 | 0.193 | 1.34 | 0.200 | 1.00 |
| A*D | 0.367 | 0.183 | 0.193 | 0.95 | 0.357 | 1.00 |

Coded Coefficients 编码系数

非编码单元回归公式
Regression Equation in Uncoded Units

飞行距离 = −254.1 + 1.77 A + 3.200 B − 0.438 C − 0.169 D − 0.0927 A*A
　　　　− 0.04500 A*B + 0.00517 A*C + 0.00244 A*D

图 8.1　尖头有翼尖小翼

| 常数<br>Term | 效应<br>Effect | 系数<br>Coef | 标准误差系数<br>SE Coef | T值<br>T-Value | P值<br>P-Value | 方差膨胀因子<br>VIF |
|---|---|---|---|---|---|---|
| Constant | | 40.216 | 0.889 | 45.23 | 0.000 | |
| A | −0.223 | −0.112 | 0.506 | −0.22 | 0.828 | 10.00 |
| B | −0.708 | −0.354 | 0.160 | −2.21 | 0.042 | 1.00 |
| C | −1.825 | −1.912 | 0.160 | −5.70 | 0.000 | 1.00 |
| D | 1.025 | 0.513 | 0.160 | 3.20 | 0.006 | 1.01 |
| A*A | 2.871 | 1.435 | 0.804 | 1.78 | 0.093 | 1.01 |
| A*B | 0.142 | 0.071 | 0.160 | 0.44 | 0.664 | 1.00 |
| A*C | −0.308 | −0.154 | 0.160 | −0.96 | 0.350 | 4.24 |
| A*D | −0.592 | −0.296 | 0.160 | −1.85 | 0.083 | 6.76 |

Coded Coefficients 编码系数

非编码单元回归公式
Regression Equation in Uncoded Units

飞行距离 = 142.9−4.97 A−0.212 B + 0.063 C + 0.347 D + 0.574 A*A
+ 0.00283 A*B−0.00308 A*C−0.00592 A*D

图 8.2　尖头无翼尖小翼

已编码系数

| 项 | 系数 | 系数标准误 | T值 | P值 | 方差膨胀因子 |
|---|---|---|---|---|---|
| 常量 | 21.632 | 0.716 | 30.22 | 0.000 | |
| A | 0.488 | 0.730 | 0.67 | 0.513 | 1.00 |
| B | −0.729 | 0.730 | −1.00 | 0.331 | 1.00 |
| C | −13.312 | 0.730 | −18.22 | 0.000 | 1.00 |
| D | 1.921 | 0.730 | 2.63 | 0.017 | 1.00 |
| A*B | −6.279 | 0.730 | −8.60 | 0.000 | 1.00 |

图 8.3　半尖头有翼尖小翼

Coded Coefficients 编码系数

| 常数<br>Term | 效应<br>Effect | 系数<br>Coef | 标准误差系数<br>SE Coef | T值<br>T-Value | P值<br>P-Value | 方差膨胀因子<br>VIF |
|---|---|---|---|---|---|---|
| Constant | | 39.178 | 0.760 | 51.55 | 0.000 | |
| A | −1.747 | −0.874 | 0.757 | −1.15 | 0.265 | 17.13 |
| B | −1.875 | −0.938 | 0.197 | −4.76 | 0.000 | 1.16 |
| C | −3.502 | −1.751 | 0.197 | −8.89 | 0.000 | 1.16 |
| D | −0.078 | −0.039 | 0.197 | −0.20 | 0.845 | 1.16 |
| A*A | −1.375 | −0.687 | 0.914 | −0.75 | 0.463 | 17.00 |
| A*B | −1.125 | −0.063 | 0.183 | −0.34 | 0.737 | 1.16 |
| A*C | −0.358 | −0.179 | 0.183 | −0.98 | 0.342 | 1.25 |
| A*D | 0.325 | 0.162 | 0.183 | 0.89 | 0.387 | 1.20 |

非编码单元回归公式
Regression Equation in Uncoded Units

飞行距离 = 5.2 + 2.59 A−0.063 B + 0.004 C−0.111 D−0.0275 A*A
−0.00250 A*B−0.00358 A*C + 0.00217 A*D

图 8.4　半尖头无翼尖小翼

| 已编码系数 | | | | | |
|---|---|---|---|---|---|
| 项 | 系数 | 系数标准误 | T值 | P值 | 方差膨胀因子 |
| 常量 | 31.623 | 0.339 | 93.26 | 0.000 | |
| A | 0.750 | 0.269 | 2.78 | 0.013 | 1.00 |
| B | −0.511 | 0.269 | −1.90 | 0.076 | 1.00 |
| C | −0.906 | 0.269 | −3.36 | 0.004 | 1.00 |
| D | 1.783 | 0.269 | 6.62 | 0.000 | 1.00 |
| A*A | −0.617 | 0.710 | −0.87 | 0.397 | 2.91 |
| B*B | 0.533 | 0.710 | 0.75 | 0.463 | 2.91 |
| C*C | −0.117 | 0.710 | −0.16 | 0.871 | 2.91 |
| D*D | −0.817 | 0.710 | −1.15 | 0.267 | 2.91 |
| A*B | 0.987 | 0.286 | 3.46 | 0.003 | 1.00 |
| A*C | −0.200 | 0.286 | −0.70 | 0.494 | 1.00 |
| A*D | −0.337 | 0.286 | −1.18 | 0.255 | 1.00 |
| B*C | −0.912 | 0.286 | −3.19 | 0.006 | 1.00 |
| B*D | 0.250 | 0.286 | 0.87 | 0.395 | 1.00 |
| C*D | 0.387 | 0.286 | 1.36 | 0.194 | 1.00 |

图 8.5 方头有翼尖小翼（a）

以未编码单位表示的回归方程

距离 = 31.623 + 0.750 A−0.511 B−0.906 C + 1.783 D−0.617 A*A + 0.533 B*B−0.117 C*C

−0.817 D*D + 0.987 A*B−0.200 A*C−0.337 A*D−0.912 B*C + 0.250 B*D + 0.387 C*D

图 8.6 方头有翼尖小翼（b）

| 已编码系数 | | | | | |
|---|---|---|---|---|---|
| 项 | 系数 | 系数标准误 | T值 | P值 | 方差膨胀因子 |
| 常量 | 24.20 | 2.06 | 11.74 | 0.000 | |
| A | −0.37 | 1.64 | −0.22 | 0.826 | 1.00 |
| B | −0.41 | 1.64 | −0.25 | 0.805 | 1.00 |
| C | −2.72 | 1.64 | −1.66 | 0.116 | 1.00 |
| D | −1.39 | 1.64 | −0.85 | 0.407 | 1.00 |
| A*A | −2.54 | 4.31 | −0.59 | 0.564 | 2.91 |
| B*B | −1.24 | 4.31 | −0.29 | 0.777 | 2.91 |
| C*C | −1.74 | 4.31 | −0.40 | 0.691 | 2.91 |
| D*D | −1.39 | 4.31 | −0.32 | 0.751 | 2.91 |
| A*B | −3.54 | 1.74 | −2.04 | 0.058 | 1.00 |
| A*C | −0.27 | 1.74 | −0.15 | 0.879 | 1.00 |
| A*D | −0.08 | 1.74 | −0.05 | 0.963 | 1.00 |
| B*C | 0.04 | 1.74 | 0.03 | 0.980 | 1.00 |
| B*D | 0.21 | 1.74 | 0.12 | 0.907 | 1.00 |
| C*D | 2.63 | 1.74 | 1.51 | 0.149 | 1.00 |

图 8.7 方头无翼尖小翼（a）

以未编码单位表示的回归方程

C9 = 24.20−0.37 A−0.41 B−2.72 C−1.39 D−2.54 A*A−1.24 B*B−1.74 C*C−1.39 D*D

−3.54 A*B−0.27 A*C−0.08 A*D + 0.04 B*C + 0.21 B*D + 2.63 C*D

图 8.8 方头无翼尖小翼（b）

在响应曲面分析中，增加了二次项和二次交互项的设计，在响应曲面设计中，可以直接通过 minitab 得到最优值的参数选择，参数如表 8.10 所示。

表 8.10　最优值的参数选择表

|  | $A$ | $B$ | $C$ | $D$ | 距离 |
|---|---|---|---|---|---|
| 尖头有翼尖小翼 | 48 | 55 | 20 | 89 | 43.5 |
| 尖头无翼尖小翼 | 55 | 40 | 28 | 131 | 40.7 |
| 方头有翼尖小翼 | 60 | 20 | 15 | 102 | 35.19 |
| 方头无翼尖小翼 | 56 | 20 | 15 | 102 | 28.45 |
| 半尖头有翼尖小翼 | 88 | 20 | 10 | 150 | 46.3 |
| 半尖头无翼尖小翼 | 48 | 35 | 35 | 108 | 42.6 |

可以发现，在同种情况下，是否有翼尖小翼对最优值影响不是很大。针对实际的最优值进行一定的经验调参，得到稳定情况下的最优值如表 8.11 所示。

表 8.11　经验调参表

|  | $A$ | $B$ | $C$ | $D$ | 距离 |
|---|---|---|---|---|---|
| 尖头有翼尖小翼 | 44 | 55 | 20 | 119 | 41 |
| 尖头无翼尖小翼 | 55 | 40 | 28 | 131 | 41.2 |
| 方头有翼尖小翼 | 60 | 20 | 15 | 120 | 33.9 |
| 方头无翼尖小翼 | 60 | 10 | 30 | 120 | 30.5 |
| 半尖头有翼尖小翼 | 91 | 20 | 10 | 150 | 49 |
| 半尖头无翼尖小翼 | 45 | 35 | 35 | 108 | 43.1 |

比较理论最优值和实际最优值可以发现，理论最优值和实际最优值区别较小。半尖头类型飞机在实际和理论中都有最好的表现，尖头类型飞机其次，方头类型飞机表现最差。理论最优值和实际最优值差距较小也表现出在不断的逼近中，在第二次逼近之后找到的转折点已经在极值点的周围。

## 8.2.2　结果分析

从飞行距离数据中可以发现，实际最优值的距离表现如表 8.11 所示。

可以发现半尖头有翼尖小翼的表现最好，方头无翼尖小翼表现最差。在参数选择中，同类型的飞机参数设置比相近。响应曲面中最优表现的参数设置比如表 8.12 所示，可以发现响应曲面中最优表现的参数设置与实际最优值的参数设置比较一致。

**表 8.12　响应曲面方法的最优表现的参数设置表**

| | $A$ | $B$ | $C$ | $D$ | 距离 |
|---|---|---|---|---|---|
| 尖头有翼尖小翼 | 48 | 55 | 20 | 89 | 43.5 |
| 尖头无翼尖小翼 | 55 | 40 | 28 | 131 | 40.7 |
| 方头有翼尖小翼 | 60 | 20 | 15 | 102 | 35.19 |
| 方头无翼尖小翼 | 56 | 20 | 15 | 102 | 28.45 |
| 半尖头有翼尖小翼 | 88 | 20 | 10 | 150 | 46.3 |
| 半尖头无翼尖小翼 | 48 | 35 | 35 | 108 | 42.6 |

　　针对表现最好的半尖头有翼尖小翼进行分析，参数如图 8.9 所示。可以发现参数中，$A$，$B$ 的 $p$ 值较大，因子 $C$，$D$ 与交叉项 $A*B$ 的 $p$ 值都较小，参数显著性比较高。

| 已编码系数 | | | | | |
|---|---|---|---|---|---|
| 项 | 系数 | 系数标准误 | T值 | P值 | 方差膨胀因子 |
| 常量 | 21.632 | 0.716 | 30.22 | 0.000 | |
| A | 0.488 | 0.730 | 0.67 | 0.513 | 1.00 |
| B | −0.729 | 0.730 | −1.00 | 0.331 | 1.00 |
| C | −13.312 | 0.730 | −18.22 | 0.000 | 1.00 |
| D | 1.921 | 0.730 | 2.63 | 0.017 | 1.00 |
| A*B | −6.279 | 0.730 | −8.60 | 0.000 | 1.00 |

图 8.9　半尖头有翼尖小翼 minitab 分析图

主效应图如图 8.10 所示。

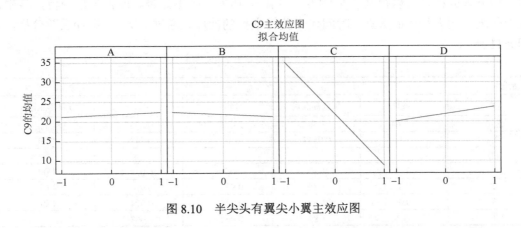

图 8.10　半尖头有翼尖小翼主效应图

　　从图 8.10 主效应图可以看出，$A$，$B$ 在这个区域内对结果影响较小，$C$，$D$ 影响较大，考虑到 $A$，$B$ 因子更易调整，准确度高，对于 $C$，$D$ 因子不易调整，所以在确认 $A$，$B$ 基本达到峰值的情况下调整 $C$, $D$ 更合理。

　　在实验中，按照实际最优值的参数设置进行了六次以上的重复实验，发现在实际最优值的参数配比中，距离保持稳定。邀请非实验相关人员进行实验，在指导非实验相关人员熟悉软件之后，测得数据如表 8.13 和表 8.14 所示。

**表 8.13　实际最优参数下的轻纸下抛法实验数据表**

| 1 | 2 | 3 | 4 | 5 | 6 | 7 | 8 | 9 | 10 | 平均 | 标准差 |
|---|---|---|---|---|---|---|---|---|---|---|---|
| 48.8 | 47.3 | 49 | 48.8 | 48.3 | 48.8 | 48 | 47.4 | 47.9 | 49 | 48.33 | 0.64816 |
| 45.3 | 45.3 | 45.1 | 45.7 | 45.4 | 44.8 | 44 | 44.5 | 45.6 | 45.1 | 45.08 | 0.520256 |
| 44.9 | 45.4 | 44.2 | 44.2 | 44.6 | 44.6 | 45.3 | 45.6 | 45.2 | 45.7 | 44.97 | 0.551866 |
| 45.7 | 45.1 | 45.3 | 45.4 | 46.5 | 46.3 | 45.9 | 45.7 | 46.2 | 46.4 | 45.85 | 0.490465 |
| | | | | | | | | | | 46.0575 | 1.472637 |

**表 8.14　实际最优参数下的重纸上抛法实验数据表**

| 1 | 2 | 3 | 4 | 5 | 6 | 7 | 8 | 9 | 10 | 平均 | 标准差 |
|---|---|---|---|---|---|---|---|---|---|---|---|
| 44.9 | 44.4 | 45.4 | 46.2 | 44.2 | 45 | 46.7 | 44.9 | 45.1 | 46 | 45.28 | 0.798332 |
| 43.5 | 43 | 41.9 | 43.4 | 41.8 | 43.2 | 43.1 | 42.9 | 42.7 | 43.4 | 42.89 | 0.600833 |
| 42.8 | 42.5 | 40.8 | 40.5 | 41.5 | 41.2 | 41.8 | 43 | 41.4 | 41.1 | 41.66 | 0.851404 |
| 46.6 | 45.8 | 47.2 | 45.8 | 45.9 | 46.6 | 47 | 46.4 | 45.9 | 45.7 | 46.29 | 0.544569 |
| | | | | | | | | | | 44.03 | 1.987422 |

　　可以看出，轻纸下抛法得到的数据表现得更为出色。均值与理论最远值差距很小。对其做方差分析，可以得到 $p$ 值为 0，均值与 46.3 差距不显著。做鲁棒性分析，其中，批次代表不同人得到的数据，时间代表获得数据的次序，通过 minitab 进行系数分析，如图 8.11 所示。

| 系数 | | | | | |
|---|---|---|---|---|---|
| 项 | 系数 | 系数标准误 | T值 | P值 | 方差膨胀因子 |
| 常量 | 44.64 | 1.58 | 28.21 | 0.000 | |
| 月 | 0.0177 | 0.0547 | 0.32 | 0.748 | 1.00 |
| 批次 | | | | | |
| 1 | 3.31 | 1.82 | 1.82 | 0.078 | 1.00 |
| 2 | 0.07 | 1.82 | 0.970 | 0.970 | 1.01 |
| 3 | 0.06 | 1.82 | 0.974 | 0.974 | 1.01 |
| 4 | −3.44 | 1.82 | 0.068 | 0.068 | * |

图 8.11　轻纸下抛法鲁棒性分析

在规定值为（42，50）时，批次 1 和批次 4 合格。稳定性分析如图 8.12 所示。

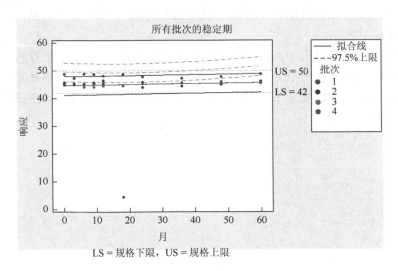

LS = 规格下限，US = 规格上限

图 8.12 轻纸下抛法稳定性分析

## 8.3 总结与展望

### 8.3.1 实验结论

（1）不同飞机的最远飞行距离不同，半尖头飞机选择最优参数搭配时的最远飞行距离最远，且存在两种不同搭配（1 为选择重纸和小抬升角，向上抛飞；2 为选择轻纸和较小抬升角，向下抛飞）。

（2）实验可能存在多个最优化参数，即可能存在多个最优点，但响应曲面仅仅能够获得其中一个最优点。

（3）带有翼尖小翼的飞机，飞行距离显著大于没有翼尖小翼情况下的同种类同参数飞机。

（4）飞机的水平飞行距离对抛掷角度的变化最为敏感，对纸张重量的变化最不敏感。

（5）该模拟器不存在随机性或随机性极小，当参数完全固定时，能够实现完全的结果复现。

### 8.3.2 前景展望

（1）在当前的实验条件下，角度仍然难以实现精确的测量和调整，若能够采用更加精确的实验策略（如机器视觉辅助测量等），能够更进一步减少人手抖动，提高实验精度。

（2）响应曲面法不能同时获得多个最优化参数，因而在未来实验中可以进行更多组实验，绘制其等高线图，确定最高点的分布。

（3）当前的最优参数下，纸飞机的水平飞行距离仍然对不易控制的抛掷角度较为敏感，若有可能，应当在该区域内选择鲁棒性更强的区域，减小噪声对最终结果的影响，降低复现难度。

（4）在进行实验的过程中，发现当飞机的飞行角度与地面近乎平行时，能够再次借助上升气流和抬升翼飞行约 16m 的距离，如果能够调节使得飞机能够在第一次接近地面时角度近乎水平，则可以实现纸飞机的"打水漂"运动，借助该特征在原有基础上继续飞行可观的距离。

# 第 9 章　考虑灾害响应的应急设施预定位选址

## 9.1　案　例　介　绍

### 9.1.1　研究背景和意义

近年来，随着全球气候的异常多变，全球灾害频繁发生，无时无刻不在威胁着人们的生命与财产安全。由图 9.1 可见，伴随着世界经济的快速发展，高科技城市化进程不断加快，社会面临着人口、生态、环境等一系列问题，各种自然灾害频繁、交替出现，给人民的生命、财产安全带来了巨大威胁。为了切实保障人民的生命、财产安全，必须构建一套完善且科学的应急物资调配网络。应急物资调配网络是实现物资储备点与受灾点物资调配的基础，而应急设施预选址问题则是构建应急物资调配网络的核心与灵魂，所以解决应急设施预定位选址问题至关重要。

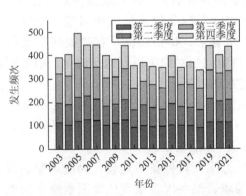

(a) 2003～2021 年世界灾难发生总频次统计

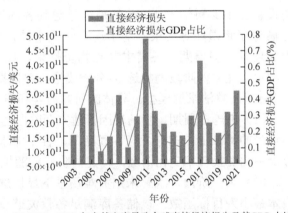

(b) 2003～2021 年自然灾害导致全球直接经济损失及其 GDP 占比

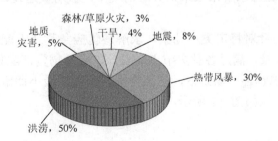

(c) 2003～2021 年世界各类灾难发生频次及概率分布

图 9.1　问题背景

　　应急设施预定位选址是在灾难发生前预先确定应急物资储备库建设位置并合理安排物资调配方案的过程，旨在满足各个灾难点物资需求的前提下，尽可能地缩小应急物资调配网络运行总成本。随着世界自然灾害的频繁发生，应急设施选址不合理、应急物资调配方案成本过高等问题日益突出，严重影响救灾效率。因此，必须尽快建立一套科学、精确的应急设施选址与物资调配方案，提高救灾、物资输送决策的科学性，在灾难发生前对应急设施选址进行预定位并制定科学的物资调配方案，以便在灾难来临时提高应急物资流通效率，加快救灾进程。在目前的应急设施预定位问题研究中，众多学者在选址建模时从不同角度出发，基于许多不同约束限制进行了一系列的研究，但在考虑应急物资储备库时效性和各种约束条件联合来构建数学模型方面的研究较少，尤其在研究应急物资储备库选址问题的同时还需要考虑其数量、位置、储备库的容量及存储损耗率等一系列问题，而已有研究在此方面的研究并不充分。本课题较好地弥补了已有相关研究领域的空缺，考虑多场景、多周期、储备设施容量等一系列约束，为应急设施选址问题研究提供新思路。

## 9.1.2　研究内容及技术路线

　　已有研究在选址建模时考虑许多不同约束限制进行了一系列的研究，但在约束条件的设置上不够科学严谨，尤其是未考虑到各周期下储备库容量、各需求点需求量变化、运输与存储损耗等约束。基于现有研究空缺，本文针对应急设施预选址问题，充分考虑多场景、多周期下各需求节点物资需求、储备库容量、物资运输、存储损耗率变化等约束，建立两阶段随机选址-分配模型，并根据特定问题对模型进行迭代优化，最后利用 Benders 算法求解模型。具体的研究内容和研究方案如下。

　　（1）考虑多周期、多场景因素建立两阶段随机选址-分配模型。本文在考虑多周期、多场景的基础上，充分考虑各周期下，各个需求节点、储备库的需求量、容量及运输、存储中物资损耗率变化情况，构建两阶段的随机选址-分配模型。

　　（2）第一阶段，求解未知灾难场景下最优选址方案。以储备库建设、物资调配期望成本最小为目标函数，以储备库满足各救灾节点需求、储备库容量变化等因素建立约束条件，利用 Benders 算法求解未知未来灾难情境下，总期望建设、运输成本最小的储备库建设方案。

　　（3）第二阶段，针对特定灾难场景，求解最优应急物资调配方案。基于第一阶段假设，针对具体灾难场景，满足各救灾节点需求，以应急物资调配总成本最小为目标函数，利用 Benders 算法求解各个场景下，应急物资调配网络最小期望总成本。

　　本文研究技术路线如图 9.2 所示。

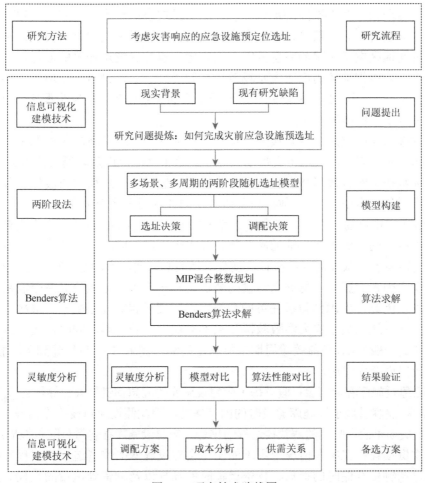

图 9.2 研究技术路线图

# 9.2 模型及算法求解

## 9.2.1 一般问题描述

灾难的发生受到多重因素的影响,不同规模的灾难会对人类社会造成不同程度的破坏。同时,由于灾难发生后灾区情况不稳定,救援需求会随时间发生变化,因此灾后救援工作的开展具有周期性。应急救援的总目标是通过有效的应急救援行动,尽可能地降低事故的后果,包括人员伤亡、财产损失和环境破坏等。提前建立应急设施库、设计不同规模下的救援方案,能够便于相关决策人员快速有效地响应并提供紧急救援和支持,对救灾抗灾具有很强的现实意义。

### 1. 问题涉及的决策

从灾害响应的应急设施建设与调配方案决策问题出发,本章建立两阶段随机规划模型,涉及以下对象。

（1）灾难场景：对于不同的地区而言，其所受灾害的种类和频率会有很大差距。因此，在不同地区的应急方案中，需要考虑不同的灾难场景及发生频率情况，从而建立能够综合满足此地区灾难情况的应急预案。而考虑到自然界灾难场景的多样性，为了简便计算和模型，应根据破坏力度对灾难场景进行归类分级。假设将一个地区不同级别的灾难场景记为 $\omega \in S$，并在分级的基础上对不同等级的灾难场景进行发生概率的计算，记发生第 $\omega$ 个灾难场景的概率为 $\pi_\omega$。

（2）救援周期：灾后应急救援是一项阶段性的活动。本章将救援时间范围限制在灾难发生后的立即反应。在人道主义后勤文献中，这个立即反应阶段通常假设为 72 小时。而根据实际救援中的救援形势会随时间发生变化。假设将全过程的救援任务分为 $P$ 个周期，对于不同救援周期 $p \in P$，救援任务所涉及的各种要素将产生变化。

（3）潜在灾难点物资需求：假设每个潜在灾难点物资需求为 $D_{jp}^\omega$。由于灾难场景对地区的破坏程度不同，灾难发生地的应急物资需求也不同。同时，在灾难发生后，应急物资需求也会随着整个救援周期的推移而变化。然而必须要注意的是，在救援行动开展时，由于各种现实因素的影响，每周期运输的救援物资一般不一定能恰好完全满足当下灾区的救援需求。因此，考虑到救援任务的容错性，需要设置惩罚系数 $\gamma$，来尽量规避那些尽管总救援成本达到最小但大多数救援需求不能被满足的方案。同时，出于人道主义以及应急救援的一般原则，当前救援周期未能满足的物资需求量 $s_{jp}^\omega$ 将累计到下一救援周期，并在下一救援周期优先满足。

（4）应急设施库存储容量：假设每个应急设施库的应急物资最大存储量为 $Q_{ip}^\omega$。由于应急设施库的存储容量属于设施库建设时的固有属性，因此假设应急设施库的最大存储容量不会受到救援场景的影响。随着救援进程的推进，应急设施库存容量只随救援周期变化。

（5）物资损耗：在实际情况中灾难的发生会对设施库的物资造成一定程度的损耗，这种损耗包括物资存储时的损耗、物资运输时的损耗以及物资到达后的损耗。考虑到建模的简洁性，假设整个过程的全部物资存在一个完备率 $\rho$，从设施库发出的全部物资乘以物资完备率 $\rho$ 后，即为最终供应到灾难地点的实际物资量。对于不同的应急场景和救援周期，应急设施库的应急物资的完备率不同。因此，假设第 $\omega$ 个场景在第 $p$ 个周期中，第 $i$ 个物资储备库的物资完备率为 $\rho_{ip}^\omega$。

根据以上对象细节，本问题涉及的决策过程如下。

（1）灾难发生前，决策人员需要考虑多个可能发生的灾难场景的情况，综合选择应急设施库的建设数量和建设地点。决策者考虑每个灾难场景 $\omega \in S$ 以一定的概率 $\pi_\omega$ 发生，而在每个灾难场景中，救援活动将以 $p \in P$ 个周期进行。决策者确定的应急设施库建设方案应满足以整个救援任务的总成本最低为目标，并能够基本承担全部潜在灾难点的物资运输任务。

（2）灾难发生后，在确定的灾难场景的每个救援周期内，决策人员需要考虑救援物资的调配问题，即确定每个应急设施储备库 $i \in V^F$ 的服务对象，以及确定每个救援周期中应急设施储备库 $i$ 所服务的灾难点 $j \in V^D$ 的运输物资量 $z_{ijp}^\omega$ 的大小。调配方案应以总运输成本最低为目标，并能够尽量承担每周期全部潜在灾难点的物资运输任务，而本周期未完成的运输任务 $s_{jp}^\omega$ 将在下一周期优先完成。设施规划概念图如图 9.3 所示。

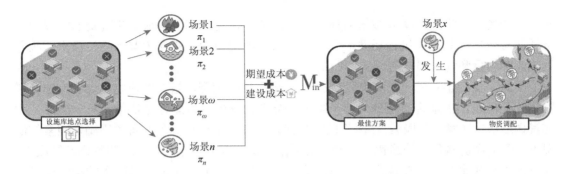

图 9.3　设施规划概念图

2. 问题涉及的成本

（1）应急设施库建设成本：灾难发生前根据建设方案建设应急设施库时，需要花费土地费、建筑费等一系列建设成本。不考虑现实差异，假设每个应急设施库花费的成本相同，记此固定成本为 $\alpha$。

（2）运输成本：救援物资从应急设施库运往灾难发生地时，物资调配需要支付人工费、交通运输费等一系列运输成本。假设物资运输的单位成本为 $c_p$，此单位成本会随救援周期变化，但不受应急场景影响。

3. 问题涉及的约束

（1）运输约束：现实中的灾后救援任务具有很强的紧迫性和随机性，因此在救援任务开始后，多个灾难地点的物资供应、数据统计等任务不仅需要规划一个简洁明了的管理范围，更需要能够灵活应对满足灾难点的需求的变化情况。一般而言，救援物资调配存在两类可行方案，第一类方案追求管理效率，选择设施库与灾难地点绑定，即在不同场景不同周期中设施库的运输对象相同；第二类方案追求最大可能满足需求，灵活选择设施库和灾难地点，即在不同场景不同周期中设施库的运输对象不同。考虑到整个救援方案的目标倾向，假设规定设施库灵活选择服务灾难点，且每个灾难发生地仅能由一个应急设施库提供救援物资。

（2）物资约束：对于每个开放的应急设施，调配到各个灾难点的物资总和不得超过该设施在当下救援周期的最大储存容量。

## 9.2.2　数学模型构建

两阶段随机规划是一种常见的解决预定位问题的建模方法，通常被选择为解决物资储备库选址和物资分配问题的建模方法[1, 2]。首先，使用两阶段法建模能够更好地反映实际应急响应过程中的多个决策阶段。在预定位问题中，决策人员先需要考虑多个可能的灾难场景，综合选择物资储备库的建设数量和地点，然后再在每个灾后救援周期内确定物资调配方案。这两个决策阶段有着不同的特点和考虑因素，使用两阶段法可以将问题分解为两个子问题，更好地解决每个阶段的具体任务。其次，两阶段随机规划能够综合考虑不同场景发生的概率和救援周期，并通过最小化建设和运输成本实现资源配置的经济性和有效性，其建模过程还涵盖了灾难场景、救援周期、潜在灾难点物资需求、应急设施库存容量和物资损耗等因素的归纳。

因此，我们建立了一个两阶段随机选址-分配优化模型，旨在解决物资储备库选址和物资分配问题。模型将问题分为两个阶段，分别为物资储备库选址决策（第一阶段）和物资调配决策（第二阶段）。该两阶段随机优化模型的主要目标是在考虑不确定因素的情况下，确定物资储备库的最优选址和物资分配方案，以最小化建设成本和物资运输成本。通过最小化成本，可以在满足各类应急响应需求的前提下，实现资源配置的经济性和有效性。

具体而言，我们关注的是物资储备库的选址决策，但由于灾难具体场景未知，必须考虑需求和供应的不确定性，并基于已知的分布对不确定性因素进行建模。该模型在场景层面考虑了以下不确定性因素：物资需求量和物资完备率。在不同场景 $\omega$ 和周期 $p$ 下，物资需求量的不确定性反映了实际应急响应过程中受灾地区物资需求的变化性，物资完备率的不确定性表示物资储备库在不同灾害情况下可能存在的物资准备状况差异。

该模型中，目标函数是最小化物资设施的建设成本和物资调配成本的总成本。第一阶段是物资储备库选址决策，即选择存放救援物资的设施点，在这一阶段，考虑到未来灾难可能发生的不同情景和每种情景发生的概率。由于未来情形是未知的，不知道会发生哪种灾难情景，因此选择使用平均物资调配成本来代表不确定性。第二阶段是物资调配决策，在第一阶段选址的基础上进行。在第二阶段，假设物资设施的选址已知，并假设灾难已经发生，对应着一种具体的灾难情景。通过引入已知参数来描述每种具体灾难情景，可以在这一阶段实现最小化物资分配的成本。

该模型通过引入不确定性因素，能够更好地应对实际应急响应中的情景不确定性，可以使得求解的物资储备库选址和物资分配方案更具有针对性和鲁棒性，从而在实际应用中发挥更好的作用。

两阶段随机规划模型符号与说明如表 9.1 所示。

**表 9.1　两阶段随机规划模型符号与说明**

| 符号 | 说明 |
| --- | --- |
| $V$ | 网络中节点的集合 |
| $V^F$ | 网络中 $i$ 个候选应急设施库地点 |
| $V^D$ | 网络中 $j$ 个潜在灾难点 |
| $P$ | 周期集合，$p \in P$ |
| $S$ | 场景集合，$\omega \in S$ |
| $Q_{ip}^{\omega}$ | 物资储备库 $i$ 在周期 $p$ 场景 $\omega$ 的容量 |
| $\alpha_i$ | 第 $i$ 个物资储备库的建设成本 |
| $c_p$ | 第 $p$ 个周期的单位物资运输成本 |

| 符号 | 说明 |
|---|---|
| $d_{ij}$ | 第 $i$ 个物资储备库到第 $j$ 个灾难点的距离 |
| $\pi_\omega$ | 发生第 $\omega$ 个场景的概率 |
| $\delta$ | 第 $\omega$ 个场景对应的系数，以第 1 个场景为基数 |
| $x_i$ | $x_i \in \{0,1\},\ x_i = \begin{cases} 1, & \text{一个物资设施库建在第} i \text{个候选应急设施库地点} \\ 0, & \text{其他} \end{cases}$ |
| $z_{ijp}^\omega$ | $z_{ijp}^\omega \in \{0,1\},\ z_{ijp} = \begin{cases} 1, & \text{在周期} p \text{场景} \omega\text{，从第} i \text{个设施点往第} j \text{个灾难点运送物资} \\ 0, & \text{其他} \end{cases}$ |
| $y_{ijp}^\omega$ | 在周期 $p$ 场景 $\omega$，从第 $i$ 个设施点运往第 $j$ 个潜在灾难点的物资调配量 |
| $\rho_{ip}^\omega$ | 在周期 $p$ 场景 $\omega$，第 $i$ 个物资储备库的物资完备率 |
| $D_{jp}^\omega$ | 在周期 $p$ 场景 $\omega$，第 $j$ 个潜在灾难点的物资需求量 |
| $s_{jp}^\omega$ | 在周期 $p$ 场景 $\omega$，第 $j$ 个潜在灾难点未满足的物资需求量 |
| $\gamma$ | 惩罚系数 |

模型如下：

$$\min \quad \sum_{i \in V^{\mathrm{F}}} \alpha_i x_i + \sum_{p \in P,\, j \in V^{\mathrm{D}},\, i \in V^{\mathrm{F}},\, \omega \in S} \pi_\omega c_p d_{ij} y_{ijp}^\omega + \sum_{j \in V^{\mathrm{D}},\, p \in P,\, \omega \in S} \pi_\omega \gamma s_{jp}^\omega$$

$$\text{s.t.} \quad \sum_{i \in V^{\mathrm{F}}} y_{ijp}^\omega + s_{jp}^\omega = D_{jp}^\omega + s_{j,p-1}^\omega, \quad \forall i \in V^{\mathrm{F}},\ \forall p \in P,\ \forall \omega \in S \tag{9.1}$$

$$s_{j,p=12}^\omega = 0, \quad \forall j \in V^{\mathrm{D}},\ \forall \omega \in S \tag{9.2}$$

$$\sum_{j \in V^{\mathrm{D}}} y_{ijp}^\omega \leqslant \rho_{ip}^\omega Q_{ip}^\omega, \quad \forall i \in V^{\mathrm{F}},\ \forall p \in P,\ \forall \omega \in S \tag{9.3}$$

$$\sum_{i \in V^{\mathrm{F}}} z_{ijp}^\omega = 1, \quad \forall j \in V^{\mathrm{D}},\ \forall p \in P,\ \forall \omega \in S \tag{9.4}$$

$$z_{ijp}^\omega \leqslant x_i, \quad \forall i \in V^{\mathrm{F}},\ \forall j \in V^{\mathrm{D}},\ \forall p \in P,\ \forall \omega \in S \tag{9.5}$$

$$y_{ijp}^\omega \leqslant M z_{ijp}^\omega, \quad \forall i \in V^{\mathrm{F}},\ \forall j \in V^{\mathrm{D}},\ \forall p \in P,\ \forall \omega \in S \tag{9.6}$$

$$x_i = \{0,1\}, \quad \forall i \in V^{\mathrm{F}},\ \forall j \in V^{\mathrm{D}} \tag{9.7}$$

$$z_{ijp}^\omega = \{0,1\}, \quad \forall i \in V^{\mathrm{F}},\ \forall j \in V^{\mathrm{D}} \tag{9.8}$$

$$D_{jp}^\omega = \delta_\omega D_{jp}^1, \quad \forall j \in V^{\mathrm{D}},\ \forall \omega \in S \tag{9.9}$$

该模型以总成本最小化为优化目标，其中包括第一阶段物资储备库建设成本和第二阶段物资运输成本的期望值，以及需求未满足时的惩罚成本。

约束式（9.1）确保物资需求得到满足，即在周期 $p$ 场景 $\omega$ 下，从物资储备库 $i$ 向潜

在灾难点 $j$ 运送的物资总量应大于等于潜在灾难点 $j$ 的物资需求量。若无法满足，则 $i$ 向 $j$ 运送的物资总量与无法满足的需求量之和应等于此周期 $j$ 的物资需求量与前一周期未满足的需求量之和。

约束（9.2）确保在最后一个周期，所有需求点在所有场景下的未满足需求量均为 0，即所有需求最终都能得到满足。

约束（9.3）确保调配到各个灾难点的物资总和不能超过该设施每个周期的最大储存量，即从物资储备库 $i$ 向潜在灾难点 $j$ 运送的物资总量应小于等于场景 $\omega$ 周期 $p$ 下物资储备库 $i$ 的物资完备率乘以其在周期 $p$ 的容量。

约束（9.4）确保每个潜在灾难点仅由一个应急设施进行服务。

约束（9.5）确保只有在选定物资储备库的情况下才能进行物资调配，即对于每个物资储备库 $i$ 和潜在灾难点 $j$，当且仅当 $x_i = 1$ 时，才允许从 $i$ 向 $j$ 运送物资。

约束（9.6）将物资调配量与二进制决策变量 $z_{ijp}^{\omega}$ 关联，表示只有当从物资储备库 $i$ 向潜在灾难点 $j$ 运送物资时，物资调配量才可能为正值。其中引入一个较大的常数 $M$，确保了在 $z_{ijp}^{\omega} = 1$ 时，$y_{ijp}^{\omega}$ 可以在 0 到最大容量 $Q_{ip}^{\omega}$ 之间取值，当 $z_{ijp}^{\omega} = 0$ 时 $y_{ijp}^{\omega}$ 必须为 0。这样能保证物资调配和运送的决策是一致的。

约束（9.7）和约束（9.8）定义了二元决策变量，约束（9.7）表示第一阶段时是否在候选应急设施库地点 $i$ 建立物资储备库，约束（9.8）表示第二阶段时是否从物资储备库 $i$ 向潜在灾难点 $j$ 运送物资。

约束（9.9）定义不同场景下的物资需求量，对于每个潜在灾难点 $j$，场景 $\omega$ 下各周期的物资需求量等于该场景对应系数乘以第一场景每周期的物资需求量。

### 9.2.3 求解算法

#### 1. 求解方式选择

在求解应急物流网络选址优化问题时，研究学者提出了多种算法。这些算法可以分为两大类：启发式算法和精确算法。启发式算法包括遗传算法、模拟退火算法、蚁群算法等，它们通过迭代搜索和优化过程来获得较优解。精确算法则采用数学规划方法，如整数规划、线性规划等，通过数学模型的求解来得到最优解。

对于精确算法的研究应用已经比较成熟。有些学者将分支定界法、匈牙利法、LINGO 软件等精确算法或内置精确算法的软件应用于求解相对简单的应急物流模型。Cao 等[3] 针对应急组织指派问题建立了多目标 0-1 整数规划模型，并设计了分支定界法求解该模型。Rauchecker 和 Schryen[4] 考虑救援单位的协作，将灾难运营管理中分配救援单位的问题概念化为一种调度问题，将其建模为二元线性最小化问题，并提出分支价格算法求解。Lassiter 等[5] 采用帕累托优化方法对志愿者指派多目标混合整数规划模型进行求解。袁媛等[6] 建立了突发事件应急救援人员派遣的优化模型，并设计了匈牙利法求解救援人员派遣 0-1 整数规划模型。初翔等[7] 借助 LINGO 软件求解了应急组织分配非线性整数规划模型。其他研究中，Karatas 和 Yakıcı [8] 以公共应急服务站为研究对象，结合 $P$ 中值问题、最大

覆盖选址问题和 $P$ 中心问题，提出了一种多目标设施选址问题的迭代解决方案，并结合分支定界法和迭代目标规划设计了求解算法，逐步求解该问题的帕累托最优解。Sanci 和 Daskin[1]基于一个确定应急响应设施和恢复资源的数量及位置的两阶段随机规划模型，提出了一种用于灾害救援中集成位置和网络恢复问题的整数 $L$ 型算法，分别求解子问题和主问题。

　　国内外已有众多学者提出各种启发式算法，通过不断迭代和优化来获得问题的最优解。Ghaderi 和 Momeni[9]考虑需求点的时空变化特点，提出了一种多周期最大覆盖选址模型，并鉴于其复杂性以及在大规模问题上无法最优求解，提出了一种基于贪心方法的启发式算法，较 CPLEX 求解效率有显著提高。Chen 等[10]提出了一种混合算法来解决应急物资预置和路径规划问题，该算法结合了遗传算法和模拟退火算法，遗传算法用于产生新的个体，模拟退火算法用于优化个体的适应度值，从而优化应急物资的预置和路径规划，以满足紧急情况下的需求。严梦凡等[11]针对离散网络下设施选址的 NP 难题，采用贪婪取走启发式算法求解，并进行仿真实验验证模型和算法的有效性。胡立伟等[12]首先结合遗传算法和神经网络模型识别高速公路事故多发路段，进而建立了高速应急救援中心的双层规划选址模型，并设计了萤火虫算法用于模型的求解。Hu 等[13]针对灾后救援问题建立了多阶段随机优化模型，并提出了一种渐进式对冲算法（progressive hedging algorithm，PHA）。渐进式对冲算法的基本思想是基于场景对随机规划问题进行分解，迭代求解子问题的惩罚版本，逐步实现收敛。

　　本文建立的应急设施预定位选址模型属于混合整数规划模型（mixed integer quadratic programming，MIP），有多种算法可以求解。

　　（1）精确算法（exact algorithm）：主要有割平面法和分支定界法。相应地，Dantzig[14]建立了线性规划的理论基础。精确算法有两个特点。其一，问题的规模往往非常小，一般论文讨论的场景都在 10 个节点左右，当然随着硬件的发展，一般的求解器都能求解 100 个节点左右的规模了。其二，最后获得的解必定是最优解。

　　（2）启发式算法：没有严格的理论分析，是算法设计者根据经验或者观察到的性质设计出来的。如果观察的性质足够强，足以秒杀其他算法。例如，在求解旅行商问题（traveling salesman problem，TSP）中，丹麦的 Keld Helsgaun 提出的 LKH（Lin-Kernighan-Helsgaun）算法。

　　经过分析，本模型的变量和约束条件相对较多、规模较大，为得出较为精确、全面的结果，对每种算法规则进行了分析，从中选出了较优的求解方法——调用 Gurobi 求解器求解。较精确算法、启发式算法而言，Gurobi 求解器在求解速度上具有极大优势，为本问题的精确求解奠定了基础。

### 2. 基于 Gurobi 求解器求解模型

Gurobi 是由美国 Gurobi Optimization 公司开发的新一代大规模优化器。它能够用于求解线性规划、二次规划、二次约束规划、混合整数线性规划、解混合整数二次规划以及混合整数二次约束规划的问题。与其他的求解器相比，Gurobi 所能求解的基准问题更多，而且求解的速度更快。

在理论和实践中，Gurobi 优化工具都被证明是全球性能领先的大规模优化器，具有突出的性价比，可以为客户在开发和实施中极大地降低成本。

Gurobi 求解器有以下优势。

（1）问题尺度只受限制于计算机内存容量，不对变量数量和约束数量有限制。

（2）采用最新优化技术，充分利用多核处理器优势。

（3）支持多目标优化。

（4）支持包括 SUM、MAX、MIN、AND、OR 等广义约束和逻辑约束。

（5）支持并行计算和分布式计算。

### 3. 直接求解

先依据已经建立好的模型，利用 Gurobi 求解器建立了一个直接求解的算法模型，实现了对模型的求解。步骤如下。

步骤 1：数据预处理。将数据表中的数据读入到程序中，并完成数据整合和结构化。

步骤 2：模型建立。依据建立好的数学模型，引入决策变量和约束条件。

步骤 3：模型求解和数据导出。利用 Gurobi 求解器，求解模型，并导出最终求解结果。

在运行求解程序时，直接求解存在着求解速度慢的弊端，于是考虑使用 Benders 分解算法来进行模型优化，从而提高求解速度。

### 4. Benders 分解算法优化求解

Benders 分解算法是由 Benders 在 1962 年首先提出的，目的是用于解决混合整数规划问题（MIP），即连续变量与整数变量同时出现的极值问题。

Benders 分解算法的精妙之处在于引入了复杂变量，当这些变量固定时，剩下的优化问题（子问题）变得相对容易。在 MIP 中，先把复杂变量（整数变量）的值固定，则问题成为一般的线性规划问题，且这个线性规划问题是以复杂变量为参数的。在 Benders 分解算法中，利用割平面的方式将主问题（以子问题的解为参变量）的极值和使子问题（线性规划问题）有可行解的参变量值的集合很恰当地表达了出来。

MIP 原问题的矩阵表述形式如下所示。

目标函数：

$$\text{Min} \quad c^{\mathrm{T}}x + f^{\mathrm{T}}y$$

约束条件：

$$\text{s.t.} \begin{cases} Ax + By = b \\ x \geqslant 0, \ x \in R^{p} \\ y \in Y \subseteq R^{q} \end{cases}$$

把 $y$ 当成复杂变量（$y$ 是整数看似并不复杂，但约束更细致，所以是"复杂"），当 $y$ 值固定时，原问题就变成了普通的线性规划问题。基于此，可以把问题分解成主问题和子问题。

主问题如下。

目标函数：

$$\text{Min} \quad f^{\text{T}} y + q(y)$$

约束条件：

$$y \in Y \subseteq R^q$$

子问题如下。

目标函数：

$$\text{Min} \quad c^{\text{T}} x$$

约束条件：

$$\text{s.t.} \begin{cases} Ax = b - By \\ x \geqslant 0 \end{cases}$$

其中，$q(y)$ 是子问题的最优目标函数值。对于任意给定的 $y \in Y$，子问题是一个线性规划问题。可以得到，如果子问题无解，那么主问题也必定无解，则原问题无最优解；在子问题有解的情况下，可以通过求解子问题的对偶问题来计算 $q(y)$。

目标函数：

$$\text{Min} \quad f^{\text{T}} y + q$$

约束条件：

$$\begin{cases} \left(\alpha_r^j\right)^{\text{T}} (b - By) \leqslant 0, \quad \forall j = 1, 2, \cdots, J \ \ (\text{b}) \\ \left(\alpha_p^i\right)^{\text{T}} (b - By) \leqslant q, \quad \forall i = 1, 2, \cdots, I \ \ (\text{c}) \\ y \in Y, \quad q \ \text{free} \end{cases}$$

由于对偶表达式存在大量极射线和极点，要生成上述所有的约束是不现实的。所以 Benders 分解算法使用约束条件的子集，即求解松弛主问题开始，初始松弛主问题中无约束，在 Benders 算法求解过程中不断向松弛主问题中加入约束条件的某一个，即加入有效的切平面。通过求解松弛主问题，可以得到一个候选最优解 $(y^*, q^*)$，然后将 $y^*$ 代入对偶子问题中求解计算 $q(y^*)$ 值，如果子问题的最优解 $q(y^*) = q^*$，则算法停止。如果对偶问题无解，则在松弛主问题中可以加入式（b）类型的约束，然后求解新的松弛主问题。式（b）类型的约束称为 Benders 可行割。如果对偶子问题的最优解 $q(y^*) \geqslant q^*$，则在松弛主问题中可以引入式（c）类型的约束，然后求解新的松弛主问题。式（c）类型的约束称为 Benders 最优割。在每次迭代过程中都可以生成某一类型的约束，由于 $I$ 和 $J$ 是有限的，故可以保证在有限次迭代过程后得到最优解。

基于 Benders 算法，本书将前面建立的模型分解为主问题和运输物资的子问题两个部分。

主问题：

$$\text{Min} \sum_{i \in V^{\mathrm{F}}} \alpha_i x_i + \sum_{\omega \in S} q$$

$$\text{s.t.} \quad \sum_{i \in V^{\mathrm{F}}} z_{ij} \leqslant 1, \ \forall j \in V^{\mathrm{D}}$$

$$z_{ij} \leqslant x_i, \ \forall i \in V^{\mathrm{F}}, \ \forall j \in V^{\mathrm{D}}$$

$$x, z \in \{0, 1\}$$

$$\sum_{p \in P, \, j \in V^{\mathrm{D}}, \, \omega \in S} \phi_{jp}^{\omega} D_{jp}^{\omega} + \sum_{i \in V^{\mathrm{F}}, \, p \in P, \, \omega \in S} \beta_{ip}^{\omega} \rho_{ip}^{\omega} Q_{ip}^{\omega} + \sum_{i \in V^{\mathrm{F}}, \, j \in V^{\mathrm{D}}, \, p \in P, \, \omega \in S} \theta_{ijp}^{\omega} M_{ijp}^{\omega} \bar{z}_{ijp}^{\omega} \leqslant 0 \quad \text{(b)}$$

$$\sum_{p \in P, \, j \in V^{\mathrm{D}}, \, \omega \in S} \phi_{jp}^{\omega} D_{jp}^{\omega} + \sum_{i \in V^{\mathrm{F}}, \, p \in P, \, \omega \in S} \beta_{ip}^{\omega} \rho_{ip}^{\omega} Q_{ip}^{\omega} + \sum_{i \in V^{\mathrm{F}}, \, j \in V^{\mathrm{D}}, \, p \in P, \, \omega \in S} \theta_{ijp}^{\omega} M_{ijp}^{\omega} \bar{z}_{ijp}^{\omega} \leqslant q \quad \text{(c)}$$

子问题：

$$\text{Min} \sum_{p \in P, \, j \in V^{\mathrm{D}}, \, i \in V^{\mathrm{F}}} \pi_{\omega} c_p y_{ijp}^{\omega} d_{ij} + \sum_{p \in P, \, j \in V^{\mathrm{D}}} \pi_{\omega} \gamma s_{jp}^{\omega}, \ \forall \omega \in S$$

$$\text{s.t.} \quad \sum_{i \in V^{\mathrm{F}}, \, j \in V^{\mathrm{D}}} y_{ijp}^{\omega} + s_{jp}^{\omega} - s_{j(p-1)}^{\omega} \leqslant D_{jp}^{\omega}, \ \forall \omega \in S$$

$$\sum_{i \in V^{\mathrm{F}}, \, j \in V^{\mathrm{D}}} y_{ijp}^{\omega} + s_{jp}^{\omega} \leqslant \rho_{ip}^{\omega} Q_{ip}^{\omega}, \ \forall \omega \in S$$

$$y_{ijp}^{\omega} \leqslant 0, \ \forall p \in P, \ i \in V^{\mathrm{F}}, \ j \in V^{\mathrm{D}}$$

其中，式（b）和（c）为 Benders 割。

先是将变量 $z$ 视作连续型变量，得到的子问题为松弛子问题。再通过对松弛子问题取消松弛操作，回代到主问题中继续求解，以保证求解结果正确。

**伪代码：**

```
//初始化：
lb=-inf
ub=inf
//优化迭代：
while ub-lb>0:
```

$\quad$ 求解子问题 $Min \sum_{p \in P, \, j \in V^{\mathrm{D}}, \, i \in V^{\mathrm{F}}} \pi_{\omega} c_p y_{ijp}^{\omega} d_{ij} + \sum_{p \in P, \, j \in V^{\mathrm{D}}} \pi_{\omega} \gamma s_{jp}^{\omega}, \ \forall \omega \in S$

$\quad$ if 子问题无解：

$\qquad$ 得到无解的极射线

$\qquad$ 把割(a)加入到主问题

$\quad$ else：

$\qquad$ 得到极点

$\qquad$ ub=子问题的值

$\qquad$ 把割(b)加入到主问题

子问题取消松弛

求解主问题 $Min \sum_{i \in V^{\mathrm{F}}} \alpha_i x_i + \sum_{\omega \in S} q$

lb=主问题的值

# 9.3　问　题　解　决

本节将通过某应急设施网案例数据，在针对灾害响应考虑灾害响应的应急设施预定位选址这类一般性问题所建立的"选址-物资分配"两阶段随机规划模型的基础上，应用所设计的算法，求解在该案例背景下的最优应急设施预定位方案，并从调配方案、成本以及过程中受灾点的需求满足情况来展示所得的最优方案。在求解案例背景下，通过我们所建立的两阶段随机规划模型所得的最优方案基础上，将尝试通过所建立的两阶段随机规划模型与其他优化模型做对比来验证前者的有效性。在该案例背景下，通过固定第一阶段的应急设施库的选址决策，即在预设的 8 个节点处均建设应急物资储备库，继而建立单阶段物资分配优化模型；并通过可能场景的期望来建立期望值模型。通过求解所建立的单阶段物资分配模型和期望值模型下的决策结果并进行相关分析，与两阶段随机规划模型所得的最优方案进行对比，分析不同方案存在差异的原因，并尝试验证两阶段随机规划模型在求解考虑灾害响应的应急设施定位选址这类问题上的有效性。最后，本节将验证所建立的两阶段随机规划的稳健性，尝试从设施库建设单价、运输费用单价、需求量以及惩罚系数四个方面对模型进行灵敏度分析。

## 9.3.1　原方案分析

已知原方案在 8 个候选地中选择了 7 个地点建立应急设施库并选择绑定设施库与潜在灾难发生地，即在不同场景不同周期中设施库的运输对象相同。经过计算，此方案最终的救援成本为 710.4 亿美元。根据设计的运输规划图，由于存在一个设施库仅为一处灾难发生地提供物资的情况，设施库之间的救援任务分配不均，造成了大量的资源浪费。因此，需要对此应急网络进行优化，设计出新的更为经济实用的设施建设和物资运输方案。

待解决的关键问题如下。

（1）考虑在 8 个候选地全部建立应急设施库，建立一个随机规划-分配模型，确定每个应急设施库的服务范围和调配量，并评估此方案的期望总成本。

（2）考虑在 8 个候选地中有选择性地建立应急设施库，建立两阶段随机规划-分配优化模型，设计算法确定建设地点和调配方案，并评估此方案的期望总成本。

（3）绘制调配方案对比图，比较优化前后两个调配网络的差异并分析原因。

## 9.3.2　优化方案分析

### 1. 算法求解

比较 Gurobi 直接求解和 Benders 分解算法对模型的求解结果，对比如表 9.2 所示。

表 9.2　两种算法求解速度与效果对比

| 方法 | 平均求解时间/s | 目标函数值/美元 |
| --- | --- | --- |
| 直接求解 | 25 | 67 145 567 530.59 |
| Benders 分解 | 13 | 67 145 567 530.59 |

通过对结果的分析可知，Benders 分解算法与直接求解结果一致，且 Benders 分解算法求解速度比直接使用 Gurobi 求解速度要快，由此可看出，Benders 分解算法的效果较好，在保证解的准确度的同时，也提高了求解速度。求解结果的目标函数值（包括惩罚成本）约为 671.5 亿美元。

**2. 调配方案展示**

根据具体问题数据的建模求解结果，本书最终选择 D1、D2、D3、D4、D5、D6、D7、D8 共 8 个设施库地点作为两阶段随机规划模型下最佳设施库选址地点，即最优建设方案为所有设施库全部建设。

限于篇幅，本部分仅展示部分场景部分周期的调配方案。

根据调配方案结果可以得出，各场景各周期救援方案均满足模型的运输约束条件，即某个场景某个周期中，一个潜在灾难发生地仅由一个设施库提供物资，但不同周期同一个需求点可以由不同设施库服务，不同场景不同周期间的调度方案也可以有所不同。场景 1 第 1、2 周期运输方案如表 9.3 所示。

表 9.3　调度方案（以场景 1 的第 1、2 周期为例）

| 设施点 | 负责的需求点 | |
| --- | --- | --- |
| | 场景 1 第 1 周期 | 场景 1 第 2 周期 |
| D1 | NH, NY, MA, VT, ME, RI, NJ, CT, DE | NH, NY, MA, VT, ME, RI, NJ, CT, DE |
| D2 | FL, TN, VA, GA, SC, NC, AL | FL, TN, VA, WV, GA, SC, NC, AL, KY |
| D3 | NM, CO, WY, CA | NM, CO, WY, CA |
| D4 | ID, AZ, OR, WA, UT, NV | ID, AZ, OR, WA, UT, NV |
| D5 | SD, MT, MN, ND | SD, MT, MN, ND |
| D6 | LA, MS, KS, MO, TX, IA, OK, NE, AR | LA, MS, KS, MO, TX, IA, OK, NE, AR |
| D7 | WV, OH, MD, PA, KY | OH, MD, PA |
| D8 | IN, WI, MI, IL | IN, WI, MI, IL |

同时，观察各周期运输方案变化可以发现，相邻救援周期的救援方案变化不大，这也说明优化后方案具有简洁性，便于实际灾难下的物资调配管理。例如，场景 1 前三周期调配方案如图 9.4 所示。

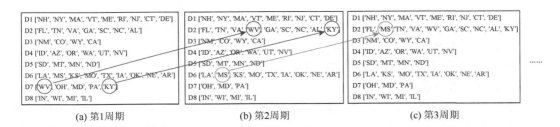

(a) 第1周期　　　　　　　　(b) 第2周期　　　　　　　　(c) 第3周期

图 9.4　场景 1 前三周期运输方案

在场景 1 的前三个周期中，部分设施库的服务范围发生变化。在第 1 周期方案基础上，第 2 周期中灾难发生地点 KY、WV 从由设施库 D7 提供物资变为由设施库 D2 提供物资；在第 2 周期方案基础上，第 3 周期中灾难发生地点 MS 从由设施库 D6 提供物资变为由设施库 D2 提供物资。

3. 需求满足情况分析

为了验证模型需求约束的有效性，需要对求解结果中的需求情况进行分析。下面将展示救援过程中存储量、运输量、接收量和需求量（包含预设需求量及实际需求量）这四个量的分析对比情况。本节对这四个量的定义如下。

存储量：设施库可以存储物资的最大容量。

运输量：设施库可以运输物资的最大数量，即考虑具体场景的物资完备率后的剩余物资量。

接收量：灾难点实际接收到的物资数量。

预设需求量：具体问题中灾难点预设的需求量。

实际需求量：考虑上一周期未满足需求的本周期灾难点需求量。

由于场景众多、情况复杂，故选取具有代表性的场景 2 为例，展示两阶段随机选址模型求解结果下的需求满足情况。

1）存储量与运输量

场景 2 下，设施库在 12 个救援周期中的总最大物资存储量和最大物资运输量如图 9.5 所示。

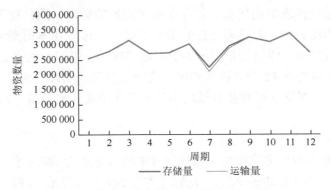

图 9.5　场景 2 各周期存储量与运输量对比

由结果可得，场景 2 的第 7、8 周期中，考虑物资完备率后，存储量最大可供应量差值分别为 139374.98kg 和 76759.63kg，即在第 7、8 周期中由于自然或人为因素导致的平均物资损耗分别为 139374.98kg 和 76759.63kg。

2）运输量与接收量

由于在一个救援周期中，考虑到运输物资的运输成本和未满足需求的惩罚成本之间的大小关系，以及一个灾难点仅由一个设施库提供物资的约束条件，因此在设施库所服务的灾难点需求全部满足后，可能存在设施库物资仍有剩余的情况，即此时若将多余物资运输给其他灾难点，或将违背约束条件，或将使包含惩罚成本的总成本增加，得不偿失。故所得方案结果中，若各周期的接收量必将小于等于最大可运输量，则模型约束成立。

场景 2 下，设施库与灾难点在 12 个救援周期中的物资最大可运输量与接收量如图 9.6 所示。

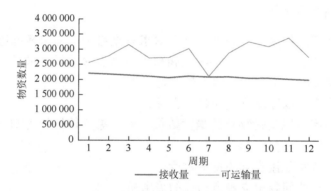

图 9.6　场景 2 各周期接收量与可运输量对比

由结果可得，在场景 2 的全部救援周期中，接收量均小于等于最大可运输量，模型约束成立。

3）接收量与实际需求量

由于在一个救援周期中，考虑到运输物资的运输成本和未满足需求的惩罚成本之间的大小关系，以及一个灾难点仅由一个设施库提供物资的约束条件，因此存在本周期的灾难点需求不能被全部满足的情况。若存在未能满足的需求，则将在下一救援周期提前满足。故所得方案结果中，若各周期接收量小于等于灾难点在本周期预设需求量与前一周期未满足需求量之和，即接收量小于等于实际需求量，则模型约束成立。

场景 2 下，灾难点在 12 个救援周期中的物资接收量与实际需求量如图 9.7 所示。

由结果可得，场景 2 各周期接收量均满足小于等于实际需求量，故模型约束成立。

4. 成本分析

两阶段随机规划-分配优化模型所求最优方案的总成本为 584.4 亿美元，其中，建设成本为 16 亿美元，占总成本的 2.7%，运输成本为 568.4 亿美元，占总成本的 97.3%，如图 9.8 所示。同时，该方案下未满足需求的惩罚成本为 671.5 亿美元。

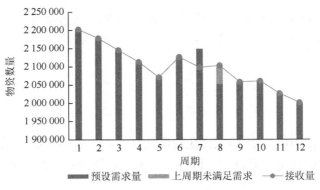

图 9.7 场景 2 各周期需求量与接收量对比

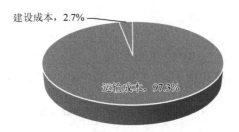

图 9.8 总成本组成

每个场景下的运输成本各不相同，如表 9.4 以及图 9.9 所示。场景 2 的运输成本最高，为 702.9 亿美元；场景 3 的运输成本最低，为 309.7 亿美元。

表 9.4 各场景运输费用

| 场景 | 运输费用/亿美元 | 场景 | 运输费用/亿美元 |
|------|----------------|------|----------------|
| 场景 1 | 555.9 | 场景 6 | 568.4 |
| 场景 2 | 702.9 | 场景 7 | 593.9 |
| 场景 3 | 309.7 | 场景 8 | 588.6 |
| 场景 4 | 434.7 | 场景 9 | 518.7 |
| 场景 5 | 569.4 | 场景 10 | 522.9 |

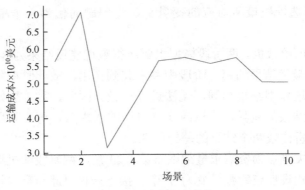

图 9.9 各场景成本变化

观察发现，运输成本变化图的趋势与供需关系对比图高度相似，这是因为不同场景下的平均运输成本与该场景的需求量密切相关，场景 2 和场景 3 分别为总供给总需求最大和最小的场景。

### 9.3.3 对比分析

为了展示两阶段随机规划-分配优化模型的优越性，将用前面的模型所得结果分别与单阶段模型和期望值模型结果进行对比，分析其差异所在并归纳差异原因。

1. 单阶段模型与两阶段模型对比

单阶段模型如下：

$$\text{Min} \quad \sum_{i \in V^F} 8\alpha_i + \sum_{p \in P, j \in V^D, i \in V^F, \omega \in S} \pi_\omega c_p d_{ij} y_{ijp}^\omega + \sum_{i \in V^F, p \in P, \omega \in S} \pi_\omega \gamma s_{jp}^\omega$$

$$\text{s.t.} \quad \sum_{i \in V^F} y_{ijp}^\omega + s_{jp}^\omega = D_{jp}^\omega + s_{j,p-1}^\omega, \quad \forall i \in V^F, \forall p \in P, \forall \omega \in S \quad (9.10)$$

$$s_{j,p=12}^\omega = 0, \quad \forall j \in V^D, \forall \omega \in S \quad (9.11)$$

$$\sum_{j \in V^D} y_{ijp}^\omega \leqslant \rho_{ip}^\omega Q_{ip}^\omega, \quad \forall i \in V^F, \forall p \in P, \forall \omega \in S \quad (9.12)$$

$$\sum_{i \in V^F} z_{ijp}^\omega = 1, \quad \forall j \in V^D, \forall p \in P, \forall \omega \in S \quad (9.13)$$

$$y_{ijp}^\omega \leqslant Mz_{ijp}^\omega, \quad \forall i \in V^F, \forall j \in V^D, \forall p \in P, \forall \omega \in S \quad (9.14)$$

$$z_{ijp}^\omega = \{0,1\}, \quad \forall i \in V^F, \forall j \in V^D \quad (9.15)$$

$$D_{jp}^\omega = \delta_\omega D_{jp}^1, \quad \forall j \in V^D, \forall \omega \in S \quad (9.16)$$

在两阶段模型中，引入了决策变量 $x_i$ 来表示是否在候选应急设施库地点 $i$ 建立物资储备库，即设施库选址决策。在单阶段模型中，取消了设施库选址决策，假设所有的设施都已经建立，因此不再需要决策变量 $x_i$，这样，模型中只关注资源的调度问题，而不考虑设施的选址。

因此，单阶段模型与两阶段模型之间的区别在于单阶段模型假设所有设施库全建立，取消了设施库选址决策所对应的变量 $x_i$，将问题简化为一个单阶段的资源分配和运输问题。

由于根据题目所给数据，两阶段模型求解所得最优建设结果为 8 个设施库全部建设，即 $x_i$ 在两阶段模型最优结果的第一阶段中并未起到作用，故此时单阶段模型所得结果与前面所展示的两阶段模型结果相同，无法进行比较。因此，为了更好地比较两阶段模型与单阶段模型所得结果的差异，尝试改变题目中的需求量，再次利用两阶段模型和单阶段模型求解，并分析比较两个结果的差异所在。

将题目预设的灾难点物资需求量乘以系数 0.23 后，两阶段随机选址模型所得建设方案结果发生变化，建设设施库数量变为 7 个。接下来将以此新需求量为约束，对比单阶段与两阶段模型的最优方案结果。

1）建设方案对比

根据新需求，两阶段模型最终舍弃单阶段模型中的 D7，选择 D1、D2、D3、D4、D5、D6、D8 作为最佳储备库选址地点。

2）总成本对比

新需求下，单阶段模型所求最优方案的总成本为 133.5 亿美元，其中，建设成本为 16 亿美元，占总成本的 12%，运输成本为 117.5 亿美元，占总成本的 88%。同时，该方案下未满足需求的惩罚成本为 135.1 亿美元。

新需求下，两阶段随机选址模型所求最优方案的总成本为 132.4 亿美元，其中，建设成本为 14 亿美元，占总成本的 11%，运输成本为 118.4 亿美元，占总成本的 89%。同时，该方案下未满足需求的惩罚成本为 135.2 亿美元，如图 9.10 所示。

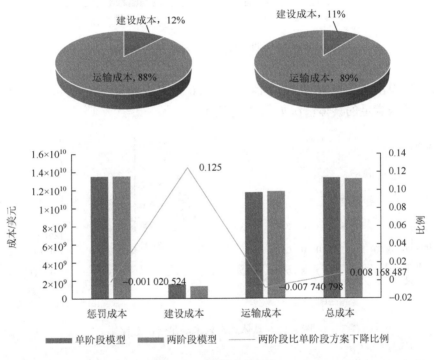

图 9.10　模型成本对比

就总成本而言，与单阶段模型方案相比，两阶段模型方案的总成本下降了 0.81%。

就总成本组成情况而言，两阶段模型所得结果中建设成本占总成本的比例减小，而运输成本占总成本的比例增大，此时两阶段方案的成本更倾向于来自应急物资的调配，尽可能减少在储存库建设上的消耗。

就惩罚成本而言，两阶段模型惩罚成本略高于单阶段模型，这是两阶段方案下各周期存在的未满足需求略多于单阶段模型所导致的。同时由于两阶段模型方案设施库建设位置少，因此总运输距离更长，运输成本更高。

但是从总体上来看，两阶段模型惩罚成本与运输成本对目标函数的增加量不能抵消建设成本的减少量，因此从成本分析，总体上两阶段模型比单阶段模型更优。

3）未满足需求分析

经过灾难场景概率加权后，单阶段与两阶段模型方案的期望总需求未满足量分别为1559.77kg 和 2788.08kg，如图 9.11 所示。

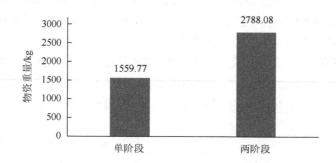

图 9.11　期望总需求未满足情况对比

通过计算得出两种模型的 48 个需求点在 10 个灾难场景下各周期的资源缺少情况，灾难点总需求未满足的具体情况如图 9.12 所示。

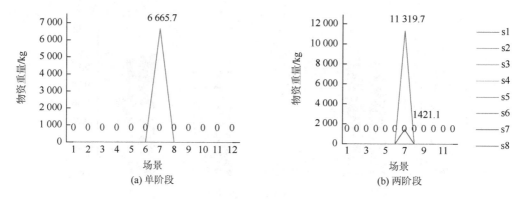

图 9.12　具体总需求未满足情况对比

根据方案结果，本文具体分析 48 个需求点在 10 个灾难场景下，各周期资源缺少情况。在单阶段模型方案中，物资缺少情况仅出现在场景 9 下，并在场景 9 的第 7 救援周期中达到最大，为 6665.7kg，且在下一周期立即得到有效缓解；在两阶段模型方案中，物资缺少情况出现在场景 7 和场景 9 下，并在场景 7、场景 9 的第 7 周期中达到最大，分别为 1421.1kg 和 11319.7kg，且在下一周期立即得到有效缓解。

本书以场景 9 为例，深入展示物资缺少情况分析结果，如图 9.13 所示。

在单阶段模型方案中，场景 9 下存在未满足需求的灾难点为 OR、NV；在两阶段方案中，场景 9 下存在未满足需求的灾难点为 ID、OR、UT、NV。两阶段模型相比单阶段模型存在未满足需求的灾难点更多，这也是由两阶段模型可以运输的总物资量较少导致的。

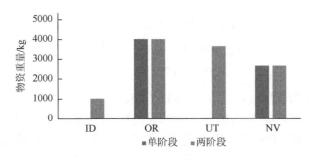

图 9.13　场景 9 需求未满足情况对比

**2. 期望值模型与随机规划模型对比**

除了应用模型对完整时期进行模拟优化，创新性地引入了期望值模型以验证优化模型的有效性，如图 9.14 所示。

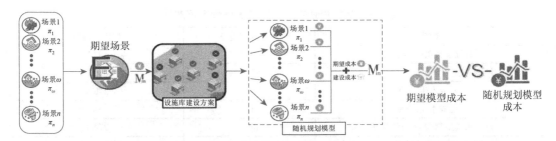

图 9.14　期望值模型流程

将各个场景与场景有关的数据按其发生概率加权得到一个衡量总体情况的单场景模型，由此得出一个总体上的优化建议，再将由期望值模型所得到的选址方案固定到随机优化模型第一阶段的选址决策中，得出期望值模型所得优化建议下的优化解与直接用两阶段随机规划-分配优化模型进行优化得到的优化解进行比较，以此来验证所提出的两阶段随机规划-分配优化模型的效果。

模型如下：

$$\text{Min} \quad \sum_{i \in V^F} \alpha_i x_i + \sum_{p \in P, \, j \in V^D, \, i \in V^F} c_p d_{ij} y_{ijp} + \sum_{i \in V^F, \, p \in P} \gamma s_{jp}$$

约束条件：

$$\sum_{i \in V^F} y_{ijp} + s_{jp} = D_{jp} + s_{j,p-1}, \quad \forall j \in V^D, \ \forall p \in P \tag{9.17}$$

$$s_{j,p=12} = 0, \quad \forall j \in V^D \tag{9.18}$$

$$\sum_{j \in V^D} y_{ijp} \leqslant \rho_{ip} Q_{ip}, \quad \forall i \in V^F, \ \forall p \in P \tag{9.19}$$

$$\sum_{i \in V^F} z_{ijp} = 1, \quad \forall j \in V^D, \ \forall p \in P \tag{9.20}$$

$$z_{ijp} \leqslant x_i, \quad \forall i \in V^F, \ \forall j \in V^D, \ \forall p \in P \tag{9.21}$$

$$y_{ijp} \leqslant M z_{ijp}, \quad \forall i \in V^F, \ \forall j \in V^D, \ \forall p \in P \tag{9.22}$$

$$x_i \in \{0, 1\}, \ \forall i \in V^F, \ \forall j \in V^D \tag{9.23}$$

$$z_{ijp} \in \{0, 1\}, \ \forall i \in V^F, \ \forall j \in V^D \tag{9.24}$$

$$D_{jp} = \delta D_{jp}^1, \ \forall j \in V^D \tag{9.25}$$

其中，$\rho_{ip}$、$Q_{ip}$、$\delta$ 为 $\rho_{ip}^\omega$、$Q_{ip}^\omega$、$\delta_\omega$ 的加权平均。

由期望值模型所求解得到的优化方案的设施库建设数量为 7 个，即舍弃 D5，选择 D1、D2、D3、D4、D6、D7、D8 作为最佳储备库选址地点；期望值模型的目标函数值为 583.5 亿美元。将两阶段随机规划模型中的选址方案固定为期望值所得的选址方案，求解得到的总成本（包括惩罚成本、建设成本和运输成本）为 859.1 亿美元，与之前得出的结果（671.5 亿美元）相比，成本更高，说明优化效果较为明显。

根据计算结果，总结出期望值模型方案（建设 7 个设施库）与随机规划模型的优化方案（建设 8 个设施库）的各类成本数据，并进行对比分析。对比结果如表 9.5 所示。

表 9.5  随机规划模型与期望值模型数据对比

| 模型 | 随机规划模型 | 期望值模型 |
| --- | --- | --- |
| 目标函数值/亿美元 | 671.5 | 583.5 |
| 总成本/亿美元 | 671.5 | 859.1 |
| 运输成本/亿美元 | 568.4 | 570.8 |
| 建设成本/亿美元 | 16 | 14 |
| 需求未满足惩罚成本/亿美元 | 87.1 | 274.3 |
| 期望需求未满足情况/kg | 87 016.09 | 274 319.85 |
| 设施库建设数量/个 | 8 | 7 |

其中，期望值模型中的总成本、运输成本、建设成本、需求未满足惩罚成本以及期望需求未满足情况均为回代后的成本值，且表中总成本包括运输成本、建设成本和惩罚成本。

通过数据对比发现，在考虑惩罚成本的情况下，期望值模型的目标函数值较随机规划模型的目标函数值更低（88 亿美元，13.10%）。

将期望值模型方案（建设 7 个设施库）回代后发现，随机规划模型对各个需求点的需求满足较期望值模型回代所得结果更好，期望需求未满足情况少了 187 303.76kg（68.28%）。且在需求满足情况更优的情况下，随机规划模型的总成本（包括运输成本、建设成本、惩罚成本）较回代解得成本降低了 187.6 亿美元（21.84%）。由此可见，本文设计的应急物资调配网络，在一定程度上优化了原始调配网络，使得该网络能更好地满足各受灾点的需求。

### 9.3.4  敏感性分析

#### 1. 设施库建设单价敏感

在上述最优物资储备点选址及物资调配方案中，设施库建设成本为每个 2 亿美元，此时目标函数值为 671.5 亿美元，总成本（不含惩罚成本）为 584.4 亿美元，运输成本为

568.4 亿美元。本节将探讨当设施库的建设单价按倍数变化时，各种成本（包括建设成本、运输成本、惩罚成本、总成本）以及期望需求未满足情况。结果展示在表 9.6 和图 9.15 中。

表 9.6　建设单价敏感

| 设置倍数 | 建设数量 | 目标函数值/亿美元（包含惩罚成本） | 期望总成本/亿美元（不含惩罚成本） | 建设成本/亿美元 | 运输成本/亿美元 | 期望需求未满足情况 |
|---|---|---|---|---|---|---|
| 1 | 8 | 671.5 | 584.4 | 16 | 568.4 | 87 016.09 |
| 6 | 8 | 750.3 | 664.6 | 96 | 568.6 | 85 773.42 |
| 11 | 8 | 829.7 | 743.8 | 176 | 567.8 | 85 924.09 |
| 16 | 8 | 910.5 | 824.6 | 256 | 568.6 | 85 930.44 |
| 21 | 8 | 995.8 | 906.3 | 336 | 570.3 | 89 429.73 |
| 26 | 8 | 1 071 | 985.2 | 416 | 569.2 | 86 175.14 |
| 31 | 8 | 1 150 | 1 063.3 | 496 | 567.3 | 87 041.24 |
| 36 | 8 | 1 237 | 1 149 | 576 | 573.3 | 87 783.08 |
| 41 | 8 | 1 309 | 1 224 | 656 | 568.1 | 84 861.96 |
| 46 | 8 | 1 391 | 1 305 | 736 | 569.3 | 85 371.01 |
| 51 | 8 | 1 470 | 1 384 | 816 | 567.7 | 86 271.76 |
| 56 | 8 | 1 551 | 1 464 | 896 | 567.5 | 87 764.12 |
| 61 | 8 | 1 630 | 1 544 | 976 | 567.7 | 86 694.83 |
| 66 | 8 | 1 711 | 1 624 | 1 056 | 567.7 | 86 901.67 |
| 71 | 8 | 1 790 | 1 703 | 1 136 | 567.4 | 86 690.99 |
| 76 | 8 | 1 870 | 1 784 | 1 216 | 568.0 | 85 804.30 |
| 81 | 8 | 1 951 | 1 864 | 1 296 | 567.4 | 87 961.43 |
| 86 | 8 | 2 031 | 1 944 | 1 376 | 568.1 | 86 795.90 |
| 91 | 8 | 2 110 | 2 026 | 1 456 | 569.9 | 84 596.04 |
| 96 | 8 | 2 190 | 2 104 | 1 536 | 568.5 | 85 110.60 |
| 101 | 7 | 2 259 | 2 008 | 1 414 | 594.1 | 250 443.67 |

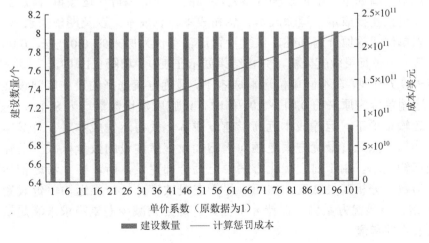

图 9.15　建设单价敏感

观察表 9.6 发现，在不同单位建设成本下，最优方案选择的设施库建设点数量差异不大，基本为 8 个全部建设，甚至当设施库建设单价设置为原来的 96 倍时，最优结果仍为全建，当建设单价增加至原来的 101 倍时，最优方案的设施库建设数量才降为 7 个。设施库建设数量对建设单价的变化不敏感，这是因为相较于运输成本而言，建设成本在总成本中占比极小，远不及运输成本对总成本的影响。由此最优方案倾向于增加设施库数量以减少运输成本。

同时，在当前变化范围内，运输成本的差异不明显。其中，建设单价在 1～96 倍范围内变化时，运输成本最大为 573.3 亿美元，最小为 567.3 亿美元，当建设单价变化到 101 倍时，运输成本增加至 594.1 亿美元，主要原因是设施库建设数量的减少导致运输总距离增加。

此外，由表 9.6 可知，期望需求未满足情况与设施库建设数量相关性更大，即在 8 个全建的最优方案中，建设单价的变化对期望需求未满足情况的影响较小，基本保持在 85 000～88 000。只有当建设单价的增加引起设施库建设数量减少至 7 个时，期望需求未满足情况才会突然增加至 250 443.67。这是因为设施库建设数量越多，能提供的物资也越多，从而更容易满足需求点的物资需求。同时，惩罚成本与期望需求未满足情况密切相关，因此惩罚成本也会随设施库建设数量的减少而增加，且与建设单价无直接关系。

总体而言，由于运输成本与惩罚成本差异不大，且建设成本随建设单价的成倍增加而增加，因此总成本会随建设单价的增加而增加。当建设单价增加至一定程度导致最优方案下设施库建设数量减少时，建设成本的减少会导致总成本更少，但期望需求未满足情况的增加会导致惩罚成本增加，因此考虑到惩罚成本后的目标函数值的变化并不确定。在表 9.6 中，"96 倍"与"101 倍"相比，不含惩罚成本时的总成本是"101 倍"较低，包含惩罚成本后，"96 倍"的总成本反而较低。

**2. 运输单价敏感**

由于在不同周期下，单位运输成本是不同的，在此探讨在运输单价按比例变化时，各种成本（包括建设成本、运输成本、惩罚成本、总成本）以及期望需求未满足情况。具体地，以单位运输原价为基础，依次设置运输单价为原来的 0.01 倍、0.06 倍、0.11 倍、0.16 倍……进行灵敏度分析，并将结果展示在表 9.7 和图 9.16 中。

观察表 9.7 发现，在不同单位运输成本下，最优方案选择的设施库建设点数量变化不大，在运输单价为原来的 0.01～1.01 倍时，设施库建设数量均为 8 个（全建）。事实上，在原运输单价下，运输成本远高于建设成本，使得运输成本对于总成本影响起到了决定性作用。因此，最优方案更倾向于增加设施库建设的数量以减少运输总距离，从而降低运输成本。由于前面优化方案中已为全部建设，所以在此考虑把运输单价设置为较小倍数来分析其灵敏度。然而，尽管在灵敏度分析中将运输单价设置为较小倍数如 0.01 倍，但最优方案仍然保持 8 个全建，这是为减少期望需求未满足情况，从而降低惩罚成本的考量。

此外，由表 9.7 可知，期望需求未满足情况与设施库建设数量密切相关，即在 8 个全建的最优方案中, 运输单价的变化对期望需求未满足情况影响不大, 基本保持在 83 000~86 000。这是因为设施库建设的数量越多, 可以提供的物资就越多, 从而更容易满足需求点的物资需求。因此, 在设施库建设数量不变的情况下, 期望需求未满足情况也不会有很大波动。同时, 惩罚成本与期望需求未满足情况密切相关, 因此惩罚成本也主要与设施库建设数量相关, 与运输单价无直接关系。

总体而言, 由于建设成本保持不变, 惩罚成本差异不大, 而运输成本会随运输单价的增加而增加, 因此总成本会随运输单价的增加而增加。在本次分析中, 虽然考虑了较小倍数的运输单价, 但在最优方案中仍然保持了 8 个全建, 进一步表明了系统在降低运输成本和减少期望需求未满足情况的优越性。

**表 9.7　运输单价敏感**

| 设置倍数 | 建设数量 | 目标函数值/亿美元 (包含惩罚成本) | 期望总成本/亿美元 (不含惩罚成本) | 建设成本/亿美元 | 运输成本/亿美元 | 期望需求未满足情况 |
|---|---|---|---|---|---|---|
| 0.01 | 8 | 105.4 | 21.75 | 16 | 5.754 | 83 689.51 |
| 0.06 | 8 | 134.9 | 50.21 | 16 | 34.21 | 84 737.02 |
| 0.11 | 8 | 163.6 | 78.77 | 16 | 62.77 | 84 865.29 |
| 0.16 | 8 | 190.6 | 106.9 | 16 | 90.95 | 83 630.28 |
| 0.21 | 8 | 219.1 | 135.5 | 16 | 119.5 | 83 626.28 |
| 0.26 | 8 | 248.6 | 163.8 | 16 | 147.8 | 84 769.18 |
| 0.31 | 8 | 278.1 | 192.6 | 16 | 176.6 | 85 445.45 |
| 0.36 | 8 | 306.8 | 221.2 | 16 | 205.2 | 85 647.03 |
| 0.41 | 8 | 332.8 | 248.9 | 16 | 232.9 | 83 891.63 |
| 0.46 | 8 | 362.1 | 277.7 | 16 | 261.7 | 84 368.69 |
| 0.51 | 8 | 390.7 | 306.0 | 16 | 290.0 | 84 710.75 |
| 0.56 | 8 | 420.9 | 334.8 | 16 | 318.8 | 86 105.91 |
| 0.61 | 8 | 449.0 | 362.9 | 16 | 346.9 | 86 020.60 |
| 0.66 | 8 | 476.0 | 391.1 | 16 | 375.1 | 84 868.27 |
| 0.71 | 8 | 505.9 | 419.3 | 16 | 403.3 | 86 583.89 |
| 0.76 | 8 | 533.8 | 448.3 | 16 | 432.3 | 85 469.86 |
| 0.81 | 8 | 562.7 | 476.7 | 16 | 460.7 | 85 970.50 |
| 0.86 | 8 | 590.0 | 504.9 | 16 | 488.9 | 85 108.06 |
| 0.91 | 8 | 618.8 | 533.2 | 16 | 517.2 | 85 589.38 |
| 0.96 | 8 | 647.1 | 561.5 | 16 | 545.5 | 85 575.78 |
| 1.01 | 8 | 676.4 | 590.8 | 16 | 574.8 | 85 533.69 |

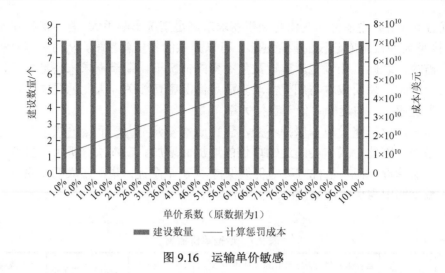

图 9.16　运输单价敏感

### 3. 需求量敏感

由于在不同场景不同周期下，需求点的需求量是不同的，当前供应和需求量下期望需求未满足情况时常发生，在此探讨在需求量按比例变化时，各种成本（包括建设成本、运输成本、惩罚成本、总成本）以及未满足需求量的变化情况。具体地，以需求量的原值为基础，依次设置需求量为原来的 0.01 倍、0.06 倍、0.11 倍、0.16 倍……进行灵敏度分析，并将结果展示在表 9.8 和图 9.17 中。

观察表 9.8 可以发现，在不同需求量下，最优方案选择的设施库建设点数量存在差异。当需求量由原来的 1.01 倍减少至 0.26 倍时，设施库建设数量均保持为 8 个（全建），继续减小需求量后，设施库建设数量才减少。此外，值得注意的是，这些最优方案并非在所有需求量设置下都为全建，在这些无须全建情况下期望需求未满足情况均为 0，说明在需求量减少后，系统不需要过多的设施库来满足物资需求。然而，只有在能够保证满足所有需求的前提下，系统才会考虑减少设施库的建设。这是因为需求量减少较多后，运输成本和建设成本都会减少，从而使得惩罚成本在总成本中占比增大。

总体而言，各类成本均会随需求量的减少而减少。然而，在出现需求量减少但设施库全建仍无法满足需求的情况下，需求未满足的期望值会呈现波动，其大小取决于该需求下是否恰好能够决策出一个尽可能满足需求的最佳的调度方案。在需求量减少的情况下，系统需要综合考虑运输成本、建设成本和惩罚成本，以求得最优的资源配置方案。

表 9.8　需求量敏感

| 设置倍数 | 建设数量 | 目标函数值/亿美元（包含惩罚成本） | 期望总成本/亿美元（不含惩罚成本） | 建设成本/亿美元 | 运输成本/亿美元 | 期望需求未满足情况 |
|---|---|---|---|---|---|---|
| 0.01 | 2 | 12.38 | 12.38 | 4 | 8.385 | 0 |
| 0.06 | 5 | 42.03 | 42.03 | 10 | 32.03 | 0 |
| 0.11 | 5 | 69.12 | 69.12 | 10 | 59.12 | 0 |

续表

| 设置倍数 | 建设数量 | 目标函数值/亿美元（包含惩罚成本） | 期望总成本/亿美元（不含惩罚成本） | 建设成本/亿美元 | 运输成本/亿美元 | 期望需求未满足情况 |
|---|---|---|---|---|---|---|
| 0.16 | 5 | 95.45 | 95.45 | 10 | 85.45 | 0 |
| 0.21 | 6 | 122.6 | 122.6 | 12 | 110.6 | 0 |
| 0.26 | 8 | 148.5 | 147.8 | 16 | 131.8 | 747.45 |
| 0.31 | 8 | 174.9 | 173.8 | 16 | 157.8 | 1 147.66 |
| 0.36 | 8 | 201.0 | 199.6 | 16 | 183.6 | 1 379.87 |
| 0.41 | 8 | 226.0 | 225.3 | 16 | 209.3 | 652.22 |
| 0.46 | 8 | 253.0 | 251.8 | 16 | 235.8 | 1 149.33 |
| 0.51 | 8 | 280.1 | 278.4 | 16 | 262.4 | 1 682.34 |
| 0.56 | 8 | 307.3 | 305.9 | 16 | 289.9 | 1 408.09 |
| 0.61 | 8 | 336.5 | 333.8 | 16 | 317.8 | 2 674.51 |
| 0.66 | 8 | 363.8 | 363.4 | 16 | 347.4 | 366.91 |
| 0.71 | 8 | 395.2 | 394.9 | 16 | 378.9 | 326.00 |
| 0.76 | 8 | 425.7 | 425.7 | 16 | 409.7 | 15.78 |
| 0.81 | 8 | 457.1 | 457.0 | 16 | 441.0 | 82.29 |
| 0.86 | 8 | 494.2 | 491.4 | 16 | 475.4 | 2 739.63 |
| 0.91 | 8 | 541.9 | 522.8 | 16 | 506.8 | 19 084.59 |
| 0.96 | 8 | 608.9 | 555.2 | 16 | 539.2 | 53 684.69 |
| 1.01 | 8 | 689.5 | 592.8 | 16 | 576.8 | 96 695.17 |

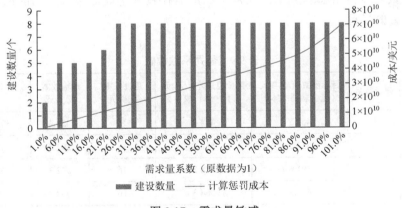

图 9.17　需求量敏感

### 4. 惩罚系数敏感

尽管高的未满足需求惩罚会倾向于增加灾前投资水平和运输成本，以减少未满足的需求，但较小的未满足需求惩罚可能导致灾害响应的设施预定位的决策不合适，从而无法提供充足的物资，无法将足够的救灾物资运送给受灾者。因此，我们需要探讨有关未满足需求的惩罚系数的灵敏度分析，以更好地理解和处理期望成本（包括设施库建设成本和期望运输成本，不包括期望需求未满足部分的惩罚成本）和未满足需求的期望值之间的关系。

根据表 9.9 和图 9.18 的结果显示，提高未满足的需求惩罚系数可以减少预期的未满足需求，但会导致总成本的增加。其中，预期未满足需求和总成本对惩罚系数 γ 的低值更为敏感。例如，当未满足的需求惩罚系数为 10 时，预期未满足需求的期望值约为 3035 万。然而，若将未满足需求的惩罚系数增加到 10 000，最优方案中的预期未满足需求期望值可降至约 13 万，期望总成本仅增加约 120 亿美元。与此同时，预期未满足需求期望值和总成本对 γ 的高值的敏感性则相对较低。例如，当将未满足需求的惩罚系数从 10 000 增加到 1 000 000 时，预期未满足需求期望值仅从约 13 万降低到约 8.4 万，而期望总成本的增量为 6.7 亿美元。该分析表明，即使对未满足需求的惩罚系数略有调整（目前设定为 100 000），新的最优解决方案也不会有显著差异，因为它对这个未满足需求惩罚系数范围内的微小变化较不敏感。

此外，在不同的惩罚系数下，最优方案选择的设施库建设点数量差异不大，在惩罚系数从 10 变为 1 000 000 时，设施库建设数量均为 8 个（全建）。其中，减小惩罚系数的主要影响在于，最优调配方案更倾向于通过减少运输总路程来降低运输成本，而将满足需求放在次要位置。因此，为了确保需求得到充分满足，不能设置过小的惩罚系数。另外，增大惩罚系数虽能使得未满足需求量减少，但可能受限于设施库的物资总供应量，导致效果有限。

综上所述，对于不同的惩罚系数，最优方案对设施库建设点数量的选择变化不大，但在保证需求满足的前提下，调整惩罚系数可有效减少预期的未满足需求量。然而，过大的惩罚系数可能会引起总成本的大幅增加，需在权衡考虑后选择适当的值以达到平衡最优资源配置的目标。

**表 9.9　惩罚系数敏感**

| 惩罚系数 | 建设数量 | 目标函数值/亿美元（包含惩罚成本） | 期望总成本/亿美元（不含惩罚成本） | 建设成本/亿美元 | 运输成本/亿美元 | 期望需求未满足情况 |
|---|---|---|---|---|---|---|
| 10 | 8 | 457.5 | 454.4 | 16 | 438.4 | 30 354 864.22 |
| 1 000 | 8 | 552.3 | 518.5 | 16 | 502.5 | 3 380 151.607 |
| 10 000 | 8 | 591.6 | 578.3 | 16 | 562.3 | 132 291.04 |
| 50 000 | 8 | 627.3 | 584.3 | 16 | 568.3 | 85 944.89 |
| 100 000 | 8 | 671.5 | 584.4 | 16 | 568.4 | 87 016.09 |
| 500 000 | 8 | 1007 | 585.9 | 16 | 569.9 | 84 229.20 |
| 1 000 000 | 8 | 1423 | 585.0 | 16 | 569.0 | 83 753.69 |

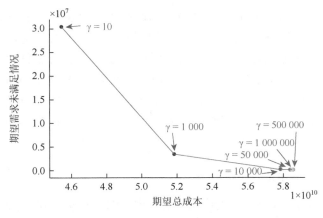

图 9.18　惩罚系数敏感

### 9.3.5　结果总结

本文结合某应急设施网案例，得出此案例数据下两阶段随机规划-分配优化模型的最优方案的建设数量为 8 个（即全部建设），期望总成本（包括建设成本 16 亿美元、运输成本 568.4 亿美元）为 584.4 亿美元，最优目标成本（包括期望总成本 584.4 亿美元、惩罚成本 87.02 亿美元）为 671.5 亿美元。而由于所建立的单阶段随机规划模型是假设在预设的 8 个节点处均建设应急物资储备库，在本案例下，两阶段随机规划-分配优化模型所得的最优方案与所建立的单阶段随机规划模型所假设的设施库选址方案是一致的，无法通过本案例体现两阶段随机规划模型与单阶段随机规划模型的差异性。因此，在本案例的基础上，将原需求乘以系数 0.23，得到灾难点在各场景各周期的新需求。在此新需求情况下，对比单阶段随机规划模型与两阶段随机规划模型所求得的结果，以说明两阶段随机规划模型相比单阶段随机规划模型在设施库建设数量、成本等方面的优越性。在新的需求下，两阶段模型最优建设方案变为 7 个，与单阶段模型相比舍去设施库 D7，由此可以说明，两阶段随机规划模型是能够根据具体的案例情况，得到相比单阶段随机规划模型所选择的选址方案更优的方案。同时，对两个模型结果进行了成本和未满足需求的对比，回答了两种建模方式所得结果存在差异的原因。同时，通过应用期望值模型结果验证本模型的优越性。最后，本章从设施库建设单价、运输费用单价、需求量以及惩罚系数四个方面对两阶段随机规划模型的灵敏度进行分析，验证模型的稳定性。建设单价在 1～100 倍变化、运输单价在 0.01～1.01 倍变化、需求量在 0.26～1.01 倍变化、惩罚系数在 10～1 000 000 变化时，设施库建设数量均为 8 个（全建），建设方案不变，且调配方案不发生很大改变。

### 9.3.6　备选方案

#### 1. 利用期望值模型

根据前面所述，本文将各个救援场景和与其有关的数据按其发生概率进行加权处理，得到一个衡量总体救援情况的单场景模型，由此得出一个总体上的优化建议。将由期望值模型所得到的选址方案固定到两阶段随机规划模型第一阶段的选址决策，得出期望值模型所得优化建议下的优化解，并将其代入两阶段随机规划-分配优化模型进行求解。通过比较两类模型最优解，验证所提出的两阶段随机规划-分配优化模型的优化效果。

根据求解结果，由期望值模型回代得到的调配方案在应急物资供应、总成本优化等方面均劣于利用两阶段随机规划-分配优化模型所得最优解，故将其列为备选方案。求解结果请详见 9.3.3 节。

### 2. 固定设施库和需求点间调度关系

在前面模型的设定下，设施库到需求点的物资调度决策在第二阶段完成，即在不同周期下同一个需求点可以由不同设施库服务，不同场景不同周期间的调度方案也可以有所不同。但经过求解发现，调配方案较为复杂，不能直观地呈现。因此，本节考虑在第一阶段进行调度决策，即在未发生灾难前就已决策出设施库到需求点的调配关系。本文以优化物资储备库选址问题的模型为基础，更改模型为

$$\text{Min} \quad \sum_{i \in V^F} \alpha_i x_i + \sum_{p \in P, j \in V^D, i \in V^F, \omega \in S} \pi_\omega c_p d_{ij} y_{ijp}^\omega + \sum_{i \in V^F, p \in P, \omega \in S} \pi_\omega \gamma s_{jp}^\omega$$

$$\text{s.t.} \quad \sum_{i \in V^F} y_{ijp}^\omega + s_{jp}^\omega = D_{jp}^\omega + s_{j,p-1}^\omega, \quad \forall i \in V^F, \forall p \in P, \forall \omega \in S \tag{9.26}$$

$$s_{j,p=12}^\omega = 0, \quad \forall j \in V^D, \forall \omega \in S \tag{9.27}$$

$$\sum_{j \in V^D} y_{ijp}^\omega \leqslant \rho_{ip}^\omega Q_{ip}^\omega, \quad \forall i \in V^F, \forall p \in P, \forall \omega \in S \tag{9.28}$$

$$\sum_{i \in V^F} z_{ij} = 1, \quad \forall j \in V^D, \forall p \in P, \forall \omega \in S \tag{9.29}$$

$$z_{ij} \leqslant x_i, \quad \forall i \in V^F, \forall j \in V^D, \forall p \in P, \forall \omega \in S \tag{9.30}$$

$$y_{ijp}^\omega \leqslant M z_{ij}, \quad \forall i \in V^F, \forall j \in V^D, \forall p \in P, \forall \omega \in S \tag{9.31}$$

$$x_i = \{0,1\}, \quad \forall i \in V^F, \forall j \in V^D \tag{9.32}$$

$$z_{ij} = \{0,1\}, \quad \forall i \in V^F, \forall j \in V^D \tag{9.33}$$

$$D_{jp}^\omega = \delta_\omega D_{jp}^1, \quad \forall j \in V^D, \forall \omega \in S \tag{9.34}$$

即将原模型中 $z_{ijp}^\omega$ 改为 $z_{ij}$，表示设施库与需求点间调度关系不受场景和周期的影响。

1）调配方案展示

若采用备选方案一，即 8 个储备库全部投入使用。

2）供需关系展示

整体上看，在一套完整的救援活动周期中，该应急物资调配网络在所有场景中基本实现供需平衡，如图 9.19 所示。

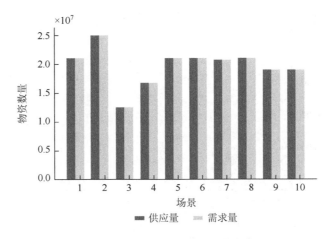

图 9.19　备选方案一供需关系展示图

从单个周期来看，除去场景 1，其余 9 个场景在前 11 个周期内均遭受不同程度的物资短缺情况，如图 9.20 所示。其中，场景 10 在前 11 个周期内均存在较大未满足需求，存在最大物资短缺压力。各场景短缺物资在最后一个救援周期均得到满足，可见备选方案一可以满足基本的应急物资供应任务。

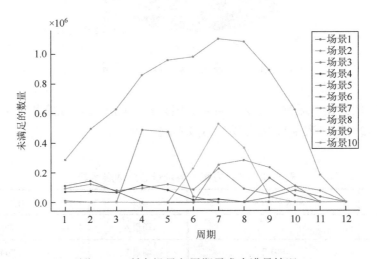

图 9.20　所有场景各周期需求未满足情况

因篇幅有限，本文仅展示部分需求点在各场景、各时期下物资缺少情况。如图 9.21 所示，需求点 NJ 在场景 5、8、9 下，在不同救援周期存在不同程度的物资短缺情况，其余场景在整个救援周期内几乎不存在明显的物资短缺压力。其中，场景 9 下的第 6、7 周期，存在极大物资稀缺压力，物资短缺情况在第 7 周期达到巅峰 24 358.29kg。场景 8 下的第 4 周期也存在较大物资短缺压力，物资短缺量为 14 712.65kg。

3）成本分析

由计算可知，备选方案一总成本为 760.4 亿美元，成本构成如图 9.22 所示。其中，

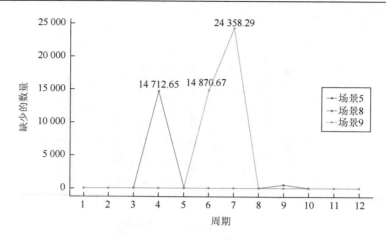

图 9.21 需求点 NJ 在各场景各周期下物资缺少情况

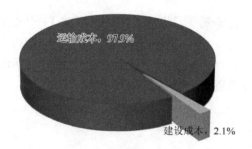

图 9.22 备选方案一成本构成图

建设成本为 16 亿美元，运输成本为 744.4 亿美元。由此可见，该应急物资调配网络总成本主要来自运输费用。表 9.10 为各场景总成本展示表。

表 9.10 备选方案一各场景总成本展示表

| 场景 | 总成本/亿美元 | 场景 | 总成本/亿美元 |
| --- | --- | --- | --- |
| 场景 1 | 761.1 | 场景 6 | 765.0 |
| 场景 2 | 901.2 | 场景 7 | 744.4 |
| 场景 3 | 454.9 | 场景 8 | 754.2 |
| 场景 4 | 606.9 | 场景 9 | 681.1 |
| 场景 5 | 760.6 | 场景 10 | 654.4 |

图 9.23 展示了各灾难场景下总成本波动情况。

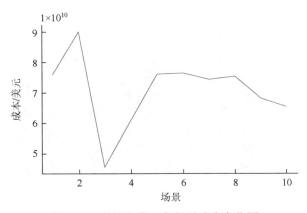

图 9.23　备选方案一各场景成本变化图

### 3. 允许多个设施库为一个需求点服务

在前面案例设置的场景下，潜在灾难地点只能接受唯一设施库运输的救援物资，这虽然在一定程度上提高了资源调配的便利性与快捷性，但是可能会出现某处受灾点物资稀缺，而其他灾难点物资盈余的情况。因此，本文考虑解除受灾地与储备库一对一指定运输关系，允许受灾点可同时接受多所设施库物资供给。本文以优化物资储备库选址问题的模型为基础，更改模型为

$$\text{Min}\quad \sum_{i\in V^{\text{F}}}\alpha_i x_i + \sum_{p\in P,\,j\in V^{\text{D}},\,i\in V^{\text{F}},\,\omega\in S}\pi_\omega c_p d_{ij} y_{ijp}^\omega + \sum_{i\in V^{\text{F}},\,p\in P,\,\omega\in S}\pi_\omega \gamma s_{jp}^\omega$$

$$\text{s.t.}\quad \sum_{i\in V^{\text{F}}}y_{ijp}^\omega + s_{jp}^\omega = D_{jp}^\omega + s_{j,p-1}^\omega,\quad \forall i\in V^{\text{F}},\ \forall p\in P,\ \forall\omega\in S \tag{9.35}$$

$$s_{j,p=12}^\omega = 0,\quad \forall j\in V^{\text{D}},\ \forall\omega\in S \tag{9.36}$$

$$\sum_{j\in V^{\text{D}}}y_{ijp}^\omega \leqslant \rho_{ip}^\omega Q_{ip}^\omega,\quad \forall i\in V^{\text{F}},\ \forall p\in P,\ \forall\omega\in S \tag{9.37}$$

$$z_{ijp}^\omega \leqslant x_i,\quad \forall i\in V^{\text{F}},\ \forall j\in V^{\text{D}},\ \forall p\in P,\ \forall\omega\in S \tag{9.38}$$

$$y_{ijp}^\omega \leqslant Mz_{ijp}^\omega,\quad \forall i\in V^{\text{F}},\ \forall j\in V^{\text{D}},\ \forall p\in P,\ \forall\omega\in S \tag{9.39}$$

$$x_i=\{0,1\},\quad \forall i\in V^{\text{F}},\ \forall j\in V^{\text{D}} \tag{9.40}$$

$$z_{ijp}^\omega=\{0,1\},\quad \forall i\in V^{\text{F}},\ \forall j\in V^{\text{D}} \tag{9.41}$$

$$D_{jp}^\omega=\delta_\omega D_{jp}^1,\quad \forall j\in V^{\text{D}},\ \forall\omega\in S \tag{9.42}$$

即去掉了原模型中的约束 $\sum_{i\in V^{\text{F}}}z_{ijp}^\omega=1$，取消"每个潜在灾难点仅由一个应急设施进行服务"的限制。

1）调配方案展示

若采用备选方案二，则舍弃 D4，选择 D1、D2、D3、D5、D6、D7、D8 建设储备库。因篇幅有限，本文仅展示场景 1 第 1 周期物资调配方案。

2）供需关系展示

由图 9.24 可知，在一套完整的救援活动周期中，该应急物资调配网络在所有场景中基本实现供需平衡。

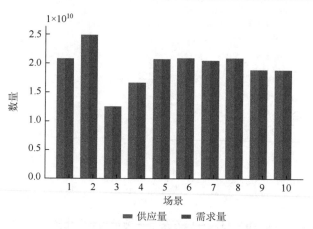

图 9.24　备选方案二供需关系展示图

从单个周期来看，除去场景 1，其余 9 个场景在前 11 个周期内均遭受不同程度的物资短缺情况。其中，场景 10 在前 11 个周期内均存在较大未满足需求，存在最大物资短缺压力。各场景短缺物资在最后一个救援周期均得到满足，可见备选方案二可以满足基本的应急物资供应任务。

3）成本分析

由计算可知，备选方案二总成本为 648.5 亿美元。其中，建设成本为 14 亿美元，运输成本为 634.5 亿美元，分别占总成本的 2%与 98%，如图 9.25 所示。表 9.11 为各场景总成本展示表。

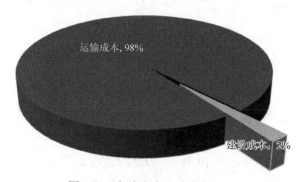

图 9.25　备选方案二成本构成图

**表 9.11　备选方案二各场景总成本展示表**

| 场景 | 总成本/亿美元 | 场景 | 总成本/亿美元 |
|---|---|---|---|
| 场景 1 | 637.1 | 场景 6 | 641.0 |
| 场景 2 | 781.2 | 场景 7 | 643.6 |
| 场景 3 | 380.2 | 场景 8 | 639.3 |
| 场景 4 | 512.6 | 场景 9 | 582.1 |
| 场景 5 | 640.6 | 场景 10 | 599.7 |

图 9.26 展示各场景总成本波动情况。

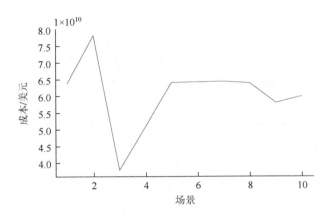

图 9.26　备选方案二各场景成本变化图

## 9.4　总结与展望

### 9.4.1　研究总结

伴随着世界经济的快速发展，高科技城市化进程不断加快，社会面临着人口、生态、环境等一系列问题，各种自然灾害频繁、交替出现，给人民的生命、财产安全带来巨大威胁。为了切实保障人民的生命、财产安全，必须构建一套完善且科学的应急物资调配网络。应急物资调配网络是实现物资储备点与受灾点物资调配的基础，而应急设施预选址问题则是构建应急物资调配网络的核心与灵魂，所以解决应急设施预选址问题至关重要。

本文针对应急设施预选址问题，首先归纳了国内外应急设施选址的研究现状，分析归纳并比较了应急物流网络选址优化问题的模型设置和求解算法，发现现有的模型存在空缺，并不能很好地适应多场景多周期下应急设施选址的需要。

因此本文充分考虑了多场景、多周期下各需求节点物资需求、储备库容量、物资运输、存储损耗率变化等约束，以应急方案总成本最小为目标函数，建立了两阶段随机规划-分配优化模型求解未知灾难场景下最优选址方案，以提高解决应急设施预选址问题的普适性。同时，本文分析比较了精确算法、启发式算法等，从中选出了较优的求解方法——调用 Gurobi 求解器求解；并比较了直接求解和使用 Benders 分解算法求解的速度和效果，最终选取了 Benders 分解算法求解，以提高解决应急设施预选址问题的效率性。

其次，本文通过具体问题验证模型的有效性。本文以某现有应急设施预选址方案为案例进行研究，得出案例数据下两阶段随机规划-分配优化模型的最优建设数量为 8 个，即全部建设，期望总成本为 584.4 亿美元。由于设施库全部建设时，两阶段模型与单阶段模型所得结果相同，因此改变灾难点需求后，得出新需求下两个模型所得最优方案结果。在新需求下，两阶段模型最优建设方案变为 7 个，与单阶段模型相比舍去设施库 D7，对两个模型结果进行了成本和未满足需求的对比，回答了其差异存在的原因。

最后，本文通过利用期望值模型、固定设施点与需求点调配方案、允许多个设施库负责一个需求点等方法分别设计了三种备选方案，对备选方案进行了研究分析，并将其与优化方案对比后总结其与优化方案的差距，以验证优化方案的优越性。根据计算结果，三种方案均可实现应急物资调配网络在全救援周期内的物资供需平衡，但由于网络运行总成本较高，故将三种方案均设为备选方案。

综合所做的研究，在此对案例问题进行一一解答。

（1）请根据应急网络要求以及提供的数据信息，假设在预设的 8 个节点处均建设应急物资储备库，建立一个随机规划-分配优化模型，以安排每个应急设施具体负责哪几个灾难点的物资需求的调度方案，并评估在该应急网络设计下的期望总成本。

（2）请结合上一个问题所建立的应急设施选址模型，进一步考虑优化应急物资储备库的数量（即从 8 个候选位置选出一个或几个位置，建立/开放应急物资储备库）。建立两阶段随机规划-分配优化模型并设计求解算法，优化该应急网络，确定在哪个预设节点处建立应急设施，以安排每个应急设施具体负责哪几个灾难点的物资需求的调度方案，同时计算所涉及的新应急网络的期望总成本。

对应解答：

原案例数据下，固定 8 个设施库全部建设的单阶段随机规划-分配优化模型最优方案结果与两阶段随机规划-分配优化模型结果一致，原案例数据下单阶段随机规划-分配优化模型以及两阶段随机规划-分配优化模型的最优期望总成本均为 584.4 亿美元。具体结果分析情况详见 9.2 节。

（3）请对比要求 1 和要求 2 所得到的应急网络方案，分析优化前和优化后差异的原因，并绘制优化前和优化后的应急网络的调配方案对比图（如 ArcMap 软件）。

对应解答：

由于根据题目所给数据中两阶段模型求解所得最优建设结果为 8 个设施库全部建设，即 $x_i$ 在两阶段模型最优结果的第一阶段中并未起作用，故此时单阶段模型所得结果与前面所展示的两阶段模型结果相同，无法进行比较。因此，为了更好地比较两阶段模型与单阶段模型所得结果的差异，尝试改变题目中的需求量。

将灾难点需求量调整为原数据的 0.23 倍后，两阶段随机规划-分配优化模型所得建设方案为 D1、D2、D3、D4、D5、D6、D8 共 7 个设施库。此时，由于两阶段模型建设的设施库更少，能够运输的救援物资更少、需要运输的总距离更远，故两阶段优化模型最优方案的救援期间未满足需求的惩罚成本大于单阶段模型最优方案的惩罚成本，同时，两阶段优化模型最优方案的运输成本也大于单阶段模型最优方案的运输成本。但由于两阶段模型建设的设施库更少，节约了设施库建设成本，因此综合之下，两阶段优化模型总成本（不包括惩罚成本）低于单阶段模型总成本（不包括惩罚成本）。而加入惩罚成本后，由于两阶段模型最优方案的惩罚成本略高于单阶段模型最优方案的惩罚成本，两个方案惩罚成本区别不大，因此两阶段模型方案的目标函数成本（包括惩罚成本）仍然低于单阶段模型方案的目标函数成本（包括惩罚成本）。具体对比分析情况详见 9.3.3 节。

## 9.4.2　研究展望

应急设施预选址问题规模大、复杂度高，因此对模型的要求也较高。本文运用了考虑多重约束的两阶段随机规划-分配优化模型，虽然考虑到多场景、多周期下各需求节点物资需求、储备库容量、物资运输、存储损耗率变化等约束，对传统选址模型进行了优化改进，但考虑的层面仍然较为简单、约束仍然不足，因此还存在若干问题有待进一步的深入研究和讨论分析，以下为未来可以继续研究的问题。

（1）我们目前建立的模型考虑了需求和供应的不确定性，但是没有考虑到运输网络的破坏与修复问题，如何更加全面地考虑灾前设施库预定位是值得研究的。

（2）如何更好地描述需求和供应的不确定性，也是值得研究的。

（3）如何利用科学技术（地理信息系统、区块链技术等）保障应急物资的调配流程并实施实时监控，从而有效降低物资在途损耗率、动态观测物资调配进展，也是值得研究的。

## 参 考 文 献

[1]　Sanci E C，Daskin M S. An integer L-shaped algorithm for the integrated location and network restoration problem in disaster relief[J]. Transportation Research Part B：Methodological，2021，145：152-184.

[2]　Sanci E C，Daskin M S. Integrating location and network restoration decisions in relief networks under uncertainty[J]. European Journal of Operational Research，2019，279（2）：335-350.

[3]　Cao C J，Li C D，Yang Q，et al. Multi-objective optimization model of emergency organization allocation for sustainable disaster supply chain[J]. Sustainability，2017，9（11）：2103.

[4]　Rauchecker G，Schryen G. An exact branch-and-price algorithm for scheduling rescue units during disaster response[J]. European Journal of Operational Research，2019，272（1）：352-363.

[5]　Lassiter K，Khademi A，Taaffe K M. A robust optimization approach to volunteer management in humanitarian crises[J]. International Journal of Production Economics，2015，163：97-111.

[6]　袁媛，樊治平，刘洋. 突发事件应急救援人员的派遣模型研究[J]. 中国管理科学，2013，21（2）：152-160.

[7]　初翔，仲秋雁，曲毅. 基于最大幸福原则的多受灾点医疗队支援指派模型[J]. 系统工程，2015，33（10）：149-154.

[8]　Karatas M，Yakıcı E. An iterative solution approach to a multi-objective facility location problem[J]. Applied Soft Computing，2018，62：272-287.

[9]　Ghaderi A，Momeni M. A multi-period maximal coverage model for locating simultaneous ground and air emergency medical services facilities[J]. Journal of Ambient Intelligence and Humanized Computing，2021，12（2）：1577-1600.

[10]　Chen X，Li X，Zhao X，et al. A hybrid algorithm for pre-positioning and routing problem of emergency supplies[J]. Applied Soft Computing，2018，68：384-396.

[11]　严梦凡，刘臣，纪颖. 基于贪婪取走启发式算法的应急物资储备库选址研究[J]. 智能计算机与应用，2021，11（11）：107-111，116.

[12]　胡立伟，何越人，佘天毅，等. 高速公路应急救援中心选址优化模型[J]. 中国安全科学学报，2019，29（5）：145-150.

[13]　Hu S L，Han C F，Dong Z S，et al. A multi-stage stochastic programming model for relief distribution considering the state of road network[J]. Transportation Research Part B：Methodological，2019，123：64-87.

[14]　Dantzig G B. Linear programming[J]. Operations Research，2002，50（1）：42-47.

# 第10章　安全生产管理

## 10.1　案　例　介　绍

### 10.1.1　研究背景与意义

**1. 安全生产的重要性**

安全生产对于保障社会大众的权益和福祉、促进经济社会发展以及保护人民的生命财产安全具有重要意义。党中央高度重视安全生产工作，习近平总书记多次发表重要讲话，深入阐述了安全生产红线、安全发展战略、安全生产责任制等重大理论和实践问题，并提出了明确要求。安全是人类最重要、最基本的需求，企业必须把员工的安全放在盈利的前面。保障安全是生产活动的基础前提，企业作为一种社会经济组织，其目的在于通过运用各种生产要素，向市场提供商品或服务，实现盈利。在开展生产经营活动的过程中，保障生产者和生产要素的安全是企业发展的最重要、最基本的前提。

**2. 工具制造业的特征**

工具制造业是以机器为主要手段，以金属为主要原材料进行加工的工业。

（1）在工具制造业企业中，员工的操作类型为多位流水线工作，在进行一项作业活动时需要反复长时间操作，在操作中难免会存在对安全方面问题的疏忽和不够警觉，这样势必会造成不安全行为的出现。一般来说，机械设备的生产和制造严格按照相应的工艺进行。不同的生产车间采用不同的工艺。新产品需要经过不同的生产车间，并使用不同的加工技术进行再加工，若员工现有的技能知识无法完全掌握新设备，可能会对新设备中存在的隐患认知不足，造成事故的发生。因此有必要考虑个体因素对企业安全管理评价体系建构的影响。

（2）承包商方面，企业在生产的准备阶段对材料的各个不同来源进行充分的调研考察，选取最优质合理的材料进行采购，在严格挑选之后，作为产品的制作源头进行统一管理，保证制作产品的高质量。人员组织管理方面，目前我国大多数机械设备制造企业采用的生产模式是离散模式。在具体的生产过程中，机械设备制造企业不可避免地会使用一些大型机械，甚至是超大尺寸的机械设备。因此有必要考虑组织因素对安全管理评价体系建构的影响。

（3）在工具加工制造业中，通常存在机械件的铸造、冲压、焊接、机加工、组装以及喷漆等主要工艺。结合《工业企业设计卫生标准》（**GBZ 1—2010**）中的要求和现场实际情况，需要考虑的作业环境因素通常有温度、湿度、噪声、粉尘、有机蒸气、照明和微气候等。作业中的保持与环境合理的交互可以降低不安全行为的产生，因此有必要考虑环境因素对企业安全管理评价体系建构的影响。

本书基于工具制造企业的特性，设置了三个二级指标（个体因素、组织因素、环境因素），每个二级指标下设三个三级指标。指标的设置、对应指标权重的获取以及数据的来源都将在 10.2 节进行详细阐述。

### 3. 研究意义

本书借助 A 公司生产过程存在的安全风险的实例来阐述安全风险评价的相关方法，对应用于安全风险评价中的评价方法提出了改进，从而丰富了安全风险评价的理论知识，使理论在实际运用中做到行之有效，具有一定的理论意义。

针对安全风险识别和安全风险体系建立问题，本书采用模糊综合评价法、BP（back propagation，向后传播）神经网络以及系统动力学等方法对 A 公司生产过程存在的安全风险进行分析并建立指标体系。将理论与实际结合，根据 A 公司生产实际情况提出适合的安全风险评价方法，能大大减少企业对于安全方面的投入，推进企业的健康平稳发展，同时对面临相同问题的企业具有借鉴意义。

## 10.1.2　研究内容与技术路线

本书将 A 公司生产过程中存在的安全风险作为研究对象，针对 A 公司生产中现今存在的安全风险体系不健全以及安全风险评价方法单一等问题，建立了立足于公司生产过程的安全风险指标体系，采用模糊综合评价和 BP 神经网络结合的方法对安全风险进行评价并进行风险管控，降低事故发生的概率，促进生产安全平稳的发展。本章研究的主要内容如下。

（1）以 A 公司生产中的安全风险为研究对象，结合 A 公司已发生的事故和国家在安全方面的法律法规，对生产工艺流程中和生产过程中存在风险进行分析，排除不涉的安全风险因素，从而整理出 A 公司涉及的安全风险因素。并根据 A 公司生产过程涉及的安全风险因素建立风险评价指标体系。

（2）在建立 A 公司生产过程安全评价指标体系后，利用模糊综合评价法对 A 公司安全风险进行评价。确定各层指标对于 A 公司生产过程的安全重要程度，本书采用 Topsis 熵权法，筛选出有效的指标权重问卷进行一致性检验。根据收集的问卷数据确定各项指标的权重。最后由风险程度问卷建立隶属度矩阵并结合指标权重进行计算，得出 A 公司安全风险水平。

（3）首先根据模糊综合评价法的相关理论确定 BP 神经网络所需要的样本集，并根据所研究的问题来确定 BP 神经网络的相关参数，通过网络训练和网络性能对比确定误差最小、网络性能最好的隐含层节点数。将专家对于 A 公司生产安全风险的评价作为验证样本集，探究 BP 网络输出结果和模糊综合评价结果的误差，判定 BP 神经网络对风险评价的优劣。最后通过输出结果对比表明，所建立的模型能够很好地应用于 A 公司生产的安全风险评价当中。

（4）在进行风险评价后，针对 A 公司的风险指标体系中的高风险项进行防控，提出风险防控的措施与建议来降低企业在生产过程中可能出现的风险，保证生产能安全平稳的运行。

综上所述，根据企业现有规章制度和法律法规搭建业务机理模型，采用模糊综合评价法与 BP 神经网络结合的方法进行评价，同时根据机理模型以及安全管理相关的理论进行改进策略的提出以及情景的假设，最后利用系统动力学进行仿真建模，同时对策略的实施情况进行实证分析，从而构建一个整体的安全生产管理体系，如图 10.1 所示。

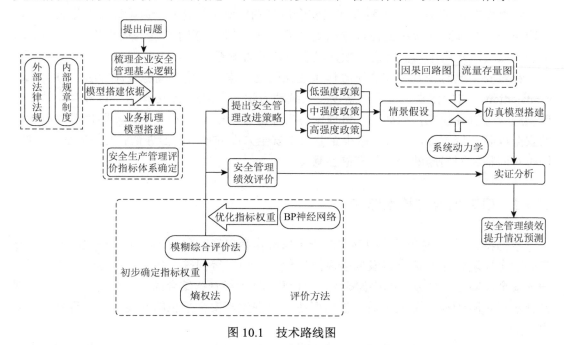

图 10.1 技术路线图

### 10.1.3 研究创新点

1. 视角创新

本研究聚焦于定性问题的定量分析，在对制造类企业的安全评价体系建立的历史研究中，产业安全的定量分析仍处于相对薄弱、滞后状态。具体针对我国工具制造业的产业安全，严格意义上的计量研究更是缺乏。本书做出的不同尝试主要在于：利用 Topsis 熵权法对指标进行权重分析，结合定量指标的分析和定性指标的模糊综合评价，明确评价指标标准。

本研究还旨在通过安全评价体系建立，发现 A 公司现今生产过程中存在的主要安全风险。同时，结合 A 公司生产过程的实际情况对所发现的主要的安全风险项，提出风险防控的措施和建议，以提高 A 公司生产过程的安全水平，找出解决安全风险识别相关问题的方法，对同类型行业建立安全风险指标体系的研究提供可借鉴的方法。

2. 方法创新

本研究通过将模糊综合评价法与 BP 神经网络模型相结合，以 A 公司生产过程的安全风险为研究对象，分析 A 公司生产过程和产品工艺流程中存在的风险，建立了 A 公司生产过程安全风险评价体系。结合所建立的风险评价指标体系并利用模糊综合评价法和 BP 神经网络对 A 公司生产过程的安全风险进行评价[1]。对两种方法所得的结果进行对比，验证 BP 神经网络模型的有效性，同时证明了模糊综合评价法和 BP 神经网络结合求解问题的可行性。

本研究通过系统动力学相关理论，用定性和定量的方法对影响 A 公司安全绩效的因素进行了分析，利用仿真软件 AnyLogic 构建了工具制造企业安全绩效模型，然后对该模型进行了仿真模拟分析，最终找到了影响 A 公司安全绩效的关键因素，并且基于这些关键因素提出了相应的措施建议，为企业安全绩效的提升指明了方向。

### 3. 应用创新

本研究通过将理论与实际结合，根据 A 公司生产的安全风险的实际情况提出一个适合 A 公司生产过程安全风险评价的方法，能大大减少企业对于安全方面的投入，并推进企业的健康平稳发展，同时对于面临相同问题的企业也具有借鉴意义。

结合相应政策，为安全监督管理部门了解生产经营单位安全生产现状、实施宏观控制提供基础资料；通过专项安全评价，可为生产经营单位和政府安全监督管理部门提供管理依据。

## 10.2　模　型　构　建

### 10.2.1　相关理论基础

#### 1. 安全管理理论

本章涉及的安全管理理论主要有海因里希事故因果论、事故频发理论和轨迹交叉理论。

海因里希事故因果论的内涵为移走中间因素使系列中断，令前级因素失去作用，伤害就自然消失。该理论更着重预防，解决事故发生事件原因。本章以该原理为指导，发现生产中的关键节点，减少事故发生概率，做到预防为主，防治结合，减少生产过程中的各类安全生产因素。

事故频发理论检验结果表明，安全生产事故更容易由某一类劳务者引起，这类群体发生安全事故的概率远远高于其他人。该理论对于工具制造企业安全生产评价指标的选取具有重要意义，参与生产的人员众多，对于不同方面的人员，安全生产管理侧重点有所不同，针对承包商和生产工人应建立不同的安全生产责任制度。

轨迹交叉理论认为事件的发展有人的轨迹和物的轨迹两个途径，而这两个途径在时间和空间上有各自的运动轨迹。在人的轨迹和物的轨迹处于不安全的情况下，二者在某一节点出现交叉，事故便会发生[2]。而人和物的不安全情况分别主要为人的不安全行为和物的不安全状态。因此企业在生产中应从三个角度控制事故，即控制人的不安全行为的发展、控制物的不安全状态的发展和控制两个轨迹交叉来考虑。

### 2. 模糊综合评价法

模糊集合理论用以表达事物的不确定性。模糊综合评价法是一种基于模糊数学的综合评价方法。该综合评价法根据模糊数学的隶属度理论把定性评价转化为定量评价，即用模糊数学对受到多种因素制约的事物或对象做出一个总体的评价。它具有结果清晰、系统性强的特点，能较好地解决模糊的、难以量化的问题，适合各种非确定性问题的解决。

安全生产管理模型是多因素问题，评价决策比较困难，因为要同时综合考虑的因素很多，而各因素重要程度又不同，使问题变得很复杂[3]。如果用常规经典数学方法来解决综合评价问题，就显得很困难。模糊数学则为解决模糊综合评价问题提供了理论依据，从而找到了一种简便而有效的评价与决策方法。通过模糊数学提供的方法进行运算，得出定量的综合评价结果，为正确决策提供依据，从而找到一种简便而有效的评价与决策方法。

### 3. 神经网络

人工神经网络无须事先确定输入输出之间映射关系的数学方程，仅通过自身的训练，学习某种规则，在给定输入值时得到最接近期望输出值的结果。BP 神经网络是一种按误差反向传播（简称误差反传）训练的多层前馈网络，其算法称为 BP 算法，它的基本思想是梯度下降法，利用梯度搜索技术，使网络的实际输出值和期望输出值的误差均方差为最小。

在对 A 公司进行安全评估的过程中，评价对象的模糊现象大量存在，特别是在主观因素较多的综合评判中，由于主观因素的模糊性很大，使用模糊综合评判可以发挥模糊方法的优势。另外，在通过模糊综合评价法确定 A 公司安全风险等级的过程中，由于人的主观性较大，可能会影响评价结果的准确性，需要借助其他方法如 BP 神经网络评估方法形成复合评价体系，对单一方法评估的缺陷进行修正，提升内控评价结果的准确性[4]。

### 4. 系统动力学

系统动力学的基本出发点是系统结构决定系统行为，通过寻找系统的较优结构，来获得较优的系统行为。系统结构是存在系统内的众多变量在它们相互作用的反馈环里有因果联系，反馈之间的相互联系所形成的网络即为系统结构，这一组结构决定了组织行为的特性。系统动力学适用于研究繁杂众多的系统以及系统行为与实际行为之间动态的关系，对相关数据要求不高，基于此，将其应用到工具制造企业安全绩效的研究中，为了保证研究有一定的科学及合理性，在研究变量方程之前做出以下假设。

由于本章主要是通过模型变量参数的不同，观察安全绩效的变化情况，不需要计算出确切的数值，而且此次研究的有关因素在实际情况中也是无法准确计算出的，所以将模型中变量参数的估计取值范围统一规定在[0, 9]。

各种因素的权重主要由人决定，因此陈词滥调的思维和其他形式预测受主观因素的影响更大，这导致结果的准确性降低，进而影响挣值分析法在成本预测过程中的效果。同时，实际成本和进度并不具有刚性，因此挣值分析法不适用[5]。人工神经网络方法虽适用范围最广泛，但其在"黑箱"学习模式下，很难获得让人接受的输入、输出关系，且无法反映企业的正常组织过程。灰色系统理论常使用函数表示经济系统，应用复杂，发展缓慢，这就导致灰色系统理论很难应用于绩效预测上。相比以上几种预测方法，系统动力学方法具有独特的优势。

## 10.2.2 安全管理策略情景分析

### 1. 研究对象简介

A 公司自 1993 年起，通过与客户的精诚合作和对精细化服务的不懈追求，在业界树立起优秀的口碑，为未来在工具行业的发展奠定了坚实的基础。公司现有员工 500 人以上。

对于机械加工制造企业，北京市地标《安全生产等级评定技术规范 第 13 部分：机械制造企业》（DB11/T 1322.13—2017）中对金属切削机床、焊接切割设备和移动电气设备等生产设备的安全要求进行了详细的规定。从这些设备可以看出，在机械加工制造企业通常存在机加工、冲压、铸造和组装等工序。结合 A 公司存在的生产工艺可以看出，A 公司的生产工艺基本包含了该行业的大部分工序。由此可得出 A 公司可以代表机械加工制造业进行分析。

A 公司治理结构不断完善，已建立较为完整的内部控制制度；公司主营业务及经营模式未发生重大变化，整体经营情况相对稳定。公司有三条产线生产三种不同的工具，A 公司由总经理领导，为了加强企业安全管理，设立安全管理部和安全管理部经理，其他生产或辅助部门统称相关部门。A 公司主要生产工艺为零部件加工清洗、组装焊接、外壳配装、测试等，企业所需零部件铸件由承包商生产提供。

工具制造行业实际生产中，安全事故发生的概率比较高。相关调查统计发现，日常生产过程中一线操作人员受到的伤害以机械伤害为主。火灾爆炸、外包事故以及物体意外坠落等都会对公司造成极大损失。所以工具制造行业要重视安全生产管理，加强管理重点工作环节。

我国大多数的工具制造在生产方式、综合管理等方面存在不足，或者没有评估只有培训；隐患排查的制度和系统不完善，导致常见的安全风险时有发生，而片面地追求增加产量，忽视了基础设施和工具制造的可持续发展是行业存在的常见问题。在社会不断进步的当下，人们越来越多地关注生产的安全管理，安全生产的问题能否妥善解决仍然是行业的重中之重。因此，有必要完善工具制造安全管理制度、加强工具制造安全管理体系，减少甚至消除员工的不安全行为以及遏制安全生产的重特大事故的发生。

### 2. 业务机理模型构建

### 1）外部安全管理体系

依据《中华人民共和国安全生产法》（以下简称《安全生产法》），我国在国家层面和地方层面设立了相应的安全管理体系以保证制造业安全生产领域的发展。

（1）安全生产工作坚持中国共产党的领导。依照《安全生产法》规定，负有安全生产监督管理职责的部门包括：国务院负责安全生产监督管理的部门（负责对全国安全生产工作实施综合监督管理），即国家经济贸易委员会和国家安全生产监督管理局；县级以上地方各级人民政府负责安全生产监督管理的部门（负责对本行政区域内的安全生产工作实施综合监督管理），由地方人民政府根据实际情况予以确定；

（2）依照《安全生产法》和其他有关法律、行政法规的规定，在各自的职责范围内对有关的安全生产工作实施监督管理的国务院有关部门和县级以上地方各级人民政府有关部门。其他有关部门，包括公安消防机构、交通部门（包括铁路主管部门和民用航空主管部门）、建筑行业部门、质量技术监督部门、工商行政管理部门等。负有安全生产监督管理职责的部门依法负责对涉及安全生产的事项进行审查批准和验收，在安全生产监督管理中发挥着重要的作用。

2）内部安全管理体系

制造业领域实行的安全管理标准或体系主要有安全生产标准化和职业健康、安全及环境（health safety and environment，HSE）管理体系，两者各有侧重、密不可分，对企业的发展均有着不可替代的作用。HSE 管理体系主要遵循国际通用的"风险识别、风险评估、风险控制、风险回顾"管理模型，以安全管理风险控制为主线，以 PDCA（plan do check action，计划、实施、检查、行动）闭环管理为原则，提出了人员、设备、作业、环境与职业健康风险管理的内容、目标与途径，最终达到风险超前控制、安全管理水平持续提升的目的。

在企业内部，安全生产管理是多因素问题，可以大致从人、组织和工作场所三个方面考虑。企业 HSE 部门在实施安全管理时，需设计不同层级的管理体系来保障这三个指标的实施。以下介绍企业初级-中级-高级安全管理模型。

（1）初级安全管理模型。企业安全管理初级阶段主要有两项工作：一是要积极主动严格执行安全生产法律及配套的法规制度；二是严格认真落实政府制定的安全生产重要措施，夯实八项安全管理工作。

①认真执行安全生产法律法规规定及制度。安全生产法律法规规定和政府制定的一系列重要措施，是我国法治建设的重要组成部分，是党和国家安全生产方针政策的集中表现，是政府对安全生产统一领导的重要方面。它以法律法规的形式规定了人们在生产过程中的行为准则，告诉企业领导和职工什么是合法的可以去做，什么是非法的禁止去做，具有一定的强制性。严格执行安全生产法律法规，先从严格执行七项安全生产法律和安全生产法相关的安全法规做起。具体有：《中华人民共和国安全生产法》《中华人民共和国职业病防治法》《中华人民共和国消防法》《中华人民共和国清洁生产促进法》《中华人民共和国环境保护法》《中华人民共和国工会法》《中华人民共和国劳动合同法》。HSE部门需按照安全法律法规制定公司员工安全准则，树立安全红线，培养员工的安全意识，加强公司安全文化的建设。

②夯实八项安全管理基础工作。

一是建立并认真落实安全生产责任制。

二是提高员工辨识、预知危险的能力，加强危险源的管理。

三是认真开展安全检查，提高消除、控制事故隐患的能力。

四是保证安全投入，具备安全生产条件，排污达标，预防职业病和环境污染事件。

五是建立安全教育培训体系，增强职工自我保护能力。

六是开展安全性评价，建立安全生产考核机制，加大对作业现场的综合治理力度。

七是遵守安全生产事故报告程序，完善企业应急预案。

八是做好企业防火工作。

（2）中级安全管理模型。在初级安全管理模型的基础上，中级安全管理模型增加了企业安全管理，标准化建设，加强对作业现场的综合治理，建立企业安全文化体系，全面提高职工安全素质等内容。

①加强标准化管理，抓好标准化作业。

②加强安全标准化考核，促进企业安全管理深化发展。

③加强职业安全健康管理，预防和减少职业危害。

④建立企业安全文化体系，全面提高职工安全素质。

（3）高级安全管理模型。企业安全管理是一个由初级向中级向高级循序渐进的发展过程，是一个只有起点没有终点，只有开始没有结束自我完善持续发展的过程，自主安全管理任重而道远，即使企业得到国家 ISO45001 体系的认证，也只能说刚刚跨进了高级安全管理层次的门槛，还有许多考核条件标准，要一件件去落实。

随着安全生产问题的凸显，精细化设计安全流程管理已成为有效的解决办法，也是企业竞争力的重要体现。企业的安全管理，不论员工个人层面，组织管理层面，还是工作场所设计层面，只有岗位职责明晰、按制度执行，才能执行到位、执行专业、执行有效，提高安全管理的效率。

3）业务机理模型图

以法律法规为基础，安全管理生产可分为内外两个部分来展开业务机理模型图，如图 10.2 所示。

后续将从安全管理的三项影响因素：组织因素、个体因素、工作特性因素进一步细分，分别为承包商管理、安全教育与培训、沟通与反馈、生理因素、心理因素、知识技能、环境条件、工作场所设计、作业负荷，以进行安全生产管理风险评价与预测。

### 3. 安全管理的改进策略和情景分析

1）改进策略

根据相关法律，以及 A 公司实际运行情况，针对安全管理从组织因素、个体特性因素、工作特性因素三个方面制定改进策略。

（1）组织因素。

①承包商管理：制定完整的承包商安全管理制度，并严格遵循该制度，同时定期对承包商进行评估考核。承包商在公司内严格按照安全部门的流程及要求进行作业，并接受负责人监督及安全部门检查。

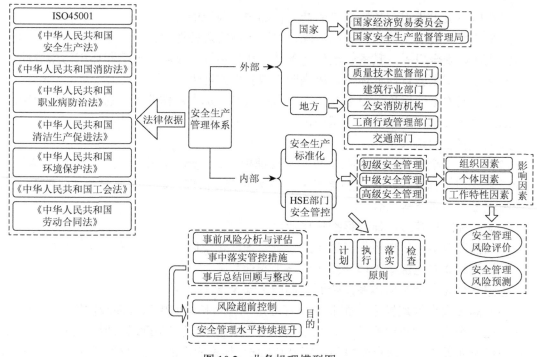

图 10.2　业务机理模型图

②培训：建立完整的培训计划，并随着公司的发展不断更新。同时对每一项生产流程都有标准化操作培训。

③沟通与反馈：拓宽员工对于安全问题上报途径，同时上级进行有效反馈与积极处理。通过适当的嘉奖提高员工对安全隐患发现及上报的积极性。

（2）个体特性因素。

①生理因素：合理安排员工排班，充分考虑员工作息节律、工作负荷等。

②心理因素：定期开展心理咨询活动，缓解员工压力。

③知识及技能：定期对员工安全操作规程及应急处理办法进行考核，不定期抽查员工操作行为是否安全。

（3）工作特性因素。

①工作负荷：使基层员工操作程序尽可能简单，使用机器代替高强度、高危险工作。

②环境条件：减少受到如噪声、照明、粉尘、暖通与空调、温湿度、空气质量、其他职业危害因素（如有害气体等）的影响的员工的数量。

③工作场所设计：使工作车间的布局合理化，为员工提供有效工作用具。

2）情景分析

假定 A 公司运行状况良好，相关制度的执行力较强，可以较好地落实各项制度。上述改进策略于 2022 年开始实施，将风险预测仿真模型的结果与 A 公司原本的安全管理绩效相比较，以此来探究改进策略实施后对企业安全管理绩效的影响。

为了研究改进措施不同落实程度下的绩效改变，将改进策略的实施强度定为低、中、高三种，由于各项改进措施与安全管理绩效之间均为正相关，所以假设低强度下策略实施导致该策略所对应的三级指标的得分提高 20%，中强度下提高 40%，高强度下提高 60%。以此来探究各指标之间的相互影响以及对安全生产管理绩效的影响。

### 10.2.3　风险预测仿真模型构建

#### 1. 工具制造企业系统动力学思考

系统动力学是改善复杂大系统分析的一种研究方法，系统思考作为其基础的运行方法，是从系统出发进行问题的识别和分析，其二者之间是一致的，不相同之处在于系统思考更多地专注于理论层次，系统动力学则将趋向于更多的处理实际存在的复杂多变的系统问题。对于工具制造企业的安全管理系统，系统动力学有着专有的见解和思考。

（1）工具制造的安全系统不稳定性。对于大多数的工具制造企业而言，其安全系统的影响因素复杂多样，具有不稳定性和非线性的特点，因此，运用系统动力学的方法对其进行管理与控制，可以有效地改善非系统方式单一性和不全面性等解决问题的缺陷。

（2）工具制造的安全系统分析方法。工具制造企业的安全系统中，存在的影响因素大多都具有非线性的特点，运用线性的分析方法无法对系统中的问题做出全面、客观的分析，因此，必须运用系统动力学的方法来进行安全系统的分析和问题解决措施的提出。

（3）工具制造的安全生产趋势预测。运用系统动力学模型，通过模型构建及仿真运行，预测工具制造企业安全生产的未来发展趋势，并对企业安全管理系统存在的复杂多变的影响因素进行定性和定量化的研究，从而提出针对性的对策措施。

（4）工具制造的安全管理措施。依据对工具制造的安全管理因素的系统分析，对主要的影响因素进行深入研究和分析，相对应地提出安全管理措施，提高安全管理水平。

（5）制造业的安全管理模式革新。随着对安全重视程度的提高，传统的被动式安全管理模式已慢慢被取代。在新的管理模式中，针对的目标主体、管理思维方式、解决问题的方法以及管理者的领导等各个方面，与传统的安全管理都存在着差异。因此，基于系统动力学，改变安全管理的决策应用，提供了增强安全意识和观念方面的指导。

#### 2. 系统动力学模型构建目的

本章建立的安全生产管理与绩效评价模型主要是为了实现以下三个目的。

（1）立足于系统的角度，找出影响企业安全生产事故的主要因素，并且深入解释这些影响因素的相互作用关系与机理，帮助公司相关人员及政府相关管理人员以动态的角度去理解公司安全方面的管理和绩效评估。

（2）通过阅读大量资料，几乎找出了影响公司安全生产事故产生的所有因素，并且从中筛选出了主要影响因素，以此为基础，构建了安全生产管理与绩效评价模型基本的理论框架，为今后的研究奠定了理论基础。

（3）本模型将作为一个实用工具预测安全效果评价设计带来的影响。企业从业人员可根据模型整理的绩效报表重新审视现有的安全规划方案，并根据预测结果对现有资源进行合理整合，实现企业安全生产效率管理，提升安全管理绩效。

### 3. 工具制造企业安全绩效模型的构建

安全生产管理模型是一个典型的复杂系统，涉及组织、工作、个人等多种因素，这些因素复杂多变且相互作用。本次研究对影响工具制造企业安全管理绩效水平的因素进行了严谨的归纳和总结，最终决定影响工具制造企业安全绩效的因素由以下因素及其子因素构成，如表 10.1 和表 10.2 所示。

**表 10.1 影响工具制造企业安全绩效的因素**

| 影响因素 | 子因素 | | |
|---|---|---|---|
| 个人特性 | 技能及知识 | 个人行为 | 生理及心理 |
| 工作特性 | 工作负荷 | 工作场所设计 | 环境条件 |
| 组织因素 | 沟通及报告 | 培训 | 培训 |

**表 10.2 工具制造企业安全绩效的影响因素及其子因素**

| 影响因素 | 子因素 | 影响因素 | 子因素 |
|---|---|---|---|
| 技能及知识 | 学历、经验、应变能力 | 环境条件 | 材料管理、场地条件、微气候状况、噪声岗位数量、防暑防寒措施、员工满意度 |
| 生理 | 短期突发疾病、长期身体素质状况 | 材料管理 | 材料放置区域规划 |
| 心理 | 心理疾病、工作压力 | 场地条件 | 照明、水电、干净整洁 |
| 个人行为 | 社会安全价值观、不规范行为、安全规章制度的遵守程度 | 培训 | 培训多样化、培训考核、奖惩、制定年度培训计划、有效培训时长 |
| 安全规章的遵守程度 | 安全法律法规 | 承包商管理 | 健康安全记录、安全检查力度承包商规模、定期跟踪进展 |
| 工作负荷 | 加班、安全风险、沟通及报告、员工休息时间、作业程序复杂程度 | 沟通及报告 | 沟通方法模板化、沟通频率、健康安全记录、沟通渠道、有效落实安全技术交底、奖惩 |
| 工作场所设计 | 自动化程度、安全警示标志完善度、工艺水平、加工设备安全状态、人机交互界面、现场防护用品配备 | | |

#### 1）因果回路图

安全生产管理模型是一个典型的复杂系统，涉及组织、工作、个人等多种因素，这些因素复杂多变且相互作用。因此，本书通过构建企业安全生产管理系统动力学仿真模型，探求企业安全生产系统中各个关键变量的变化对安全管理绩效的影响。

通过研究工具制造企业安全绩效提升，对工具制造企业安全绩效相关理论进行了丰富，这也是本章构建系统动力学模型的主要目的之一。根据建模的原理和目的，结合前面对影响工具制造企业安全绩效影响因素的分析，利用软件 AnyLogic 绘制出因果回路图如图 10.3 所示。

反馈回路是由两个以上的因果链首尾相连形成的闭合回路。当作用链首尾相连形成反馈环时，将无法判别最初的原因和最终的结果。参加某个反馈环的所有要素，构成了一种机制，由于这种机制具有独特的行为，环中的任一要素的行为将受环中所有其他要素的制约，而每个要素的变化都将影响环中的任一个反馈回路示意图中的其他要素。根据因果回路图，可以总结得出图中的主要反馈回路，详见表 10.3。

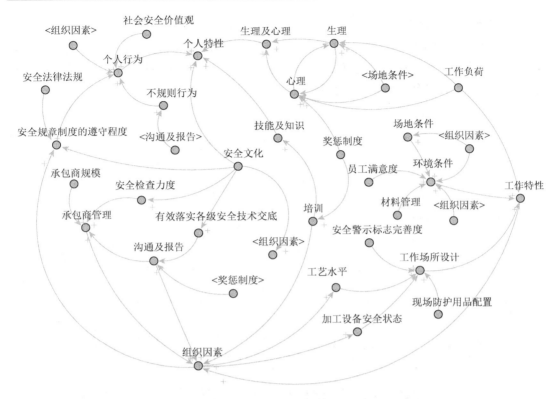

图 10.3 影响工具制造企业安全绩效因素因果关系图

**表 10.3 反馈回路统计表**

| 流经主要变量名称 | 反馈回路数量 | 回路详情 |
|---|---|---|
| 个人特性 | 6 | ①个人特性＞（＋）安全文化＞（＋）组织因素＞（＋）安全规章制度的遵守程度＞（＋）个人行为＞（＋）个人特性；<br>②个人特性＞（＋）安全文化＞（＋）培训＞（＋）技能及知识＞（＋）个人特性；<br>③个人特性＞（＋）安全文化＞（＋）有效落实各级安全技术交底＞（＋）沟通及报告＞（＋）不规则行为＞（＋）个人行为＞（＋）个人特性；<br>④个人特性＞（＋）安全文化＞（＋）培训＞（＋）组织因素＞（＋）安全规章制度的遵守程度＞（＋）个人行为＞（＋）个人特性<br>⑤个人特性＞（＋）安全文化＞（＋）个人特性<br>⑥生理＞（＋）心理＞（＋）生理 |
| 组织因素 | 5 | ①组织因素＞（＋）材料质量合格情况＞（＋）工作场所设计＞（＋）组织因素<br>②组织因素＞（＋）加工设备安全状态＞（＋）工作场所设计＞（＋）组织因素<br>③组织因素＞（＋）安全文化＞（＋）安全检查力度＞（＋）承包商管理＞（＋）组织因素<br>④组织因素＞（＋）安全文化＞（＋）有效落实各级安全技术交底＞（＋）沟通及报告＞（＋）组织因素<br>⑤组织因素＞（＋）安全文化＞（＋）有效落实各级安全技术交底＞（＋）沟通及报告＞（＋）承包商管理＞（＋）组织因素 |
| 工作特性 | 3 | ①工作特性＞（＋）安全文化＞（＋）组织因素＞（＋）环境条件＞（＋）工作特性<br>②工作特性＞（＋）安全文化＞（＋）组织因素＞（＋）加工设备安全状态＞（＋）工作场所设计＞（＋）工作特性<br>③工作特性＞（＋）安全文化＞（＋）组织因素＞（＋）工艺水平＞（＋）工作场所设计＞（＋）工作特性 |

2）模型流量存量图

模型中变量之间不仅存在一定的关联性，也存在着相互的独立性，从而应用动力学模型对这些关系进行分析，通过模型来表述这些变量之间的因果逻辑作用关系，从而构建工具制造企业的安全绩效模型，如图 10.4 所示。

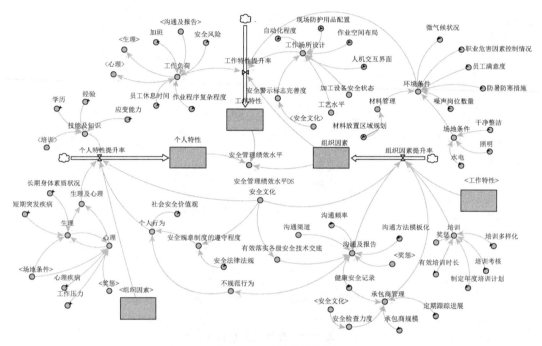

图 10.4　流量存量图

通过归纳总结与分析，工具制造企业的安全绩效水平通过个人特性、工作特性和组织因素三个状态变量来反映，可以看作工具制造企业安全绩效系统中的存量，也称为状态变量。状态变量的变化受决策变量的控制，若决策变量发生变化，那么状态变量也相应地会发生变化。三个状态变量对应着三个决策变量，分别是个人特性提升率、工作特性提升率、组织因素提升率。状态变量是决策变量的积分，可以用以下方程来表示状态变量与决策变量之间的关系：

$$\frac{\mathrm{d}个人特性}{\mathrm{d}t} = 个人特性提升率 \tag{10.1}$$

$$\frac{\mathrm{d}工作特性}{\mathrm{d}t} = 工作特性提升率 \tag{10.2}$$

$$\frac{\mathrm{d}组织因素}{\mathrm{d}t} = 组织因素提升率 \tag{10.3}$$

3）模型主要变量分析

企业内部因素会对工具制造企业安全绩效水平产生影响，同样地，外部因素也会对其造成影响，而这些内部影响因素在系统动力学中对应中间变量，即辅助变量，外部影响因素对应着外生变量。外生变量为安全法律法规和安全文化。主要的辅助变量有安全规章制度的遵守程度、有效落实各级安全技术交底等。模型中各个具体变量见表 10.4。

**表 10.4　模型主要变量表**

| 变量 | 变量简称 | 备注 |
| --- | --- | --- |
| 状态变量 | ZTSP | 单位为无量纲，$i=1\sim3$，其中 1 表示个人特性；2 为工作特性；3 组织因素 |
| 决策变量 | JCSP | 表示第 $i$ 项状态变量单位时间水平提升率，其中 1 为个人特性提升率；2 为工作特性提升率；3 为组织因素提升率 |
| 辅助变量 | FZSP | $i=1\sim55$，其中 1 为安全规章制度遵守程度；2 为个人行为；3 为奖惩；4 为技能及知识；5 为学历；6 为经验；7 为应变能力；8 为生理；9 为短期突发疾病；10 为长期身体素质状况；11 为心理；12 为心理疾病；13 为工作压力；14 为不规范行为；15 为社会安全价值观；16 为工作负荷；17 为加班；18 为安全风险；19 为员工休息时间；20 为作业程序复杂程度；21 为工作场所设计；22 为自动化程度；23 为工艺水平；24 加工设备安全状态；25 为安全警示标志完善度；26 为人机交互界面；27 为作业空间布局；28 为现场防护用品配备；29 为材料管理；30 为材料放置区域规划；31 为环境条件；32 为场地条件；33 为照明；34 为水电；35 为干净整洁；36 为噪声岗位数量；37 为防暑防寒措施；38 为员工满意度；39 为职业危害因素控制情况；40 为微气候状况；41 为培训；42 为培训多样化；43 为培训考核；44 为制定年度培训计划；45 为有效培训时长；46 为承包商管理；47 为健康安全记录；48 为安全检查力度；49 为承包商规模；50 为定期跟踪进展；51 为沟通及报告；52 为沟通方法模板化；53 为沟通频率；54 为沟通渠道；55 为有效落实各级安全技术交底 |
| 外生变量 | WSSP | $i=1\sim2$，1 为安全法律法规；2 为安全文化 |

## 10.2.4　安全管理风险评价模型构建

### 1. 安全管理风险评价指标确定

1）指标选取原则

在国内装备制造业产业安全的评价指标体系设置过程中，坚持的主要原则如下[6]。

（1）系统性原则：指标体系要能够比较全面地反映评价对象的基本状态。

（2）可行性原则：尽可能采用有数据支撑的指标。

（3）科学性原则：指标的设置应当能够有效地反映装备制造业产业安全的基本特征。

（4）动态性原则：评价指标能够体现静态与动态的统一，有时间和空间变化的敏感性。

（5）独立性原则：即指标之间尽量保持相互独立，指标体系比较简明，避免重复计算。

（6）国际惯例原则：加强国际竞争力是维护我国装备制造业产业安全的治本之策，因而在设立指标时，遵循国际惯例应是一项基本原则，同时这也是中国装备制造业参与国际竞争，缩小与国际先进水平的差距，从而实现跨越式发展目标的内在要求。

2）工作特性因素

（1）环境条件。环境条件是指操作人员在工作中所处车间的环境。在机械加工制造业中，通常存在机械件的铸造、冲压、焊接、机加工、组装以及喷漆等主要工艺。结合

《工业企业设计卫生标准》（GBZ1—2010）中的要求和现场实际情况，需要考虑的作业环境因素通常有温度、湿度、噪声、粉尘、有机蒸汽、照明和微气候等。这些会影响员工工作质量的条件最终均会使得员工在工作中为了走捷径而产生不安全行为以便更快地达到工作绩效。

（2）工作场所设计：作业条件和作业工具通常是指员工在作业时需要采取的工艺、使用的设备和工具等因素。在生产过程中，由于设备的不断运转会出现设备老化磨损等情况，会导致设备经常卡顿或停机，在设备处于非正常状态时，即设备处于不安全状态时，员工需要采取正确的措施（如使用正确的工具）处理异常措施，若盲目使用错误工具或直接用手处理，可能会造成残余能量的意外释放。此外，设备和作业空间与操作人员的匹配也至关重要，因此在作业中应保持合理的交互，以确保人员拥有较高的舒适程度，降低不安全行为的产生。

（3）作业负荷：由于机械加工制造行业的岗位多为流水线操作，在产量提升的情况下通常对操作工人提出了更高工作速度的要求，因此工作负荷不可避免地会增加。因此在工作负荷方面应当从工作的复杂度、工作量、工作强度和工作本身的危险性等角度考虑如何最大限度地进行改善，以提升员工的舒适度。综上所述，结合对 A 公司的实际情况分析，采用 HSE 指南所构建的不安全行为影响因子指标体系。

从人的不安全因素一级指标出发，划分了三个二级指标：组织因素，工作特性因素和个人特性因素。组织因素包含承包商、培训、沟通及报告三个三级指标。承包商因素主要包含承包商安全管理和承包商监管等；培训因素主要包含公司的培训计划的定期评估和培训计划方式等；沟通及报告因素包含员工间沟通、员工和上级沟通以及上级反馈等。

工作特性因素主要包含工作负荷、环境条件和工作场所设计三个三级指标。工作负荷因素包含工作繁重度、作业强度等；环境条件因素包含温度、湿度、照明、振动、材料管理等；工作场所设计因素包含人机交互程度、作业空间设计等。

个人特性因素主要包含技能及知识和个体行为两个三级指标。技能及知识因素包含员工对操作规程和应急处置的熟悉度等；个体行为因素包含生理心理状况和安全遵守等。

3）组织因素

（1）承包商管理：承包商是指进行维护、修理、安装、建造、拆除等相关工作的非公司内部人员。在企业中所使用的承包商通常是指工程人员，即承包商通常进行厂内基础设施修理和维护、设备安装和改造等作业活动。许多事故都涉及承包商在现场的工作。因此如果将承包商的工作排除在通常的安全工作方法之外，更容易发生意外。因此重要的是确保承包商正确地了解作业相关的主要危险和风险，对其不安全行为加以管控。

（2）安全教育与培训：为了提高员工对安全的认识，国家从法律层面要求企业对员工分别进行厂级、车间级和班组级安全教育。但实际情况下，由于企业中操作员工的流动性较大，车间和班组方面对员工的培训不堪重负，因此大多数企业会简化培训流程和培训方式，通过发放操作手册并通过简单的口头传授让员工进行学习。但员工无法短期内了解所学内容，因此可能会造成对员工的培养在理论层面和实践层面相割裂。

（3）沟通与反馈：员工与员工之间、员工与上级之间高效地互相沟通和反馈是构建企业安全文化的重要因素。在企业传统管理中，一方面权威性会使得员工对上级产生畏惧和不信任，另一方面由于一些上级不会真诚倾听员工的诉求，因此员工会本能地将所在岗位的问题和自身的不安全行为掩盖，在身边无人员管理时随意工作，而上级人员由于无法实时监督，无法及时发现隐患和员工不安全行为，安全管理变得被动。

4）个体因素

（1）生理因素。在机械加工制造业的企业中，员工的操作类型多为流水线工作，进行一项作业活动的反复长时间操作。此外公司操作工的每日工作时间为 12 小时，中间存在两次 8 分钟休息时间以及两次 30 分钟的用餐时间，需要每天白班和夜班的轮流倒班。这些均为导致疲劳的主要原因。尽管疲劳可以恢复，但是休息时间过短疲劳会无法及时恢复，同时生物节律对员工的工作状态有较大的影响，会降低员工身体机能，导致不安全行为产生。

（2）心理因素。一般来说，心理因素会显著影响人的行为。员工在工作中难免会受到情绪的影响，在这些消极情绪的影响下，会降低人对风险的感知以及人的行为能力，进而容易导致不安全行为。例如，操作员工在噪声较大的车间中工作，则容易产生厌烦情绪；或家庭、朋友等遭遇意外状况导致过度悲伤，进而导致其不遵循安全操作规程，安全意识缺失等情况。

（3）知识技能。通过对该公司事故的分析报告进行归类与总结，发现知识技能的缺失也是导致事故发生的一个较为重要的因素。一方面，员工在上岗前所接受的教育和培训不够充分，造成员工对岗位中存在的风险缺乏足够的认知，因此在操作中难免会存在对安全方面问题的疏忽和不够警觉，同时还影响了工作效率；另一方面，员工往往会为了提高工作效率而在操作上走捷径，这样势必会造成不安全行为。

2. 问卷设计及信度效度分析

1）问卷设计

本章将不安全行为影响因素指标体系由 1 个一级指标、3 个二级指标和 9 个三级指标的模糊集合确定为（好，中，差）共计 3 个模糊集合，论域定为[0, 10]。对于不同影响因素指标下模糊集合的含义，在参考了大量文献以及通过专家对相关内容的部分修改后，最终每个三级指标各个模糊集合的解释如表 10.5 所示。

**表 10.5　各三级指标模糊集合解释**

| 二级指标 | 三级指标 | 差 | 中 | 好 |
|---|---|---|---|---|
| 组织因素 | 承包商管理 | ①公司无可行有效的承包安全管理制度<br>②承包商进行作业几乎不遵守公司安全规程<br>③承包商在作业环节中无任何监管 | ①公司承包商安全管理制度不健全<br>②承包商在作业时没有严格履行相关安全生产要求<br>③作业环节中对承包商监管过程不够严格 | ①公司有完整的承包商安全管理制度，严格遵循该制度，并定期对承包商进行评估考核<br>②承包商在公司内严格按照安全部门的要求进行作业 |
| | 培训 | 公司既没有培训计划，也没有员工如何完成工作的程序 | 公司有基本的培训计划，但没有关于员工如何执行操作的具体程序 | 公司建立了完整的培训计划，包括评估和修订 |

续表

| 二级指标 | 三级指标 | 差 | 中 | 好 |
|---|---|---|---|---|
| 组织因素 | 沟通及报告 | ①基层员工几乎不讨论工作中的安全问题<br>②上级或管理层不屑于倾听基层员工在安全方面的意见与诉求 | ①基层员工偶尔讨论工作中存在的安全问题<br>②对于员工提出的安全问题或意见，上级或管理层存在反馈和处理较慢等问题 | ①基层员工间经常讨论工作安全问题<br>②基层员工在上报安全问题时，能够得到上级积极有效的反馈和处理 |
| 工作特性因素 | 工作负荷 | ①作业的操作程序复杂，需要集中注意力；作业时间过长（大于8小时），休息时间很短<br>②作业本身存在一定的危险（会导致工作能力受限及以上）<br>③作业本身强度较大，需要长时间站立、弯腰或搬运重物等 | ①作业的操作程序比较复杂，不需要一直保持高度注意<br>②作业时间为标准工时（8小时），有间隔休息时间<br>③作业危险程度较高，在急救处进行医疗处理<br>④作业本身强度适中，但需要部分时间站立、弯腰或搬运重物等 | ①作业操作程序较简单<br>②员工有充足休息时间<br>③作业危险性较低（很少产生急救）<br>④作业本身强度较低，一般不会进行重体力劳动 |
| | 环境条件 | 大部分员工受到如噪声、照明、粉尘、暖通与空调、温湿度、空气质量、其他职业危害因素的影响 | 部分员工受到如噪声、照明、粉尘、暖通与空调、温湿度、空气质量、其他职业危害因素的影响 | 小部分员工受到如噪声、照明、粉尘、暖通与空调、温湿度、空气质量、其他职业危害因素的影响 |
| | 工作场所的设计 | ①工艺设备自动化程度较差<br>②工作站与作业空间整体设计一般<br>③相关工艺等无法对职业危害因素起到控制作用，员工无合适定制作业工具 | ①工艺设备部分为自动化<br>②部分工作站与作业空间设计良好<br>③部分员工有合适的定制工具 | ①工艺设备选型较为先进，自动化程度较高<br>②员工有合适的作业用具<br>③大部分工作站与作业空间设计良好 |
| 个人特性因素 | 知识及技能 | 员工不了解或不熟悉所在岗位的安全操作规程、操作过程中存在风险和应急处置，完全按照经验进行作业 | 员工部分了解所在岗位的安全操作规程、操作过程中存在的风险和应急处置 | 员工了解所在岗位安全操作规程、操作过程中存在的风险和应急处理，并能够遵守该规程 |
| | 个体行为 | ①员工长时间处于疲劳或睡眠不足状态（如排班安排不够合理，作息不规律等、工作负荷大等）<br>②安全意识淡薄，对工作风险盲目乐观 | ①员工有时处于长期疲劳或睡眠不足的状态<br>②工作较为积极，大部分时间对安全谨慎且重视，有时会忽略安全方面的要求 | 员工很少处于长期疲劳或睡眠不足的状态（如员工排班安排合理，充分考虑员工作息节律、工作负荷小等） |
| | 生理心理 | ①员工平日工作积极性不高，有厌烦情绪、急躁情绪等<br>②员工患有心理疾病，导致破坏性行为 | ①员工患有长期慢性疾病<br>②员工有轻度伤残<br>③员工常忧虑烦躁 | ①员工身体健康<br>②工作积极性较好，对安全足够谨慎且重视 |

2）信效度分析

本次问卷调研收回样本 300 份，为确定问卷可用性对其进行信效度分析。

（1）信度分析：对克龙巴赫 α 系数（或折半系数）进行分析，根据多数学者的观点，一般克龙巴赫 α 系数（或折半系数）如果在 0.9 以上，则该测验或量表的信度甚佳，0.8～0.9 表示信度不错，0.7～0.8 表示信度可以接受，0.6～0.7 表示信度一般，0.5～0.6 表示信度不太理想，如果在 0.5 以下就要考虑重新编排问卷。

本次问卷回收样本 301 份，计算克龙巴赫 α 系数结果如表 10.6 所示。

**表 10.6　问卷样本信度分析**

| 相关系数 | 系数值 |
|---|---|
| 克龙巴赫 α 系数 | 0.969 |
| 标准化克龙巴赫 α 系数 | 0.97 |
| 项数 | 72 |
| 样本数 | 301 |

模型的克龙巴赫 α 系数值为 0.969，说明该问卷的信度非常好。

（2）效度分析：进行 KMO 和 Bartlett 球形度检验。

对于 KMO 检验，0.9 以上非常合适做因子分析；0.8～0.9 比较适合；0.7～0.8 适合；0.6～0.7 尚可；0.5～0.6 表示差；0.5 以下应该放弃，通过 KMO 值检验说明了题项变量之间是存在相关性的，符合因子分析要求。本问卷计算结果如表 10.7 所示。

**表 10.7　问卷样本效度分析**

| KMO 检验和 Bartlett 检验 | | |
|---|---|---|
| KMO 值 | | 0.947 |
| Bartlett 球形度检验 | 近似卡方 | 10469.504 |
| | df | 2556 |
| | P | 0.000*** |

\*\*\*代表 1%的显著性水平

KMO 检验的结果显示 KMO 值为 0.947，同时 Bartlett 球形度检验的结果：显著性 $P$ 值为 0.000，水平呈现显著性，拒绝原假设，各变量间具有相关性，因子分析有效，程度适合。

**3. 安全生产管理绩效评价模型**

**1）因素集与评语集**

（1）因素集：对于企业的安全生产管理而言，需要从多个方面进行综合评判，如员工的技能、工作行为、工作时的环境、工作负荷等，所有这些因素构成了该评价问题的评价因素集，将其分为三个一级指标，九个二级指标，即

$$U = \left\{ 承包商 u_{11}, 培训环境 u_{12}, \cdots, 个体行为 u_{33} \right\}$$

（2）评语集：以问卷的形式进行评价的收集，各个因素的评语虽有略微差别，但可以用"好、中、差"概括，记为

$$V = \left\{ 好 v_1, 中 v_2, 差 v_3 \right\}$$

**2）指标权重**

本次使用 MATLAB 软件进行计算。在对 A 公司 2017～2022 年由于不安全行为所导

致的事故进行分析时，将找到每个不安全行为所对应的主要的影响因素。在这 6 年所发生的事故中，由不安全行为引发的事故共有 290 起，数据如表 10.8 所示。

**表 10.8　事故发生的主要影响因素**

| 影响因素 | 2017 年 | 2018 年 | 2019 年 | 2020 年 | 2021 年 | 2022 年 |
|---|---|---|---|---|---|---|
| 组织因素: | 22 | 24 | 17 | 13 | 15 | 9 |
| 　承包商管理 | 15 | 17 | 11 | 8 | 9 | 6 |
| 　培训 | 4 | 6 | 3 | 2 | 4 | 2 |
| 　沟通及报告 | 3 | 1 | 3 | 3 | 2 | 1 |
| 工作特性因素: | 20 | 19 | 17 | 13 | 11 | 5 |
| 　工作负荷 | 8 | 12 | 9 | 5 | 6 | 1 |
| 　环境条件 | 4 | 2 | 5 | 4 | 4 | 2 |
| 　工作场所设计 | 8 | 5 | 3 | 4 | 1 | 2 |
| 个人特性因素: | 23 | 15 | 14 | 16 | 16 | 11 |
| 　知识及技能 | 5 | 3 | 4 | 4 | 7 | 5 |
| 　个人行为 | 13 | 9 | 6 | 8 | 6 | 5 |
| 　生理心理 | 5 | 3 | 4 | 2 | 3 | 1 |

整理得到非负矩阵：

$$Z = \begin{pmatrix} z_{11} & \cdots & z_{1j} \\ z_{21} & \cdots & z_{2j} \\ \vdots & \ddots & \vdots \\ z_{i1} & \cdots & z_{ij} \end{pmatrix} \tag{10.4}$$

计算第 $j$ 项指标下第 $i$ 个样本所占的比重，并将其看作相对熵计算中用到的概率，令概率矩阵为 $P$，其中 $P$ 中每一个元素 $p_{ij}$ 的计算公式如下：

$$p_{ij} = \frac{z_{ij}}{\sum_{i=1}^{n} z_{ij}} \tag{10.5}$$

计算每个指标的信息熵，并计算信息效用值，并归一化得到每个指标的熵权，对于第 $j$ 项指标而言，其信息熵的计算公式为

$$e_j = -\frac{1}{\ln n} \sum_{i=1}^{n} p_{ij} \ln p_{ij}, \quad j = 1, 2, \cdots, m \tag{10.6}$$

有效信息值的计算公式为

$$d_j = 1 - e_j \tag{10.7}$$

将信息效用值进行归一化，计算每个指标的熵权（即每个指标的权重）：

$$W_j = \frac{d_j}{\sum_{j=1}^{m} d_j}, \quad j = 1, 2, \cdots, m \tag{10.8}$$

确定各因素的权重，得到：

$$A = \{a_{11}, a_{12}, \cdots, a_{33}\} \tag{10.9}$$

根据计算结果，因素的信息熵值 $e_j$、有效信息值 $d_j$、熵权值如下。

承包商管理 = (0.838, 0.162, 0.103 85)；培训 = (0.873, 0.127, 0.081 65)

沟通及报告 = (0.589, 0.411, 0.264 16)；工作负荷 = (0.844, 0.156, 0.100 46)

环境条件 = (0.818, 0.182, 0.117 26)；工作场所设计 = (0.875, 0.125, 0.080 10)

知识及技能 = (0.879, 0.121, 0.078 07)；个人行为 = (0.882, 0.118, 0.075 93)

生理心理 = (0.847, 0.153, 0.098 52)

各级指标的影响权重如表 10.9 所示。

表 10.9 二、三级指标权重

| 二级指标 | 二级指标权重（%） | 三级指标 | 三级指标权重（%） |
| --- | --- | --- | --- |
| 组织因素 | 44.966 | 承包商管理 | 10.385 |
| | | 培训 | 8.165 |
| | | 沟通及报告 | 26.416 |
| 工作特性因素 | 29.782 | 工作负荷 | 10.046 |
| | | 环境条件 | 11.726 |
| | | 工作场所设计 | 8.010 |
| 个人特性因素 | 25.252 | 知识及技能 | 7.807 |
| | | 个人行为 | 7.593 |
| | | 生理心理 | 9.852 |

3）模糊算子

根据实际情况，参考以往研究文献，选取加权平均型算子作为本书的模糊算子。加权平均型算子为

$$b_j = \sum_{i=1}^{n} a_i \cdot r_{ij}, \quad j = 1, 2, \cdots, m \tag{10.10}$$

该算子依权重的大小对所有因素均衡兼顾，比较适用于要求总和最大的情形。

4）单层次模糊综合评价

首先对三级因素集指标 $U_i = \{u_{i1}, u_{i2}, u_{i3}\}$，$i = 1, 2, 3$ 的三个因素进行单因素评判，得到单因素矩阵，确定单层次隶属度：

$$R_i = \begin{pmatrix} r_{11}^i & r_{12}^i & r_{13}^i \\ r_{21}^i & r_{22}^i & r_{23}^i \\ r_{31}^i & r_{32}^i & r_{33}^i \end{pmatrix}, \quad i = 1, 2, 3 \tag{10.11}$$

根据熵权法计算得 $U_i = \{u_{i1}, u_{i2}, u_{i3}\}$，$i = 1, 2, 3$ 的权重为 $A_i = \{a_{i1}, a_{i2}, a_{i3}\}$，$i = 1, 2, 3$ 采用加权平均型算子进行计算，得到单层次综合评价为

$$B_i = A_i \circ R_i, \quad i = 1, 2, 3 \tag{10.12}$$

二级指标的各评语隶属度为

组织因素 = (0.06, 0.623 64, 0.296 36)

工作特性因素 = (0.177 56, 0.627 82, 0.174 62)

个人特性因素 = (0.121 14, 0.558 04, 0.305 44)

5）评价结果

对二级因素集 $U_i = \{u_1, u_2, u_3\}$ 作综合评价，由熵权法计算其权重为 $A = \{a_1, a_2, a_3\}$，采用加权平均型算子进行计算，得到综合评价：

$$B = A \circ R \tag{10.13}$$

一级指标安全绩效水平评语集隶属度为

安全绩效水平 = (11.0449, 60.8313, 26.2393)

将隶属度进行归一化得到 98.1155。

安全绩效水平 = (0.1126, 0.6200, 0.2674)

根据最大隶属度原则，确定该年份的相应评语为：中。

以相同的计算过程将六年的数据依次进行模糊计算，得到以下结果。

2022 年隶属度 = (0.0956, 0.5108, 0.3935)；2021 年隶属度 = (0.0944, 0.5687, 0.3367)；
2020 年隶属度 = (0.1093, 0.5481, 0.3424)；2019 年隶属度 = (0.1076, 0.5856, 0.3066)；
2018 年隶属度 = (0.0956, 0.5108, 0.3935)；2017 年隶属度 = (0.1104, 0.6083, 0.2623)。

各年份安全绩效水平评价如表 10.10 所示。

**表 10.10 各年份安全绩效水平**

| 年份 | 安全绩效水平 | 年份 | 安全绩效水平 |
| --- | --- | --- | --- |
| 2022 | 中 | 2019 | 中 |
| 2021 | 中 | 2018 | 中 |
| 2020 | 中 | 2017 | 中 |

为了便于后续的预测，通过解模糊将其转为精确值，最常见且效果最好的方法为面积重心法，则各年份的安全绩效水平 $S_n$ 为

$$S_n = \sum_{i=1}^{3} v_i B_n(v_i) \tag{10.14}$$

其中，$v_i$ 为各评语对应的分数，差评语对应 2 分、中评语对应 5 分、好评语对应 8 分，$B_n(v_i)$ 为第 $n$ 年 $v_i$ 评语对应的隶属度。各年份解模糊后的安全系数如表 10.11 所示。

**表 10.11 各年份解模糊后的安全系数**

| 年份 | 解模糊后的安全系数 | 年份 | 解模糊后的安全系数 |
| --- | --- | --- | --- |
| 2022 | 5.8936 | 2019 | 5.5969 |
| 2021 | 5.7269 | 2018 | 5.5909 |
| 2020 | 5.6991 | 2017 | 5.3616 |

4. 安全生产管理绩效评价模型优化

1）模型优化的必要性

尽管使用模糊综合评价法可以随时结合实际情况对不安全行为概率修正因子进行测量，但在运算过程中存在的问题有如下几点。①不安全行为影响因子的权重会随着新事故的发生不断变化，进一步影响模糊综合评价中的各个环节，最终导致隶属度的变化；②模糊综合评价在进行运算时，推理过程复杂，所涉及的计算量较大，因此使用该方法不定期对企业的概率修正系数进行评估时，会造成较大的负担。

为此有必要采用神经网络对不安全行为概率修正系数进行实时评估和预测。其理由在于：①神经网络相比加权模糊逻辑而言，其并行计算能力可大大降低计算烦琐程度；②神经网络的容错性较高，同时还可以不断录入新的事故数据进行学习，提高其精度；③神经网络在各个领域风险评估和优化方面运用较为成熟，故结合企业实际情况，使用神经网络作为优化工具是合理可行的。

2）BP 神经网络算法学习

BP 神经网络的基本结构包含输入层、隐含层（一层或多层）和输出层三个部分。

（1）正向传播。设输入层输入的学习样本为 $x_i(i=1,2,\cdots,n)$，隐含层的输出为 $v_j(j=1,2,\cdots,m)$，输出层的输出为 $y_k(k=1,2,\cdots,l)$，期望输出为 $\hat{y}_k(k=1,2,\cdots,l)$。因此隐含层的第 $j$ 个神经元的输入 $\mathrm{net}_j$：

$$\mathrm{net}_j = \sum_{i=1}^{n} x_i \omega_{ji} - \theta \tag{10.15}$$

$$v_j = f(\mathrm{net}_j) \tag{10.16}$$

其中，$\omega_{ji}$ 为从神经元 $i$ 至 $j$ 间的权重，$\theta$ 为阈值，$f(*)$ 为激发函数。而输出层第 $k$ 个神经元的输入 $\mathrm{net}_k$ 为

$$\mathrm{net}_k = \sum_{j=1}^{m} v_j \omega_{kj} - \theta \tag{10.17}$$

$$y_t = f(\mathrm{net}_k) \tag{10.18}$$

其中，$\omega_{kj}$ 为从神经元 $j$ 至 $k$ 间的权重。

（2）反向传播。根据梯度下降法，首先需要确定样本误差函数：

$$E = \frac{1}{2} \sum_{k=1}^{l} (y_k - \hat{y}_k)^2 \tag{10.19}$$

$\hat{y}_k$ 为期望输出。确定样本误差函数 $E$ 对输出层各神经元的权重修正量，$\delta_{ji}$ 为误差信号：

$$\Delta\omega_{kj} = -\eta \frac{\partial E}{\partial \omega_{kj}} = -\eta \frac{\partial E}{\partial \mathrm{net}_k} \frac{\partial \mathrm{net}_k}{\partial \omega_{kj}} = -\eta(y_k - \hat{y}_k) f'(\mathrm{net}_k) v_j \tag{10.20}$$

$$= -\eta(y_k - \hat{y}_k) y_k (1 - y_k)$$

$$\delta_{kj} = (y_k - \hat{y}_k) y_k (1 - y_k) \tag{10.21}$$

下一步计算输出层到隐含层各神经元的权重修正量：

$$\omega_{kj}^{(1)} = \omega_{kj} + \Delta\omega_{kj} \tag{10.22}$$

$$\omega_{ji}^{(1)} = \omega_{ji} + \Delta\omega_{ji} \tag{10.23}$$

其中，$\omega_{kj}^{(1)}$ 和 $\omega_{ji}^{(1)}$ 分别表示经过第一次调整后输出层到隐含层的权重值和隐含层到输入层的权重值。根据该梯度下降计算不断循环，得到误差函数最小值 $E_{\min}$。

3）数据获取与训练

（1）数据获取：使用安全绩效评估问卷进行调研，将得到的样本按照十个为一组进行整合，得到 30 组数据，然后将各组的因素的分值以平均数的方式呈现出来，并且将每组的安全系数进行解模糊化处理，所得结果部分如表 10.12 所示。

**表 10.12　神经网络输入及输出样本**

| 承包商管理 | 培训 | 沟通及报告 | 工作负荷 | 环境条件 | 工作场所设计 | 知识及技能 | 个人行为 | 生理心理 | 安全系数 |
|---|---|---|---|---|---|---|---|---|---|
| 5.3 | 4.7 | 5.0 | 4.1 | 4.7 | 4.7 | 4.4 | 5.3 | 5.6 | 4.9247 |
| 5.0 | 5.3 | 5.0 | 4.7 | 4.7 | 5.0 | 5.3 | 4.7 | 5.9 | 5.0963 |
| 5.3 | 5.3 | 5.6 | 4.1 | 4.1 | 4.7 | 4.7 | 5.3 | 5.0 | 4.9904 |
| 6.5 | 6.5 | 6.2 | 5.3 | 5.9 | 5.6 | 6.2 | 5.9 | 5.9 | 6.0238 |
| 6.5 | 6.5 | 6.8 | 5.6 | 5.9 | 5.9 | 6.8 | 5.6 | 6.2 | 6.3020 |
| 6.2 | 5.6 | 5.9 | 5.6 | 6.2 | 5.9 | 5.3 | 5.6 | 5.6 | 5.8184 |
| 6.2 | 5.9 | 5.9 | 5.0 | 6.2 | 5.6 | 5.9 | 5.9 | 6.2 | 5.8964 |
| 6.2 | 6.2 | 5.9 | 5.0 | 5.9 | 5.3 | 6.8 | 5.9 | 5.0 | 5.7364 |
| 6.2 | 5.6 | 6.5 | 5.6 | 5.9 | 5.6 | 6.2 | 5.9 | 5.6 | 5.9838 |

（2）BP 神经网络训练。

①神经网络层数确定。神经网络的层数通常由隐含层的数量决定，一般情况隐含层数越多，神经网络的映射能力就越强，对训练样本的逼近程度就越强，训练误差就越小。但这样会容易产生过拟合现象，即当把测试样本输入训练好的神经网络时误差反而会很大，即该神经网络经过训练后无法精确拟合测试样本。因此需要降低神经网络的复杂程度，一般是通过减少隐含层数或减少每层神经元数量。本书选取三层 BP 神经网络，即包含输入层、一个隐含层和输出层。

②神经网络各层神经元数量。对于输入层神经元，其数量为数据中自变量的数量，但是在自变量较多时，可能会存在学习速度较慢、可靠性较低的问题。通过 30 个样本数据可以得知，输出值（一级指标）是从三级指标值经模糊逻辑得到二级指标值，再由二级指标值经过模糊逻辑所得出的。因此确定输入层神经元个数有两种方法：一种是用三级指标作为输入层，共计 9 个输入节点；另一种是用二级指标作为输入层，共计 3 个输入节点。因此本书按照多数学者的选择，采用如下公式来进行神经元数量的确定：

$$M = \sqrt{n + m} + a \tag{10.24}$$

式中，$M$ 为隐含层神经元数量，$n$ 为输入层神经元数量，$m$ 为输出层神经元数量，$a$ 为 1～10 的整数。对于输出层，只有安全系数一个参数，所以输出层只有 1 个神经元。

③激发函数的确定。对于激发函数而言，本书选择 tansing 函数作为激发函数。

④学习参数的确定。对于学习速率 $\mu$，它对权重值和阈值的变化起到很大的作用，

如果学习速率过大，可能使得本模型的性能在训练时期内产生震荡，也可能会导致梯度爆炸；如果学习速率过小则可能会出现收敛速度过慢甚至容易陷入局部极小值。因此学者普遍认为学习速率值在[0.01, 0.08]是最佳的。测试发现 0.01 的训练效果最好，因此选择 0.01 作为此次训练的学习速率。对于初始权重值和阈值的选取，一般通过神经网络随机生成非零数值确定。

⑤网络训练。本次训练使用 MATLAB 软件，MATLAB 提供了关于 BP 神经网络的丰富工具箱，因此只需要调用相关函数便可完成神经网络的计算过程，编程环节更为简单便捷。

在 BP 神经网络中，当输入变量为三级指标和二级指标时，即输入层分别有 8 个和 9 个神经元时，经过训练和对隐含层神经元数量、训练函数不断调整后，BP 神经网络结构模拟结果最优情况的参数界面如图 10.5 所示。

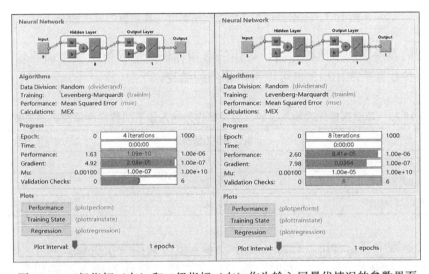

扫一扫　见彩图

图 10.5　三级指标（左）和二级指标（右）作为输入层最优情况的参数界面

二者的预测误差值和预测值与真实值对比如图 10.6 和图 10.7 所示。

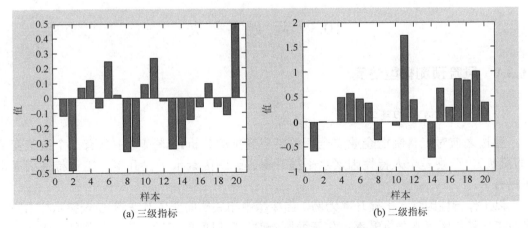

(a) 三级指标　　　　　　　　(b) 二级指标

图 10.6　三级指标和二级指标预测误差图

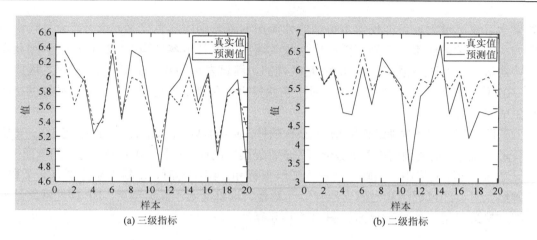

图 10.7　三级指标和二级指标预测值与真实值的对比图

从二者的误差图和对比图来看，采用三级指标作为输入值的模型训练效果更好，从后续的相关参数分析表 10.13 也可以得出相同的结论。

表 10.13　二级指标作为输入值和三级指标作为输入值下的神经网络测试相关参数

| 相关参数 | 三级指标作为输入值 | 二级指标作为输入值 |
| --- | --- | --- |
| 平均绝对误差 | 0.190 81 | 0.490 7 |
| 相关系数 $R$ | 0.893 12 | 0.911 78 |
| 模型预测准确率 | 0.966 41 | 0.828 53 |

从相关参数中可以看出，三级指标作为输入值时的拟合情况较好，平均绝对误差小于二级指标作为输入值时的，同时三级指标和二级指标作为输入值的相关系数都高于85%，并且三级指标作为输入值时的模型准确率更高，综上所述，将三级指标作为输入层可以使得神经网络更为稳定，预测出的效果更加贴近真实值。

## 10.3　问 题 解 决

### 10.3.1　风险预测模型仿真

#### 1. 模型变量方程的建立

通过之前对工具制造企业安全绩效模型变量的分析，该模型中共有三个决策变量（即流量），分别是个人特性因素水平提升率、组织因素水平提升率、工作特性因素水平提升率。

以工作特性因素水平提升率为例，当模型中相关辅助变量及变量-安全警示标语完善度对工作特性因素水平提升率产生正面影响时，随时间的延续推移，工作特性因素水平提升率会得到一定的提高，相应的状态变量即工作特性因素水平也会提高。但是，在实际情况中，这种提高对于决策变量（工作特性因素水平提升率）是有局限的，随着时间的推移，它的提升空间会越来越小，从而使工作特性因素水平提升率的提升速度逐渐降低。所以，在相应的时域内工作特性因素水平是逐渐递增的，相对应的工作特性因素水平提升率逐渐递减[7]。同理，可以推断个人特性因素水平、组织因素水平都分别符合一阶负反馈的情况。

以上分析为下面建立模型变量方程提供了至关重要的理论依据。

对于模型的变量方程，主要从个人特性因素水平、工作特性因素水平、组织因素水平和工具制造企业的安全绩效四个部分来建立，具体如表 10.14 所示。

**表 10.14　模型变量方程表**

| 序号 | 变量 | 数据出处/运算公式 |
|---|---|---|
| 1 | 个人特性提升率 | 个人特性提升率 = max(1/(1 + exp(−(0.3092×技能及知识 + 0.3007×个人行为 + 0.3774×生理心理 + 0.01×安全文化)))−0.17×组织因素提升率，0) |
| 2 | 技能及知识 | 技能及知识 = 0.5893×经验 + 0.0716×学历 + 0.3288×应变能力 |
| 3 | 生理 | 生理 = 0.0826×短期突发疾病 + 0.2193×长期身体素质状况 + 0.2506×心理−0.0063×工作负荷 + 0.1392×场地条件 + 1.8825 |
| 4 | 心理 | 心理 = 0.009×心理疾病 + 0.1071×工作压力 + 0.0424×生理 + 0.7045×场地条件 + 0.0881×奖惩 |
| 5 | 个人行为 | 个人行为 = 3×社会安全价值观−安全规章制度的遵守程度−不规范行为 |
| 6 | 安全规章制度的遵守程度 | 安全规章制度的遵守程度 = 0.45×安全法律法规 + 0.55×安全文化 |
| 7 | 不规范行为 | 不规范行为 = −1.1448×沟通及报告 + 11.3527 |
| 8 | 工作特性提升率 | 工作特性提升率 = max(1/(1 + exp(−(工作负荷×0.3373 + 环境条件×0.3937 + 工作场所设计 j×0.2690)))−0.1676×组织因素提升率，0) |
| 9 | 工作负荷 | 工作负荷 = 0.0155×加班 + 0.3222×安全风险 + 0.3549×员工休息时间 + 0.3501×作业程序复杂程度 + 0.0290×沟通及报告−0.4999 |
| 10 | 工作场所设计 | 工作场所设计 = 0.1633×自动化程度 + 0.1125×安全警示标志完善度 + 0.1459×工艺水平 + 0.1155×加工设备安全状态 + 0.2118×人机交互界面 + 0.0618×作业空间布局 + 0.1998×现场防护用品配备 |
| 11 | 安全警示标志完善度 | 安全警示标志完善度 = 1.07×安全文化 |
| 12 | 环境条件 | 环境条件 = 0.1132×材料管理 + 0.1815×场地条件 + 0.1817×噪声岗位数量 + 0.1869×防暑防寒措施−0.1235×员工满意度 + 0.2453×职业危害因素控制情况 + 0.1839×微气候状况 |
| 13 | 材料管理 | 材料管理 = 0.2714×材料放置区域规划 |
| 14 | 场地条件 | 场地条件 = 0.1816×照明 + 0.1341×水电 + 0.6754×干净整洁 |
| 15 | 组织因素提升率 | 组织因素提升率 = max(1/(1 + exp(−(0.2310×承包商管理 + 0.1816×培训 + 0.5875×沟通及报告 + 0.01×安全文化)))−0.169×工作特性提升率，0) |
| 16 | 培训 | 培训 = 0.1371×培训多样化 + 0.2451×培训考核 + 0.3410×制定年度培训计划 + 0.1903×有效培训时长 + 0.1095×奖惩 |
| 17 | 沟通及报告 | 沟通及报告 = 0.1116×沟通方式模板化 + 0.1638×沟通频率 + 0.2320×沟通渠道 + 0.2739×有效落实各级安全技术交底 + 0.1911×奖惩 + 0.0289×健康安全记录 + 0.0603 |
| 18 | 有效落实各级安全技术交底 | 有效落实各级安全技术交底 = 1.214×安全文化 |

续表

| 序号 | 变量 | 数据出处/运算公式 |
|------|------|------------------|
| 19 | 承包商管理 | 承包商管理 = 0.0115×健康安全记录 + 0.6928×安全检查力度 + 0.1340×承包商规模 + 0.1780×定期跟踪进展 |
| 20 | 安全检查力度 | 安全检查力度 = 1.1593×安全文化 |
| 21 | 安全管理绩效水平 | 安全管理绩效水平 = 0.449 66×组织因素 + 0.297 82×工作特性 + 0.252 51×个人特性 |
| 22 | 安全法律法规 | 外生变量 |
| 23 | 社会安全价值观 | 外生变量 |
| 24 | 其余变量 | 问卷数值 |

$R^2$ 的值越接近 1，说明回归直线对观测值的拟合程度越好。拟合优度为回归直线对观测值的拟合程度。度量拟合优度的统计量是可决系数 $R^2$。$R^2$ 最大值为 1。$R^2$ 的值越接近 1，说明回归直线对观测值的拟合程度越好；反之，$R^2$ 的值越小，说明回归直线对观测值的拟合程度越差。本章的变量经过回归分析得出变量之间的关系，经过调整后使拟合优度保持在一个很高的水平，证明变量之间的拟合效果较好，可以使用。方程拟合程度如表 10.15 所示。

表 10.15 方程拟合程度表

| 方程 | $R^2$ |
|------|-------|
| 技能及知识 = 0.5893×经验 + 0.0716×学历 + 0.3288×应变能力 | 0.9683 |
| 生理 = 0.0826×短期突发疾病 + 0.2193×长期身体素质状况 + 0.2506×心理−0.0063×工作负荷 + 0.1392×场地条件 + 1.8825 | 0.9207 |
| 心理 = 0.009×心理疾病 + 0.1071×工作压力 + 0.0424×生理 + 0.7045×场地条件 + 0.0881×奖惩 | 0.9704 |
| 个人行为 = 3×社会安全价值观−安全规章制度的遵守程度−不规范行为 | 0.9930 |
| 不规范行为 = 1.1448×沟通及报告 + 11.3527 | 0.9133 |
| 工作负荷 = 0.0155×加班 + 0.3222×安全风险 + 0.3549×员工休息时间 + 0.3501×作业程序复杂程度 + 0.0290×沟通及报告−0.4999 | 0.9408 |
| 工作场所设计 = 0.1633×自动化程度 + 0.1125×安全警示标志完善度 + 0.1459×工艺水平 + 0.1155×加工设备安全状态 + 0.2118×人机交互界面 + 0.0618×作业空间布局 + 0.1998×现场防护用品配备 | 0.9718 |
| 工艺水平 = 0.9474×组织因素提升率 | 0.8847 |
| 环境条件 = 0.1132×材料管理 + 0.1815×场地条件 + 0.1817×噪声岗位数量 + 0.1869×防暑防寒措施−0.1235×员工满意度 + 0.2453×职业危害因素控制情况 + 0.1839×微气候状况 | 0.9755 |
| 材料管理 = 0.2714×材料放置区域规划 | 0.9495 |
| 场地条件 = 0.1816×照明 + 0.1341×水电 + 0.6754×干净整洁 | 0.9885 |
| 培训 = 0.1371×培训多样化 + 0.2451×培训考核 + 0.3410×制定年度培训计划 + 0.1903×有效培训时长 + 0.1095×奖惩 | 0.9649 |
| 沟通及报告 = 0.1116×沟通方式模板化 + 0.1638×沟通频率 + 0.2320×沟通渠道 + 0.2739×有效落实各级安全技术交底 + 0.1911×奖惩 + 0.0289×健康安全记录 + 0.0603 | 0.9713 |
| 承包商管理 = 0.0115×健康安全记录 + 0.6928×安全检查力度 + 0.1340×承包商规模 + 0.1780×定期跟踪进展 | 0.9623 |

2. 模型检验

对于模型的检验主要从下述几个方面进行。

（1）量纲的一致性检验。检验模型诸方程中变量量纲的一致性是否合理以及是否满足模型运行需求是很重要的。要求各个变量有正确的量纲，各方程式左右边的量纲必须一致。本章所构建的工具制造企业安全绩效模型中，对所有的变量都进行了量纲一致性的检验。

（2）模型行为适合性检验。模型是否和预定要描述的实际系统相一致，建立的模型是否适合研究问题，这一步的检验是至关重要的。现将工具制造企业安全绩效模型进行运行，检验模型的运行情况，查看模型曲线变化图是否与预期情况相吻合。模型相关变量运行结果如图 10.8～图 10.10 所示。

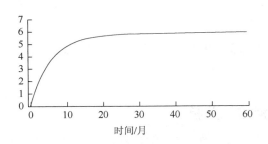

图 10.8　工具制造企业安全绩效曲线变化图（2017 年始）

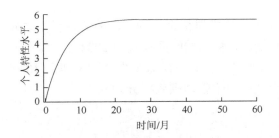　　　　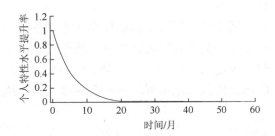

图 10.9　个人特性水平（2017 年始）　　　图 10.10　个人特性水平提升率（2017 年始）

模型运行完毕后，通过对以上图形的观察，工具制造企业安全绩效随着时间的变化而递增，而且递增的速度逐渐慢了下来，这主要是因为人、物、环境等水平提升的速度在减慢，工艺技术革新的速度也比较慢。模型运行情况与实际情况相吻合，故模型行为与实际相适合。

需要对模型做出说明的是，模型初始输入为 2017 年的企业各项相关安全数据，模型预设停止时间为五年（60 个月），即预测得到 2022 年企业安全管理绩效为 5.955，与模糊综合评价法所得安全绩效 5.8936 相比，误差为 1.04%，小于 5%，因而模型可信度高。

（3）方程式极端条件检验：对模型中的方程式在其变量可能变化的条件下进行极端条件检验，是为了验证模型在极端峰值的条件下是否依然有意义，能正常运行[8]。以模型中安全文化变量为例，安全文化的取值范围在[0，9]，现将安全文化分别设为 0 和 9 两种情况，在这两种情况下，模型运行的效果如图 10.11 和图 10.12 所示。从图中可以看出，在 0 和 9 这两极端情况下模拟变化情况与实际也是相符的，用同样的方法对其他的变量一一进行验证，都满足要求。

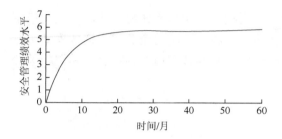 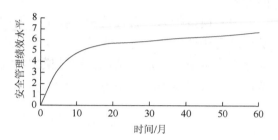

图 10.11　安全文化为"0"时的安全管理绩效水平　图 10.12　安全文化为"9"时的安全管理绩效水平

## 10.3.2　基本仿真模拟结果分析

根据之前对模型中各个参数变量的估值，将最终确定的所有参数输入到工具制造企业安全绩效模型中，利用仿真软件 AnyLogic 得到工具制造企业安全绩效随时间变化的运行曲线。

基本模拟是依据当前模型中参数的数值所进行的模拟仿真，为了能够清楚明了地分析预测当前工具制造企业安全绩效模型的运行情况，将起始时间设置为 2022 年，将模型时间设定为 60 个月，工具制造企业安全绩效模型的模拟仿真结果如图 10.13 和图 10.14 所示。由此可以预测，五年之后该工具制造企业的安全管理绩效得分为 6.173。

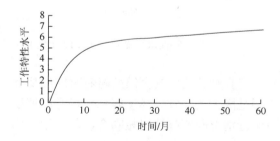 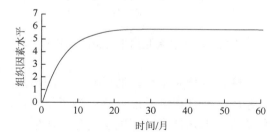

图 10.13　工具制造企业工作特性曲线（2022 年始）　图 10.14　工具制造企业组织因素曲线（2022 年始）

观察以上几个水平变量和安全绩效的仿真模拟图，整体上曲线水平都得到了提高，具体提升的数值变化情况见表 10.16。

表 10.16　仿真模拟后水平变量数值变化情况表

| 变量名称 | 初始值 | 仿真模拟值 | 变化量 |
|---|---|---|---|
| 个人特性 | 0 | 6.179 | 6.179 |
| 工作特性 | 0 | 6.766 | 6.766 |
| 组织因素 | 0 | 5.777 | 5.777 |

　　结合仿真模拟图和表中的数值变化情况对水平变量进行分析，变化最大的是工作特性，其次是个人特性，最后是组织因素。出现这种情况的主要原因如下。

　　（1）在当今这个快速发展的社会中，各类物态产品更新的特别快，从而使各类安全生产的物品也不断变化，相应的工艺技术水平也相应更新，以满足物态产品和工艺技术水平的匹配，由于这种更新的变化，工作特性水平可以在短期内得到上调，但也有相应一定限度。对于环境和场地条件等因素，主要受内在环境因素和外在环境因素的影响，环境因素是比较容易发生改变的，再加上组织因素，所以提升值较大。

　　（2）个人特性水平的提高，主要反映在人的行为中，包括技能及知识、个人行为及生理心理状态。对人的状态的影响因素有很多，主观性强，可以通过规范人的操作行为去提高。在短期内，可以通过各种手段去影响人的操作行为，并逐步提高人的安全意识。

　　（3）组织因素的提升，受到工作特性的作用影响，所以随着时间的推移，当其他水平变量得到提高后，相应地促使组织因素水平的提高。但是由于组织因素在短期内效果不显著，再加上组织因素水平本身还受到承包商管理等其他因素的影响，所以提升空间有一定的限制，提升值比较小。所以，工具制造企业安全绩效水平，随着时间的推移会得到相应的提升，但是提升的难度会越来越大，提升空间会越来越小。

## 10.3.3　情景实证分析

### 1. 单因素干扰分析

　　为了找到对工具制造企业安全绩效影响比较显著的敏感性因素，利用系统动力学软件 AnyLogic 对模型进行敏感性分析，对工具制造企业安全绩效模型进行仿真模拟分析。

　　由前面的模糊综合评价法可得，各指标对安全管理绩效水平的影响程度可量化，如表 10.17 所示。本章分别从这九个指标的主要影响因素进行提升，对安全管理绩效水平进行分析。

表 10.17　指标权重表

| 排名 | 指标名称 | 指标权重/% |
|---|---|---|
| 1 | 沟通及报告 | 26.416 |
| 2 | 环境条件 | 11.726 |

| 排名 | 指标名称 | 指标权重/% |
|---|---|---|
| 3 | 承包商管理 | 10.385 |
| 4 | 工作负荷 | 10.046 |
| 5 | 生理心理 | 9.851 |
| 6 | 培训 | 8.165 |
| 7 | 工作场所设计 | 8.01 |
| 8 | 知识及技能 | 7.807 |
| 9 | 个人行为 | 7.593 |

　　为了保证仿真模拟图的清晰，并且使两次模型运行的结果具有可比性，本章分别提高沟通渠道、职业危害因素控制情况、定期跟踪进展、员工休息时间、经验、制定年度培训计划、人机交互界面、长期身体素质状况、社会安全价值观的参数水平，从等级中提升至等级好，运行软件后，可得到工具制造企业安全绩效模型两次仿真模拟对比的结果。图 10.15～图 10.23 为干预后的仿真模拟图。

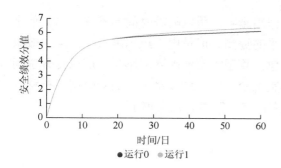

图 10.15　沟通渠道干预仿真模拟图

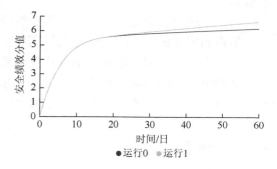

图 10.16　职业危害因素控制情况干预仿真模拟图

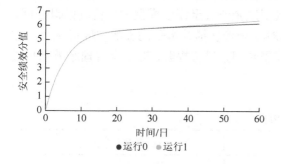

图 10.17　定期跟踪进展干预仿真模拟图

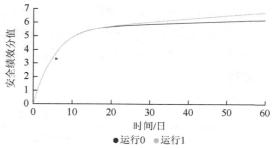

图 10.18　员工休息时间干预仿真模拟图

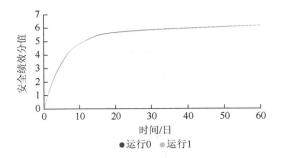

图 10.19　经验干预仿真模拟图

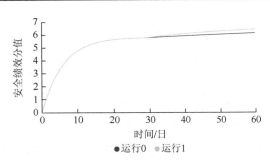

图 10.20　制定年度培训计划干预仿真模拟图

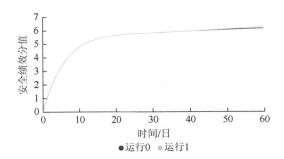

图 10.21　人机交互界面干预仿真模拟图

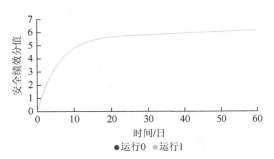

图 10.22　长期身体素质状况干预仿真模拟图

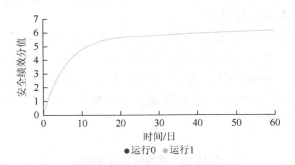

图 10.23　社会安全价值观干预仿真模拟图

对以上这些仿真模拟图进行分析观察可以看出，工具制造企业安全绩效水平得到了不同程度的提升。由于系统动力学是定性与定量相结合的方法，所以利用系统动力学软件 AnyLogic 对单因素干预后的仿真模拟结果进行定量的分析，借助软件的数值分析功能，可以得到各个因素干预之后，工具制造安全绩效的变化情况，如表 10.18 所示。

表 10.18　单因素干预后安全绩效提升变化情况表

| 因素变量 | 工具制造企业安全绩效情况 | | 安全绩效变化率（%） | 排名 |
| --- | --- | --- | --- | --- |
| | 当前 | 运行 5 | | |
| 沟通渠道 | 6.173 | 6.245 | 1.16 | 4 |
| 职业危害因素控制情况 | 6.173 | 6.925 | 12.18 | 2 |

| 因素变量 | 工具制造企业安全绩效情况 | | 安全绩效变化率（%） | 排名 |
|---|---|---|---|---|
| | 当前 | 运行 5 | | |
| 定期跟踪进展 | 6.173 | 6.219 | 0.74 | 5 |
| 员工休息时间 | 6.173 | 7.004 | 13.46 | 1 |
| 长期身体素质状况 | 6.173 | 6.181 | 0.13 | 8 |
| 制定年度培训计划 | 6.173 | 6.196 | 0.37 | 6 |
| 人机交互界面 | 6.173 | 6.61 | 7.08 | 3 |
| 经验 | 6.173 | 6.192 | 0.31 | 7 |
| 社会安全价值观 | 6.173 | 6.177 | 0.06 | 9 |

由表 10.18 的数据最终可以得出对工具制造企业安全绩效影响比较显著的因素，也就是相对于其他因素来说比较关键的因素，通过对安全绩效变化率排名的分析，进行影响工具制造企业安全绩效的关键性因素分析。

2. 情景实证

通过风险预测仿真模型的建立，量化 10.3.1 节所提到的情景。通过单因素干扰分析，得到九个三级指标中对安全管理绩效水平影响最大的参数，分别为员工休息时间、职业危害因素控制情况、人机交互界面。

为了研究不同措施对安全管理绩效的影响，将通过三种情景模拟，即不同的员工休息时间（A1～A3）、职业危害因素控制情况（B1～B3）、人机交互界面（C1～C3），来分析不同实施措施的影响结果，如表 10.19 所示。A1～A3 分别是员工休息时间在基准情景下低强度提高（20%），中强度提高（40%），高强度提高（60%）的结果，B1～B3 与 C1～C3 同理[9]。

表 10.19　措施仿真情景设定

| 影响变量 | 情景 | 情景设定 | | |
|---|---|---|---|---|
| | | 员工休息时间 | 职业危害因素控制情况 | 人机交互界面 |
| 基准情景 | BAU | 5.20 | 5.04 | 5.70 |
| 员工休息时间 | A1 | 6.24 | 5.04 | 5.70 |
| | A2 | 7.28 | 5.04 | 5.70 |
| | A3 | 8.32 | 5.04 | 5.70 |
| 职业危害因素控制情况 | B1 | 5.20 | 6.048 | 5.70 |
| | B2 | 5.20 | 7.056 | 5.70 |
| | B3 | 5.20 | 8.064 | 5.70 |
| 人机交互界面 | C1 | 5.20 | 5.04 | 6.84 |
| | C2 | 5.20 | 5.04 | 7.98 |
| | C3 | 5.20 | 5.04 | 9.00 |

（1）员工休息时间。图 10.24 展示了员工休息时间在三种不同提高强度下对安全管理绩效水平的影响。A1～A3 员工休息时间逐渐增加，意味着企业加强对员工的人道主义关怀。仿真结果表明，此措施有利于安全管理绩效水平的提升，但提升幅度也会随着员工休息时间的增加而减小，促进效果减弱。说明在现有水平下适当增加员工的休息时间，可以提高员工的工作注意力，减少员工由于疲劳操作而造成的安全事故。值得注意的是，当员工休息时间提高到一定水平后，同等强度的提高则对安全绩效水平的提升作用并不显著，企业需根据车间现场实际情况和生产计划合理安排员工休息时间。

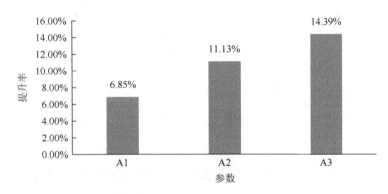

图 10.24　不同员工休息时间参数对安全管理绩效水平的提升率

（2）职业危害因素控制情况。图 10.25 展示了职业危害因素控制情况在三种不同提高强度下对安全管理绩效水平的影响。仿真结果表明，加强对职业危害因素的控制情况，可以有效地提高企业的安全水平。职业危害因素如静电、噪声、化学品等，严重威胁着员工的生命安全，不容小觑。例如，当职业危害因素控制情况水平为 6.048 和 8.064 时，安全管理绩效水平提升了 5.64% 和 12.36%。对于职业危害因素控制情况水平，秉承越高越好的原则，即使提高职业危害因素控制情况对安全管理绩效水平的提高并不显著，企业也要尽可能地做到最好，对员工的生命安全负责。

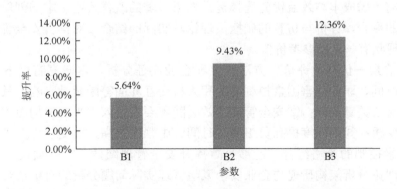

图 10.25　不同职业危害因素控制情况参数对安全管理绩效水平的提升率

（3）人机交互界面。图 10.26 展示了人机交互界面在三种不同提高强度下对安全管理绩效水平的影响。仿真结果表明，随着人机交互界面参数水平的提高，安全管理绩效水平也逐步提高。工具制造企业的生产车间，产品的产出离不开人机互动。人机远程安全操控技术、人机协作作业安全控制技术等控制机制的发展，是企业安全体系发展的必经之路，也是数字孪生技术在企业应用的前景之一。目前，数字孪生的理论和技术研究仍处于初级阶段，鲜有在企业应用成熟的数字孪生系统。但随着数字孪生理论与技术研究的不断深入，人机交互界面相关的技术和控制体系将会被不断地完善和拓展[10]。

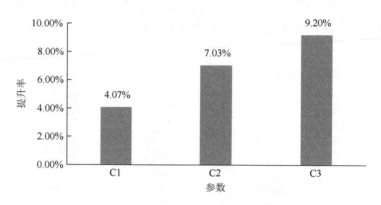

图 10.26　不同人机交互界面参数对安全管理绩效水平的提升率

# 10.4　结论建议

本书通过研究设计了工具制造企业的"情景—仿真—评价"三段式安全生产管理模型，首先提炼出公司安全管理业务机理模型，给出改进策略以及特定情景下的改进力度，运用系统动力学对企业安全管理绩效的相关影响因素进行了模拟仿真分析，接着构建安全绩效评价体系，最后通过实证分析帮助企业在个人特性、工作特性和组织因素三个方面寻找安全管理改善点，可优先改善员工休息时间、职业危害因素控制情况和人机交互界面。在不同情景下，安全管理绩效水平随变量水平的增加而增加，但增长速度会逐渐变缓，企业需考虑成本与效益优先选择提升效果显著的改善策略。本书创新性地实现了定性与定量的融合，评价与仿真的碰撞，理论与实际的结合，对丰富安全管理模型和改善企业安全现状有一定的参考价值。

通过"情景—仿真—评价"方法研究和企业实证分析，本研究有以下三点结论：①员工休息时间、职业危害因素控制情况和人机交互界面等因素是影响工具制造业安全管理绩效的核心关键要素；②安全管理绩效会随着要素投入水平的增加而增加，但增长速度会逐渐变缓；③中强度提高员工休息时间、中强度提高人机交互界面以及高强度的职业危害因素控制的策略组合，能够显著提升安全管理绩效。本书实现了"情景—仿真—评价"理论分析架构研究与企业安全风险管理实际问题分析的有机结合，为提升工具制造企业安全管理绩效提供改进策略，也将在安全管理研究理论架构方面为其他行业和管理部门提供理论借鉴与决策参考。

然而，还存在一些不足之处。例如，在利用神经网络优化过程中只利用了 BP 神经网络，对于利用其他神经网络进行优化没有深入研究，后续可以对不同类型神经网络优化结果进行对比，分析出最优的类型。其次，采用系统动力学模型构建的安全管理模型，通过仿真模拟来对安全管理绩效水平进行预测，但仍具有一定的主观性，获取数据的阻力较大，其准确性有待商榷，并且随着社会的发展与企业的进步，模型的适用性会减弱，需与时俱进，不断更新。

## 参 考 文 献

[1] 朱庆锋，徐中平，王力. 基于模糊综合评价法和 BP 神经网络法的企业控制活动评价及比较分析[J]. 管理评论，2013，25（8）：113-123.

[2] 景玉琴. 产业安全评价指标体系研究[J]. 经济学家，2006（2）：70-76.

[3] 王起全，金龙哲. 大型活动拥挤踩踏事故模糊综合评估方法应用分析[J]. 中国安全科学学报，2007，17（9）：124-130.

[4] 王起全. 航空企业基于 SHEL 模型的神经网络安全评价研究[J]. 中国安全科学学报，2010，20（2）：46-53.

[5] 戚安邦. 挣值分析中项目完工成本预测方法的问题与出路[J]. 预测，2004，23（2）：56-60.

[6] 袁亚楠. 基于事故致因理论的建筑施工安全评价研究[D]. 哈尔滨：哈尔滨工业大学，2015.

[7] 杨越. 基于系统动力学的煤矿精华益化安全管理研究[D]. 西安：西安科技大学，2021.

[8] 于沛鑫. 基于系统动力学的建筑施工企业安全绩效提升研究[D]. 北京：首都经济贸易大学，2017.

[9] 张俊荣，王孜丹，汤铃，等. 基于系统动力学的京津冀碳排放交易政策影响研究[J]. 中国管理科学，2016，24（3）：1-8.

[10] 李浩，刘根，文笑雨，等. 面向人机交互的数字孪生系统工业安全控制体系与关键技术[J]. 计算机集成制造系统，2021，27（2）：374-389.

# 附录 1 第 8 章标准作业程序书

### 1. 模拟器试运行及测试

使用 IE 浏览器打开文件 paperpilot.swf，点击"允许阻止的内容"（图 1），再次点击进入模拟器纸飞机参数调节界面（图 2）。

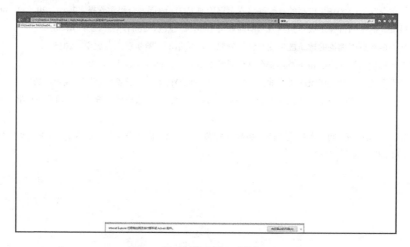

图 1 IE 浏览器打开模拟器

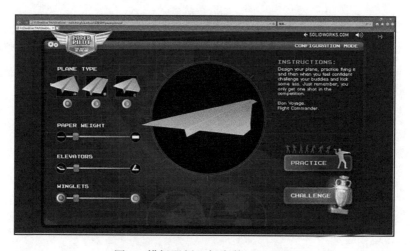

图 2 模拟器纸飞机参数调节界面

点击"practice"进入抛飞界面（图 3），测试是否能够正常抛飞及是否存在延迟现象。若运行正常，则可进入下一步操作；否则应当重新启动该模拟器。

图 3　抛飞界面

2. 参数设置

共有两种方法能够实现最远距离，在采用某一方法的参数设置时必须使用对应于该方法的抛飞方式。

（1）重纸上抛法。点击左下角齿轮图标，PLANE TYPE 设置为 C，PAPER WEIGHT 设置为 100，ELEVATORS 设置为 29，WINLETS 滑到右端（即有翼尖小翼），点击 PRACTICE 进入抛飞界面。

（2）轻纸下抛法。点击左下角齿轮图标，PLANE TYPE 设置为 C，PAPER WEIGHT 设置为 0，ELEVATORS 设置为 25，WINLETS 滑到右端（即有翼尖小翼），点击 PRACTICE 进入抛飞界面。

3. 抛飞纸飞机

图 4 两线所夹角为"大臂与小臂外侧夹角"。

图 4　大臂与小臂外侧夹角

纸飞机中轴线比纸飞机机体颜色更深，为纸飞机在三维空间中机翼的对称轴，在图5中使用直线标出了纸飞机中轴线与水平地面夹角。

图5　纸飞机中轴线与水平线夹角

（1）重纸上抛法。

单击抛飞者手中纸飞机并保持按下，拉动直至抛飞者大臂与小臂外侧夹角大约为150°；缓慢移动鼠标，使得纸飞机中轴线与水平线的夹角大约为15°，机头向上，如图6所示。确认姿势无误后，释放鼠标等待模拟器给出水平飞行距离即可，如图7所示。

图6　调整姿势1

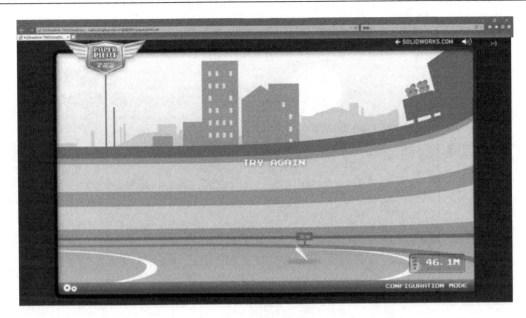

图 7    模拟结果 1

（2）轻纸下抛法。

单击抛飞者手中纸飞机并保持按下，拉动直至抛飞者大臂与小臂外侧夹角大约为150°；缓慢移动鼠标，使得纸飞机中轴线与水平线的夹角为 0°～5°，机头向下，如图 8 所示。确认姿势无误后，释放鼠标，等待模拟器给出水平飞行距离即可，如图 9 所示。

图 8    调整姿势 2

图 9　模拟结果 2

4. 记录数据并关闭模拟器，完成

# 附录2 第8章附表

**表 1 半尖头有小翼**

| 纸张重量 | 抬升翼角度 | 投掷角度 | 投掷力度 | 飞行距离 |
|---|---|---|---|---|
| 1 | 1 | 1 | 1 | 0 |
| −1 | −1 | −1 | −1 | 31.9 |
| −1 | 1 | 1 | −1 | 0 |
| 0 | 0 | 0 | 0 | 6.6 |
| 1 | −1 | −1 | 1 | 36.3 |
| 1 | 1 | 1 | −1 | 4.6 |
| −1 | 1 | 1 | 1 | 0 |
| 1 | 1 | −1 | 1 | 13.4 |
| −1 | −1 | 1 | 1 | 42.2 |
| 1 | 1 | −1 | −1 | 15.5 |
| 1 | −1 | 1 | 1 | 29.2 |
| 1 | −1 | −1 | −1 | 29.8 |
| −1 | −1 | 1 | 1 | 2.7 |
| 1 | −1 | 1 | −1 | 29.3 |
| −1 | 1 | −1 | 1 | 0 |
| −1 | 1 | −1 | −1 | 0 |
| −1 | −1 | 1 | −1 | 28.3 |
| −1 | −1 | −1 | 1 | 42.2 |
| 1 | −1 | −1 | 1 | 42.5 |
| 1 | −1 | 1 | 1 | 0 |
| −1 | 1 | −1 | −1 | 0 |
| 1 | −1 | 1 | 1 | 32.7 |
| −1 | 1 | 1 | −1 | 0 |
| 0 | 0 | 0 | 0 | 11.8 |
| 1 | −1 | 1 | −1 | 20.8 |
| −1 | −1 | −1 | −1 | 34 |
| 1 | 1 | 1 | −1 | 6.9 |
| −1 | 1 | −1 | 1 | 0 |
| 1 | 1 | −1 | −1 | 16.4 |
| 1 | −1 | −1 | −1 | 30.7 |
| −1 | 1 | 1 | 1 | 0 |

续表

| 纸张重量 | 抬升翼角度 | 投掷角度 | 投掷力度 | 飞行距离 |
|---|---|---|---|---|
| −1 | −1 | 1 | −1 | 29.3 |
| −1 | −1 | 1 | 1 | 3.1 |
| 1 | 1 | −1 | 1 | 0 |
| 1 | −1 | 1 | 1 | 36.7 |
| 1 | −1 | −1 | 1 | 42.8 |
| −1 | −1 | 1 | −1 | 33.3 |
| −1 | −1 | 1 | 1 | 2.6 |
| −1 | 1 | −1 | 1 | 0 |
| −1 | −1 | −1 | −1 | 30.4 |
| 1 | 1 | 1 | 1 | 0 |
| −1 | 1 | 1 | 1 | 0 |
| −1 | 1 | 1 | −1 | 0 |
| 1 | 1 | 1 | −1 | 13 |
| 0 | 0 | 0 | 0 | 11.1 |
| 1 | −1 | 1 | −1 | 23.2 |
| 1 | −1 | −1 | −1 | 29 |
| −1 | −1 | −1 | 1 | 42.3 |
| 1 | 1 | −1 | 1 | 14.9 |
| −1 | 1 | −1 | −1 | 0 |
| 1 | 1 | −1 | −1 | 15.8 |

### 表 2 半尖头无小翼

| 标准序 | 运行序 | 中心点 | 区组 | 纸张重量 | 抬升翼角度 | 投掷角度 | 投掷力度 | 飞行距离 |
|---|---|---|---|---|---|---|---|---|
| 50 | 1 | 1 | 3 | 1 | 1 | 1 | 1 | 0 |
| 35 | 2 | 1 | 3 | −1 | −1 | −1 | −1 | 30.8 |
| 41 | 3 | 1 | 3 | −1 | 1 | 1 | −1 | 0 |
| 51 | 4 | 0 | 3 | 0 | 0 | 0 | 0 | 18 |
| 44 | 5 | 1 | 3 | 1 | −1 | −1 | 1 | 1.4 |
| 42 | 6 | 1 | 3 | 1 | 1 | 1 | −1 | 10 |
| 49 | 7 | 1 | 3 | −1 | 1 | 1 | 1 | 0 |
| 46 | 8 | 1 | 3 | 1 | 1 | 1 | 1 | 0 |
| 43 | 9 | 1 | 3 | −1 | −1 | −1 | 1 | 0.9 |
| 38 | 10 | 1 | 3 | 1 | 1 | −1 | −1 | 19.4 |
| 48 | 11 | 1 | 3 | −1 | 1 | 1 | 1 | 2 |
| 36 | 12 | 1 | 3 | 1 | −1 | −1 | −1 | 27.1 |
| 47 | 13 | 1 | 3 | −1 | −1 | 1 | 1 | 2 |

续表

| 标准序 | 运行序 | 中心点 | 区组 | 纸张重量 | 抬升翼角度 | 投掷角度 | 投掷力度 | 飞行距离 |
|---|---|---|---|---|---|---|---|---|
| 40 | 14 | 1 | 3 | 1 | −1 | 1 | −1 | 22.6 |
| 45 | 15 | 1 | 3 | −1 | 1 | −1 | 1 | 0 |
| 37 | 16 | 1 | 3 | −1 | 1 | −1 | −1 | 0 |
| 39 | 17 | 1 | 3 | −1 | −1 | 1 | −1 | 28.4 |
| 26 | 18 | 1 | 2 | −1 | −1 | −1 | 1 | 1.4 |
| 27 | 19 | 1 | 2 | 1 | −1 | −1 | 1 | 1.4 |
| 33 | 20 | 1 | 2 | 1 | 1 | 1 | 1 | 0 |
| 20 | 21 | 1 | 2 | −1 | 1 | −1 | −1 | 0 |
| 31 | 22 | 1 | 2 | 1 | −1 | 1 | 1 | 39.5 |
| 24 | 23 | 1 | 2 | −1 | 1 | 1 | −1 | 0 |
| 34 | 24 | 0 | 2 | 0 | 0 | 0 | 0 | 15.8 |
| 23 | 25 | 1 | 2 | 1 | −1 | 1 | −1 | 25.4 |
| 18 | 26 | 1 | 2 | −1 | −1 | −1 | −1 | 31.9 |
| 25 | 27 | 1 | 2 | 1 | 1 | 1 | −1 | 4.5 |
| 28 | 28 | 1 | 2 | −1 | 1 | −1 | 1 | 0 |
| 21 | 29 | 1 | 2 | 1 | 1 | −1 | −1 | 14.3 |
| 19 | 30 | 1 | 2 | 1 | −1 | −1 | −1 | 27.8 |
| 32 | 31 | 1 | 2 | −1 | 1 | 1 | 1 | 0 |
| 22 | 32 | 1 | 2 | −1 | −1 | 1 | −1 | 28.1 |
| 30 | 33 | 1 | 2 | −1 | −1 | 1 | 1 | 1.9 |
| 29 | 34 | 1 | 2 | 1 | 1 | −1 | 1 | 0 |
| 14 | 35 | 1 | 1 | 1 | −1 | 1 | 1 | 2.2 |
| 10 | 36 | 1 | 1 | 1 | −1 | −1 | 1 | 1.1 |
| 5 | 37 | 1 | 1 | −1 | −1 | 1 | −1 | 30.5 |
| 13 | 38 | 1 | 1 | −1 | −1 | 1 | 1 | 2.4 |
| 11 | 39 | 1 | 1 | −1 | 1 | −1 | 1 | 0 |
| 1 | 40 | 1 | 1 | −1 | −1 | −1 | −1 | 29 |
| 16 | 41 | 1 | 1 | 1 | 1 | 1 | 1 | 0 |
| 15 | 42 | 1 | 1 | −1 | 1 | 1 | 1 | 0 |
| 7 | 43 | 1 | 1 | −1 | 1 | 1 | −1 | 0 |
| 8 | 44 | 1 | 1 | 1 | 1 | 1 | −1 | 2 |
| 17 | 45 | 0 | 1 | 0 | 0 | 0 | 0 | 3.5 |
| 6 | 46 | 1 | 1 | 1 | −1 | 1 | −1 | 23.5 |
| 2 | 47 | 1 | 1 | 1 | −1 | −1 | −1 | 14.2 |
| 9 | 48 | 1 | 1 | −1 | −1 | −1 | 1 | 1.5 |
| 12 | 49 | 1 | 1 | 1 | 1 | −1 | 1 | 0 |
| 3 | 50 | 1 | 1 | −1 | 1 | −1 | −1 | 0 |
| 4 | 51 | 1 | 1 | 1 | 1 | −1 | −1 | 14.3 |

表3　方头有小翼

| 标准序 | 运行序 | 中心点 | 区组 | 纸张重量 | 抬升翼角度 | 投掷角度 | 投掷力度 | 飞行距离 |
|---|---|---|---|---|---|---|---|---|
| 50 | 1 | 1 | 3 | 1 | 1 | 1 | 1 | 0 |
| 35 | 2 | 1 | 3 | −1 | −1 | −1 | −1 | 26.9 |
| 41 | 3 | 1 | 3 | −1 | 1 | 1 | −1 | 0 |
| 51 | 4 | 0 | 3 | 0 | 0 | 0 | 0 | 22.9 |
| 44 | 5 | 1 | 3 | 1 | −1 | −1 | 1 | 2.8 |
| 42 | 6 | 1 | 3 | 1 | 1 | 1 | −1 | 7.1 |
| 49 | 7 | 1 | 3 | −1 | 1 | 1 | 1 | 0 |
| 46 | 8 | 1 | 3 | 1 | 1 | −1 | 1 | 0 |
| 43 | 9 | 1 | 3 | −1 | −1 | 1 | 1 | 2.8 |
| 38 | 10 | 1 | 3 | 1 | 1 | −1 | −1 | 22.9 |
| 48 | 11 | 1 | 3 | 1 | −1 | 1 | 1 | 5.3 |
| 36 | 12 | 1 | 3 | 1 | −1 | −1 | −1 | 25.4 |
| 47 | 13 | 1 | 3 | −1 | −1 | 1 | 1 | 5.3 |
| 40 | 14 | 1 | 3 | 1 | −1 | 1 | −1 | 19.5 |
| 45 | 15 | 1 | 3 | −1 | 1 | −1 | 1 | 0 |
| 37 | 16 | 1 | 3 | −1 | 1 | −1 | −1 | 0 |
| 39 | 17 | 1 | 3 | −1 | −1 | 1 | −1 | 23.4 |
| 26 | 18 | 1 | 2 | −1 | −1 | −1 | 1 | 2.8 |
| 27 | 19 | 1 | 2 | 1 | −1 | −1 | 1 | 2.8 |
| 33 | 20 | 1 | 2 | 1 | 1 | 1 | 1 | 0 |
| 20 | 21 | 1 | 2 | −1 | 1 | −1 | −1 | 0 |
| 31 | 22 | 1 | 2 | 1 | −1 | 1 | 1 | 5.3 |
| 24 | 23 | 1 | 2 | −1 | 1 | 1 | −1 | 20 |
| 34 | 24 | 0 | 2 | 0 | 0 | 0 | 0 | 22.6 |
| 23 | 25 | 1 | 2 | −1 | −1 | 1 | −1 | 20.4 |
| 18 | 26 | 1 | 2 | −1 | −1 | −1 | −1 | 26.5 |
| 25 | 27 | 1 | 2 | 1 | 1 | 1 | −1 | 6.6 |
| 28 | 28 | 1 | 2 | −1 | 1 | −1 | 1 | 0 |
| 21 | 29 | 1 | 2 | 1 | 1 | −1 | −1 | 21.3 |
| 19 | 30 | 1 | 2 | 1 | −1 | −1 | −1 | 25.1 |
| 32 | 31 | 1 | 2 | −1 | 1 | 1 | 1 | 0 |
| 22 | 32 | 1 | 2 | −1 | −1 | 1 | −1 | 24.1 |
| 30 | 33 | 1 | 2 | −1 | −1 | −1 | 1 | 5.3 |
| 29 | 34 | 1 | 2 | 1 | 1 | −1 | 1 | 0 |
| 14 | 35 | 1 | 1 | −1 | 1 | 1 | 1 | 5.3 |
| 10 | 36 | 1 | 1 | 1 | −1 | −1 | 1 | 2.8 |

续表

| 标准序 | 运行序 | 中心点 | 区组 | 纸张重量 | 抬升翼角度 | 投掷角度 | 投掷力度 | 飞行距离 |
|---|---|---|---|---|---|---|---|---|
| 5 | 37 | 1 | 1 | −1 | −1 | 1 | −1 | 23.6 |
| 13 | 38 | 1 | 1 | −1 | −1 | 1 | 1 | 5.3 |
| 11 | 39 | 1 | 1 | −1 | 1 | −1 | 1 | 0 |
| 1 | 40 | 1 | 1 | −1 | −1 | −1 | −1 | 26.5 |
| 16 | 41 | 1 | 1 | 1 | 1 | 1 | 1 | 0 |
| 15 | 42 | 1 | 1 | −1 | 1 | 1 | 1 | 0 |
| 7 | 43 | 1 | 1 | −1 | 1 | 1 | −1 | 0 |
| 8 | 44 | 1 | 1 | 1 | 1 | 1 | −1 | 5.7 |
| 17 | 45 | 0 | 1 | 0 | 0 | 0 | 0 | 22.6 |
| 6 | 46 | 1 | 1 | 1 | −1 | 1 | −1 | 20.2 |
| 2 | 47 | 1 | 1 | 1 | −1 | −1 | −1 | 26.1 |
| 9 | 48 | 1 | 1 | −1 | −1 | −1 | 1 | 2.8 |
| 12 | 49 | 1 | 1 | 1 | 1 | −1 | 1 | 0 |
| 3 | 50 | 1 | 1 | −1 | 1 | −1 | −1 | 0 |
| 4 | 51 | 1 | 1 | 1 | 1 | −1 | −1 | 21.6 |

### 表4 方头无小翼

| 标准序 | 运行序 | 中心点 | 区组 | 纸张重量 | 抬升翼角度 | 投掷角度 | 投掷力度 | 飞行距离 |
|---|---|---|---|---|---|---|---|---|
| 50 | 1 | 1 | 3 | 1 | 1 | 1 | 1 | 0 |
| 35 | 2 | 1 | 3 | −1 | −1 | −1 | −1 | 26.7 |
| 41 | 3 | 1 | 3 | −1 | 1 | 1 | −1 | 0 |
| 51 | 4 | 0 | 3 | 0 | 0 | 0 | 0 | 0 |
| 44 | 5 | 1 | 3 | 1 | −1 | −1 | 1 | 2.6 |
| 42 | 6 | 1 | 3 | 1 | 1 | 1 | −1 | 4.7 |
| 49 | 7 | 1 | 3 | 1 | 1 | 1 | 1 | 0 |
| 46 | 8 | 1 | 3 | 1 | 1 | −1 | 1 | 0 |
| 43 | 9 | 1 | 3 | −1 | −1 | 1 | 1 | 2.6 |
| 38 | 10 | 1 | 3 | 1 | 1 | −1 | −1 | 21 |
| 48 | 11 | 1 | 3 | −1 | 1 | 1 | 1 | 4.6 |
| 36 | 12 | 1 | 3 | 1 | −1 | −1 | −1 | 2.6 |
| 47 | 13 | 1 | 3 | −1 | −1 | 1 | 1 | 4.7 |
| 40 | 14 | 1 | 3 | 1 | −1 | 1 | −1 | 19.9 |
| 45 | 15 | 1 | 3 | −1 | 1 | −1 | 1 | 0 |
| 37 | 16 | 1 | 3 | −1 | −1 | −1 | −1 | 0 |
| 39 | 17 | 1 | 3 | −1 | −1 | 1 | −1 | 22.8 |

续表

| 标准序 | 运行序 | 中心点 | 区组 | 纸张重量 | 抬升翼角度 | 投掷角度 | 投掷力度 | 飞行距离 |
|---|---|---|---|---|---|---|---|---|
| 26 | 18 | 1 | 2 | −1 | −1 | −1 | 1 | 2.6 |
| 27 | 19 | 1 | 2 | 1 | −1 | −1 | 1 | 2.6 |
| 33 | 20 | 1 | 2 | 1 | 1 | 1 | 1 | 0 |
| 20 | 21 | 1 | 2 | −1 | 1 | −1 | −1 | 0 |
| 31 | 22 | 1 | 2 | 1 | −1 | 1 | 1 | 4.7 |
| 24 | 23 | 1 | 2 | −1 | 1 | 1 | −1 | 0 |
| 34 | 24 | 0 | 2 | 0 | 0 | 0 | 0 | 0 |
| 23 | 25 | 1 | 2 | 1 | −1 | 1 | −1 | 19.3 |
| 18 | 26 | 1 | 2 | −1 | −1 | −1 | −1 | 2.6 |
| 25 | 27 | 1 | 2 | 1 | 1 | 1 | −1 | 6.1 |
| 28 | 28 | 1 | 2 | −1 | 1 | −1 | 1 | 0 |
| 21 | 29 | 1 | 2 | 1 | 1 | −1 | −1 | 0 |
| 19 | 30 | 1 | 2 | 1 | −1 | −1 | −1 | 2.6 |
| 32 | 31 | 1 | 2 | −1 | 1 | 1 | 1 | 0 |
| 22 | 32 | 1 | 2 | −1 | −1 | 1 | −1 | 22.8 |
| 30 | 33 | 1 | 2 | −1 | −1 | 1 | 1 | 4.7 |
| 29 | 34 | 1 | 2 | 1 | 1 | −1 | 1 | 0 |
| 14 | 35 | 1 | 1 | 1 | −1 | 1 | 1 | 4.7 |
| 10 | 36 | 1 | 1 | 1 | −1 | −1 | 1 | 2.6 |
| 5 | 37 | 1 | 1 | −1 | −1 | 1 | −1 | 22.7 |
| 13 | 38 | 1 | 1 | −1 | −1 | 1 | 1 | 4.7 |
| 11 | 39 | 1 | 1 | −1 | 1 | −1 | 1 | 0 |
| 1 | 40 | 1 | 1 | −1 | −1 | −1 | −1 | 25.3 |
| 16 | 41 | 1 | 1 | 1 | 1 | 1 | 1 | 0 |
| 15 | 42 | 1 | 1 | −1 | 1 | 1 | 1 | 0 |
| 7 | 43 | 1 | 1 | −1 | 1 | 1 | −1 | 0 |
| 8 | 44 | 1 | 1 | 1 | 1 | 1 | −1 | 6.7 |
| 17 | 45 | 0 | 1 | 0 | 0 | 0 | 0 | 0 |
| 6 | 46 | 1 | 1 | 1 | −1 | 1 | −1 | 19.5 |
| 2 | 47 | 1 | 1 | 1 | −1 | −1 | −1 | 24.4 |
| 9 | 48 | 1 | 1 | −1 | −1 | −1 | 1 | 2.6 |
| 12 | 49 | 1 | 1 | 1 | 1 | −1 | 1 | 0 |
| 3 | 50 | 1 | 1 | −1 | 1 | −1 | −1 | 0 |
| 4 | 51 | 1 | 1 | 1 | 1 | −1 | −1 | 20.9 |

### 表 5　尖头有小翼

| 标准序 | 运行序 | 中心点 | 区组 | 纸张重量 | 抬升翼角度 | 投掷角度 | 投掷力度 | 飞行距离 | 飞行距离 2 |
|---|---|---|---|---|---|---|---|---|---|
| 50 | 1 | 1 | 3 | 1 | 1 | 1 | 1 | 0 | 0 |
| 35 | 2 | 1 | 3 | −1 | −1 | −1 | −1 | 36.6 | 26.8 |
| 41 | 3 | 1 | 3 | −1 | 1 | 1 | −1 | 0 | 0 |
| 51 | 4 | 0 | 3 | 0 | 0 | 0 | 0 | 15.7 | 21.7 |
| 44 | 5 | 1 | 3 | 1 | −1 | −1 | 1 | 1.1 | 3.5 |
| 42 | 6 | 1 | 3 | 1 | 1 | 1 | −1 | 0 | 5.6 |
| 49 | 7 | 1 | 3 | −1 | 1 | 1 | 1 | 0 | 0 |
| 46 | 8 | 1 | 3 | 1 | 1 | −1 | 1 | 0 | 0 |
| 43 | 9 | 1 | 3 | −1 | −1 | −1 | 1 | 1.1 | 3.5 |
| 38 | 10 | 1 | 3 | 1 | 1 | −1 | −1 | 0 | 0 |
| 48 | 11 | 1 | 3 | 1 | −1 | 1 | 1 | 2.8 | 5.9 |
| 36 | 12 | 1 | 3 | 1 | −1 | −1 | −1 | 36.4 | 25.8 |
| 47 | 13 | 1 | 3 | −1 | −1 | 1 | 1 | 3.1 | 6 |
| 40 | 14 | 1 | 3 | 1 | −1 | 1 | −1 | 2.8 | 18.5 |
| 45 | 15 | 1 | 3 | −1 | 1 | −1 | 1 | 0 | 0 |
| 37 | 16 | 1 | 3 | −1 | 1 | −1 | −1 | 0 | 0 |
| 39 | 17 | 1 | 3 | −1 | −1 | 1 | −1 | 31.8 | 21.9 |
| 26 | 18 | 1 | 2 | −1 | 1 | −1 | 1 | 1.1 | 3.5 |
| 27 | 19 | 1 | 2 | 1 | −1 | −1 | 1 | 1.1 | 2.4 |
| 33 | 20 | 1 | 2 | 1 | 1 | 1 | 1 | 0 | 0 |
| 20 | 21 | 1 | 2 | −1 | 1 | −1 | −1 | 0 | 0 |
| 31 | 22 | 1 | 2 | 1 | −1 | 1 | 1 | 1.1 | 5.9 |
| 24 | 23 | 1 | 2 | −1 | 1 | 1 | −1 | 0 | 0 |
| 34 | 24 | 0 | 2 | 0 | 0 | 0 | 0 | 0 | 22.1 |
| 23 | 25 | 1 | 2 | 1 | 1 | 1 | −1 | 29 | 18.2 |
| 18 | 26 | 1 | 2 | −1 | −1 | −1 | −1 | 35.4 | 25.9 |
| 25 | 27 | 1 | 2 | 1 | 1 | 1 | −1 | 0 | 5.6 |
| 28 | 28 | 1 | 2 | −1 | 1 | −1 | 1 | 0 | 0 |
| 21 | 29 | 1 | 2 | 1 | 1 | −1 | −1 | 18.4 | 21 |
| 19 | 30 | 1 | 2 | 1 | −1 | −1 | −1 | 33.1 | 25.1 |
| 32 | 31 | 1 | 2 | −1 | 1 | 1 | 1 | 0 | 0 |
| 22 | 32 | 1 | 2 | −1 | −1 | 1 | −1 | 33.2 | 22.4 |
| 30 | 33 | 1 | 2 | −1 | −1 | 1 | 1 | 2.8 | 6.2 |
| 29 | 34 | 1 | 2 | 1 | 1 | −1 | 1 | 0 | 23.5 |
| 14 | 35 | 1 | 1 | 1 | 1 | −1 | 1 | 2.8 | 20.3 |
| 10 | 36 | 1 | 1 | 1 | −1 | −1 | 1 | 0 | 3.4 |

续表

| 标准序 | 运行序 | 中心点 | 区组 | 纸张重量 | 抬升翼角度 | 投掷角度 | 投掷力度 | 飞行距离 | 飞行距离 2 |
|---|---|---|---|---|---|---|---|---|---|
| 5 | 37 | 1 | 1 | −1 | −1 | 1 | −1 | 33.5 | 21.8 |
| 13 | 38 | 1 | 1 | −1 | −1 | 1 | 1 | 2.8 | 6.1 |
| 11 | 39 | 1 | 1 | −1 | 1 | −1 | 1 | 0 | 0 |
| 1 | 40 | 1 | 1 | −1 | −1 | −1 | −1 | 36.9 | 26.7 |
| 16 | 41 | 1 | 1 | 1 | 1 | 1 | 1 | 0 | 3.7 |
| 15 | 42 | 1 | 1 | −1 | 1 | 1 | 1 | 0 | 0 |
| 7 | 43 | 1 | 1 | −1 | 1 | 1 | −1 | 0 | 0 |
| 8 | 44 | 1 | 1 | 1 | 1 | 1 | −1 | 0 | 5.3 |
| 17 | 45 | 0 | 1 | 0 | 0 | 0 | 0 | 0 | 22.2 |
| 6 | 46 | 1 | 1 | 1 | −1 | 1 | −1 | 24.3 | 18.3 |
| 2 | 47 | 1 | 1 | 1 | −1 | −1 | −1 | 36.3 | 24.8 |
| 9 | 48 | 1 | 1 | −1 | −1 | −1 | 1 | 1.1 | 3.5 |
| 12 | 49 | 1 | 1 | 1 | 1 | −1 | 1 | 0 | 0 |
| 3 | 50 | 1 | 1 | −1 | 1 | −1 | −1 | 0 | 0 |
| 4 | 51 | 1 | 1 | 1 | 1 | −1 | −1 | 18.8 | 20.9 |

**表 6　尖头无小翼**

| 标准序 | 运行序 | 中心点 | 区组 | 纸张重量 | 抬升翼角度 | 投掷角度 | 投掷力度 | 飞行距离 | 飞行距离 2 |
|---|---|---|---|---|---|---|---|---|---|
| 50 | 1 | 1 | 3 | 1 | 1 | 1 | 1 | 0 | 0 |
| 35 | 2 | 1 | 3 | −1 | −1 | −1 | −1 | 23.9 | 25.7 |
| 41 | 3 | 1 | 3 | −1 | 1 | 1 | −1 | 0 | 0 |
| 51 | 4 | 0 | 3 | 0 | 0 | 0 | 0 | 0 | 20.9 |
| 44 | 5 | 1 | 3 | 1 | −1 | −1 | 1 | 1 | 3.3 |
| 42 | 6 | 1 | 3 | 1 | 1 | 1 | −1 | 0 | 5.1 |
| 49 | 7 | 1 | 3 | −1 | 1 | 1 | 1 | 0 | 0 |
| 46 | 8 | 1 | 3 | 1 | 1 | −1 | 1 | 0 | 0 |
| 43 | 9 | 1 | 3 | −1 | −1 | 1 | −1 | 1 | 3.3 |
| 38 | 10 | 1 | 3 | 1 | 1 | −1 | −1 | 15.5 | 20.3 |
| 48 | 11 | 1 | 3 | 1 | −1 | 1 | 1 | 2.2 | 5.6 |
| 36 | 12 | 1 | 3 | 1 | −1 | −1 | −1 | 34.2 | 25.5 |
| 47 | 13 | 1 | 3 | −1 | −1 | 1 | 1 | 2.3 | 5.9 |
| 40 | 14 | 1 | 3 | 1 | −1 | 1 | −1 | 25.3 | 17.7 |
| 45 | 15 | 1 | 3 | −1 | 1 | −1 | 1 | 0 | 0 |
| 37 | 16 | 1 | 3 | −1 | 1 | −1 | −1 | 0 | 0 |
| 39 | 17 | 1 | 3 | −1 | −1 | 1 | −1 | 30.8 | 20.9 |

续表

| 标准序 | 运行序 | 中心点 | 区组 | 纸张重量 | 抬升翼角度 | 投掷角度 | 投掷力度 | 飞行距离 | 飞行距离 2 |
|---|---|---|---|---|---|---|---|---|---|
| 26 | 18 | 1 | 2 | −1 | −1 | −1 | 1 | 1 | 3.3 |
| 27 | 19 | 1 | 2 | 1 | −1 | −1 | 1 | 32.8 | 3.3 |
| 33 | 20 | 1 | 2 | 1 | 1 | 1 | 1 | 0 | 0 |
| 20 | 21 | 1 | 2 | −1 | 1 | −1 | −1 | 0 | 0 |
| 31 | 22 | 1 | 2 | 1 | −1 | 1 | 1 | 2.2 | 5.9 |
| 24 | 23 | 1 | 2 | −1 | 1 | 1 | −1 | 0 | 0 |
| 34 | 24 | 0 | 2 | 0 | 0 | 0 | 0 | 0 | 21 |
| 23 | 25 | 1 | 2 | 1 | −1 | 1 | −1 | 25.8 | 26 |
| 18 | 26 | 1 | 2 | −1 | −1 | −1 | −1 | 36.2 | 26.3 |
| 25 | 27 | 1 | 2 | 1 | 1 | 1 | −1 | 0 | 4.8 |
| 28 | 28 | 1 | 2 | −1 | 1 | −1 | 1 | 0 | 0 |
| 21 | 29 | 1 | 2 | 1 | 1 | −1 | −1 | 17.7 | 19.7 |
| 19 | 30 | 1 | 2 | 1 | −1 | −1 | −1 | 33.5 | 24.7 |
| 32 | 31 | 1 | 2 | −1 | 1 | 1 | 1 | 0 | 0 |
| 22 | 32 | 1 | 2 | −1 | −1 | 1 | −1 | 28.6 | 19.9 |
| 30 | 33 | 1 | 2 | −1 | −1 | 1 | 1 | 2.7 | 5.7 |
| 29 | 34 | 1 | 2 | 1 | 1 | −1 | 1 | 0 | 0 |
| 14 | 35 | 1 | 1 | 1 | −1 | 1 | 1 | 2.7 | 5.4 |
| 10 | 36 | 1 | 1 | 1 | −1 | −1 | 1 | 1.1 | 3.3 |
| 5 | 37 | 1 | 1 | −1 | −1 | 1 | −1 | 28.9 | 20.9 |
| 13 | 38 | 1 | 1 | −1 | −1 | 1 | 1 | 2.7 | 5.7 |
| 11 | 39 | 1 | 1 | −1 | 1 | −1 | 1 | 0 | 0 |
| 1 | 40 | 1 | 1 | −1 | −1 | −1 | −1 | 33.8 | 26.5 |
| 16 | 41 | 1 | 1 | 1 | 1 | 1 | 1 | 0 | 0 |
| 15 | 42 | 1 | 1 | −1 | 1 | 1 | 1 | 0 | 0 |
| 7 | 43 | 1 | 1 | −1 | 1 | 1 | −1 | 0 | 0 |
| 8 | 44 | 1 | 1 | 1 | 1 | 1 | −1 | 0 | 4.7 |
| 17 | 45 | 0 | 1 | 0 | 0 | 0 | 0 | 0 | 0 |
| 6 | 46 | 1 | 1| | 1 | −1 | 1 | −1 | 25.3 | 18 |
| 2 | 47 | 1 | 1 | 1 | −1 | −1 | −1 | 33 | 24.8 |
| 9 | 48 | 1 | 1 | −1 | −1 | −1 | 1 | 1 | 2.8 |
| 12 | 49 | 1 | 1 | 1 | 1 | −1 | 1 | 0 | 0 |
| 3 | 50 | 1 | 1 | −1 | 1 | −1 | −1 | 0 | 0 |
| 4 | 51 | 1 | 1 | 1 | 1 | −1 | −1 | 14.7 | 20.2 |

表 7 方头有小翼

| 标准序 | 运行序 | 中心点 | 区组 | 纸张重量 | 抬升翼角度 | 投掷角度 | 投掷力度 | 飞行距离 |
|---|---|---|---|---|---|---|---|---|
| 23 | 1 | 1 | 1 | −1 | 1 | 1 | −1 | 14.1 |
| 8 | 2 | 1 | 1 | 1 | 1 | 1 | 1 | 16.4 |
| 21 | 3 | 1 | 1 | −1 | −1 | 1 | 1 | 19.4 |
| 15 | 4 | 1 | 1 | −1 | 1 | 1 | −1 | 14.1 |
| 10 | 5 | 1 | 1 | 1 | −1 | −1 | 1 | 31.9 |
| 3 | 6 | 1 | 1 | −1 | 1 | −1 | 1 | 31.3 |
| 25 | 7 | 0 | 1 | 0 | 0 | 0 | 0 | 24.5 |
| 12 | 8 | 1 | 1 | 1 | 1 | −1 | −1 | 23.7 |
| 16 | 9 | 1 | 1 | 1 | 1 | 1 | 1 | 16.4 |
| 9 | 10 | 1 | 1 | −1 | −1 | −1 | −1 | 23 |
| 24 | 11 | 1 | 1 | 1 | 1 | 1 | 1 | 16.4 |
| 6 | 12 | 1 | 1 | 1 | −1 | 1 | −1 | 14.8 |
| 1 | 13 | 1 | 1 | −1 | −1 | −1 | −1 | 16.4 |
| 5 | 14 | 1 | 1 | −1 | −1 | 1 | 1 | 19.3 |
| 20 | 15 | 1 | 1 | 1 | 1 | −1 | −1 | 23 |
| 14 | 16 | 1 | 1 | 1 | −1 | 1 | −1 | 15.1 |
| 11 | 17 | 1 | 1 | −1 | 1 | −1 | 1 | 31.1 |
| 22 | 18 | 1 | 1 | 1 | 1 | 1 | −1 | 14.8 |
| 4 | 19 | 1 | 1 | 1 | 1 | −1 | −1 | 23.5 |
| 18 | 20 | 1 | 1 | 1 | −1 | −1 | 1 | 31.6 |
| 19 | 21 | 1 | 1 | −1 | 1 | −1 | 1 | 31.3 |
| 13 | 22 | 1 | 1 | −1 | −1 | 1 | 1 | 19.3 |
| 17 | 23 | 1 | 1 | −1 | −1 | −1 | −1 | 23 |
| 7 | 24 | 1 | 1 | −1 | 1 | 1 | −1 | 13.7 |
| 2 | 25 | 1 | 1 | −1 | −1 | −1 | 1 | 31.7 |

表 8 方头无小翼

| 标准序 | 运行序 | 中心点 | 区组 | 纸张重量 | 抬升翼角度 | 投掷角度 | 投掷力度 | 飞行距离 |
|---|---|---|---|---|---|---|---|---|
| 23 | 1 | 1 | 1 | −1 | 1 | 1 | −1 | 14.4 |
| 8 | 2 | 1 | 1 | 1 | 1 | 1 | 1 | 17.7 |
| 21 | 3 | 1 | 1 | −1 | −1 | 1 | 1 | 5.2 |
| 15 | 4 | 1 | 1 | −1 | 1 | 1 | −1 | 14.4 |
| 10 | 5 | 1 | 1 | 1 | −1 | −1 | 1 | 2.7 |
| 3 | 6 | 1 | 1 | −1 | 1 | −1 | 1 | 0 |
| 25 | 7 | 0 | 1 | 0 | 0 | 0 | 0 | 24.1 |
| 12 | 8 | 1 | 1 | 1 | 1 | −1 | −1 | 22.5 |

续表

| 标准序 | 运行序 | 中心点 | 区组 | 纸张重量 | 抬升翼角度 | 投掷角度 | 投掷力度 | 飞行距离 |
|---|---|---|---|---|---|---|---|---|
| 16 | 9 | 1 | 1 | 1 | 1 | 1 | 1 | 17.7 |
| 9 | 10 | 1 | 1 | −1 | −1 | −1 | −1 | 21.3 |
| 24 | 11 | 1 | 1 | 1 | 1 | 1 | 1 | 0 |
| 6 | 12 | 1 | 1 | 1 | −1 | 1 | −1 | 15.2 |
| 1 | 13 | 1 | 1 | −1 | −1 | −1 | −1 | 22.4 |
| 5 | 14 | 1 | 1 | −1 | −1 | 1 | 1 | 20.3 |
| 20 | 15 | 1 | 1 | 1 | 1 | −1 | −1 | 22.3 |
| 14 | 16 | 1 | 1 | 1 | −1 | 1 | −1 | 15.4 |
| 11 | 17 | 1 | 1 | −1 | 1 | −1 | 1 | 0 |
| 22 | 18 | 1 | 1 | 1 | −1 | 1 | −1 | 15.2 |
| 4 | 19 | 1 | 1 | 1 | 1 | −1 | −1 | 23 |
| 18 | 20 | 1 | 1 | 1 | −1 | −1 | 1 | 2.7 |
| 19 | 21 | 1 | 1 | −1 | 1 | −1 | 1 | 0 |
| 13 | 22 | 1 | 1 | −1 | −1 | 1 | 1 | 5.2 |
| 17 | 23 | 1 | 1 | −1 | −1 | −1 | −1 | 21.8 |
| 7 | 24 | 1 | 1 | −1 | 1 | 1 | −1 | 15.3 |
| 2 | 25 | 1 | 1 | 1 | −1 | −1 | 1 | 2.7 |

**表 9  尖头有小翼**

| 标准序 | 运行序 | 中心点 | 区组 | 纸张重量 | 抬升翼角度 | 投掷角度 | 投掷力度 | 飞行距离 |
|---|---|---|---|---|---|---|---|---|
| 23 | 1 | 1 | 1 | −1 | 1 | 1 | −1 | 28.6 |
| 8 | 2 | 1 | 1 | 1 | 1 | 1 | 1 | 28.8 |
| 21 | 3 | 1 | 1 | −1 | −1 | 1 | 1 | 33 |
| 15 | 4 | 1 | 1 | −1 | 1 | 1 | −1 | 27.3 |
| 10 | 5 | 1 | 1 | 1 | −1 | −1 | 1 | 32.4 |
| 3 | 6 | 1 | 1 | −1 | 1 | −1 | 1 | 34.4 |
| 25 | 7 | 0 | 1 | 0 | 0 | 0 | 0 | 30.1 |
| 12 | 8 | 1 | 1 | 1 | 1 | −1 | −1 | 29.2 |
| 16 | 9 | 1 | 1 | 1 | 1 | 1 | 1 | 25.4 |
| 9 | 10 | 1 | 1 | −1 | −1 | −1 | −1 | 31.7 |
| 24 | 11 | 1 | 1 | 1 | 1 | 1 | 1 | 27.3 |
| 6 | 12 | 1 | 1 | 1 | −1 | 1 | −1 | 26.9 |
| 1 | 13 | 1 | 1 | −1 | −1 | −1 | −1 | 30.8 |
| 5 | 14 | 1 | 1 | −1 | −1 | 1 | 1 | 28.7 |
| 20 | 15 | 1 | 1 | 1 | 1 | −1 | −1 | 31.8 |
| 14 | 16 | 1 | 1 | 1 | −1 | 1 | −1 | 28.7 |

续表

| 标准序 | 运行序 | 中心点 | 区组 | 纸张重量 | 抬升翼角度 | 投掷角度 | 投掷力度 | 飞行距离 |
|---|---|---|---|---|---|---|---|---|
| 11 | 17 | 1 | 1 | −1 | 1 | −1 | 1 | 33.9 |
| 22 | 18 | 1 | 1 | 1 | −1 | 1 | −1 | 26.8 |
| 4 | 19 | 1 | 1 | 1 | 1 | −1 | −1 | 29.9 |
| 18 | 20 | 1 | 1 | 1 | −1 | −1 | 1 | 31.6 |
| 19 | 21 | 1 | 1 | −1 | 1 | −1 | 1 | 33 |
| 13 | 22 | 1 | 1 | −1 | −1 | 1 | 1 | 27 |
| 17 | 23 | 1 | 1 | −1 | −1 | −1 | −1 | 26.8 |
| 7 | 24 | 1 | 1 | −1 | 1 | 1 | −1 | 27.7 |
| 2 | 25 | 1 | 1 | 1 | −1 | −1 | 1 | 33.1 |

表 10　尖头无小翼

| 标准序 | 运行序 | 中心点 | 区组 | 纸张重量 | 抬升翼角度 | 投掷角度 | 投掷力度 | 飞行距离 |
|---|---|---|---|---|---|---|---|---|
| 23 | 1 | 1 | 1 | −1 | 1 | 1 | −1 | 21.1 |
| 8 | 2 | 1 | 1 | 1 | 1 | 1 | 1 | 27.2 |
| 21 | 3 | 1 | 1 | −1 | −1 | 1 | 1 | 28.4 |
| 15 | 4 | 1 | 1 | −1 | 1 | 1 | −1 | 20.9 |
| 10 | 5 | 1 | 1 | 1 | −1 | −1 | 1 | 31 |
| 3 | 6 | 1 | 1 | −1 | 1 | −1 | 1 | 31.9 |
| 25 | 7 | 0 | 1 | 0 | 0 | 0 | 0 | 26.3 |
| 12 | 8 | 1 | 1 | 1 | 1 | −1 | −1 | 23.3 |
| 16 | 9 | 1 | 1 | 1 | 1 | 1 | 1 | 27.1 |
| 9 | 10 | 1 | 1 | −1 | −1 | −1 | −1 | 22.9 |
| 24 | 11 | 1 | 1 | 1 | 1 | 1 | 1 | 26.6 |
| 6 | 12 | 1 | 1 | 1 | −1 | 1 | −1 | 23.5 |
| 1 | 13 | 1 | 1 | −1 | −1 | −1 | −1 | 25.7 |
| 5 | 14 | 1 | 1 | −1 | −1 | −1 | 1 | 27.9 |
| 20 | 15 | 1 | 1 | 1 | 1 | −1 | −1 | 27.2 |
| 14 | 16 | 1 | 1 | 1 | −1 | 1 | −1 | 24.4 |
| 11 | 17 | 1 | 1 | −1 | 1 | −1 | 1 | 33 |
| 22 | 18 | 1 | 1 | 1 | −1 | 1 | −1 | 23.2 |
| 4 | 19 | 1 | 1 | 1 | 1 | −1 | −1 | 26 |
| 18 | 20 | 1 | 1 | 1 | −1 | −1 | 1 | 31.9 |
| 19 | 21 | 1 | 1 | −1 | 1 | −1 | 1 | 32.5 |
| 13 | 22 | 1 | 1 | −1 | −1 | 1 | 1 | 27.6 |
| 17 | 23 | 1 | 1 | −1 | −1 | −1 | 1 | 27.7 |
| 7 | 24 | 1 | 1 | −1 | 1 | 1 | −1 | 20.1 |
| 2 | 25 | 1 | 1 | 1 | −1 | −1 | 1 | 30.6 |

### 表 11　半尖头有小翼

| 标准序 | 运行序 | 中心点 | 区组 | 纸张重量 | 抬升翼角度 | 投掷角度 | 投掷力度 | 飞行距离 |
|---|---|---|---|---|---|---|---|---|
| 23 | 1 | 1 | 1 | −1 | 1 | 1 | −1 | 11.3 |
| 8 | 2 | 1 | 1 | 1 | 1 | 1 | 1 | 0 |
| 21 | 3 | 1 | 1 | −1 | −1 | 1 | 1 | 0 |
| 15 | 4 | 1 | 1 | −1 | 1 | 1 | −1 | 11.4 |
| 10 | 5 | 1 | 1 | 1 | −1 | −1 | 1 | 45.7 |
| 3 | 6 | 1 | 1 | −1 | 1 | −1 | 1 | 42 |
| 25 | 7 | 0 | 1 | 0 | 0 | 0 | 0 | 23.5 |
| 12 | 8 | 1 | 1 | 1 | 1 | −1 | −1 | 25 |
| 16 | 9 | 1 | 1 | 1 | 1 | 1 | 1 | 8.7 |
| 9 | 10 | 1 | 1 | −1 | −1 | −1 | −1 | 23.5 |
| 24 | 11 | 1 | 1 | 1 | 1 | 1 | 1 | 0 |
| 6 | 12 | 1 | 1 | 1 | −1 | 1 | −1 | 13.9 |
| 1 | 13 | 1 | 1 | −1 | −1 | −1 | −1 | 24.6 |
| 5 | 14 | 1 | 1 | −1 | −1 | 1 | 1 | 0 |
| 20 | 15 | 1 | 1 | 1 | 1 | −1 | −1 | 27.6 |
| 14 | 16 | 1 | 1 | 1 | −1 | 1 | −1 | 13.9 |
| 11 | 17 | 1 | 1 | −1 | 1 | −1 | 1 | 42.2 |
| 22 | 18 | 1 | 1 | 1 | 1 | −1 | 1 | 13.8 |
| 4 | 19 | 1 | 1 | 1 | 1 | −1 | −1 | 28.9 |
| 18 | 20 | 1 | 1 | 1 | −1 | −1 | 1 | 44.4 |
| 19 | 21 | 1 | 1 | −1 | 1 | −1 | 1 | 41.5 |
| 13 | 22 | 1 | 1 | −1 | −1 | 1 | 1 | 14.6 |
| 17 | 23 | 1 | 1 | −1 | −1 | −1 | −1 | 30.4 |
| 7 | 24 | 1 | 1 | −1 | 1 | 1 | −1 | 11.3 |
| 2 | 25 | 1 | 1 | 1 | −1 | −1 | 1 | 42.6 |

### 表 12　半尖头无小翼

| 标准序 | 运行序 | 中心点 | 区组 | 纸张重量 | 抬升翼角度 | 投掷角度 | 投掷力度 | 飞行距离 |
|---|---|---|---|---|---|---|---|---|
| 23 | 1 | 1 | 1 | −1 | 1 | 1 | −1 | 30.4 |
| 8 | 2 | 1 | 1 | 1 | 1 | 1 | 1 | 31.5 |
| 21 | 3 | 1 | 1 | −1 | −1 | 1 | 1 | 34.7 |
| 15 | 4 | 1 | 1 | −1 | 1 | 1 | −1 | 11.1 |
| 10 | 5 | 1 | 1 | 1 | −1 | −1 | 1 | 37.6 |
| 3 | 6 | 1 | 1 | −1 | 1 | −1 | 1 | 36.5 |
| 25 | 7 | 0 | 1 | 0 | 0 | 0 | 0 | 17.8 |
| 12 | 8 | 1 | 1 | 1 | 1 | −1 | −1 | 14.8 |

续表

| 标准序 | 运行序 | 中心点 | 区组 | 纸张重量 | 抬升翼角度 | 投掷角度 | 投掷力度 | 飞行距离 |
|---|---|---|---|---|---|---|---|---|
| 16 | 9 | 1 | 1 | 1 | 1 | 1 | 1 | 30.6 |
| 9 | 10 | 1 | 1 | −1 | −1 | −1 | −1 | 17.7 |
| 24 | 11 | 1 | 1 | 1 | 1 | 1 | 1 | 28.6 |
| 6 | 12 | 1 | 1 | 1 | −1 | 1 | −1 | 18.8 |
| 1 | 13 | 1 | 1 | −1 | −1 | −1 | −1 | 18.3 |
| 5 | 14 | 1 | 1 | −1 | −1 | 1 | 1 | 33.7 |
| 20 | 15 | 1 | 1 | 1 | 1 | −1 | −1 | 15.8 |
| 14 | 16 | 1 | 1 | 1 | −1 | 1 | −1 | 27.6 |
| 11 | 17 | 1 | 1 | −1 | 1 | −1 | 1 | 35.2 |
| 22 | 18 | 1 | 1 | 1 | −1 | 1 | −1 | 28.4 |
| 4 | 19 | 1 | 1 | 1 | 1 | −1 | −1 | 16.6 |
| 18 | 20 | 1 | 1 | 1 | −1 | −1 | 1 | 36.9 |
| 19 | 21 | 1 | 1 | −1 | 1 | −1 | 1 | 35.5 |
| 13 | 22 | 1 | 1 | −1 | −1 | 1 | 1 | 33.7 |
| 17 | 23 | 1 | 1 | −1 | −1 | −1 | −1 | 19.9 |
| 7 | 24 | 1 | 1 | −1 | 1 | 1 | −1 | 27.1 |
| 2 | 25 | 1 | 1 | 1 | −1 | −1 | 1 | 36.3 |

# 附录 3　第 10 章熵权法 MATLAB 代码

```
1.  [n, m]=size(Z);
2.   D=zeros(1,m);
3.   for i=1:m
4.       x=Z(:,i);
5.       p=x/sum(x);
6.       e=-sum(p .* mylog(p))/log(n);
7.       D(i)=1-e;
8.   W=D ./sum(D);
```

# 附录 4　第 10 章模糊综合评价法 MATLAB 代码

```
1. [n,m]=size(a);
2. A=[44.966 29.782 25.251];
3. A1=[0.231 0.182 0.587];
4. A2=[0.337 0.394 0.269];
5. A3=[0.309 0.301 0.390];
6. b(1,:)=A1*a([1:3],:);
7. b(2,:)=A2*a([4:6],:);
8. b(3,:)=A1*a([7:9],:);
9. c=A*b;
```